野战火箭高射击精度分析与实践

High Firing Accuracy Analysis and Practice of Field Rocket Weapon

李臣明 著

国防工業出版社
·北京·

图书在版编目(CIP)数据

野战火箭高射击精度分析与实践/李臣明著．—北京：国防工业出版社，2019.9

ISBN 978-7-118-11780-6

Ⅰ．①野… Ⅱ．①李… Ⅲ．①野战-火箭炮-射击精度-研究 Ⅳ．①TJ393

中国版本图书馆CIP数据核字(2019)第181446号

※

国防工業出版社出版发行

(北京市海淀区紫竹院南路23号 邮政编码100048)

三河市腾飞印务有限公司印刷

新华书店经售

*

开本 710×1000 1/16 **印张** 19¾ **字数** 362千字

2019年9月第1版第1次印刷 **印数** 1—2000册 **定价** 160.00元

国防书店：(010)88540777　　发行邮购：(010)88540776

发行传真：(010)88540755　　发行业务：(010)88540717

致 读 者

本书由中央军委装备发展部**国防科技图书出版基金**资助出版。

为了促进国防科技和武器装备发展,加强社会主义物质文明和精神文明建设,培养优秀科技人才,确保国防科技优秀图书的出版,原国防科工委于 1988 年初决定每年拨出专款,设立国防科技图书出版基金,成立评审委员会,扶持、审定出版国防科技优秀图书。这是一项具有深远意义的创举。

国防科技图书出版基金资助的对象是:

1. 在国防科学技术领域中,学术水平高,内容有创见,在学科上居领先地位的基础科学理论图书;在工程技术理论方面有突破的应用科学专著。

2. 学术思想新颖,内容具体、实用,对国防科技和武器装备发展具有较大推动作用的专著;密切结合国防现代化和武器装备现代化需要的高新技术内容的专著。

3. 有重要发展前景和有重大开拓使用价值,密切结合国防现代化和武器装备现代化需要的新工艺、新材料内容的专著。

4. 填补目前我国科技领域空白并具有军事应用前景的薄弱学科和边缘学科的科技图书。

国防科技图书出版基金评审委员会在中央军委装备发展部的领导下开展工作,负责掌握出版基金的使用方向,评审受理的图书选题,决定资助的图书选题和资助金额,以及决定中断或取消资助等。经评审给予资助的图书,由中央军委装备发展部国防工业出版社出版发行。

国防科技和武器装备发展已经取得了举世瞩目的成就,国防科技图书承担着记载和弘扬这些成就,积累和传播科技知识的使命。开展好评审工作,使有限的基金发挥出巨大的效能,需要不断摸索、认真总结和及时改进,更需要国防科技和武器装备建设战线广大科技工作者、专家、教授,以及社会各界朋友的热情支持。

让我们携起手来,为祖国昌盛、科技腾飞、出版繁荣而共同奋斗!

国防科技图书出版基金

评审委员会

序

精确射击是炮兵永恒的主题。野战火箭是炮兵火力打击骨干装备,具备突然、猛烈、准确、高效的火力特征,是世界各国竞相发展的陆战武器。随着各种传感器技术的广泛应用,战场透明度越来越高。为了提高火力打击效果和己方生存能力,对于炮兵火力打击的精度需求也不断提高。因此,如何提高野战火箭的射击精度,成为摆在装备研制与使用者面前的共同命题。本人从事野战火箭武器的研制、教学和作战使用研究多年,深感提高野战火箭的射击精度是一项系统性工程,而将理论技术和装备使用结合起来进行系统研究,更是装备研制部门和使用部门都十分重视的交叉领域。

李臣明教授长期从事野战火箭武器的论证、研制、教学和作战运用研究。该书以提高野战火箭的射击精度为主线,分射击准确度和射击密集度两个方向,从弹道理论、射击理论、装备操作、技术勤务实践等多个方面系统研究了提高野战火箭射击精度的理论、技术和实践操作。书中纳入了作者多年来的研究成果,兼顾战术火箭炮和战役火箭炮,理论分析与实践操作相结合,从而使读者能够对提高野战火箭射击精度的理论、方法和实践进行系统性把握,十分难能可贵。

该书的出版,将使野战火箭装备论证、研制、教学和作战使用研究迈上一个新台阶,为野战火箭武器装备战斗力提升发挥重要作用。

刘怡昕

2018 年 6 月 8 日

刘怡昕,中国工程院院士,陆军炮兵防空兵学院教授。

前　言

自第二次世界大战初开始，野战火箭以其突然、密集、猛烈的火力特点而备受世界各国青睐，成为各国竞相发展的火力压制武器。时至今日，野战火箭随着科学技术的进步得到了长足发展，型号达数十种之多，最大射程已达数百千米。长期以来，如何提高野战火箭的射击精度一直是设计制造者和使用者所共同追求的目标。

影响野战火箭射击精度的因素有很多，既有装备内在因素，也有外部随机因素，有理论技术方面的因素，也有装备使用方面的因素。因此，提高野战火箭的射击精度是一项系统性、复杂性工程，而将理论技术和装备使用有机结合起来研究野战火箭高射击精度问题，对于全面认知野战火箭高射击精度机理、制定提高射击精度的措施，是一项十分重要的工作。

本书将理论技术与装备使用紧密结合，为力求实用，研究对象包括了战术级和战役级火箭炮。分析了影响野战火箭射击精度的因素，从射击准确度和射击密集度两个方面研究了提高野战火箭射击精度机理和方法，涵盖理论设计、技术检查、射击准备、射击操作、工程试验等多个方面。在射击准确度方面，从精确决定射击开始诸元、精密进行射击准备、精确进行技术检查等方面，详细研究了提高野战火箭射击准确度的理论和方法，对于装备使用中影响射击精度的因素进行了详细的原理分析，给出了量化数据，提高了可操作性。在射击密集度方面，从减少尾翼式火箭随机风偏、减小尾翼式火箭角散布、优化发射与低耗弹量试验等方面进行了深入的理论分析，针对野战火箭远程化发展趋势，专门从高空风对远程火箭射击精度的影响、弹体气动弹性变形对射击精度的影响和提高远程火箭武器系统射击精度等方面进行了研究。

本书融合多学科交叉理论与技术研究野战火箭的射击精度问题，可供具有兵器专业知识的工程技术人员和教学科研人员使用，也可作为军队院校武器系统与运用工程专业的研究生教材，同时也可为野战火箭部队的装备使用提供参考。

在本书写作过程中，得到了中国工程院院士刘怡昕教授、中国科学院院士芮筱亭教授、南京理工大学韩子鹏教授的悉心指导和大力支持,在此深表感谢。

本书写作中还参考了相关文献资料,在此对原作者表示谢意。

由于作者水平有限,加之内容广泛,书中难免有错误和不妥之处,敬请读者批评指正。

作　者

2018 年 6 月于南京

目　录

Contents

第1章 野战火箭装备技术发展

1.1 野战火箭发展历程

火箭炮是地面部队使用的火箭发射装置,是一种能提供大面积密集火力的重要武器,通常由火箭定向、瞄准、发火、控制和支撑运行系统组成。定向器的结构有管式、笼式、滑轨式和储箱式几种。按定向器数量的多少可分为单管(轨)火箭炮和多管(或多联装)火箭炮。按运动方式可分为牵引式火箭炮和自行(或车载)式火箭炮。此外,还有一种单兵携带与使用的火箭发射器,人们称为火箭筒,不称作火箭炮。

火箭炮的发展大体经历了萌芽时期、无轨火箭时期、有轨火箭炮时期和有控火箭时期。

1.1.1 萌芽时期

火药是我国的发明。公元682年,著名的炼丹家孙思邈已配置成了最初的黑火药。公元969年,冯继升和岳义方发明了世界上第一支火箭——火药箭,被认为是火箭炮的雏形。初期的火药箭有弓弩火药箭和火药鞭箭两种(图1.1和图1.2)。公元975年,火箭作为武器首次用于宋灭南唐的战争中。至明朝时,创造了一次可同时发射32支火箭的“一窝蜂”发射装置(图1.3)。

图1.1 弓弩火药箭

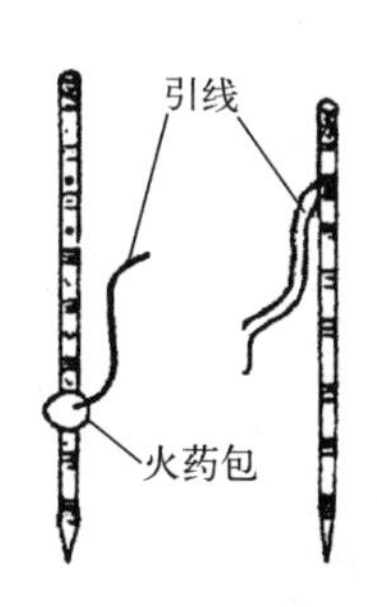

图1.2 火药鞭箭

图1.3 一窝蜂

1.1.2 雏形时期(无轨火箭时期)

宋朝出现了没有导向装置而仅利用火药燃气反冲力推进的火箭。单发火箭按施放方式可分为架射式、有翼式和槽射式3种:架射式火箭以枝丫、冷兵器叉锋为发射架进行发射(见图1.4);有翼式火箭的典型制品有“神火飞鸦”(见图1.5),是一种多火药筒并联的鸦形火箭;槽射式火箭在箭簇后部绑附一个火药筒,火捻从筒尾通出,火箭被安放在一个滑槽上通过火药反冲力进行发射。

元代注重于枪炮的发展,并开始用金属铜或铁做枪炮,其代表制品有铜火铳(见图1.6)。

明朝出现了二级火箭,二级火箭是明代火箭技术发展的一大成就,堪称现代多级火箭之先声,其代表性制品有“火龙出水”和“飞空沙筒”两种(图1.7)。

图1.4 架射式火箭

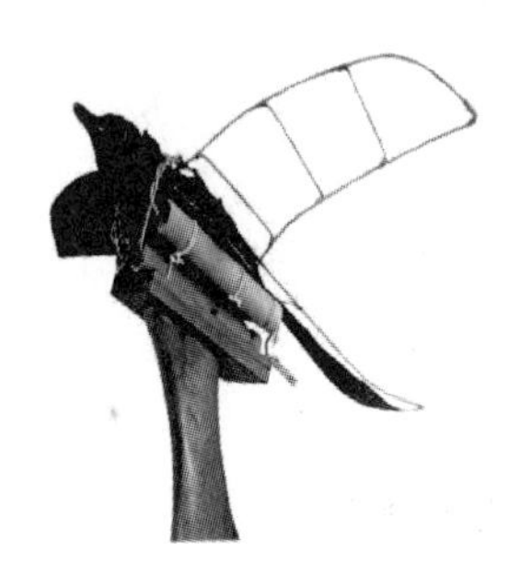

图1.5 神火飞鸦

火龙出水(图1.7)是运载火箭加战斗火箭的二级火箭,箭身用5尺(1m=3尺)长的好毛竹制成龙腹式箭筒,去节刮薄,内装多支火箭。木雕的龙头龙尾下部两侧各安装起飞火箭1支,箭簇后部绑附一个火药筒,箭尾有平衡翎。装配时,4支起飞火箭与龙腹内火箭所附火药筒的火捻串联。这种火箭多用于水战。作战时,在离水面1m左右高处点燃起飞火箭,火箭出水飞行远至1~1.5km。当4支起飞火箭的火药燃尽时,恰好点着龙腹内火箭的火捻,火箭借助火药燃气的反冲力脱出,飞向目标,杀伤敌军官兵。

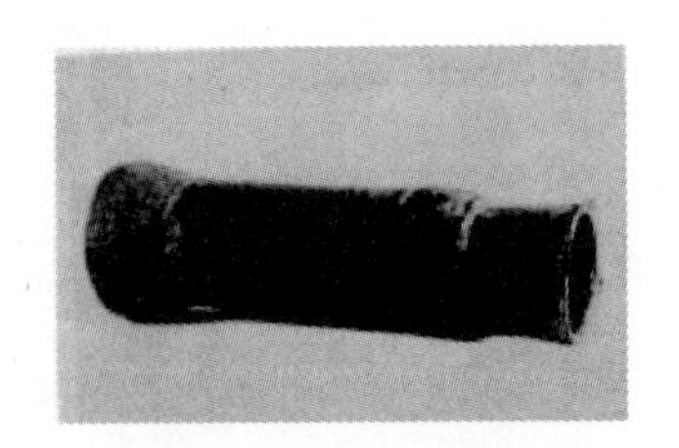

图1.6 元代铜火铳

图1.7 火龙出水

飞空沙筒是一种返回式火箭。作战时,先点燃起飞火箭的火捻,对准敌船发射,用倒须枪刺在篷帆上。接着作为战斗部的火药筒喷射火焰与毒沙,焚烧敌船船具。在火焰和毒沙喷完时,返回火箭的火捻被点燃,借助火药燃气反冲力,将飞空沙筒反向推进,使火箭返回。

1.1.3 发展时期(有轨火箭炮时期)

在公元 1225 年至 1248 年,随着元军西征,火药从中国传入阿拉伯国家,并于 1292 年传到欧洲。1326 年,在英国出现了用火药做的爆炸火器——“铁火瓶”。1680 年,俄国开始建立火箭作坊。1799 年,英国建立了火箭工场。1807 年,英国军队进攻丹麦哥本哈根时,使用两脚发射架发射火箭弹。1830 年,法国使用携带式三脚发射架,发射 50mm 火箭弹,定向器为筒式,装有高低瞄准机构。

第二次世界大战初期,苏联研制成功并迅速装备部队的滑轨式发射的 БМ-13 型火箭炮在战争中发挥了巨大作用,令德军闻风丧胆,被苏军战士冠之一个美丽的苏联姑娘的名字——“喀秋莎”。此炮有 16 根管,口径 132mm,最大射程 8.6km,一次可发射 16 发火箭弹,能在很短时间内形成强大的火力网。自此,火箭炮得到了蓬勃发展,火箭炮以其火力密集、射程较远、威力强大而得到迅速发展和广泛运用(图 1.8 和图 1.9)。

图 1.8　苏联 БМ-13“喀秋莎”火箭炮

图 1.9　“喀秋莎”配用的火箭弹

第二次世界大战期间,苏联共生产了 3000 门左右火箭炮,装备了 7 个火箭炮师。第二次世界大战以后,各国竞相发展这种武器。由于苏军对“喀秋莎”火箭炮的特殊感情,苏联对火箭炮的研发特别重视,并在火箭炮装备与技术领域一直保持领先地位。由于“喀秋莎”火箭炮发射的是尾翼稳定式火箭弹,这种火箭弹在飞行中受风的影响较大,加之推力偏心等因素的作用,使之射弹散布相当大,影响了其作战效能的发挥。第二次世界大战后,开始一段时间,苏联国防工业部门重点发展了旋转稳定式火箭弹,这种火箭弹由于不需要尾翼,飞行中受风的影响比较小,绕弹纵轴的高速旋转又大幅度抵消了推力偏心的作用,从而有比较高的射击密集度。

此外,由于火箭弹没有尾翼,结构比较紧凑,便于火箭炮的设计和安排,也便于火箭弹的装填,所以颇受战士欢迎。苏联国防工业部门先后研制了 140mm 和 240mm 两种口径的发射旋转稳定式火箭弹的野战火箭炮,并大量装备了部队。但是这种采用高速旋转稳定的火箭弹,由于飞行中稳定性的需要,弹长通常都要受到较大限制,一般都有着较为短粗的弹形,使射程的提高受到了很大的限制。苏联国防工业部门研制的这两种火箭弹,射程均不超过 10km,因而,又转向发展尾翼稳定式火箭弹,并于 1964 年装备了 122mm 口径发射安装有弧形尾翼的火箭弹的 40 管火箭炮(БМ-21“冰雹”火箭炮),其射程达 20km。“冰雹”火箭炮是目前生产量最大、装备国家最多的火箭炮系统,有将近 70 个国家装备了这种火箭炮。“冰雹”火箭炮的改良型 БМ-9А51,命名为“主角”,于 1987 年装备部队,其发射装置安装在“乌拉尔”-4320 火箭炮底盘上,有 50 根定向管,可发射 122mm 9К59“主角”火箭弹(图 1.10 和图 1.11)。

图 1.10 苏联 БМ-21 火箭炮

图 1.11 БМ-21 火箭炮配用指挥车

苏军此后于 1977 年装备了 220mm 口径的 16 管“飓风”火箭炮,其射程达 35km。俄罗斯于 1987 年装备了 300mm 口径的 12 管“旋风”火箭炮,其射程达 70km。这 3 种火箭炮的装备,大幅度提高了苏军和俄军火箭炮的射程与威力,为地面炮兵部队提供了更强大的火力。特别是 300mm12 管火箭炮,把火箭炮装备技术水平提高到了一个新的高度(图 1.12 和图 1.13)。

图 1.12 苏联 БМ-27“飓风”火箭炮

图 1.13 俄罗斯“旋风”-300 火箭炮

第二次世界大战中,美国装备了“汽笛风琴”自行火箭炮。该炮以 M4“谢尔曼”中型坦克为底盘,在炮塔顶部再加上 4 排 60 根火箭发射管,主要用于二线作为火力支援武器。该火箭炮的口径为 114.3mm,发射筒长度为 2286mm,发射总成的质量为 834.6kg。发射 M8 型火箭弹时的最大射程为 3840m,到了第二次世界大战后期改用旋转稳定式的 M16 型火箭弹,最大射程达到 4800m。在诺曼底登陆战役后,这种自行火箭炮广泛用于战场,取得相当大的战果。

第二次世界大战后,美国比较重视发展导弹,相对而言,对这种野战火箭炮的研发不太重视,并认为野战火箭炮是一种性能比较低劣的武器。但火箭炮在各国的迅速发展和其在战争中的特殊作用,逐渐使美国认识到这种武器的重要性,并利用其技术优势研制成功了 227mm 口径的 12 管火箭炮武器系统(MLRS),成为世界最先进的火箭炮之一,并为许多国家采购。法国、英国、德国、意大利等国也参与了这种火箭炮的共同研发,使这种火箭炮得到了进一步发展。该炮无固定身管,采用“装填与发射箱”形式供弹和射击。发射双用途子母弹射程 32km,末制导子母弹射程 46km。目前,MLRS 有一种型号为弹箭一体化系统,采用储运发箱发射装置,可同时发射远程火箭与导弹。其中,发射的 ATACMS-2 导弹配有智能反装甲(BAT)子弹,可携带 13 个 BAT 子弹,射程为 150km(图 1.14 和图 1.15)。

图 1.14 美国弹箭一体化的 M-270 式火箭炮

图 1.15 发射 12 发火箭弹的 M-270 式火箭炮

美国还发展了“海玛斯”(HIMARS)高机动性火箭炮系统,其火控系统、电子和通信系统可与目前的 M270A1 式野战火箭炮通用,战术车辆底盘后部安装了 1 个发射架,发射架上既可装配 1 个装有 6 发火箭弹的发射箱,也可以装配 1 个能装载和发射 1 枚战术导弹的发射箱,可用于发射陆军战术导弹(图 1.16)。

从 1929 年开始,德国国防军武器发展部在炮兵专家贝克博士的领导下,开始研制以火箭为动力的武器,这标志着德国在这一领域领先其他国家 6~10 年。

(a)

(b)

图 1.16　美国“海玛斯”(HIMARS)高机动性火箭炮

一开始,德国人决定采用旋转来控制火箭飞行稳定,而不是像苏联人那样通过火箭尾翼实现,但都不太成功,主要问题是误差太大。德国先后研制了“110mm特种火箭”“35式烟雾发射器”“40式烟雾发射器”“41式150mm烟雾发射器”“41式280/320mm烟雾发射器”“42式150mm自行火箭炮”“42式210mm烟雾发射器”“48式烟雾发射器”“80mm野战火箭炮”等。与苏联大规模集中使用火箭炮、靠大量的弹药短时间覆盖目标来达成目的不同,德国更注重重型火箭弹远距离精确打击,故每个德国火箭炮发射装置最多是10管,而苏联火箭炮最少是16管以上;在火箭炮口径方面,德国更倾向于210mm,150mm和201mm只能算是轻型火箭炮。苏联直到战争结束,火箭炮口径仍以80mm和132mm为主(图1.17)。

德国20世纪60年代发展了“拉尔斯”(LARS)110mm 36管火箭炮。该型火箭炮由运载车、2个火箭发射箱、瞄准装置等组成,每个发射箱含18根定向管。“拉尔斯”火箭炮最大射程14km,可单发或连射(图1.18)。

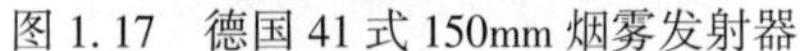

图 1.17　德国41式150mm烟雾发射器

图 1.18　“拉尔斯”(LARS)110mm 36管火箭炮

日本于1965年由NISSAN公司航空与空间部研制67式双管307mm自行火箭炮(图1.19);1969年开始由日本小松制作所研制、1974年定型的75式30

管 130mm 自行火箭炮。

法国于 20 世纪 70 年代和 80 年代发展了“哈法勒”(RAFALE)145mm 18 管和 30 管火箭炮,但后来因决定采用美国的 M270 式火箭炮,而不用此炮(图 1.20)。

图 1.19　日本 67 式双官 307mm 自行火箭炮

图 1.20　法国“哈法勒”火箭炮

阿根廷 20 世纪 70 年代发展了 CP-30 式 127mm 36 管火箭炮;20 世纪 80 年代发展了“帕皮罗”(PAMPERO)105mm 16 管火箭炮和 VCLC-CA 式 160mm 36 管火箭炮(图 1.21 和图 1.22)。

图 1.21　阿根廷“帕皮罗”火箭炮

图 1.22　阿根廷 VCLC-CA 式火箭炮

意大利 20 世纪 70 年代发展了“菲洛斯”6(FIROS 6)式 51mm 48 管火箭炮,卖给墨西哥;20 世纪 80 年代发展了“菲洛斯”25 式和“菲洛斯”30 式 122mm 40 管火箭炮(图 1.23)。

南斯拉夫 20 世纪 60 年代发展了 M-63 式 128mm“普拉曼”(Plaman)32 管火箭炮(图 1.24);70 年代发展了 M-77 式 128mm 32 管火箭炮和 M-71 式 128mm 单管火箭炮;80 年代发展了 M-87 式 262mm 12 管火箭炮。

比利时 20 世纪 80 年代发展了 LAU-97 式 70mm 40 管火箭炮。

奥地利 20 世纪 60 年代发展了 M51 式 130mm 32 管火箭炮。

波兰 20 世纪 60 年代发展了 WP-8 式 140mm 8 管火箭炮。

图 1.23 意大利“菲洛斯”25 式火箭炮

图 1.24 南斯拉夫 M63 式火箭炮

西班牙 20 世纪 80 年代发展了“特鲁埃尔”(Teruel)140mm 40 管火箭炮。

巴西 20 世纪 80 年代发展了 SBAT-70 式 70mm 36 管火箭炮、108-R 式 108mm 16 管火箭炮、SBAT-127 式 127mm 12 管火箭炮、“阿斯特罗斯”Ⅱ系列火箭炮(包括 SS-30 式 127mm 32 管、SS-40 式 180mm 16 管、SS-60 式 300mm 4 管和 SS-80 式 300mm 4 管)、X-20 式 180mm 3 管火箭炮和 X-40 式 300mm 3 管火箭炮(图 1.25 和图 1.26)。

图 1.25 巴西 SS-80 式火箭炮

图 1.26 巴西 SBAT-70 式火箭炮

捷克 20 世纪 50 年代发展了 M-51 式(又称 RM-130 式)130mm 32 管火箭炮;70 年代发展了 RM-70 式 122mm 40 管火箭炮;80 年代发展了 70/85 式 122mm 40 管火箭炮(图 1.27)。

罗马尼亚 20 世纪 70 年代发展了 BM-21 式 122mm 21 管火箭炮;80 年代发展了 APRA 式 122mm 40 管火箭炮和 AWora 式 122mm 12 管火箭炮;90 年代发展了 122mm 单管火箭炮、供出口(图 1.28)。

克罗地亚发展了 LOVRAK24/128 式 128mm 24 管自行火箭炮、M91A3“RAK 12”式 128mm 12 管火箭炮、M93A2“Caplja”式 127mm 40 管火箭炮、M96 式 122mm 32 管火箭炮、M93A2“Heron”式 70mm 40 管火箭炮、M93A3“Heron B”式 70mm 40 管轻型火箭炮、M91 式 60mm 24 管火箭炮和 M92A1“Obad”式 60mm 4 管火箭炮。

图 1.27　捷克 RM-85 式 122mm 40 管火箭炮

图 1.28　罗马尼亚 AWora 式 122mm 12 管火箭炮

土耳其 20 世纪 80 年代发展了 70mm 40 管火箭炮；90 年代发展了 107mm 12 管火箭炮和 122mm 40 管火箭炮。

埃及 20 世纪 70 年代发展了 VAP 式 80mm 12 管火箭炮；80 年代发展了 SAKR-30 式 122mm 30 管火箭炮。

南非 20 世纪 70 年代发展了“瓦尔基里”(Valkiri) 127mm 24 管火箭炮(图 1.29)；80 年代末发展了“瓦尔基里”MK Ⅱ式 127mm 40 管火箭炮、RO107 式 107mm 12 管牵引式火箭炮、RO122 式 122mm“短尾鹰”火箭炮和 RO68 式 68mm 便携式火箭炮(图 1.30)。

图 1.29　南非“瓦尔基里”火箭炮

图 1.30　南非“短尾鹰”火箭炮

韩国 20 世纪 70 年代发展了“九龙”(Kooryong) 130mm 36 管火箭炮，后来发展了“科咏”火箭炮(图 1.31)以及 70mm 40 管火箭炮(图 1.32)。

图 1.31　韩国“科咏”火箭炮

图 1.32　韩国 70mm 40 管野战火箭炮

朝鲜 20 世纪 70 年代发展了 BM-11 式 122mm 30 管火箭炮；80 年代发展了 M1985 式 240mm 12 管火箭炮；90 年代初发展了 FROG 式单管火箭炮(图 1.33)

和“大同江”12 管火箭炮(图 1.34)。

图 1.33　朝鲜 FROG 式单管火箭炮

图 1.34　朝鲜“大同江”12 管火箭炮

国内火箭炮武器装备发展的过程大体上经历了两个阶段:一是引进阶段;二是研发阶段。

(1) 从新中国成立后到 1957 年。这一阶段主要是引进仿制,引进苏联“喀秋莎”火箭炮装备我军炮兵部队,同时在苏联技术基础上自行研制了 A5 火箭弹,满足了战争的急需(图 1.35 和图 1.36)。

图 1.35　某牵引式 107mm 火箭炮

图 1.36　某车载式 107mm 火箭炮

(2) 从 1958 年开始直至 20 世纪 80 年代初期。1958 年,我国国防工业部门同时开展了 107mm、130mm、180mm 和 273mm 4 种不同口径火箭炮的研制工作,其中 107mm 火箭炮(图 1.35~图 1.36)和 130mm 火箭炮(图 1.37~图 1.40)于 1963 年定型并装备部队。20 世纪 80 年代,我国成功研制了 1981 式 122mm 轮式自行火箭炮(图 1.42),到 80 年代末又定型了 89 式履带式 122mm 自行火箭炮(图 1.43)。

图 1.37　某轮式 130mm 20 管火箭炮

图 1.38　某履带式 130mm 20 管火箭炮

图 1.39　某改进轮式 130mm 火箭炮

图 1.40　某改进履带式 130mm 火箭炮

图 1.41　某 180mm 火箭炮及火箭弹

图 1.42　某轮式 122mm 火箭炮

图 1.43　某履带式 122mm 火箭炮

图 1.44　某履带式 273mm 火箭炮

在此期间，还对轮式自行火箭炮进行了改进，研制出了 90 式轮式自行火箭炮；20 世纪 90 年代在 273mm 火箭炮（图 1.44）基础上研制成功了射程达 80km 的 WM-80 远程野战火箭炮（图 1.45 和图 1.46）。

图 1.45　某轮式 273mm 火箭炮

图 1.46　某 273mm 火箭弹

21 世纪初,我国研制成功了远程火箭炮武器系统,该火箭炮可发射简易制导火箭弹,在发射初期通过燃气射流对姿态进行修正,在主动段末通过控制开舱时间对距离进行修正,密集度达到较高水平。

同期,研制成功了"卫士"和"神鹰"远程火箭炮,从而使我国火箭炮装备与技术水平提高到了一个新高度,达到了国际先进水平(图 1.47 和图 1.48)。

图 1.47 "卫士"-2D 火箭炮

图 1.48 "神鹰"火箭炮

122mm 火箭炮和远程野战火箭炮不断改进,其中 122mm 40 管火箭炮有轮式车载和履带式车载两种运载方式,而其射程则在 20km 基础上,先后提高到 30km 和 40km,下一步可望提高到 60km。弹药种类也不断发展,出现了榴弹、子母弹、布雷弹、云爆弹等(图 1.49)。

图 1.49 某远程野战火箭炮

在此期间,在原有基础上对 122mm 火箭炮进行了改进,研制出了新式 122mm 火箭炮,使我国的 122mm 火箭炮跃上了一个崭新台阶。

1.2 野战火箭发展动向

根据未来战争要求,对野战火箭武器的作战性能提出了更高要求,因此,其发展趋势具体表现在以下几方面。

1.2.1 研制新型远程火箭弹，提高纵深攻击能力

火箭炮是一种火力压制武器，射程的远近直接决定了其威力的大小。海湾战争中，美军火箭炮的最大射程只有32km，伊拉克使用的“阿斯特洛斯”火箭炮可达60km。美军在总结报告中强调指出：“射程不足是我方火力支援系统的薄弱环节，考虑到伊军的情况及今后世界各国武器系统的可能改进，美国陆军需要将火箭炮的射程增大到50km以上。”因此，美军宁愿以牺牲战斗部威力、增大火箭发动机容量的方式增大射程。

早期的火箭弹除了尾翼式火箭弹外，还存在涡轮式火箭弹，这种弹依靠涡轮旋转增强稳定性，但射程较小（图1.50）。与之不同的是，受射程的制约较小，因而，可以发展远射程的火箭弹。因此，要提高火箭弹纵深攻击能力，应多发展尾翼式火箭弹（图1.51）。

图1.50 某107mm涡轮式火箭弹

图1.51 美国70mm尾翼式火箭弹

1.2.2 研制轻便型轮式火箭炮，提高战略机动能力

现代战争需要火箭炮具备较强的机动性能，而机动性能包括运动机动性和火力机动性。若火箭炮构造复杂、体积大，用飞机远距离运输时就有困难。为适应快速反应部队的需要，采用轮式底盘，降低战斗全重，在抵达战场后可迅速装卸和投入战斗，可以提高其机动能力。

如前文所述，美国在M270式火箭炮的基础上开发了“海玛斯”高机动性火箭炮，由履带式变成轮式，既可发射6发227mm火箭弹，又可发射1枚陆军战术导弹；同样，俄罗斯为了提高300mm火箭炮的机动能力，也开发了“旋风”300mm轻型野战火箭炮系统，如图1.52所示。

图1.52 俄罗斯“旋风”300mm轻型野战火箭炮

1.2.3 研制多种战斗部,提高攻击不同目标的能力

美国现役火箭炮发射双用途子母弹,战斗部内装有 644 枚反步兵/反装甲子弹,12 发火箭弹一次齐射撒出 7728 枚子弹,可覆盖相当于 6 个足球场的面积(图 1.53)。每枚子弹的战斗效能相当于 1 枚手榴弹,并可击穿 100mm 厚的装甲。正在研制的布雷战斗部内装有 28 个反坦克雷;正在研究的另一种智能型反装甲战斗部,内装 1 枚"蝙蝠"制导子弹,它的头部装有红外寻的器,弹体中部 4 个折叠式弹翼上装有音响探测器,弹内还有预警器和电子装置,尾部有尾翼和降落伞战斗部采用双级串联式聚能装药。子弹在目标区飞行过程中可以精确地探测出目标位置,自动跟踪并将其彻底摧毁。此外,还在研究应用毫米波技术或其他技术的非致命性战斗部,用来破坏敌人的电子装置、制导系统或射击指挥系统,可发射多种战斗部,提高了攻击不同目标的能力。

图 1.53 美国 M270 式火箭炮反装甲子母弹

1.2.4 发展弹箭一体化平台,提高发射多弹种能力

现代战争对火力需求越来越高。在较短时间内投入战场较多的武器系统无疑提高了战争成本,对于远距离机动来说则对运输能力等提高了要求。如果在一种发射平台上既可以发射火箭弹,也可以发射导弹,则可以解决这一问题。美国的 M270 式既可发射火箭弹,也可发射陆军战术导弹,既可以远距离打击面目标,也可以远距离打击点目标,具备很强的战斗力(图 1.54)。

图 1.54 远程火箭末敏弹

1.2.5 改善火箭弹性能,提高精确打击集群装甲目标能力

为进一步提高对远距离集群装甲目标的精确打击能力,可从以下方面入手。

(1) 缩小战斗部,扩大火箭发动机容积,增加推进剂药量,增大最大射程。

(2) 研究智能型反装甲子弹。子弹可在敌阵地上空寻找各自的目标实施攻击(图 1.54)。除用于攻击坦克、步兵战车等运动目标外,还可攻击静

止状态的装甲战车(冷目标)、战术导弹发射装置、防空导弹阵地、指挥控制中心等多种重要目标。这种远射程、高精度的火箭弹,将使纵深火力突击能力得到重大提高。

1.2.6 向多军种、多兵种、多用途方向发展

野战火箭以其火力突然猛烈、火力覆盖面广、结构简单等特点,除了作为陆军主要火力支援武器外,将被其他军种和兵种使用,如海军用来发射火箭深弹、火箭反潜深弹、火箭干扰弹,空军和陆军航空兵用来发射机载火箭,工程兵用来发射火箭布雷弹、扫雷弹、破障弹,防化兵还配备单兵火箭等武器。除了在军事方面以外,还可用于民用,如气象部门的增雨防雹火箭等(图 1.55~图 1.60)。

图 1.55 舰艇发射火箭反潜深弹

图 1.56 舰艇发射火箭干扰弹

图 1.57 战斗机发射火箭弹

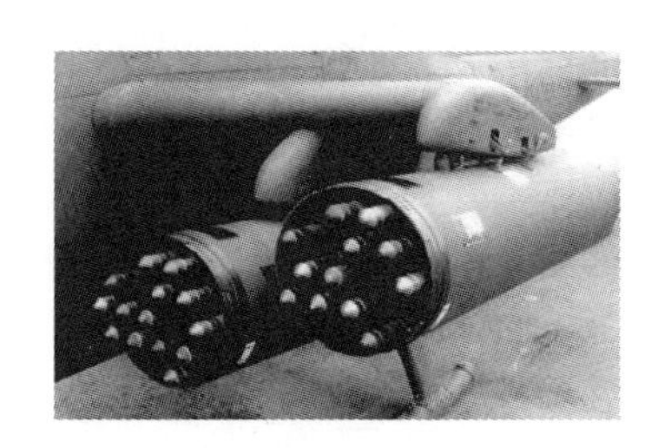

图 1.58 直升机挂装火箭弹

图 1.59 火箭弹布雷车

图 1.60 履带式大面积火箭扫雷车

1.3　现代野战火箭武器系统组成

早期的野战火箭武器系统主要由火箭炮、火箭弹和一些必要的侦察、测地、气象器材组成,如苏联的“喀秋莎”火箭炮。

现代先进的火箭炮武器系统技术含量高、系统组成复杂,如某型远程野战火箭炮武器系统由火箭炮、火箭弹、指挥车、气象车、测地车、弹药运输车、弹药装填车以及机电维修车等组成,如图 1.61 所示。

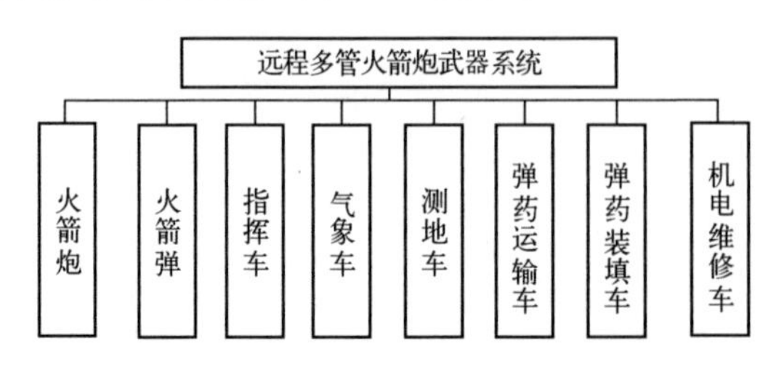

图 1.61　现代野战火箭武器系统组成

1.3.1　火箭弹

火箭弹是火箭炮武器系统的效力部分,整个武器系统的最终目的是将火箭弹发射出去击中目标。

从稳定方式分,火箭弹分为涡轮式和尾翼式两种。从制导方面分,火箭弹又分为非制导火箭弹和制导火箭弹两种。火箭弹一般由引信、战斗部、火箭发动机和稳定装置组成。

引信是指装在火箭弹战斗部(弹丸)上的引爆装置。它能使火箭弹战斗部在预定的时间、地点,按照预定的方式起作用,用于引爆火箭弹战斗部内的炸药或点燃弹丸火箭弹战斗部内的抛射药。

战斗部是火箭弹的效力部分,它用于杀伤敌人和破坏野战工事。

稳定装置用于保持火箭弹飞行稳定。

发动机是火箭弹的动力部分,用于将发射药燃烧时放出的能量转换成推动火箭弹向前飞行的动力。

对于简易制导火箭弹,可分为姿态修正和距离修正两个阶段。当火箭弹开始发射时,计时开始,角稳系统工作,通过液浮陀螺测量火箭弹角加速度。在火箭弹前部环形分布有喷口,根据测量值,喷口发动机作用,向外喷出燃气进行俯仰与偏航修正。只修正一次,采用恒力修正。在喷管外面有挡板,根据测量值调整角度进行修正;在主动段末端,通过加速度计测量出偏差值,调整开舱时间,对距离进行修正(图 1.62)。

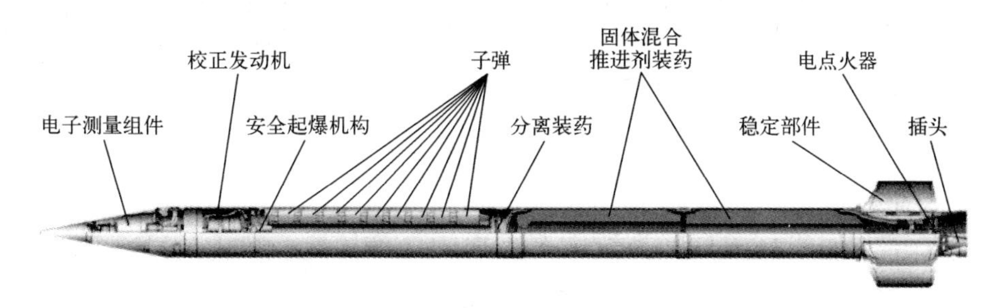

图 1.62　带破片子弹战斗部的简易制导火箭弹

1.3.2　火箭炮

火箭炮是火箭弹的发射装置。无论是早期还是近期的火箭炮,其结构大致包括定向系统、瞄准装置、发火系统、支撑运行系统,技术先进的火箭炮还装备了火力控制系统。

(1) 定向系统。定向系统的作用主要是:在发射前盛装和固定火箭弹,并保证火箭弹装填后在定向器上的正确位置,以顺利点燃火箭发动机。在发射时约束火箭弹并赋予火箭弹起始运动方向和一定的转速,以提高火箭弹射击密集度。部分火箭炮可带弹行军,此时,定向器可固定火箭弹并保护火箭弹不受敌弹片及外界物体损害。

定向系统的构造主要包括定向器、起落架等。定向器用来盛装并固定火箭弹,在发射时赋予火箭弹起始飞行方向。结构上有滑轨式、筒式、箱式、笼式等(图 1.63~图 1.66)。

图 1.63　滑轨式定向器

图 1.64　筒式定向器

图 1.65　箱式定向器

图 1.66　笼式定向器

对于筒式定向管,为了使火箭弹旋转飞行,提高射击密集度,在管壁上有向外凸出的螺旋导向槽。定向管的前支座和后支座是定向管装配成束的基准。后支座上制有用于使定向管结合定位的三角键槽。管的前端有加强环,后端有加强箍和保证顺利装填的导向盘。导向盘上焊有定位器,用于与焊在后支座上的定位板配合,安装闭锁挡弹装置。导向盘左边有用于安装导电装置的固定座(图 1.67)。

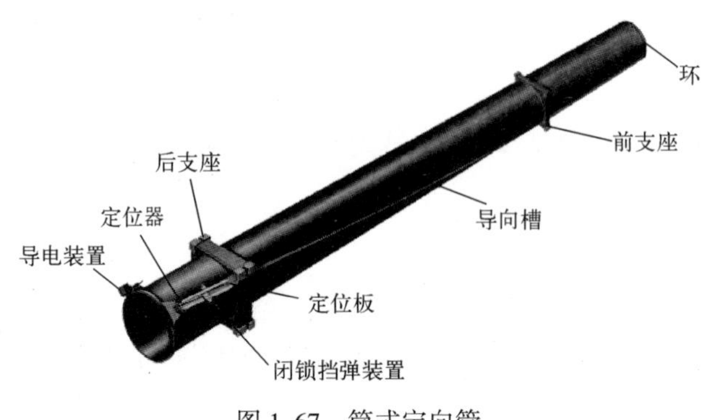

图 1.67　筒式定向管

起落架用来支撑和安装定向器,并使定向器以耳轴为中心做俯仰运动。结构上有框架、朽架、摇架等。

(2) 瞄准装置。瞄准装置包括回转盘、瞄准机、平衡机、瞄准装置等。

回转盘:在拖车式火箭发射装置中也称为上架,是回转部分的主体。

瞄准机:用来与瞄准装置相配合,进行火箭发射装置的瞄准操作。

平衡机:用来平衡一部分起落部分的重力矩,使高低瞄准轻便平稳。

瞄准装置:用来装定射击诸元,与瞄准机配合进行瞄准。

(3) 发火系统。发火系统包括电源、发射控制机构、发射线路、导电装置等。

电源:发射火箭弹的能源,通常为蓄电池、干电池、小型发电机等。

发射控制机构:用来控制发射的顺序和时间间隔。

发射线路:用来输电。

导电装置:用来将电源的电流传给火箭弹。

(4) 支撑运行系统。支撑运行系统包括车体改装部分,行军固定机构(下支座)、射击时的制动装置、支撑机构等。支撑运行系统又分为轮式和履带式。

1.3.3　指挥车

指挥车是集战术指挥、射击指挥、作战保障指挥及弹道计算、有线、无线和有/无线混合组网于一体的远程野战火箭炮指挥系统,既可逐级指挥,也可越级指挥和接替指挥。其作战任务是对火箭炮分队进行战术指挥、射击指挥和作战保障指挥,从而提高快速反应能力和作战指挥效能。

1.3.4 气象车

气象车是野战机动式气象保障装备,主要用于担负野战火箭炮的气象保障任务,以满足高技术条件下作战对气象保障的需求,能提供风速、风向、气温、气压和湿度等要素和炮兵气象通报。

1.3.5 测地车

测地车集电子、计算机、精密机械、惯性技术、卫星导航技术、数传通信、激光技术为一体,是一种科技含量高、快速自主式的现代化陆用测量和导航设备,是先进火箭炮武器系统的重要保障装备。它可为火箭炮武器系统及各种火炮快速、准确地提供测地成果,还可以赋予火炮基准射向,提高火炮系统的快速反应能力和精确打击能力。

1.3.6 其他

除了以上组成部分以外,火箭炮弹药运输车承担战略仓库到前沿预备发射阵地的火箭弹的运输任务,同时还可协助完成火箭炮在作战、训练时火箭弹的吊装和武器系统检测维修时对大型零部件的吊装装卸等任务,弹药装填车承担弹药自动装填任务,机电维修车主要承担火箭炮发射车的机电设备检测、维修任务。

第 2 章　野战火箭武器系统射击精度分析

2.1　射击误差分析

2.1.1　射击精度的含义及组成

野战火箭武器系统射击精度是火箭对目标命中能力的度量。射击精度也称射击误差,它用目标或瞄准点到弹着点的矢径表示,它是一随机向量。野战火箭武器系统射击精度由射击准确度和射击密集度组成。在炮兵射击学中,射击准确度称为射击诸元误差,用目标到平均弹着点的矢径表示,是随机向量,是由一系列系统误差引起的。射击密集度也称射击散布,它用平均弹着点到弹着点的矢径表示,也是随机向量,由一系列随机误差引起。

2.1.2　射击误差的概念

射击误差是指弹着点对瞄准位置的偏差。为了描述射击误差,建立如下坐标系:以目标中心为原点 O,射击方向为 x 轴的正向,朝右的方向为 z 轴的正向[1-4],如图 2.1 所示。

射击准备时选定了瞄准位置 A,它的坐标是已知的,记(x_0,z_0)。以 A 为基准准备效力射诸元。若射击诸元没有误差,射击时的散布中心将通过 A 点,但这是不可能的,因为无论采用哪种方法决定射击开始诸元都不可避免地存在误差。于是,散布中心在图 2.1 中的 C 点,A 点到 C 点的误差向量 $\boldsymbol{\Delta}_c$ 称为诸元误差,其分量为 x_c、z_c。射击时,由于存在射弹散布,弹着点的位置是随机的,Z 对散布中心的误差称为散布误差,误差向量记为 $\boldsymbol{\Delta}_s$,相应的分量为 x_s、z_s,则有

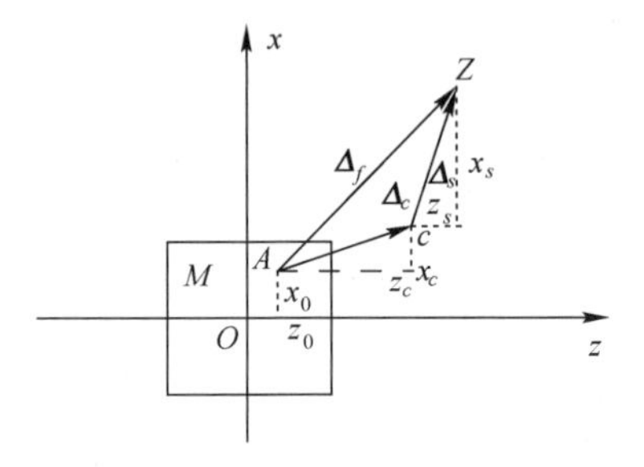

图 2.1　集火射向一距离射击时的射击误差

$$\boldsymbol{\Delta}_f=\boldsymbol{\Delta}_c+\boldsymbol{\Delta}_s \tag{2.1}$$

在图 2.2 中,C_{43}为四炮远距离射击时的散布中心,$\boldsymbol{\Delta}_{c43}$为此时的射击诸元误差向量,$\boldsymbol{\Delta}_{s43}$为散布误差向量,$\boldsymbol{\Delta}_{f43}$为射击误差向量,则有

$$\boldsymbol{\Delta}_{f43}=\boldsymbol{\Delta}_{c43}+\boldsymbol{\Delta}_{s43} \tag{2.2}$$

若用 x、z 表示射击误差的两个分量,则有

$$\begin{cases} x=x_c+x_s \\ z=z_c+z_s \end{cases} \tag{2.3}$$

为了表示方便,用二维列阵表示二维误差,记

$$\begin{cases} \boldsymbol{x}=\begin{bmatrix} x \\ z \end{bmatrix} \\ \boldsymbol{x}_c=\begin{bmatrix} x_c \\ z_c \end{bmatrix} \\ \boldsymbol{x}_s=\begin{bmatrix} x_s \\ z_s \end{bmatrix} \end{cases} \tag{2.4}$$

上式分别表示射击误差、诸元误差、散布误差。

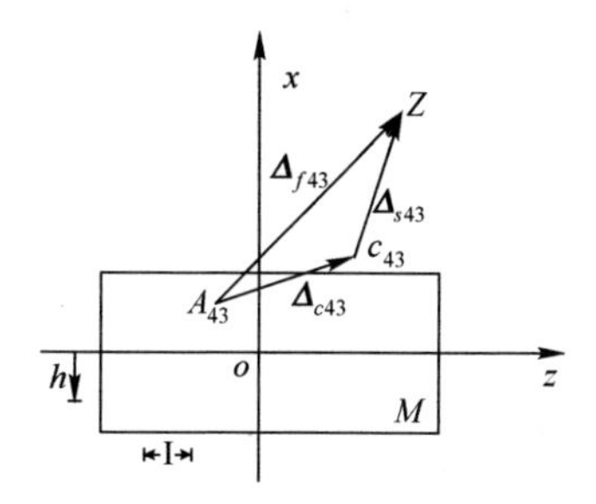

图 2.2　适宽射向三距离射击时的射击误差

2.1.3　射击误差的概率密度函数

1. 诸元误差的概率密度函数

对目标射击,总要设法使炸点的散布中心通过预定的某一点。任何一种决定诸元的方法都要进行许多测量、计算等工作,每一环节都会产生误差。根据概率论知识,大量的小误差之和服从正态分布。因此,着发射击时,决定射击诸元的误差 X_c 是服从正态分布的二维随机变量,期望为 O,协方差阵记为 $\boldsymbol{\Sigma}_c$,密度函数为

$$\varphi_c(\boldsymbol{x}_c)=\frac{1}{2\pi\ |\boldsymbol{\Sigma}_c|^{\frac{1}{2}}}\mathrm{e}^{-\frac{1}{2}\boldsymbol{x}_c^{\mathrm{T}}\boldsymbol{\Sigma}_c^{-1}\boldsymbol{x}_c} \tag{2.5}$$

协方差阵 $\boldsymbol{\Sigma}_c$ 为

$$\boldsymbol{\Sigma}_c=\begin{bmatrix} E_d^2/(2\lambda^2) & 0 \\ 0 & E_f^2/(2\lambda^2) \end{bmatrix} \tag{2.6}$$

式中：E_d、E_f 分别为诸元误差的距离和方向中间误差；ρ为正态常数。

诸元误差是指射击单位装定射击诸元后，其散布中心对瞄准位置的偏差。该偏差的中间误差称为诸元精度，也称为射击准确度。

2. 散布误差的概率密度函数

散布误差 X_s 也服从正态分布，期望值为 O，协方差阵为 $\boldsymbol{\Sigma}_s$，密度函数为

$$\varphi_s(\boldsymbol{x}_s)=\frac{1}{2\pi\ |\boldsymbol{\Sigma}_s|^{\frac{1}{2}}}\mathrm{e}^{-\frac{1}{2}\boldsymbol{x}_s^{\mathrm{T}}\boldsymbol{\Sigma}_s^{-1}\boldsymbol{x}_s} \tag{2.7}$$

协方差阵 $\boldsymbol{\Sigma}_s$为

$$\boldsymbol{\Sigma}_s=\begin{bmatrix} B_d^2/2\rho^2 & 0 \\ 0 & B_f^2/2\rho^2 \end{bmatrix} \tag{2.8}$$

式中：B_d、B_f 分别为散布误差的距离和方向公算偏差。

炸点对散布中心的密集程度为射击密集度，也就是说，散布的中间误差可以衡量射击密集度的大小。

3. 射击误差的概率密度函数

射击误差 $\boldsymbol{x}$ 的概率密度函数为

$$\varphi_x(\boldsymbol{x})=\frac{1}{2\pi\ |\boldsymbol{\Sigma}|^{\frac{1}{2}}}\mathrm{e}^{-\frac{1}{2}\boldsymbol{x}^{\mathrm{T}}\boldsymbol{\Sigma}^{-1}\boldsymbol{x}} \tag{2.9}$$

其中，协方差阵为

$$\boldsymbol{\Sigma}=\boldsymbol{\Sigma}_c+\boldsymbol{\Sigma}_s \tag{2.10}$$

射击精度是炸点对瞄准位置的偏离程度。射击误差的中间误差是衡量射击精度的指标。

2.1.4 射击误差的分组

1. 假定条件及分组方法

为了便于研究各种情况下的射击误差，需将射击误差进行分组。通常依据参加射击的火箭炮数量进行分组。分组时做如下假设：

一是构成射击误差的各误差源之间相互独立；

二是不考虑由于阵地配置对射击误差的影响。

根据以上假设和不同射击单位可将炮兵射击误差分为以下几种误差型：

(1) 两组误差型（单炮射击），如诸元误差、散布误差；

(2) 三组误差型（连射击），如连共同误差、炮单独误差、散布误差；

(3) 四组误差型（营射击），如营共同误差、连单独误差、炮单独误差、散布误差。

2. 单炮的射击误差

单炮射击误差由诸元误差和散布误差构成。单炮在一次射击中发射数发

弹,诸元误差对每发炸点的影响都是相同的,称为对全部炸点的重复误差(共同误差);散布误差每发而异,称为非重复误差(单独误差)。

3. 炮兵连的射击误差

连射击误差由连共同误差、炮单独误差和散布误差组成,如图 2.3 所示。

由图 2.3 可以看出

$$\boldsymbol{\Delta}_f=\boldsymbol{\Delta}_{lg}+\boldsymbol{\Delta}_{pd}+\boldsymbol{\Delta}_s \tag{2.11}$$

若已知连共同误差的距离和方向中间误差分别为 E_{xlg}、E_{zlg},炮单独误差的距离和方向中间误差分别为 E_{xpd}、E_{zpd},散布误差的距离和方向公算偏差分别为 B_d、B_f,则连射击时射击误差的距离和方向中间误差分别为

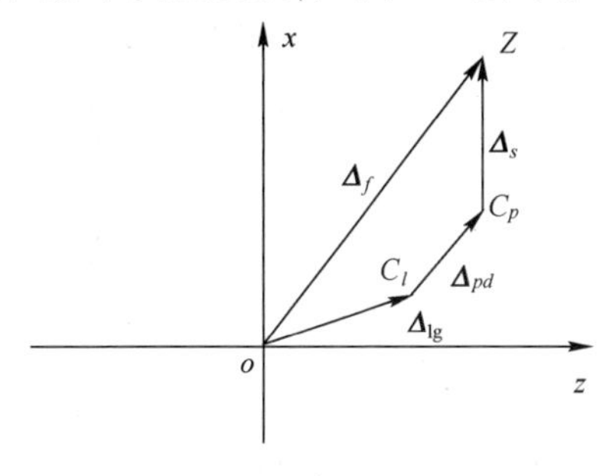

图 2.3　炮兵连的射击误差

$$\begin{cases}E_{xf}=\sqrt{E_{xlg}^2+E_{xpd}^2+B_d^2}\\E_{zf}=\sqrt{E_{zlg}^2+E_{zpd}^2+B_f^2}\end{cases} \tag{2.12}$$

4. 炮兵营的射击误差

营射击误差由营共同误差(x_{yg},z_{yg})、连单独误差(x_{ld},z_{ld})、炮单独误差(x_{pd},z_{pd})、散布误差(x_s,z_s)组成。同连射击误差相似,可求得营射击误差的距离和方向中间误差分别为

$$\begin{cases}E_{xf}=\sqrt{E_{xyg}^2+E_{xld}^2+E_{xpd}^2+B_d^2}\\E_{zf}=\sqrt{E_{zyg}^2+E_{zld}^2+E_{zpd}^2+B_f^2}\end{cases} \tag{2.13}$$

2.1.5　射击误差的合成与变换

1. 射击的相关性

在随机误差当中,由同一误差源所引起的误差称为共同误差,由各不相干的误差源引起的误差称为单独误差。对同一目标射击时,任意两发炸点的发射误差中总是含有重复的误差根源,因而使它们的位置具有“相关性”,称作射击相关性或发射相关性。

(1) 相关性的数值表征。

相关系数是射击相关性的数值表征。

第 i 发和第 j 发炸点之间有 4 个相关系数。

距离相关系数——第 i 发的距离误差与第 j 发的距离误差的相关系数 $r_{x_ix_j}$。

方向相关系数——第 i 发的方向误差与第 j 发的方向误差的相关系数 $r_{z_iz_j}$。

距离方向相关系数——第 i 发的距离误差与第 j 发的方向误差的相关系数 $r_{x_iz_j}$。

方向距离相关系数——第 i 发的方向误差与第 j 发的距离误差的相关系数 $r_{x_ix_j}$。

设第 $i(j)$ 发射击误差的距离和方向中间误差分别为 E_{x_i}、E_{z_i}（E_{x_j}、E_{z_j}），设第 $i(j)$ 发重复误差的距离和方向中间误差分别为 $E_{x_{gi}}$、$E_{z_{gi}}$（$E_{x_{gj}}$、$E_{z_{gj}}$），第 i 发距离重复误差和第 j 发方向重复误差的相关系数为 $r_{x_{gi}z_{gj}}$，第 i 发方向重复误差和第 j 发距离重复误差的相关系数为 $r_{z_{gj}x_{gi}}$，则相关系数的一般表达式为

$$\begin{cases} r_{x_iz_j}=\dfrac{E_{x_{gi}}E_{x_{gj}}}{E_{x_i}E_{x_j}},r_{z_iz_j}=\dfrac{E_{z_{gi}}E_{z_{gj}}}{E_{z_i}E_{z_j}} \\ r_{x_iz_j}=\dfrac{E_{x_{gi}}E_{z_{gj}}}{E_{x_i}E_{z_j}}r_{x_{gi}z_{gj}},r_{z_ix_j}=\dfrac{E_{z_{gi}}E_{x_{gj}}}{E_{z_i}E_{x_j}}r_{z_{gi}x_{gj}} \end{cases} \tag{2.14}$$

假定重复误差椭圆的主半轴、非重复误差椭圆的主半轴和坐标轴都一致，则 $r_{x_{gi}z_{gj}}$、$r_{z_{gj}x_{gi}}$ 和 $r_{x_iz_j}$、$r_{z_ix_j}$ 均为 0。在一次射击中各发炸点重复误差的中间误差是相等的，所以式（2.14）简化为

$$\begin{cases} r_x=\dfrac{E_{xg}^2}{E_x^2} \\ r_z=\dfrac{E_{zg}^2}{E_z^2} \end{cases} \tag{2.15}$$

式中：r_x、r_z 分别为距离、方向相关系数；E_{xg}、E_{zg} 分别为距离、方向误差重复误差的中间误差；E_x、E_z 分别为射击误差的距离、方向中间误差。

（2）相关系数的求取方法。

单炮、连、营射击时任意两发炸点之间的相关系数可用如下公式求取。

单炮相关系数为

$$\begin{cases} r_x^p=\dfrac{E_d^2}{E_x^2} \\ r_z^p=\dfrac{E_f^2}{E_z^2} \end{cases} \tag{2.16}$$

连相关系数为

$$\begin{cases} r_x^l=\dfrac{E_{xlg}^2}{E_x^2} \\ r_z^l=\dfrac{E_{zlg}^2}{E_z^2} \end{cases} \tag{2.17}$$

营相关系数为

$$
\begin{cases}
r_x^y = \dfrac{E_{xyg}^2}{E_x^2} \\
r_z^y = \dfrac{E_{zyg}^2}{E_z^2}
\end{cases}
\tag{2.18}
$$

式中：E_{xlg}和E_{zlg}分别为连共同误差的距离与方向中间误差；E_{xyg}和E_{zyg}分别为营共同误差的距离与方向中间误差。

根据射击误差的组成和以上相关系数的求法，可以求取相关系数和求取其他误差表征值。

2. 射击误差的合成

(1) 正态误差的合成。

正态误差随机变量X的密度分布函数为

$$
\varphi(x) = \frac{\rho}{\sqrt{\pi} E} e^{-\rho^2 \left(\frac{x-M}{E}\right)^2}
\tag{2.19}
$$

式中：M为X的数学期望；E为X的中间误差。

二维正态随机变量(X,Z)的密度函数为

$$
\varphi(x,z) = \frac{\rho^2}{\sqrt{\pi} E_x E_z \sqrt{1-r^2}} e^{-\frac{\rho^2}{1-r^2}\left[\left(\frac{x-M_x}{E_x}\right)^2 - \frac{2r(x-M_x)(z-M_z)}{E_x E_z} + \left(\frac{z-M_z}{E_z}\right)^2\right]}
\tag{2.20}
$$

式中：M_x、M_z分别为X和Z的数学期望；E_x、E_z分别为X和Z的中间误差；r为X和Z的相关系数。

设$X_1, X_2, \cdots, X_n$是一维正态随机变量，$a_1, a_2, \cdots, a_n$为常数，$X = a_1 X_1 + a_2 X_2 + \cdots + a_n X_n$，则$X$的数字特征为

$$
\begin{cases}
M_x = \sum\limits_{i=1}^{n} a_i M_{xi} \\
E_x^2 = \sum\limits_{i=1}^{n} a_i^2 E_{xi}^2 + 2 \sum\limits_{i<j}^{n} a_i a_j r_{x_i x_j} E_{xi} E_{xj}
\end{cases}
\tag{2.21}
$$

设(X_1, Z_1)、(X_2, Z_2)为两个二维正态随机变量，(X_1, Z_1)的密度函数为$\varphi_1(X_1, Z_1)$，(X_2, Z_2)的密度函数为$\varphi_2(X_2, Z_2)$，令$X = X_1 + X_2$，$Z = Z_1 + Z_2$，则

$M_x = M_{x1} + M_{x2}$，$M_z = M_{z1} + M_{z2}$

$E_x^2 = E_{x1}^2 + E_{x2}^2 + 2r_{x_1x_2} E_{x_1} E_{x_2}$，$E_z^2 = E_{z_1}^2 + E_{z2}^2 + 2r_{z_1z_2} E_{z_1} E_{z_2}$

$r_{xz} = \dfrac{1}{E_x E_z}(r_{x_1z_1} E_{x_1} E_{z_1} + r_{x_1z_2} E_{x_1} E_{z_2} + r_{x_2z_1} E_{x_2} E_{z_1} + r_{x_2z_2} E_{x_2} E_{z_2})$

特别地，若X_1、Z_1、X_2、Z_2数学期望为零且两两独立，则(X,Z)的密度函数为

$$\varphi(x,z)=\int_{-\infty}^{+\infty}\int_{-\infty}^{+\infty}\varphi_1(x_1,z_1)\varphi_2(x-x_1,z-z_1)\mathrm{d}x_1\mathrm{d}z_1$$
$$=\frac{\rho^2}{\pi\sqrt{(E_{x_1}^2+E_{x_2}^2)(E_{z_1}^2+E_{z_2}^2)}}\mathrm{e}^{-\rho^2\left(\frac{x^2}{E_{x_1}^2+E_{x_2}^2}+\frac{z^2}{E_{z_1}^2+E_{z_2}^2}\right)} \tag{2.22}$$

当有 n 个独立的正态平面误差时,若要求其合成后的误差,可用以下方法。

设 n 个平面误差的误差椭圆中心与坐标原点重合,主半轴长度为:a_1,b_1;a_2,b_2;…;a_n,b_n。长半轴 a_i 与 x 轴的夹角为 β_i,短半轴 b_i 与 x 轴的夹角为 $\beta_i+90°$。规定由 x 轴顺时针方向旋转至主半轴的角度为正,逆时针旋转为负。

将每个平面误差投影到坐标轴上,则第 i 个平面误差在 x 轴和 z 轴上的中间误差及其相关系数分别为

$$\begin{cases}E_{x_i}^2=a_i^2\cos^2\beta_i+b_i^2\sin^2\beta_i\\E_{z_i}^2=a_i^2\sin^2\beta_i+b_i^2\cos^2\beta_i\\r_{x_iz_i}=\dfrac{(E_{x_i}^2-E_{z_i}^2)\tan(2\beta_i)}{2E_{x_i}E_{z_i}}\end{cases}$$

合成后平面误差的数字特征为

$$\begin{cases}E_x^2=\sum\limits_{i=1}^{n}E_{x_i}^2\\E_z^2=\sum\limits_{i=1}^{n}E_{z_i}^2\\r_{xz}=\dfrac{1}{E_xE_z}\sum\limits_{i=1}^{n}E_{x_i}E_{z_i}r_{x_iz_i}\end{cases} \tag{2.23}$$

(2) 正态误差与均匀误差的合成。

设:X_1 为正态误差,M_{x_1} 为数学期望,中间误差为 E_{x_1},分布密度函数为 $\varphi_1(x_1)$;X_2 为均匀随机误差,数学期望为 M_{x_2},分布范围为 $2L$,密度函数为 $f(x_2)$,则 $X=X_1+X_2$ 的密度函数为

$$\varphi(x)=\int_{-\infty}^{+\infty}\varphi_1(x-x_2)f(x_2)\mathrm{d}x_2=\frac{1}{2L}\cdot\frac{\rho}{\sqrt{\pi}E_{x_1}}\int_{M_{x_2}-L}^{M_{x_2}+L}\mathrm{e}^{-\rho^2\frac{(x-x_2-M_{x_1})^2}{E_{x_1}^2}}\mathrm{d}x_2$$

X 的数学期望为

$$M_x=M_{x_1}+M_{x_2}$$

特别地,当 $M_{x_1}=M_{x_2}=0$ 时,有

$$\varphi(x)=\frac{1}{4L}\left[\Phi\left(\frac{x+L}{E_{x_1}}\right)-\Phi\left(\frac{x-L}{E_{x_1}}\right)\right] \tag{2.24}$$

式中：$\Phi(\beta)=\frac{2\rho}{\sqrt{\pi}}\int_0^{\beta}e^{-\rho^2t^2}dt$ 为 $\Phi(\beta)$ 函数。

X 的方差为

$$\sigma_x^2=\frac{E_{x_1}^2}{2\rho^2}+\frac{L^2}{3}$$

由式(2.24)可知，当 L 很小时，$\varphi(x)$ 接近于正态分布，此时，X 的中间误差为

$$E_x=\rho\sqrt{2}\sigma_x=\sqrt{E_x^2+0.152L^2} \tag{2.25}$$

当 L 较大时，$\varphi(x)$ 可用均匀分布代替，分布范围为 $2L'$，L' 由下式决定，即

$$L'=\sqrt{\frac{3}{2\rho^2}E_{x_1}^2+L^2}=\sqrt{6.594E_{x_1}^2+L^2} \tag{2.26}$$

对于二维正态随机误差也有类似的合成方法。设正态误差(x_1,z_1)的分布密度函数为 $\varphi_1(x_1,z_1)$，中间误差为 E_{x_1}、E_{z_1}，相关系数为 $r_{x_1z_1}$，数学期望为 0；均匀误差(x_2,z_2)的分布密度函数为 $f(x_2,z_2)$，分布区间为$(-L_x,+L_x)$和$(-L_z,+L_z)$。X_1 和X_2 及 Z_1 和 Z_2 彼此独立。若 $X=X_1+X_2$，$Z=Z_1+Z_2$，则(x,z)的分布密度函数为

$$\varphi(x,z)=\frac{1}{2L_x2L_z}\int_{-L_x}^{+L_x}\int_{-L_z}^{+L_z}\varphi(x-x_2,z-z_2)dx_2dz_2 \tag{2.27}$$

方差和协方差为

$$D(x)=D(x_1)+D(x_2)=\frac{E_{x_1}^2}{2\rho^2}+\frac{L_x^2}{3}$$

$$D(z)=D(z_1)+D(z_2)=\frac{E_{z_1}^2}{2\rho^2}+\frac{L_z^2}{3}$$

$$K(x,x)=\frac{r_{x_1z_1}E_{x_1}E_{z_1}}{2\rho^2}$$

3. 误差的坐标变换

在实际射击时，射击方向往往与目标纵向不一致，为此，需要进行一定的坐标变换。这里介绍两种常用的变换，即坐标轴旋转、仿射变换。

(1) 坐标轴旋转。设二维正态变量(u,v)的数学期望为 $M_u=M_v=0$，密度函数为

$$f(u,v)=\frac{\rho^2}{\sqrt{\pi}E_uE_v\sqrt{1-r_{uv}^2}}e^{-\frac{\rho^2}{1-r_{uv}^2}\left[\frac{u^2}{E_u^2}-\frac{2r_{uv}uv}{E_uE_v}+\frac{v^2}{E_v^2}\right]} \tag{2.28}$$

将坐标轴旋转 α_x 角，如图 2.4 所示。顺时针方向旋转为正，逆时针方向旋转

为负。

设平面内任意一点 p,在 $o-uv$ 坐标系中的坐标为 $p(u,v)$。由图 2.4 可求得 $o-xz$ 坐标系中的坐标(x,z)为

$$\begin{cases}x=u\cos\alpha_x+v\sin\alpha_x\\ z=-u\sin\alpha_x+v\cos\alpha_x\end{cases} \tag{2.29}$$

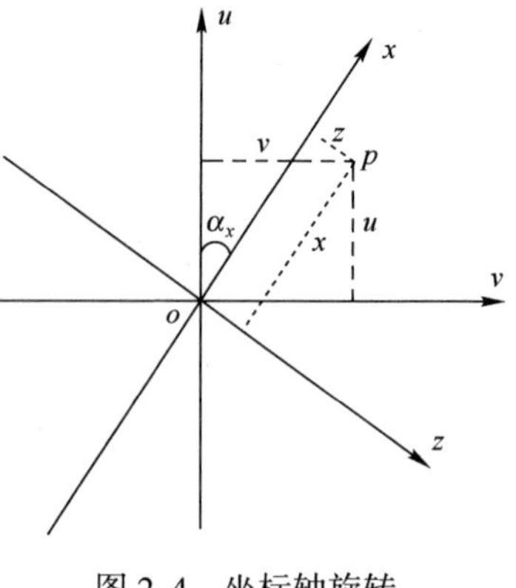

图 2.4 坐标轴旋转

从而可求得 x 和 z 的中间误差 E_x、E_z 及相关系数 r_{xz} 为

$$\begin{cases}E_x^2=E_u^2\cos^2\alpha_x+E_v^2\sin\alpha_x+r_{uv}\sin2\alpha_x\\ E_z^2=E_u^2\sin^2\alpha_x+E_v^2\cos\alpha_x+r_{uv}\sin2\alpha_x\\ r_{xz}=\dfrac{1}{E_xE_z}\left[r_{uv}E_uE_v\cos2\alpha_x-\dfrac{1}{2}(E_u^2-E_v^2)\sin2\alpha_x\right]\end{cases} \tag{2.30}$$

且有如下关系,即

$$\begin{cases}E_x^2+E_z^2=E_u^2+E_v^2\\ E_xE_z\sqrt{1-r_{xz}^2}=E_uE_v\sqrt{1-r_{uv}^2}\end{cases} \tag{2.31}$$

于是,在 $o-xz$ 平面内,误差密度函数为

$$f(x,z)=\frac{\rho^2}{\sqrt{\pi}E_xE_z\sqrt{1-r_{xz}^2}}e^{-\frac{\rho^2}{1-r_{xz}^2}\left[\frac{x^2}{E_x^2}-\frac{2r_{xz}xz}{E_xE_z}+\frac{z^2}{E_z^2}\right]} \tag{2.32}$$

在实际运用时,往往需要对散布误差进行变换。设散布误差的中间误差为 B_d、B_f,在新坐标系中的表征值为 B_{da}、B_{fa}。一般来说,散布误差的距离和方向误差是相互独立的,即相关系数为 0,所以有

$$\begin{cases}B_{da}^2=B_d^2\cos^2\alpha_x+B_f^2\sin^2\alpha_x\\ B_{fa}^2=B_d^2\sin^2\alpha_x+B_f^2\cos^2\alpha_x\end{cases} \tag{2.33}$$

坐标轴旋转后,散布误差的方向和距离误差的相关系数为

$$r_{xz}=-\frac{1}{B_dB_f}(B_d^2-B_f^2)\sin2\alpha_x \tag{2.34}$$

所以,方向和距离误差不一定独立,只有当 $\sin2\alpha_x=0$ 时才有 $r_{xz}=0$,也就是坐标轴旋转 90°的倍数时才能独立。

(2) 仿射变换。从式(2.34)中可以看出,坐标轴旋转后,可以使射击方向与目标纵轴一致,但方向和距离误差并不相互独立,这给射击效率评定带来很多不便,而仿射变换可以解决这一问题。仿射变换的实质,是将直角坐标系变换为一定的斜坐标系,使斜坐标系的坐标轴与误差椭圆的一对共轭直径一致,

所谓共轭直径,就是椭圆中互为平行弦中点连线的一对直径。椭圆的长半轴和短半轴就是一对共轭直径。共轭直径之一的方向可任意指定。因此,仿射变换时斜坐标系的一个轴的方向,可根据需要指向一定方向,我们只需要确定另一方向就可以了。通过变换后,在斜坐标系中误差的方向和距离就相互独立了。

设原坐标系为 $o-uv$ 坐标系,仿射变换后的斜坐标系为 $o-xz$ 坐标系,如图 2.5 所示。设 x 轴是根据需要指定的,与 u 轴的夹角为 α_x。根据解析几何原理,若椭圆方程为 $f(u,v)=0$,某一条半径的倾角为 α_x,则其共轭半径方程为

$$\frac{\partial f}{\partial u}+\frac{\partial f}{\partial v}\tan\alpha_x=0 \tag{2.35}$$

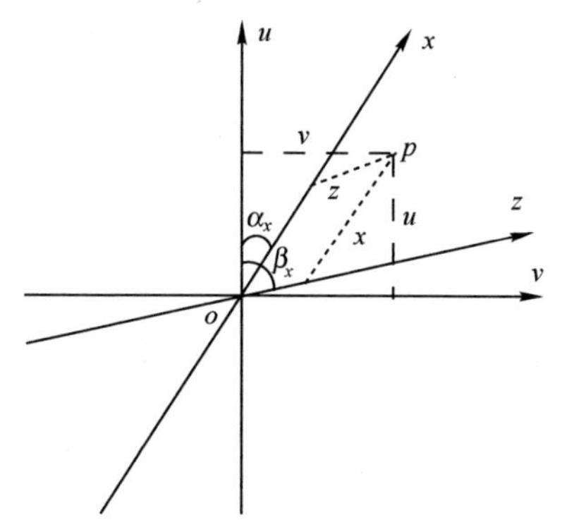

图 2.5　仿射变换

单位误差椭圆方程为

$$\frac{1}{1-r_{uv}^2}\left(\frac{u^2}{E_u^2}-\frac{2r_{uv}uv}{E_uE_v}+\frac{v^2}{E_v^2}\right)=1 \tag{2.36}$$

即

$$f(u,v)=\frac{1}{1-r_{uv}^2}\left(\frac{u^2}{E_u^2}-\frac{2r_{uv}uv}{E_uE_v}+\frac{v^2}{E_v^2}\right)-1 \tag{2.37}$$

则

$$\begin{cases}\dfrac{\partial f}{\partial u}=\dfrac{1}{1-r_{uv}^2}\left(\dfrac{2u}{E_u^2}-\dfrac{2r_{uv}v}{E_uE_v}\right)\\[2ex]\dfrac{\partial f}{\partial v}=\dfrac{1}{1-r_{uv}^2}\left(\dfrac{2v}{E_v^2}-\dfrac{2r_{uv}u}{E_uE_v}\right)\end{cases} \tag{2.38}$$

现已知 x 轴的倾角为 α_x,故 z 的方程为

$$\frac{1}{1-r_{uv}^2}\left(\frac{2u}{E_u^2}-\frac{2r_{uv}v}{E_uE_v}\right)+\frac{1}{1-r_{uv}^2}\left(\frac{2v}{E_v^2}-\frac{2r_{uv}u}{E_uE_v}\right)\tan\alpha_x=0 \tag{2.39}$$

将式(2.39)对 u 求导得

$$\frac{1}{E_u}\left(\frac{1}{E_u}-\frac{r_{uv}}{E_v}\tan\alpha_x\right)-\frac{1}{E_v}\left(\frac{r_{uv}}{E_u}-\frac{1}{E_v}\tan\alpha_x\right)\cdot\frac{\mathrm{d}v}{\mathrm{d}u}=0 \tag{2.40}$$

而$\dfrac{\mathrm{d}v}{\mathrm{d}u}=\tan\beta_x$,所以有

$$\tan\beta_x=\frac{E_v^2-r_{uv}E_uE_v\tan\alpha_x}{r_{uv}E_uE_v-E_u^2\tan\alpha_x} \tag{2.41}$$

再根据点$(E_z\cos\alpha_x, E_z\sin\alpha_x)$满足椭圆方程而得

$$\frac{1}{1-r_{uv}^2}\left(\frac{E_z^2\cos^2\alpha_x}{E_u^2}-\frac{2r_{uv}E_z^2\sin\alpha_x\cos\alpha_x}{E_uE_v}+\frac{E_z^2\sin^2\alpha_x}{E_v^2}\right)=1 \tag{2.42}$$

从中解得

$$E_z=\frac{E_uE_v\sqrt{1-r_{uv}^2}}{\sqrt{E_u^2\sin^2\alpha_x+E_v^2\cos^2\alpha_x-r_{uv}E_uE_v\sin2\alpha_x}} \tag{2.43}$$

$$E_x=\frac{E_uE_v\sqrt{1-r_{uv}^2}}{\sqrt{E_u^2\sin^2\beta_x+E_v^2\cos^2\beta_x-r_{uv}E_uE_v\sin2\beta_x}} \tag{2.44}$$

对散布误差进行仿射变换时,相关系数为0,所以可求得

$$\begin{cases}\tan\beta_x=\dfrac{B_f^2}{B_d^2\tan\alpha_x}\\ B_{da}=\dfrac{B_dB_f}{\sqrt{B_d^2\sin^2\alpha_x+B_f^2\cos^2\alpha_x}}\\ B_{fa}=\dfrac{B_dB_f}{\sqrt{B_d^2\sin^2\beta_x+B_f^2\cos^2\beta_x}}\end{cases} \tag{2.45}$$

2.1.6 离散误差

下级射击单位的散布中心对上级射击单位散布中心的偏差称为下级射击单位对上级射击单位的离散误差,简称离散误差。当炮兵连以集火射向一距离射击时,则任意一门炮的散布中心对炮兵连散布中心的偏差量,称为炮兵连内该炮的离散误差,记为$\boldsymbol{\Delta}_{LP}$。炮兵营射击时,营内任意一个连的散布中心对营散布中心的偏差量,称为炮兵营内该连的离散误差,记为$\boldsymbol{\Delta}_{YL}$。营内任意一门炮的散布中心对营散布中心的偏差量,称为炮兵营内该炮的离散误差,记为$\boldsymbol{\Delta}_{YP}$。某炮对营的离散误差等于该炮对其所属连的离散误差与该连对营的离散误差的向量和。

离散误差也可以分解为距离和方向离散误差,也是服从正态分布的随机误差。

1. 使用基本开始诸元时离散误差与诸元误差的关系

因为决定基本开始诸元是由上一级单位统一进行的,所以,下一级单位的诸元误差为上一级单位的诸元误差与该射击单位对上一级单位的离散误差的综合误差,其关系如图2.6所示。

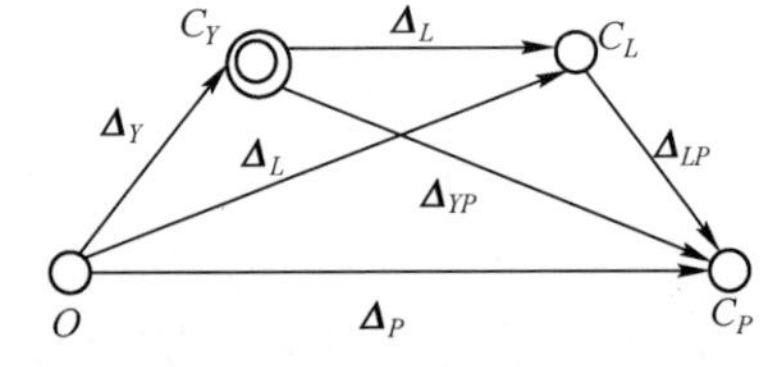

图2.6 离散误差与基本诸元误差的关系

图中，o 为瞄准点，$\boldsymbol{\Delta}_Y$、$\boldsymbol{\Delta}_L$、$\boldsymbol{\Delta}_P$分别为营、连、炮诸元误差。

设 $\boldsymbol{\Delta}_{LP}$的距离和方向中间误差为 E_{xlps} 和 E_{zlps}，$\boldsymbol{\Delta}_{YL}$ 的距离和方向中间误差为 E_{xyls} 和 E_{zyls}，$\boldsymbol{\Delta}_{YP}$ 的距离和方向中间误差为 E_{xyps} 和 E_{zyps}。营、连、炮诸元误差的距离和方向中间误差分别为 E_{dy}、E_{fy}，E_{dl}、E_{fl}，E_{dp}、E_{fp}。由图 2.6 可得

$$\begin{cases} E_{dl} = \sqrt{E_{dy}^2 + E_{xyls}^2} \\ E_{fl} = \sqrt{E_{fy}^2 + E_{zyls}^2} \end{cases} \tag{2.46}$$

$$\begin{cases} E_{dp} = \sqrt{E_{dl}^2 + E_{xlps}^2} \\ E_{fp} = \sqrt{E_{fl}^2 + E_{zlps}^2} \end{cases} \tag{2.47}$$

$$\begin{cases} E_{xyps} = \sqrt{E_{dl}^2 + E_{xlps}^2} \\ E_{zyps} = \sqrt{E_{fl}^2 + E_{zlps}^2} \end{cases} \tag{2.48}$$

式(2.46)～式(2.48)反映了离散误差与诸元精度和离散误差间的关系。

2. 离散误差的中间误差的求法

离散误差是由营内各连、各炮的单独误差影响所致。因此，它仅与测地、弹道和技术准备有关。在利用射击成果决定诸元前，总要先完成相当于使用基本诸元时的测地、弹道和技术准备，此后，如未经各炮和各连单独修正，则各种离散误差的表征就不再变化。所以，在利用射击成果决定效力射诸元时，各种离散误差的表征可以认为是与使用基本开始诸元相同的。

假设连内各炮对连的离散误差的中间误差相等，营内各连对营的离散误差的中间相等。为了求取离散误差的中间误差，可用以下近似方法。

采用平均散布中心法化连、营射击为“单炮”射击，化简后“单炮”的诸元误差和散布误差用来代替营的诸元误差和散布误差，即

$$E_{dy} = E_{dy}^*, E_{fy} = E_{fy}^*, E_{dl} = E_{dl}^*, E_{fl} = E_{fl}^* \tag{2.49}$$

作以上假设后，可求出炮兵连、营内各炮离散误差的中间误差为

$$\begin{cases} E_{xlps} = \sqrt{1 - \dfrac{1}{n}} E_{xpd} \\ E_{zlps} = \sqrt{1 - \dfrac{1}{n}} E_{zpd} \end{cases} \tag{2.50}$$

$$\begin{cases} E_{xyps} = \sqrt{\left(1 - \dfrac{1}{m}\right) E_{xld}^2 + \left(1 - \dfrac{1}{mn}\right) E_{xpd}^2} \\ E_{zyps} = \sqrt{\left(1 - \dfrac{1}{m}\right) E_{zld}^2 + \left(1 - \dfrac{1}{mn}\right) E_{zpd}^2} \end{cases} \tag{2.51}$$

营内各连离散误差的中间误差为

$$\begin{cases} E_{xyls}=\sqrt{\left(1-\dfrac{1}{m}\right)E_{xld}^2+\left(\dfrac{1}{n}-\dfrac{1}{mn}\right)E_{xpd}^2} \\ E_{zyps}=\sqrt{\left(1-\dfrac{1}{m}\right)E_{zld}^2+\left(\dfrac{1}{n}-\dfrac{1}{mn}\right)E_{zpd}^2} \end{cases} \tag{2.52}$$

离散误差会对射击效果产生不利影响。它不仅增大了连、营的射弹散布,而且使连、营的试射和效力射修正产生困难,对于火箭炮而言,则直接对齐射产生影响。

2.1.7 圆概率误差

圆概率误差(Circular Error Probable,CEP)是衡量射弹密集度的一个尺度,又称圆公算偏差,是指一个圆心位于散布中心、弹着点出现在其中的概率为50%的圆的半径,也可用 R_{50} 表示。圆概率误差越小,说明射弹密集度越高。

如已知距离、方向概率误差分别为 E_x 和 E_z,则圆概率误差可用如下近似公式表示,即

$$\text{CEP}=R_{50}=0.8316E_X+0.9140E_Z \quad (E_X>E_Z) \tag{2.53}$$

或

$$\text{CEP}=R_{50}=0.8316E_Z+0.9140E_X \quad (E_X<E_Z) \tag{2.54}$$

当 $0.4<E_Z/E_X<1.0$ 或 $0.4<E_X/E_Z<1.0$ 时,上述公式与准确公式相比的误差不超过1%。

相比之下,按距离、方向分别提散布误差要求比按圆概率误差更严格,因为圆概率误差将两个方向上的散布起到了某种平均作用,对于野战火箭来说,引起距离散布和方向散布的随机因素很不相同,两处方向上散布量级有时相差很大,单独按距离和方向提误差指标有时会更严格些。

实际上,用对目标中心的圆概率误差为多少来进行衡量已不是单纯的密集度问题了,这涉及散布中心对目标中心的准确度,因而是一个精度指标,对于导弹和远程火箭(通常加简易制导)用得较多。之所以无控火箭可以单独提密集度指标,是因为无控火箭的密集度和准确度可以分开进行试验。准确度涉及气象准备误差、测地误差、射表误差、火控系统误差等,而在进行密集度试验时可以暂时抛开这些不管,只考查弹炮系统对散布中心的密集度。

2.2 射击准确度分析

2.2.1 概述

野战火箭武器系统的射击准确度用平均弹着点与瞄准点的偏差度量,它是

射击精度的重要组成部分，由一系列系统误差引起。对于研制中的野战火箭武器系统而言，通过总体设计、生产和试验，应尽可能减小系统误差，使平均弹着点接近瞄准点；对于已装备的火箭炮武器系统而言，通过平时的维护保养与作战准备，可以使火箭炮的准确度不断提高。作战时装定的射击诸元越接近瞄准点，它对目标的命中率就越高。

影响射击准确度的因素包括火炮与目标的几何系统误差，气象、弹药和武器系统的系统误差，它主要来源于测量误差、方法误差和计算误差。

2.2.2 影响射击准确度的因素

从影响射击诸元的误差源考虑，影响野战火箭武器系统射击准确度的因素大致如下。

(1) 测地准备误差。它包括决定炮阵地（观察所）坐标的误差、决定炮阵地高程的误差、火炮定向的误差。

(2) 目标位置误差。它包括决定目标坐标的误差、决定目标高程的误差。

(3) 弹道准备误差。它包括装药批号误差、药温误差等。

(4) 气象诸元误差。它包括决定地面气压偏差量的误差，决定气温、气压、温度、风速、风向的误差，数据处理误差，使用气象数据的时空误差等。

(5) 技术准备误差。它包括检查定向管的标准性、检查瞄准具零位误差、检查瞄准镜零线误差、检查射角不一致误差、检查瞄准线偏移误差、检查瞄准镜单圈误差、检查瞄准装置空回量误差、检查瞄准镜固定位置不一致、检查瞄准具松动量误差、检查发火系统发射时间的误差、检查闭锁力误差、操瞄系统误差、倾斜修正误差等。

(6) 其他误差。它包括未测定或未修正的射击条件误差、计算方法误差、射表误差等。

2.2.3 射击准确度的计算方法

由于影响射击准确度的误差源是随机的，因而，野战火箭武器系统的准确度也是随机的。射击准确度用瞄准点到平均弹着点的随机向量表示，把它分解为沿距离和方向两个随机变量 $\overline{X}$ 和 $\overline{Z}$。它们的概率误差为 $E_{\overline{X}}$ 和 $E_{\overline{Z}}$，如果影响准确度的误差源的概率误差用 E_α 表示，则有

$$\begin{cases} E_{\overline{X}}^2 = \sum_{i=1}^{n} \left(\dfrac{\partial X}{\partial \alpha_i} E_{\alpha_i} \right)^2 \\ E_{\overline{Z}}^2 = \sum_{i=1}^{n} \left(\dfrac{\partial Z}{\partial \alpha_i} E_{\alpha_i} \right)^2 \end{cases} \tag{2.55}$$

或

$$
\begin{cases}
\Delta \bar{X} = \sum_{i=1}^{n} \dfrac{\partial X}{\partial \alpha_i} \Delta \alpha_i \\
\Delta \bar{Z} = \sum_{i=1}^{n} \dfrac{\partial Z}{\partial \alpha_i} \Delta \alpha_i
\end{cases}
\tag{2.56}
$$

式中：$\dfrac{\partial X}{\partial \alpha_i}$、$\dfrac{\partial Z}{\partial \alpha_i}$为 α_i 对射程和侧偏的敏感因子，弹体结构和发射参数确定之后，它是确定的，可以用弹道方程解出；E_{α_i}为各误差源系统误差的概率误差，在研制的不同阶段，E_{α_i}的确定方法有所不同；$\Delta\alpha_i$ 为系统误差源的偏差。

要提高野战火箭武器系统的射击准确度，就要减小影响射击准确度的各种误差，精密进行测地准备、精确决定目标坐标与高程、增强弹道一致性、减小气象诸元误差、精密进行技术检查等。

2.3 射击密集度分析

2.3.1 概述

野战火箭武器系统的射击密集度是其重要的战术技术性能参数，是射击精度的重要组成部分。射击密集度是射弹散布的度量。火箭在射击诸元不变的条件下，射弹弹着点相对平均弹着点的散布程度，称为射击密集度。射击密集度除气象诸元的随机变化外，主要反映火力系统射击时，射弹发与发之间的随机微小变化因素引起的射弹弹道的偶然变化现象。

在弹道学、射击学射击密集度的领域，研究分析射击散布现象都以射击密集度表征。射击密集度的表示方法有多种，如概率误差、圆概率误差（CEP）、变差系数、对弹道诸元的相对变化百分数等。对于野战火箭武器系统，通常用概率误差表示密集度。常用的地面密集度用距离 E_X、方向 E_Z 表示。射程概率误差经常用变差系数即 E_X/X 表示。

2.3.2 影响射击密集度的因素

野战火箭以相同的射击诸元对目标射击，弹着点将围绕平均弹着点形成一定范围的有统计规律的散布现象，这种散布现象是由于射弹发与发之间微小随机变化引起的。这些微小随机变化因素如下。

（1）火箭炮方面。每次发射时炮射温度、定向管干净程度差异、定向管的随机弯曲、发射架与车体的连接、火箭炮放列时的倾斜度、发射时炮射的振动、发射时的起始扰动、弹炮间的相互作用等。

(2) 火箭弹方面。发射药重量、组分、温度和湿度的微小差异,装药结构、点火传火与燃烧规律的微小变化,药的几何尺寸、密度、理化性能的微小变化,弹体几何尺寸、重量、质量分布等。

(3) 炮手操作与阵地放列。火箭炮设置精度,赋予标定射向精度,测量三差精度,装定射击诸元、瞄准的微小差异,排除空回、装填方法的差异,火箭炮放列与地面接触的微小差异,火控系统的随机误差等。

(4) 气象方面。每发弹飞行过程中在地面和空中的气温、气压、风速、向向的微小变化及气象数据的处理误差等。

(5) 弹着点测量。观测弹着点的方法、计算弹着点的方法、观测器材的精度、观察人员的误差等。

这些微小的随机变化因素,都具体反映在火箭炮武器系统各部结构、尺寸、质量、性能参数和运动参数的微小随机差异上,以及炮手操作和气象条件等多方面的微小随机变化上。

因此,要提高射击密集度,就要设法减小以上各种因素引起的误差。

2.3.3 射击密集度的确定方法

射击密集度的确定方法随着理论与技术水平的发展而完善。弹道学、空气动力学、气象学、射击学、概率与统计等理论的发展,发射动力学、随机过程、随机模拟理论的发展,计算机技术的发展,试验技术的发展等,都直接影响射击密集度的确定方法。

目前,确定射击密集度的方法大致有如下几种。

(1) 理论计算方法。多用于火力系统设计或图纸阶段,由于误差源估计不准,密集度估算精度较低。

(2) 试验与理论相结合的方法。主要用试验的方法确定误差源,误差源确定好后再用理论公式计算密集度,精度较高。

(3) 统计法。根据国内外同类型武器系统的大量密集度数据,经过统计分析,得出一些规律性的数据,用于分析预测该武器系统的密集度水平。

(4) 统计试验法。根据误差源的数值和弹道模型,利用计算机随机抽样的方法求得密集度大量抽样的平均水平。

(5) 试验法。在规定的条件下,用火箭炮武器系统实际射击试验确定密集度。其关键是试验时机的把握和试验条件的控制。

2.4 射击密集度与射击准确度的关系

2.4.1 射击密集度与准确度是由两类不同性质的误差引起的

虽然射击准确度与射击密集度最终效果都影响射击命中率或射击精度,但两者的误差性质是不同的,前者是系统误差,后者是随机误差。

系统误差主要是测量误差、方法误差和计算误差,随机误差多为在火箭炮使用中各种参数的微小变化引起的。由于引起两类误差的原因不同,在试验中就可能出现如下情况:准确度好、密集度不好;准确度不好、密集度好;准确度和密集度都不好;准确度和密集度都好。因此,要根据不同原因,用不同方法解决问题。

2.4.2 射击密集度与射击准确度并存

射击密集度与射击准确度是两种影响射击精度的重要因素。在一定条件下,两者任一方较大时,就会成为影响射击精度的关键因素。在火炮武器系统射击试验和实战或训练的火炮射击过程中,都是进行有限次数的射击。在这种情况下,如果火炮系统的密集度水平高(射弹散布小),解决射击准确度问题就容易,产生的系统误差也容易修正。如果火炮系统的射击密集度很低(射弹散布很大),在对目标射击时,就不易明确地判定平均弹着点的位置,不易修正系统误差。

2.4.3 射击密集度影响射击准确度的估值

由前面分析可知,对于火箭炮特别是无控火箭炮来说,射击密集度和射击准确度作为影响射击精度的两在因素并存且产生因素不同。然而,在实际的装备试验和使用中,需要找出它们之间的内在关系,这种内在关系理论上需要通过大耗弹量的射击试验去验证,而受成本等因素影响,火箭炮装备研发通常进行的是有限次试验。在火箭炮在有限次试验中,密集度影响准确度的估计精度,即

$$E_{\overline{X}}=\frac{E_X}{\sqrt{n}},\quad E_{\overline{Z}}=\frac{E_Z}{\sqrt{n}} \tag{2.57}$$

第3章 精确决定射击开始诸元

目前,决定射击诸元的方法有两大类:一类是利用射表的方法;另一类是利用计算机求解弹道方程的方法。利用射表决定射击诸元主要适用于较老式的没有装备火控系统的装备。该方法又可分为3种情况:第一种是直接查取射表即传统的手工作业方法;第二种是将射表数据部分或全部存入计算器内,用插值法求取射击诸元的方法;第三种是“射表拟合法”,即将射表数据用最小二乘法等数学方法拟合成解析函数,然后,将拟合公式存入计算器内,根据射击条件偏差量和目标测地诸元利用拟合公式求取射击诸元的方法。现代野战火箭炮都配备了火控系统,它们通过计算机求解弹道方程决定射击开始诸元。

在计算机快速发展的今天,利用计算机决定射击开始诸元是提高射击精度的有效方法;对于配备了火控系统的野战火箭炮来说,提高其火控系统解算精度是提高射击精度的重要途径。

3.1 弹道解算模型精确化

配备了火控系统的野战火箭炮,其射击诸元是由火控计算机通过积分弹道方程得到的,解算弹道误差将直接影响到射击精度。对于配备了简易修正系统的远程火箭弹来说,这种解算误差还可以通过姿态和距离修正进行弥补,下一步装备了制导火箭弹后更是如此。但是,对于并没有装备制导火箭弹的火箭炮来说,使用的仍然是无控火箭弹,这在其最大射程增大到40km的情况下,对于火控计算机弹道解算精度提出了更高要求。

决定火控计算机弹道解算精度的最根本因素在于火控弹道模型的精确性。受计算机硬件影响,为了提高解算速度,通常使用的是三自由度或四自由度弹道模型,即使采用了六自由度模型,也大都使用的是传统模型,对于模型中的一些“小量”等作了省略或简化。这些省略或简化在射程较近、弹道高度不太高的情况下影响还较小,若在大弹道高和远射程条件下则是不可忽视的。因此,要提高配备火控系统的火箭炮的射击精度,提高其弹道模型精确度是重要措施。

3.1.1 传统的火箭运动微分方程

以往在建立火箭外弹道模型时,在射程较小、弹道高不很大的情况下对影响弹道的因素作了一些假设,在弹道方程推导过程对一些“小量”进行了省略或简化。但是,当射程和弹道高度很大时,就应该详细考虑这些“小量”,如椭球体重力偏心、地表曲率、重力加速度随高度和纬度变化、柯氏力、雷诺数随高度的变化等。

1. 坐标系的定义

为了研究方便,需要用到以下几个坐标系[5]。

(1) 地面坐标系 $oxyz$。该坐标系是与地面固连的坐标系,以弹道起点为坐标原点,以射击面和弹道起点水平面的交线为 x 轴,y 轴铅直向上为正,z 轴方向按右手定则确定。把地面坐标系作为基础坐标系(图 3.1)。

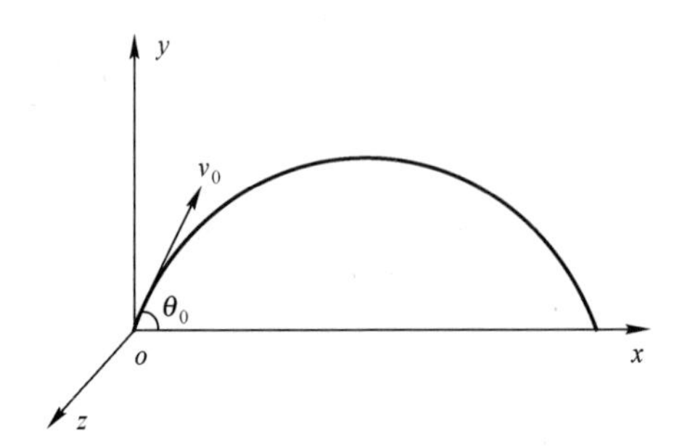

图 3.1 地面坐标系

(2) 弹轴坐标系 $o'\xi\eta_1\zeta_1$ 与弹体坐标系 $o'\xi\eta\zeta$。弹轴坐标系(第一弹轴系)是由地面坐标系 $oxyz$ 先沿 oz 转动 φ_a,再沿 $o\eta_1$ 转动 φ_2 后得到的。弹体坐标系 $o'\xi\eta\zeta$ 是由弹轴坐标系 $o'\xi\eta_1\zeta_1$ 沿弹轴转动 γ 角后得到的。弹轴系向地面系的转换矩阵为

$$\boldsymbol{A}_{\varphi_a\varphi_2}=\begin{bmatrix}\cos\varphi_a\cos\varphi_2 & -\sin\varphi_a & -\sin\varphi_2\cos\varphi_a\\ \cos\varphi_2\sin\varphi_a & \cos\varphi_a & -\sin\varphi_2\sin\varphi_a\\ \sin\varphi_2 & 0 & \cos\varphi_2\end{bmatrix}\tag{3.1}$$

弹体系向弹轴系的转换矩阵为

$$\boldsymbol{A}_r=\begin{bmatrix}1 & 0 & 0\\ 0 & \cos\gamma & -\sin\gamma\\ 0 & \sin\gamma & \cos\gamma\end{bmatrix}\tag{3.2}$$

(3) 速度坐标系 $o'x_2y_2z_2$ 与相对速度坐标系 $o'x_ry_rz_z$。速度坐标系是由地面坐标系先绕 oz 转动 θ(实际弹道倾角),然后,再绕 oy_2 轴转动 ψ 角得到的,$o'x_2$ 轴与速度向量 $\boldsymbol{v}$ 重合;相对速度坐标系是由地面坐标系先绕 oz 转动 θ_r,然后,再绕 oy_r 轴转动 ψ_r 角得到的,$o'x_r$ 轴与速度向量 $\boldsymbol{v}_r$ 重合。

(4) 弹轴系与相对速度坐标系。由相对速度坐标系 $o'x_r y_r z_r$ 转动 δ_{r1} 和 δ_{r2}（相对攻角）可得第二弹轴系 $o'\xi\eta_2\zeta_2$。第一弹轴系与第二弹轴系只差一个绕弹轴的自转角 α_r。第二弹轴系向相对速度系的转换矩阵为

$$A_{\delta_{r1}\delta_{r2}} = \begin{bmatrix} \cos\delta_{r1}\cos\delta_{r2} & -\sin\delta_{r1} & -\sin\delta_{r2}\cos\delta_{r1} \\ \cos\delta_{r2}\sin\delta_{r1} & \cos\delta_{r1} & -\sin\delta_{r2}\sin\delta_{r1} \\ \sin\delta_{r2} & 0 & \cos\delta_{r2} \end{bmatrix} \tag{3.3}$$

2. 各力与力矩向量在地面系内的投影

(1) 阻力。阻力 R_x 的表达式为

$$R_x = \frac{\rho v^2}{2} S_M c_x$$

$\boldsymbol{R}_x$ 在地面系上的投影矩阵为

$$\begin{bmatrix} \boldsymbol{R}_{xx} \\ \boldsymbol{R}_{xy} \\ \boldsymbol{R}_{xz} \end{bmatrix} = -\boldsymbol{R}_x \begin{bmatrix} \cos\theta_r\cos\psi_r \\ \sin\theta_r\cos\psi_r \\ \sin\psi_r \end{bmatrix} = -\frac{\boldsymbol{R}_x}{v_r} \begin{bmatrix} v_x - \overline{w}_x \\ v_y \\ v_z - \overline{w}_z \end{bmatrix} \tag{3.4}$$

式中：$\frac{\rho v^2}{2}$ 为动压头；v 为速度；S_M 为特征面积；M_α 为飞行马赫数；c_x 为阻力系数；$\overline{w}_x$ 与 $\overline{w}_z$ 分别为风在 x 轴与 z 轴上的分量。

(2) 升力。升力 $\boldsymbol{R}_y$ 的表达式为

$$\boldsymbol{R}_y = \frac{\rho v^2}{2} S c_y$$

式中：c_y 为升力系数。

$\boldsymbol{R}_y$ 在地面系上的投影矩阵为

$$\begin{bmatrix} \boldsymbol{R}_{yx} \\ \boldsymbol{R}_{yy} \\ \boldsymbol{R}_{yz} \end{bmatrix} = \frac{\boldsymbol{R}_y}{\sin\delta_r} \begin{bmatrix} -\sin\delta_{r1}\cos\delta_{r2}\sin\theta_r - \sin\delta_{r2}\sin\psi_r\cos\theta_r \\ \sin\delta_{r1}\cos\delta_{r2}\cos\theta_r - \sin\delta_{r2}\sin\theta_r\sin\psi_r \\ \sin\delta_{r2}\cos\psi_r \end{bmatrix} \tag{3.5}$$

(3) 马格努斯力。马格努斯力 $\boldsymbol{R}_z$ 的表达式为

$$\boldsymbol{R}_z = \frac{\rho v^2}{2} S c_z$$

式中：c_z 为马格努斯力系数。

$\boldsymbol{R}_z$ 在地面系上的投影矩阵为

$$\begin{bmatrix} \boldsymbol{R}_{zx} \\ \boldsymbol{R}_{zy} \\ \boldsymbol{R}_{zz} \end{bmatrix} = \frac{\boldsymbol{R}_z}{\sin\delta_r} \begin{bmatrix} -\sin\theta_r\sin\delta_{r2} + \sin\delta_{r1}\sin\psi_r\cos\theta_r\cos\delta_{r2} \\ \sin\delta_{r2}\cos\theta_r + \cos\delta_{r2}\sin\delta_{r1}\sin\theta_r\sin\psi_r \\ -\cos\delta_{r2}\cos\psi_r\sin\delta_{r1} \end{bmatrix} \tag{3.6}$$

(4) 推力。推力 $\boldsymbol{F}_p$ 的表达式为

$$\boldsymbol{F}_p = |\dot{m}| u_{\text{eff}} \cos\varepsilon$$

式中：$\dot{m}$为质量变化率；u_{eff}为有效排气速度；ε 为喷管斜置角。

$\boldsymbol{F}_p$ 在地面系上的投影为

$$\begin{bmatrix} \boldsymbol{F}_{px} \\ \boldsymbol{F}_{py} \\ \boldsymbol{F}_{pz} \end{bmatrix} = \boldsymbol{F}_p \begin{bmatrix} \cos\varphi_a \cos\varphi_2 \\ \cos\varphi_2 \sin\varphi_a \\ \sin\varphi_2 \end{bmatrix} \tag{3.7}$$

(5) 重力。重力 $\boldsymbol{G}$ 在地面系上的投影为

$$\begin{bmatrix} \boldsymbol{G}_x \\ \boldsymbol{G}_y \\ \boldsymbol{G}_z \end{bmatrix} = \begin{bmatrix} 0 \\ -mg \\ 0_2 \end{bmatrix} \tag{3.8}$$

(6) 静力矩。静力矩 $\boldsymbol{M}_z$ 的表达式为

$$\boldsymbol{M}_z = \frac{\rho S_M l}{2} v^2 m_z$$

式中：m_z 为静力矩系数。

$\boldsymbol{M}_z$ 在地面系内的投影矩阵为

$$\begin{bmatrix} \boldsymbol{M}_{zx} \\ \boldsymbol{M}_{zy} \\ \boldsymbol{M}_{zz} \end{bmatrix} = \frac{\boldsymbol{M}_z}{\sin\delta_r} \begin{bmatrix} 0 \\ \sin\delta_{r1}\sin\alpha_r - \cos\delta_{r1}\sin\delta_{r2}\cos\alpha_r \\ \sin\delta_{r1}\cos\alpha_r + \cos\delta_{r1}\sin\delta_{r2}\sin\alpha_r \end{bmatrix} \tag{3.9}$$

(7) 马格努斯力矩。马格努斯力矩 $\boldsymbol{M}_y$ 的表达式为

$$\boldsymbol{M}_y = \frac{\rho S_M l}{2} v^2 m_y$$

式中：m_y 为马格努斯力矩系数。

$\boldsymbol{M}_y$ 在地面系内的投影矩阵为

$$\begin{bmatrix} \boldsymbol{M}_{yx} \\ \boldsymbol{M}_{yy} \\ \boldsymbol{M}_{yz} \end{bmatrix} = \frac{\boldsymbol{M}_y}{\sin\delta_r} \begin{bmatrix} 0 \\ \sin\delta_{r1}\cos\alpha_r + \cos\delta_{r1}\sin\delta_{r2}\sin\alpha_r \\ \cos\delta_{r1}\sin\delta_{r2}\cos\alpha_r - \sin\delta_{r1}\sin\alpha_r \end{bmatrix} \tag{3.10}$$

(8) 赤道阻尼力矩。$\boldsymbol{M}_{ZD}$在地面系内的投影矩阵为

$$\begin{bmatrix} \boldsymbol{M}_{ZDx} \\ \boldsymbol{M}_{ZDy} \\ \boldsymbol{M}_{ZDz} \end{bmatrix} = AK_{ZD} \begin{bmatrix} 0 \\ \dot{\varphi}_2 \\ -\dot{\varphi}_a \cos\varphi_2 \end{bmatrix} v_r \tag{3.11}$$

式中：A 为赤道转动惯量，$k_{ZD} = \rho S_M l^2 m'_{ZD}/(2A)$，$S_M$ 为特征面积，l 为特征长度，

m'_{ZD}为赤道阻尼力矩系数导数。

极阻尼力矩 $\boldsymbol{M}_{XD}$在地面系内的投影矩阵为

$$\begin{bmatrix} \boldsymbol{M}_{XDx} \\ \boldsymbol{M}_{XDy} \\ \boldsymbol{M}_{XDz} \end{bmatrix} = Ck_{XD} \begin{bmatrix} -\dot{\gamma} - \dot{\varphi}_a \sin\varphi_2 \\ 0 \\ 0 \end{bmatrix} v_r \tag{3.12}$$

式中：C 为极转动惯量，$k_{XD} = \rho S_M ldm'_{XD}/(2C)$，$d$ 为弹径，m'_{XD}为极阻尼力矩系数导数。

3. 射程和弹道高较小时的火箭弹道模型

将动量定理 $\dfrac{\mathrm{d}V}{\mathrm{d}t} = \dfrac{\sum F}{m}$ 投影到地面坐标系 3 个轴上得质心运动方程为

$$m \begin{pmatrix} \mathrm{d}v_x/\mathrm{d}t \\ \mathrm{d}v_y/\mathrm{d}t \\ \mathrm{d}v_z/\mathrm{d}t \end{pmatrix} = \begin{pmatrix} \sum F_{xi} \\ \sum F_{yi} \\ \sum F_{zi} \end{pmatrix} \tag{3.13}$$

弹轴坐标系上的角速度在弹轴坐标系上的投影矩阵为

$$\begin{pmatrix} \omega_{\xi} \\ \omega_{\eta_1} \\ \omega_{\zeta_1} \end{pmatrix} = \begin{pmatrix} \dot{\varphi}_a \sin\varphi_2 \\ -\dot{\varphi}_2 \\ \dot{\varphi}_a \cos\varphi_2 \end{pmatrix} \tag{3.14}$$

弹体的角速度 $\boldsymbol{\Omega}$ 在弹轴坐标系上的投影矩阵为

$$\begin{pmatrix} \Omega_{\xi} \\ \Omega_{\eta_1} \\ \Omega_{\zeta_1} \end{pmatrix} = \begin{pmatrix} \dot{\gamma} + \dot{\varphi}_a \sin\varphi_2 \\ -\dot{\varphi}_2 \\ \dot{\varphi}_a \cos\varphi_2 \end{pmatrix} \tag{3.15}$$

可得动量矩向量 $\boldsymbol{K}$ 及其相对速度$\dfrac{\delta \boldsymbol{K}}{\mathrm{d}t}$在弹轴系上的投影为

$$\begin{pmatrix} K_{\xi} \\ K_{\eta_1} \\ K_{\zeta_1} \end{pmatrix} = \begin{pmatrix} C(\dot{\gamma} + \dot{\varphi}_a \sin\varphi_2) \\ -A\dot{\varphi}_2 \\ A\dot{\varphi}_a \cos\varphi_2 \end{pmatrix} \tag{3.16}$$

$$\begin{pmatrix} \delta\boldsymbol{K}_{\xi}/\mathrm{d}t \\ \delta\boldsymbol{K}_{\eta_1}/\mathrm{d}t \\ \delta\boldsymbol{K}_{\zeta_1}/\mathrm{d}t \end{pmatrix} = \begin{pmatrix} \dot{K}_{\xi} \\ \dot{K}_{\eta_1} \\ \dot{K}_{\zeta_1} \end{pmatrix} = \begin{pmatrix} C(\ddot{\gamma} + \ddot{\varphi}_a \sin\varphi_2 + \dot{\varphi}_a \dot{\varphi}_2 \cos\varphi_2) \\ -A\ddot{\varphi}_2 \\ A(\ddot{\varphi}_a \cos\varphi_2) - \dot{\varphi}_2 \dot{\varphi}_a \sin\varphi_2 \end{pmatrix} \tag{3.17}$$

$\boldsymbol{\omega} \times \boldsymbol{K}$ 在弹轴坐标系上的投影为

$$\begin{pmatrix}\omega_{\xi}\\ \omega_{\eta_1}\\ \omega_{\zeta_1}\end{pmatrix}\times\begin{pmatrix}K_{\xi}\\ K_{\eta_1}\\ K_{\zeta_1}\end{pmatrix}=\begin{pmatrix}0\\ C\dot{\gamma}\dot{\varphi}_a\cos\varphi_2-(A-C)\dot{\varphi}_a^2\sin\varphi_2\cos\varphi_2\\ C\dot{\gamma}\dot{\varphi}_2-(A-C)\dot{\varphi}_a\dot{\varphi}_2\sin\varphi_2\end{pmatrix}\tag{3.18}$$

由动量矩定理得

$$\sum \boldsymbol{M}_i=\frac{\mathrm{d}\boldsymbol{K}}{\mathrm{d}t}=\frac{\delta\boldsymbol{K}}{\mathrm{d}t}+\boldsymbol{\omega}\times\boldsymbol{K}\tag{3.19}$$

式中：$\sum \boldsymbol{M}_i$ 为所有外力矩的向量和；$\dfrac{\delta\boldsymbol{K}}{\mathrm{d}t}$为 $\boldsymbol{K}$ 对弹轴系的相对速度。

把式(3.17)和式(3.18)代入到式(3.19)得

$$\begin{pmatrix}C(\ddot{\gamma}+\ddot{\varphi}_a\sin\varphi_2+\dot{\varphi}_a\dot{\varphi}_2\cos\varphi_2)\\ -A\ddot{\varphi}_2+C\dot{\gamma}\dot{\varphi}_a\cos\varphi_2-(A-C)\dot{\varphi}_a^2\sin\varphi_2\cos\varphi_2\\ A\ddot{\varphi}_a\cos\varphi_2-(2A-C)\dot{\varphi}_a\dot{\varphi}_2\sin\varphi_2+C\dot{\gamma}\dot{\varphi}_2\end{pmatrix}=\begin{pmatrix}\sum M_{\xi}\\ \sum M_{\eta}\\ \sum M_{\zeta}\end{pmatrix}\tag{3.20}$$

从而得在射程和弹道高度不大时的火箭刚体运动方程组为

$$\begin{aligned}\frac{\mathrm{d}V_x}{\mathrm{d}t}&=\frac{1}{m}\Big[F_p\cos\varphi_a\cos\varphi_2-R_x\frac{v_x-w_x}{v_r}-\frac{R_y}{\sin\delta_r}(\sin\delta_{r1}\cos\delta_{r2}\sin\theta_r+\\&\quad\sin\delta_{r2}\sin\psi_r\cos\theta_r)+\frac{R_z}{\sin\delta_r}(\sin\psi_r\cos\theta_r\cos\delta_{r2}\sin\delta_{r1}-\sin\theta_r\sin\delta_{r2})\Big]\\&=\sum F_x/m\end{aligned}$$

$$\begin{aligned}\frac{\mathrm{d}V_y}{\mathrm{d}t}&=\frac{1}{m}\Big(F_p\cos\varphi_2\sin\varphi_a-R_x\frac{v_y}{v_r}+\frac{R_y}{\sin\delta_r}(\sin\delta_{r1}\cos\delta_{r2}\cos\theta_r-\\&\quad\sin\delta_{r2}\sin\theta_r\sin\psi_r)+\frac{R_z}{\sin\delta_r}(\cos\theta_r\sin\delta_{r2}+\sin\psi_r\sin\theta_r\cos\delta_{r2}\sin\delta_{r1})\Big)-g\\&=\sum F_y/m\end{aligned}$$

$$\begin{aligned}\frac{\mathrm{d}V_z}{\mathrm{d}t}&=\frac{1}{m}\Big(F_p\sin\varphi_2-R_x\frac{v_z-w_z}{v_r}+\frac{R_y}{\sin\delta_r}\sin\delta_{r2}\cos\psi_r-\frac{R_z}{\sin\delta_r}\cos\psi_r\cos\delta_{r2}\sin\delta_{r1}\Big)\\&=\sum F_z/m\end{aligned}$$

$$\frac{\mathrm{d}\dot{\gamma}}{\mathrm{d}t}=-\ddot{\varphi}\sin\varphi_2-\dot{\varphi}_a\dot{\varphi}_2\cos\varphi_2+(M_{xp}+M_{xw})/C-k_{XD}(\dot{\gamma}+\dot{\varphi}_a\sin\varphi_2)V_r$$

$$\begin{aligned}\frac{\mathrm{d}\dot{\varphi}_a}{\mathrm{d}t}&=\frac{1}{A\cos\varphi_2}\Big[(2A-C)\dot{\varphi}_a\dot{\varphi}_2\sin\varphi_2-C\dot{\gamma}\dot{\varphi}_2+\frac{M_z}{\sin\delta_r}(\sin\delta_{r1}\cos\alpha_r+\cos\delta_{r1}\sin\delta_{r2}\sin\alpha_r)\\&\quad+\frac{M_y}{\sin\delta_r}(\cos\delta_{r1}\sin\delta_{r2}\cos\alpha_r-\sin\delta_{r1}\sin\alpha_r)\Big]-k_{ZD}\dot{\varphi}_a\cos\varphi_2 v_r\end{aligned}$$

$$
\frac{\mathrm{d}\dot{\varphi}_2}{\mathrm{d}t}=\frac{1}{A}\left[-(A-C)\dot{\varphi}_a^2\sin\varphi_2\cos\varphi_2+C\dot{\gamma}\dot{\varphi}_a\cos\varphi_2+\frac{M_z}{\sin\delta_r}(\cos\delta_{r1}\cos\alpha_r-\sin\delta_{r1}\sin\alpha_r)\right.
$$
$$
\left.-\frac{M_y}{\sin\delta_r}(\sin\delta_{r1}\cos\alpha_r+\cos\delta_{r1}\sin\delta_{r2}\sin\alpha_r)\right]-k_{ZD}\dot{\varphi}_2 v_r
$$
$$
\frac{\mathrm{d}\varphi_a}{\mathrm{d}t}=\dot{\varphi}_a,\frac{\mathrm{d}\varphi_2}{\mathrm{d}t}=\dot{\varphi}_2,\frac{\mathrm{d}x}{\mathrm{d}t}=v_x,\frac{\mathrm{d}y}{\mathrm{d}t}=v_y,\frac{\mathrm{d}z}{\mathrm{d}t}=v_z,\frac{\mathrm{d}m}{\mathrm{d}t}=-\frac{F_p}{I_1 g}
$$

(3.21)

其中

$$w_x=-w\cos((w_F-\alpha^*)/57.3),w_z=-w\sin((w_F-\alpha^*)/57.3)$$

$$\psi_r=\arcsin\frac{v_z-w_z}{v_r}$$

$$\theta_r=\arcsin\frac{v}{v_r\cos\psi_r}$$

$$\delta_{r2}=\arcsin[\sin\varphi_2\cos\psi_r-\sin\psi_r\cos\varphi_2\cos(\varphi_a-\theta_r)]$$

$$\delta_{r1}=\arcsin[\sin(\varphi_a-\theta_r)\cos\varphi_2/\cos\delta_{r2}],\delta_r=\arccos(\cos\delta_{r1}\cos\delta_{r2})$$

$$\alpha_r=\arcsin[\sin(\varphi_a-\theta_r)\sin\psi_r/\cos\delta_{r2}]$$

$$v_r=\sqrt{(v_x-w_x)^2+v_y^2+(v_z-w_z)^2}$$

式中：w 为风速；w_F 为风向；α^* 为射向；v_r 为相对速度；m 为火箭质量。

3.1.2 精确化的火箭弹道解算模型

在弹道模型中对重力偏心、重力加速度随高度与纬度的变化、地表曲率、柯氏力、雷诺数随高度的变化等“小量”进行忽略，这在射程不远、弹道高度不大的情况下影响不会太大。但是，在高空远程条件下这些小量就不应再进行忽略，而应该仔细予以考虑。为了考查各影响因素对射击精度的影响程度，对各种因素先分别进行研究，然后，再综合考虑火箭弹道解算模型。

1. 地球为椭球体时的重力偏心研究[6]

对于常规火箭，以往在研究弹道问题时大都是把地球看作圆球体。实际上，由于自西向东的自转，使地球成为一个长半轴为 6378140m、短轴为 6356863m 的椭球体，且其两极距离小于赤道直径，从而使得重力加速度与标准圆球体相比出现偏心。下面首先对地球为椭球体时的重力偏心情况进行研究。

(1) 北东天坐标系的定义。在球面上取任意一点 o' 作为坐标原点，取过 o' 的地心矢径 r 为 $r(y)$ 轴，$n(x_n)$ 轴位于过 o' 的子午面内，垂直于 $r(y)$ 轴指向北方，$e(z)$ 与 $r(y)$ 和 $n(x_n)$ 构成右手直角坐标系，如图 3.2 所示。

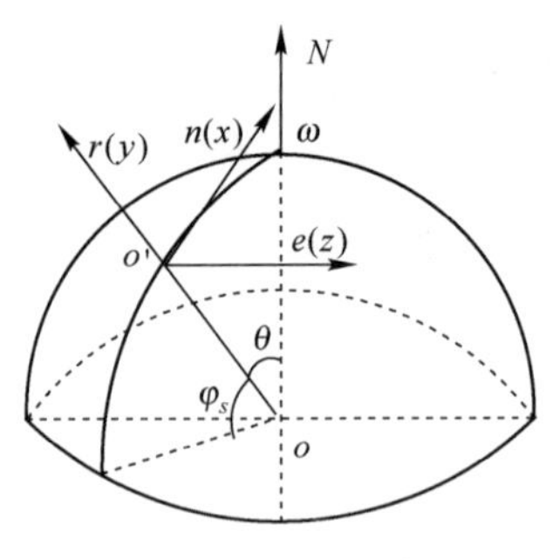

图 3.2 北东天坐标系

(2) 球谐函数。在球坐标系中,拉普拉斯方程形式为

$$\frac{1}{r^2}\frac{\partial}{\partial r}\left(r^2\frac{\partial U}{\partial r}\right)+\frac{1}{r^2\cos\varphi_s}\frac{\partial}{\partial\varphi_s}\left(\cos\varphi_s\frac{\partial U}{\partial\varphi_s}\right)+\frac{1}{r^2\cos^2\varphi_s}\frac{\partial^2 U}{\partial\lambda_s^2}=0 \tag{3.22}$$

式中:r 为火箭质心到地心的距离;φ_s 为地心纬度;λ_s 为地心经度;U 为引力位势函数。用分离变量法求解此方程,令 $U(r,\varphi_s,\lambda)=R(r)Y(\varphi_s,\lambda_s)$,将其代入式(3.22),分离变量后可得 r 和 R 满足的方程为

$$r^2R''+2rR'-\boldsymbol{v}_1R=0 \tag{3.23}$$

$$\nabla^2 Y+\boldsymbol{v}_1Y=\frac{1}{\cos\varphi_s}\frac{\partial}{\partial\varphi_s}\left(\cos\varphi_s\frac{\partial Y}{\partial\varphi_s}\right)+\frac{1}{\cos^2\varphi_s}\frac{\partial^2 Y}{\partial\lambda_s^2}+\boldsymbol{v}_1Y=0 \tag{3.24}$$

式中:$\boldsymbol{v}_1$ 为分离变量时引进的参数。对式(3.24)继续用分离变量法进行求解,由于正弦函数与余弦函数是周期函数,可得出球谐函数的表达式为

$$Y_n^m(\varphi_s,\lambda_s)=\sin(m\lambda_s)\mathrm{P}_n^m(\sin\varphi_s)\quad(m=0,1,2,\cdots,n;n=0,1,2,\cdots) \tag{3.25}$$

式中:n 为球谐函数的阶;$\mathrm{P}_n^m(\sin\varphi_s)$是连带勒让德函数。

球谐函数能够构成一个完备正交系,所以,利用球谐函数展开的级数适合解决球面问题。

(3) 地球为椭球体时的重力加速度。地球是一个相当复杂的实体,加上自西向东的自转结果,使其成为一个两极距离小于赤道直径的椭球体。将地球引力位函数 U 展成球谐函数级数,取展开式的前 3 项作为正常椭球体对应的正常引力位势。由于引力位势对任意方向上的偏导数等于引力在该方向上的分量,因而,可求出地球外部某点的引力。设 r 为火箭质心到地心的距离,φ_s 为地心纬度,λ_s 为地心经度,则地球外任一单位质点 $\mathrm{P}(r,\varphi_s,\lambda_s)$的引力位势 U 为

$$U=\sum_{n=0}^{\infty}U_n=\sum_{n=0}^{\infty}\frac{1}{r^{n+1}}\left[A_n\mathrm{P}_n(\sin\varphi_s)+\sum_{m=1}^{n}A_{nm}(\cos m\lambda_s)+B_{nm}(\sin m\lambda_s)\mathrm{P}_{nm}(\sin\varphi_s)\right] \tag{3.26}$$

式中：A_n、A_{nm}、B_{nm}为司托克斯常数；$\mathrm{P}_n(\sin\varphi_s)$为勒让德主球谐函数；$\mathrm{P}_{nm}(\sin\varphi_s)$为勒让德伴随函数；$m$ 和 n 分别为勒让德函数的阶数与级数，$\theta_s=\dfrac{\pi}{2}-\varphi_s$ 为 r 与地球自转轴间的夹角，且

$$\mathrm{P}_n(\sin\varphi_s)=\mathrm{P}_n(\cos\theta_s)=\frac{1}{2^n n!}\frac{\mathrm{d}^n(\cos^2\theta_s-1)^n}{\mathrm{d}(\cos\theta_s)} \tag{3.27}$$

$$\mathrm{P}_{nm}(\sin\varphi_s)=\mathrm{P}_{nm}(\cos\theta_s)=\sin^m\theta_s\frac{\mathrm{dP}_n^m(\cos\theta_s)}{\mathrm{d}(\cos\theta_s)^m} \tag{3.28}$$

取级数 $n=2$ 时的位势函数作为正常椭球体引力函数，则由式(3.26)得

$$\begin{aligned}U=&\sum_{n=0}^{2}\frac{1}{r^{n+1}}\Big[A_n\mathrm{P}_n(\sin\varphi_s)+\sum_{m=1}^{n}A_{mn}\cos(m\lambda_s)\\&+B_{mn}\sin(m\lambda_s)\mathrm{P}_{mn}(\sin\varphi_s)\Big]\end{aligned} \tag{3.29}$$

取展开式的前 3 项作为正常椭球体的正常引力位势，得

$$\begin{aligned}U&=\frac{fM}{r}+\frac{1}{r^3}\left[A_2\left(\frac{3}{2}\sin^2\varphi_s-\frac{1}{2}\right)\right]\\&=\frac{fM}{r}\left[1+\frac{A_2}{fMa^2}\left(\frac{a}{r}\right)^2\mathrm{P}_2(\sin\varphi_s)\right]\end{aligned} \tag{3.30}$$

式中：$\mathrm{P}_2(\sin\varphi_s)=\dfrac{1}{2}(3\sin^2\varphi_s-1)$为二阶勒让德函数；$a$ 为地球长轴半径。将式(3.30)对 r 和 φ_s 分别求偏导，则火箭在椭球体外部空间任一点的引力分量为

$$g_r=-\frac{fM}{r^2}\left[1+J\cdot\left(\frac{a}{r}\right)^2(1-3\sin^2\varphi_s)\right] \tag{3.31}$$

$$g_n=-\frac{fM}{r^2}J\cdot\left(\frac{a}{r}\right)^2\sin(2\varphi_s) \tag{3.32}$$

式中：地球一阶扁率系数 $J=\dfrac{3}{2}J_2=\dfrac{3}{2}\left(-\dfrac{A^2}{fMa^2}\right)=0.001623945$。由定义可知，重力由地球引力和惯性离心力合成。在坐标系中，方向与地球旋转轴垂直的离心惯性力为

$$F_{nep}=mr\omega^2\cos\varphi_s \tag{3.33}$$

则惯性离心加速度为

$$a_{nep}=r\omega^2\cos\varphi_s \tag{3.34}$$

惯性离心加速度在地心矢径方向上的分量为

$$a_{rnep}=r\omega^2\cos^2\varphi_s \tag{3.35}$$

最后可得重力加速度的大小为

$$g'=\frac{fM}{r^2}\left[1+J\cdot\left(\frac{a}{r}\right)^2(1-3\sin^2\varphi_s)-q\left(\frac{r}{a}\right)^3\cos^2\varphi_s\right] \tag{3.36}$$

此重力加速度公式可作为远射程、大高度条件下的精确计算公式,其中 $q=\omega^2a^3/fM=3.461396\times10^{-3}$,火箭质心到地心的距离 $r=R+y$,R 是地面发射点到地心的距离,其表达式为

$$R=a(1-\bar{a})\sqrt{\frac{1}{\sin^2\varphi_s+(1-\bar{a})^2\cos^2\varphi_s}} \tag{3.37}$$

式中:$\bar{a}=J+\frac{q}{2}$为椭球体扁率。

(4) 地球为椭球体时的重力偏心。由图 3.3 可知,地球重力线与地心矢径间的夹角大小为

$$\mu=\bar{a}\sin2\varphi_s \tag{3.38}$$

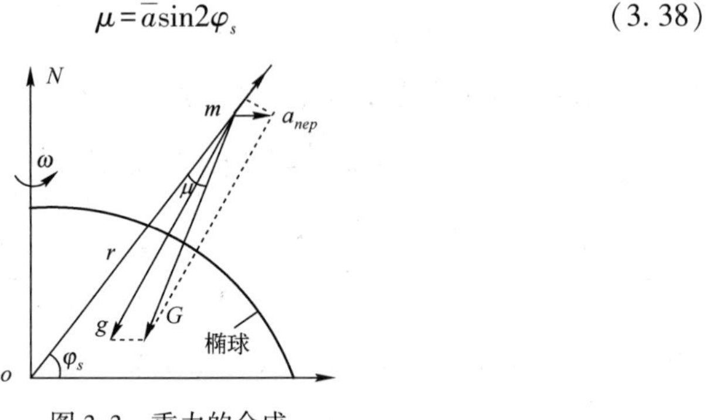

图 3.3　重力的合成

式中:$\bar{a}=\frac{3}{2}J_2+\frac{1}{2}q$ 为椭球体扁率。椭球体地理纬度 Λ、地心纬度 φ_s 与 μ 的关系为

$$\Lambda_t=\varphi_s+\mu=\varphi_s+\bar{a}\sin2\varphi_s=\varphi_s+\left(J+\frac{1}{2}q\right)\sin2\varphi_s=\varphi_s+\left(\frac{3J_2}{2}+\frac{1}{2}q\right)\sin2\varphi_s \tag{3.39}$$

式中:$q=\frac{\omega^2a^3}{fM}$;a 为椭球体长半轴长度;J_2 为地球形状动力学系数。椭球体地心纬度 φ_s 的计算公式为

$$\varphi_s=\left(\frac{x\omega_x+y\omega_y+z\omega_z}{r\omega}+\frac{R_{0b}}{r}\right) \tag{3.40}$$

式中:$R_{0b}=\frac{R_{0x}\omega_x+R_{0y}\omega_y+R_{0z}\omega_z}{\omega}=R_0\sin\varphi_{s0}$,$R_{0x}$、$R_{0y}$、$R_{0z}$ 为发射点地心矢径在发射坐标系各轴上的投影,ω_x、ω_y、ω_z 为地球自转角速度在发射坐标系各轴上的投影,φ_{s0}、R_0 分别为发射点至地心的纬度和地心距离。当 J_2 为零时,把 a 换为地

球平均半径$\overline{R}$,由式(3.39)可得圆球体的地理纬度Λ_y为

$$\Lambda_y=\varphi_s+\overline{a}\sin2\varphi_s=\varphi_s+\left(\frac{3J_2}{2}+\frac{1}{2}q\right)\sin2\varphi_s=\varphi_s+\frac{1}{2}\ \frac{\omega^2\ \overline{R}^3}{fM}\sin2\varphi_s \tag{3.41}$$

根据圆球和椭球的地理纬度表达式可以求出在相同地心纬度时地理纬度的差异。同样,可以求出相同地理纬度时地心纬度的差异,进而求出重力加速度的差异,从而得出地球为椭球体时的重力偏心,如表3.1和表3.2所列。

表3.1 地心纬度相同时圆球和椭球的地理纬度差异

地理纬度	地心纬度				
	20°	30°	45°	50°	60°
圆球	20.0000111°	30.0000149°	40.0000170°	50.0000170°	60.0000149°
椭球	20.0010549°	30.0014213°	40.0016163°	50.0016163°	60.0014213°
偏差	3.7578924″	5.0629598″	5.7587009″	5.757385″	5.0629594″

表3.2 地理纬度相同时圆球和椭球的地心纬度差异

地心纬度	地理纬度				
	20°	30°	45°	50°	60°
圆球	19.999989°	29.9999851°	39.999983°	49.999983°	59.999985°
椭球	19.998945°	29.9985788°	39.998384°	49.998384°	59.998579°
偏差	3.757322″	5.062572″	5.75712″	5.75748″	5.06376″

从表3.1中可以看出,当地理纬度相同时,在圆球体和椭球体两种情况下所对应的地心纬度有所差异,在中纬度地区偏差量达到将近6″;由表3.2中可以看出,当地理纬度相同时,圆球体和椭球体的地心纬度也有一定的差异,地心纬度所对应的重力加速度值偏差量达到小数点后两位数,随着纬度的增高,偏差量呈减小趋势。在低纬度20°处重力加速度偏差量超过0.6%,对于精度要求高的常规远程火箭来说,重力加速度这样大的差异对射程将会产生影响(表3.3)。

表3.3 地理纬度相同时圆球和椭球的地面重力加速度差异

重力加速度	地理纬度				
	20°	30°	45°	50°	60°
圆球	9.85026742	9.84574576	9.84019913	9.83429652	9.82874987
椭球	9.78641644	9.79310088	9.80185390	9.81084644	9.81925512
重力加速度差	0.06385098	0.05264488	0.03834523	0.02345008	0.00949475
差值百分比	0.648%	0.535%	0.39%	0.238%	0.097%

(5) 地球为椭球体时重力加速度随高度与纬度的变化[6]。在以往的弹道计算中,在射程较小、弹道高不大时通常把地球看作圆球体,重力加速度用传统近似计算公式可得

$$g_y=g_0\left(1-\frac{2y}{R}\right)=g_{\Lambda_y=0}(1+0.00529\sin^2\Lambda_y)\left(1-\frac{2y}{R}\right) \tag{3.42}$$

式中:Λ_y 为圆球体的地理纬度。

为了说明地球为椭球体时重力加速度精确公式与近似公式的差别,把式(3.41)和式(3.42)中的重力加速度分别进行了对比计算,在近似计算公式中,地球平均半径 r_0 取 6371110m,在精确计算公式中,地球长轴径 a 取 6378245m,地球一阶扁率系数 J 取 0.001623945,椭球体扁率$\bar{a}$取 0.003352,地心引力常数 fM 取 3.98620×10^{14},q 取 3.461396×10^{-3},计算值如表 3.4 和表 3.5 所列。

表 3.4 由近似计算公式得不同高度和纬度的重力加速度值

弹道高/km	纬度						
	0°	15°	30°	45°	60°	75°	90°
0	9.7805	9.7840	9.7934	9.8064	9.8193	9.8288	9.83224
20	9.7191	9.7225	9.7320	9.7448	9.7577	9.7671	9.77051
40	9.6577	9.6611	9.6705	9.6832	9.6960	9.7054	9.70878
60	9.5963	9.5997	9.6090	9.6217	9.6344	9.6436	9.64705
80	9.5349	9.5383	9.5475	9.5601	9.5727	9.5819	9.58531
100	9.4735	9.4768	9.4860	9.4985	9.5111	9.5202	9.52358

表 3.5 由精确计算公式得不同高度和纬度的重力加速度值

弹道高/km	纬度						
	0°	15°	30°	45°	60°	75°	90°
0	9.7804	9.7840	9.7935	9.8065	9.8194	9.8288	9.8322
20	9.7190	9.7225	9.7321	9.7451	9.7580	9.7674	9.7708
40	9.6581	9.6616	9.6712	9.6842	9.6972	9.7066	9.7100
60	9.5978	9.6013	9.6109	9.6239	9.6369	9.6463	9.6498
80	9.5380	9.5415	9.5512	9.5642	9.5772	9.5867	9.5901
100	9.4788	9.4823	9.4920	9.5051	9.5181	9.5275	9.5310

为了更加直观地表现用两种方法计算得到的重力加速度的差异,将两组计算值的差列于表 3.6 中。

表 3.6　不同高度和纬度下重力加速度精确值与近似值之差

弹道高/km	纬度					
	0°	30°	45°	60°	75°	90°
0	−7E−5	8E−5	1.3E−4	1E−4	1E−5	−4E−5
20	−1.3E−4	1.2E−4	2.8E−4	3.5E−4	3.3E−4	3.1E−4
40	3.8E−4	7.4E−4	1E−3	0.00117	0.00123	0.00124
60	0.00147	0.00192	0.00228	0.00256	0.0027	0.00273
80	0.00311	0.00367	0.00413	0.0045	0.00472	0.00479
100	0.0053	0.00595	0.00653	0.007	0.00729	0.00739

从表 3.6 可以看出，到了 60～80km 的高空，虽然精确解与近似解的差值小到了小数点后 3 位，但是，对于远程火箭弹来说，这样大的差别在弹道迭代计算中会出现较大的积累误差。根据表 3.6 的偏差值画出曲线，如图 3.4 所示。

在本例的计算中，在同一纬度下重力加速度的差值随着弹道高度的增加而增大，且增幅随着弹道高度的增加而增；在同一高度下，纬度越高，偏差越大。

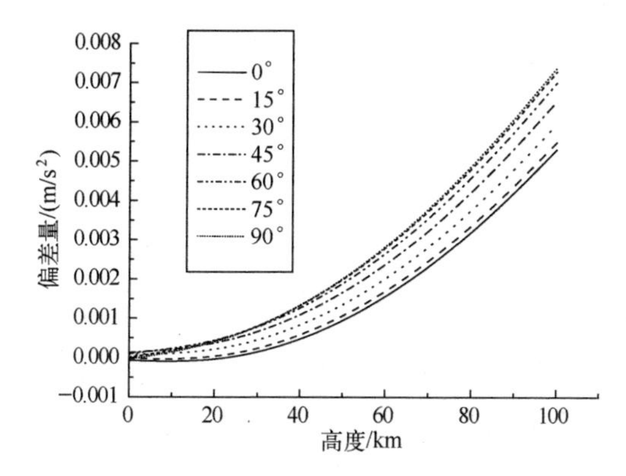

图 3.4　不同纬度下精确值与近似值之差随高度的变化

由表 3.3 中的精确计算值得出不同高度上重力加速度减少量百分比随纬度的变化值列于表 3.7 中。

表 3.7　不同纬度下重力加速度随高度的递减百分比

弹道高/km	纬度					
	0°	30°	45°	60°	75°	90°
0	0	0	0	0	0	0
20	6.147%	6.144%	6.142%	6.140%	6.139%	6.138%
40	12.236%	12.231%	12.227%	12.223%	12.22%	12.218%
60	18.268%	18.262%	18.256%	18.249%	18.244%	18.242%
80	24.245%	24.236%	24.228%	24.22%	24.213%	24.21%
100	30.166%	30.156%	30.145%	30.135%	30.127%	30.123%

由表 3.7 的数据画出了不同纬度下重力加速度随高的变化量曲线，如图 3.5 所示，100km 高度时重力加速度减小量随纬度的变化曲线如图 3.6 所示。

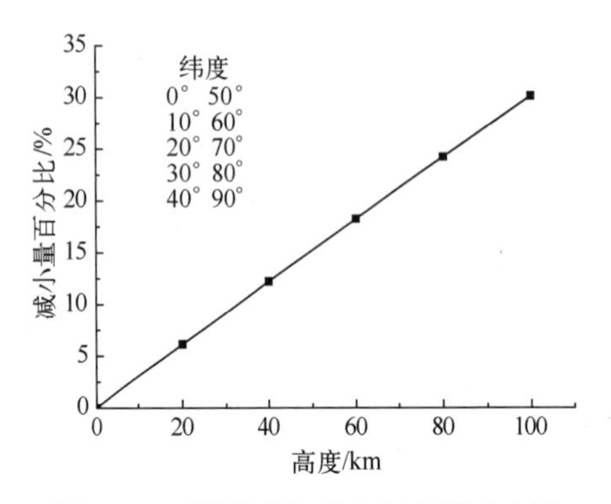

图 3.5　不同纬度上重力加速度减小量随高度的变化

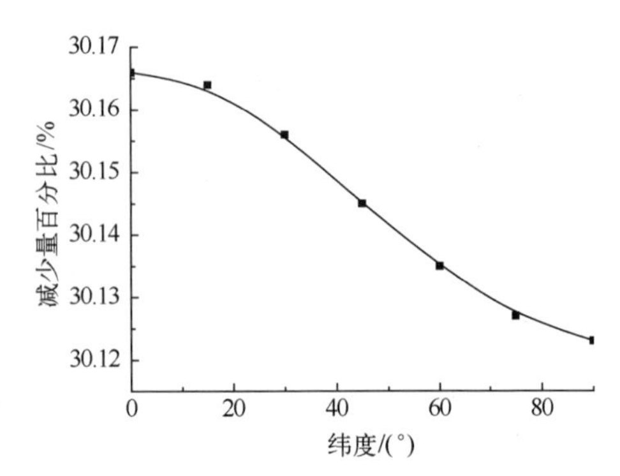

图 3.6　同一高度上重力加速度增量随纬度的变化

由图 3.5 可以看出，重力加速度的减小量百分比随高度的增大而增大；不同纬度的曲线基本变成一条曲线，说明各纬度处的差别很小。从图 3.6 也可以看出这一点，在高度达 100km 时，虽然重力加速度减小量百分比随纬度的增大而减小，但是，纬度 0°与 90°处的减小量百分比相差仅有 0.043%。然而，由表 3.7 可以看出，当高度达到 100km 时，不同纬度下与地面值相比，减小量百分比却很大，分别为 30.166%、30.164%、30.156%、30.145%、30.135%、30.127、30.123%，在各纬度上比地面值减小量都超过 30%，变化很明显。

通过对比计算与分析可知，在大高度、远射程条件下，重力加速度的精确计算值与传统的近似计算值有明显差别，说明在火控弹道解算中应用精确重力加速度精确计算公式是非常必要的。

2. 地表曲率的影响

射程较小时，常把地球表面当作平面，这对射程和弹道高度都不大时的弹道解算的精度影响不是很大。实际上，地球是一个球体，其表面是曲面。但是，当火箭的射程与弹道高度都很大时，就不能再把地球表面看作平面了，而应看作曲面。

在图 3.7 中，o_1 为火箭质心，r_0 为地球半径，y 为海拔高度。

由牛顿运动定律可得

$$\frac{\mathrm{d}\boldsymbol{v}}{\mathrm{d}t} = \frac{\partial \boldsymbol{v}}{\partial t} + \dot{\boldsymbol{\varphi}} \times \boldsymbol{v} = \sum \boldsymbol{F}/m \tag{3.43}$$

式中：φ 为弹丸在空中飞行 t 秒时动坐标系转过的角度。因为

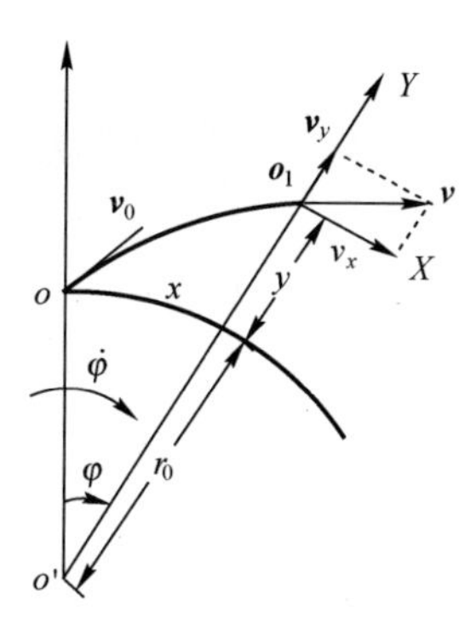

图 3.7　考虑地表曲率时的坐标系

$$\begin{cases} \boldsymbol{v}=v_x\boldsymbol{i}+v_y\boldsymbol{j}+v_z\boldsymbol{k} \\ \dot{\boldsymbol{\varphi}}=0\boldsymbol{i}+0\boldsymbol{j}+\dot{\varphi}\boldsymbol{k} \end{cases} \tag{3.44}$$

故由

$$\begin{vmatrix} \boldsymbol{i} & \boldsymbol{j} & \boldsymbol{k} \\ v_x & v_y & v_z \\ 0 & 0 & -\dot{\varphi} \end{vmatrix} = v_y\dot{\varphi}\boldsymbol{i}-v_x\dot{\varphi}\boldsymbol{j}+0\boldsymbol{k} \tag{3.45}$$

得火箭质心运动方程组为

$$\begin{cases} \dfrac{\mathrm{d}v_x}{\mathrm{d}t}=-v_y\dot{\varphi}+\sum F_x/m \\ \dfrac{\mathrm{d}v_y}{\mathrm{d}t}=-v_x\dot{\varphi}+\sum F_y/m \\ \dfrac{\mathrm{d}v_z}{\mathrm{d}t}=\sum F_z/m \\ \dfrac{\mathrm{d}x}{\mathrm{d}t}=v_x \\ \dfrac{\mathrm{d}y}{\mathrm{d}t}=v_y \\ \dfrac{\mathrm{d}z}{\mathrm{d}t}=v_z \end{cases} \tag{3.46}$$

式中:$v_x\dot{\varphi}$和$v_y\dot{\varphi}$为牵连加速度在动坐标系的x轴与y轴上的分量。由图3.7可知

$$\begin{cases} \varphi=\dfrac{x}{r_0} \\ \dot{\varphi}=\dfrac{\dot{x}}{r_0} \end{cases} \tag{3.47}$$

式中：$\dot{x}$为火箭在地面上投影的移动速率，它与速度水平分量的关系为

$$\frac{\dot{x}}{v_x}=\frac{r_0}{r_0+y} \tag{3.48}$$

可得

$$\dot{x}=\frac{r_0}{r_0+y}v_x \tag{3.49}$$

由式(3.47)可得

$$\dot{\varphi}=\frac{\dot{x}}{r_0}=\frac{v_x}{r_0+y} \tag{3.50}$$

代入到式(3.46)中，可得考虑地表曲率后质心方程组与不考虑地表曲率的方程组的形式为

$$\begin{cases}\dfrac{\mathrm{d}v_x}{\mathrm{d}t}=\sum F_x/m-\dfrac{v_x v_y}{r_0}\left(1+\dfrac{y}{r_0}\right)^{-1}\\[2ex]\dfrac{\mathrm{d}v_y}{\mathrm{d}t}=\sum F_y/m-\dfrac{v_x^2}{r_0}\left(1+\dfrac{y}{r_0}\right)^{-1}\\[2ex]\dfrac{\mathrm{d}v_z}{\mathrm{d}t}=\sum F_z/m\\[2ex]\dfrac{\mathrm{d}x}{\mathrm{d}t}=\left(1+\dfrac{y}{r_0}\right)^{-1}v_x\\[2ex]\dfrac{\mathrm{d}y}{\mathrm{d}t}=v_y\\[2ex]\dfrac{\mathrm{d}z}{\mathrm{d}t}=v_z\end{cases} \tag{3.51}$$

从式(3.51)与式(3.46)可以看出，考虑了地表曲率后与不考虑时火箭质心运动方程组有所差别，这种差别在射程很远、弹道高度很大时应该予以考虑。

3. 柯氏惯性力的影响

柯氏力是由于地球旋转和火箭相对地球运动而产生的。在射程较近、弹道高不高时，一般不考虑其影响。但在射程很远、弹道高很大的情况下，应该考虑其影响。下面就对柯氏力在地面直角坐标系中的分量进行推导。

设射击点的地理纬度为Λ_t，射击面与正北方向的夹角(射向)为α^*，在地面坐标系内，地球自转角速度$\boldsymbol{\Omega}_E$为

$$\begin{bmatrix}\Omega_{Ex}\\ \Omega_{Ey}\\ \Omega_{Ez}\end{bmatrix}=\begin{bmatrix}\Omega_E\cos\Lambda_t\cos\alpha^*\\ \Omega_E\sin\Lambda_t\\ -\Omega_E\cos\Lambda_t\sin\alpha^*\end{bmatrix} \tag{3.52}$$

由

$$\boldsymbol{F}_c = 2m\boldsymbol{v}\times\boldsymbol{\Omega}_E \tag{3.53}$$

得柯氏力为

$$\begin{aligned}\begin{bmatrix}F_{cx}\\F_{cy}\\F_{cz}\end{bmatrix} &= 2m\begin{bmatrix}\boldsymbol{i} & \boldsymbol{j} & \boldsymbol{k}\\ v_x & v_y & v_z\\ \Omega_{Ex} & \Omega_{Ey} & \Omega_{Ez}\end{bmatrix}\\ &= 2m[(\Omega_{Ez}v_y-\Omega_{Ey}v_z)\boldsymbol{i}-(\Omega_{Ez}v_x-\Omega_{Ex}v_z)\boldsymbol{j}+(\Omega_{Ey}v_x-\Omega_{Ex}v_y)\boldsymbol{k}]\end{aligned} \tag{3.54}$$

得出柯氏力在地面坐标系内的投影矩阵为

$$\begin{aligned}\begin{bmatrix}F_{cx}\\F_{cy}\\F_{cz}\end{bmatrix} &= \begin{bmatrix}2m(\Omega_{Ez}v_y-\Omega_{Ey}v_z)\\2m(\Omega_{Ez}v_x-\Omega_{Ex}v_z)\\2m(\Omega_{Ey}v_x-\Omega_{Ex}v_y)\end{bmatrix}\\ &= \begin{bmatrix}2m(-\Omega_E v_y\cos\Lambda_t\sin\alpha^*-\Omega_E\sin\Lambda_t v_z)\\2m(-\Omega_E v_x\cos\Lambda_t\sin\alpha^*-\Omega_E v_z\cos\Lambda_t\cos\alpha_*)\\2m(\Omega_E v_x\sin\Lambda_t-\Omega_E v_y\cos\Lambda_t\cos\alpha_*)\end{bmatrix}\end{aligned} \tag{3.55}$$

从式(3.55)中可以看出,柯氏力与地球自转角速度、射向和纬度有关。火箭在空中的飞行时间较长、射程跨度较大时,在其弹道计算中应考虑柯氏力的影响。

4. 雷诺数的影响

(1) 雷诺数随高度的变化对气动系数的影响。过去由于火箭射程较小、飞行高度不大,故在弹道计算中直接应用在地面测得的阻力系数曲线,而不考虑飞行高度不同使雷诺数变化而产生的影响。实际上,随着火箭飞行距离和高度较以前大为增加,就不能再忽视雷诺数的变化对射程产生的影响。

按照定义,雷诺数的表达式为

$$R_e=\frac{\rho VL}{\mu}=\frac{\rho McL}{\mu}=KML \tag{3.56}$$

式中:$K=\rho c/\mu$;L 为特征长度;M 为飞行马赫数;μ 为气体黏性系数。可以看出,影响雷诺数的因素主要有温度、压强、空气密度、气体黏性系数和声速。随着火箭飞行高度增大,空气密度和黏性系数与地面相差很大,其综合结果是雷诺数减小很快。

以某远程火箭的弹体参数为例,根据某标准大气中 ρ、c、μ 参数,计算了 80km 高度内不同高度、不同马赫数下的 K 值,如表 3.8 所列。

表 3.8　K 值随高度的变化

高度 y/km	0	10	20	30	40
$K\times10^{-7}$	2.3296	0.8497	0.1845	0.0377	0.0079
高度 y/km	50	60	70	80	
$K\times10^{-7}$	0.0020	0.0006	0.00017	0.00004	

由表 3.8 可以看出,K 值随高度的变化是很明显的。为了具体考查雷诺数随高度的变化量,在 80km 高度内,以 10km 为间隔,对 K 值的变化量及其百分比进行了计算,如表 3.9 所列。

表 3.9　K 值随高度的变化量及百分比

y/m	0	20000	40000	50000	60000	70000	80000
$K\times10^{-7}$	2.3296	0.1845	0.0079	0.0020	0.0006	0.00017	0.00004
减小量	0	0.6652	0.0298	0.0059	0.0014	0.00043	0.00013
减小量百分比	0	78.3%	79.0%	74.7%	70.0%	71.7%	76.5%

由表中可以看出,本例计算中,在 80km 高度内高度每增加 10km,K 值的减小量都在 60%以上。在 30km 高度以内,K 值的减小量百分比呈增大趋势;在 30~80km 范围,K 值的减小量百分比先减小后增大。由式(3.56)可以看出,对于相同的马赫数,雷诺数随着高度的变化很大。那么,对于远射程大弹道高的火箭,雷诺数随高度的变化将会对射程产生怎样的影响呢?下面从空气阻力的组成考查其影响。

由空气动力学知,空气阻力的表达式为[7-9]

$$R_x=\frac{\rho v^2}{2}Sc_{x_0}(M_\alpha) \tag{3.57}$$

式中:$c_{x_0}(M_\alpha)$ 为零升阻力系数,它主要由摩阻系数 c_{xf}、底阻系数 c_{xb} 和波阻系数 c_{xw} 组成,即

$$c_{x_0}(M_\alpha)=c_{xf}+c_b+c_{xw} \tag{3.58}$$

其中摩阻系数 c_{xf} 受雷诺数的影响较大。由文献[7,8]可知,根据附面层理论,火箭在紊流条件下的表达式为

$$\begin{aligned}&c_{xf}=\frac{0.072}{R_e^{0.2}}\frac{S_s}{S_M}\eta_m\eta_\lambda \quad (R_e<10^6)\\&c_{xf}=\frac{0.072}{R_e^{0.2}}\frac{S_s}{S_M}\eta_m\eta_\lambda \quad (2\times10^6<R_e<10^{10})\end{aligned} \tag{3.59}$$

式中:S_s 为火箭的侧表面积;S_M 为特征面积;η_m 为考虑到空气的压缩后采用的

修正系数；η_λ 为形状修正系数。在工程计算中，把弹体侧表面产生的压差阻力系数 c_{xp} 与摩阻系数 c_{xf} 合在一起计算，把底阻系数 c_{xb} 单独计算，即

$$c_{xf}+c_{xp}=A^{*}c_{xf}+c_{xb} \tag{3.60}$$

底阻 c_{xb} 在亚、跨声速的 c_{xb1} 和超声速的 c_{xb2} 的经验公式为

$$\begin{cases} c_{xb1}=0.029\zeta^{3}/\sqrt{c_{xf}} \\ c_{xb2}=1.14\dfrac{\zeta^{4}}{\lambda_{B}}\left(\dfrac{2}{M_{\alpha}}-\dfrac{\zeta^{2}}{\lambda_{B}}\right) \end{cases} \tag{3.61}$$

式中：$A^{*}=1.865-0.175\lambda_{B}\sqrt{1-M_{\alpha}^{2}}+0.01\lambda_{B}^{2}(1-M_{\alpha}^{2})$；$\lambda_{B}=l/d$ 为火箭长细比；ζ 为尾锥收缩比。

为了考查雷诺数的变化对阻力系数的影响，计算了在不同高度下的阻力系数值，在不同马赫数下，高度每升高 10km 时，弹翼组合体阻力系数增量列于表 3.10 中。

表 3.10　弹翼组合体阻力系数 c_x 随高度的增量

Y /km	M_a							
	0.5	0.9	1.1	1.5	2.1	2.5	3.0	3.5
0	0.5159	0.5315	0.9344	0.876	0.7802	0.7158	0.6395	0.570
10	0.5636	0.5879	0.9781	0.915	0.8171	0.7502	0.670	0.600
Δ_1	0.0477	0.0564	0.0437	0.039	0.0369	0.0344	0.0305	0.030
20	0.6651	0.6806	1.0601	0.9873	0.8717	0.8016	0.720	0.650
Δ_2	0.1015	0.0927	0.082	0.0723	0.0546	0.0514	0.050	0.050
30	0.7657	0.7705	1.162	1.0758	0.9513	0.8723	0.80	0.730
Δ_3	0.1006	0.0899	0.1019	0.0885	0.0796	0.0707	0.080	0.080
40	0.89	0.9047	1.2876	1.1974	1.056	0.9674	0.890	0.830
Δ_4	0.1243	0.1342	0.1256	0.1216	0.1047	0.0951	0.090	0.100
50	0.925	0.944	1.3288	1.2482	1.1156	1.0252	0.940	0.870
Δ_5	0.035	0.0393	0.0412	0.0508	0.0596	0.0578	0.050	0.040
60	0.9306	0.9537	1.3364	1.2586	1.1292	1.040	0.950	0.880
Δ_6	0.0056	0.0097	0.0076	0.0104	0.0136	0.0148	0.010	0.010
70	0.9325	0.9569	1.3363	1.2593	1.131	1.0422	0.955	0.885
Δ_7	0.0019	0.0032	1E-4	7E-4	0.0018	0.0022	0.005	0.005
80	0.933	0.9579	1.3336	1.2567	1.1286	1.0399	0.960	0.89
Δ_8	5E-4	1E-3	0.0027	0.0026	0.0024	0.0023	0.005	0.005

由表中数据可得 80km 处的增量百分比分别为 80.8%、80.2%、42.7%、43.5%、44.7%、45.3%、50.1%、56.1%。

摩擦阻力系数 C_{xf} 的计算值曲线如图 3.8 所示，弹翼组合体阻力系数 C_{x0} 计

算值曲线如图 3.9 所示。

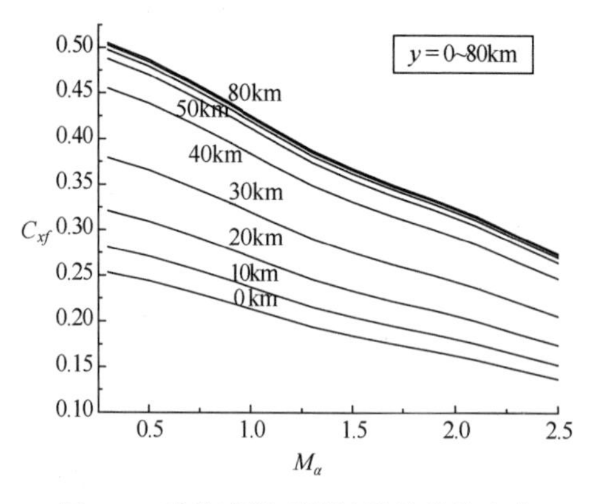

图 3.8 弹体摩阻系数随马赫数的变化

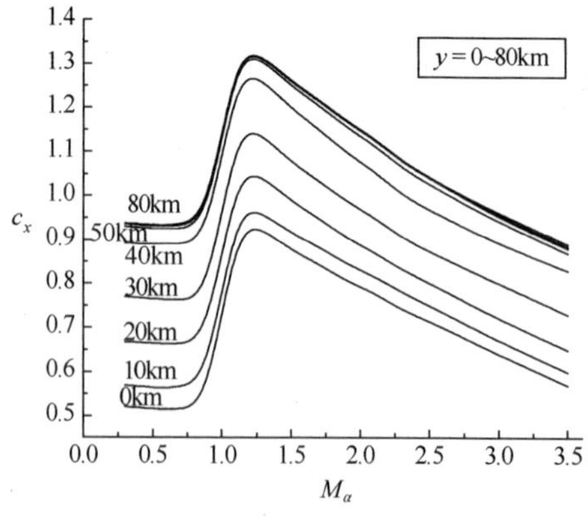

图 3.9 弹翼组合体阻力系数随马赫数的变化

从表 3.10 可以看出,高度对阻力的影响比较明显,高度增加 10km,阻力系数的增加量最大可达 15%以上。由图 3.8 与图 3.9 可以看出,在不同马赫数下,摩阻系数与弹翼组合体阻力系数都随着高度的升高而增大;在本例计算中,同一马赫数下,阻力系数的增量在 40km 高度以内呈增大趋势,在 40~80km 范围呈减小趋势。

(2) 雷诺数随高度的变化对射程的影响。经过前面的分析可知,雷诺数的变化对阻力系数产生的影响不容忽视。为了考查雷诺数的变化对火箭射程的影响,以远程火箭为对象进行了对比计算。计算初始条件相同,在大高度范围内一种方案不考虑 R_e 数的变化,另一种方案考虑 R_e 数的变化,高度每升高 10km,阻力系数变化一次。计算结果如表 3.11~表 3.13 所列。

表 3.11 雷诺数随高度不变时不同射角对应射程与弹道高

分类	射角				
	30°	35°	40°	45°	50°
射程	97750.87	137131.41	155377.1	183211.116	202576.64
弹道高	19155.98	27156.12	37373.63	49484.42	62987.99

表 3.12 雷诺数随高度变化时不同射角对应射程与弹道高

分类	射角				
	30°	35°	40°	45°	50°
射程	96744.04	122595.31	153667.96	181140.836	200247.01
弹道高	19535.92	27595.66	37908.55	50339.80	64343.80

表 3.13　两种情况下不同射角对应射程差及百分比

分　类	射　角				
	30°	35°	40°	45°	50°
射　程	1006.83	14536.10	1709.14	2070.28	2329.63
弹道高	1.03%	1.06%	1.10%	1.13%	1.15%

由表 3.11~表 3.13 可以看出,与不考虑雷诺数随高度的变化相比,考虑了雷诺数随高度的变化后射程明显变小,这是由于阻力系数增大的原因,对于 200km 射程,雷诺数随高度的变化对射程的影响可达到 2.3km。图 3.10 是由不同射角下雷诺数随高度变化引起的射程差绘制的曲线,可以看出,在有效射角范围内,这种影响产生的射程差随着射角的增大而增大。

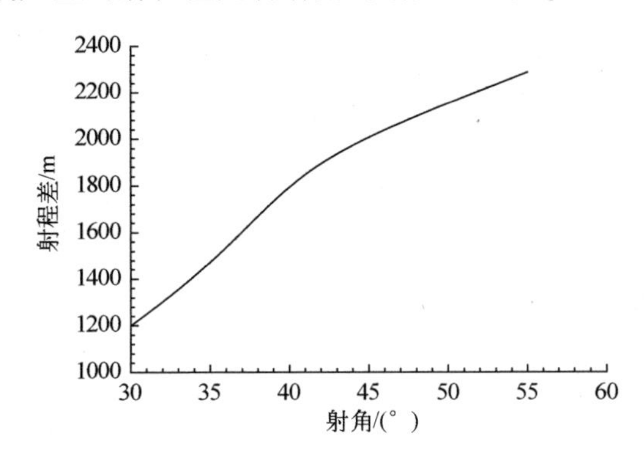

图 3.10　不同射角下雷诺数随高度变化引起的射程差

显然,雷诺数随高度的变化会对火箭的射击造成误差,这种误差对于高空远程火箭来说不能忽视。在弹道计算时,对于在地面测得的阻力系数曲线应加以修正,下面对修正方法进行研究。

可设在标准气象条件下地面的声速、空气密度和气体黏性系数分别为 c_{son}、ρ_0 和 μ_{on},高空 y 处的声速、空气密度和气体黏性系数分别为 c_{sy}、ρ_y 和 μ_y,则可得地面和 y 处在同一马赫数下的速度为

$$\begin{cases} v_{on}=M_\alpha \cdot c_{son} \\ v_y=M_\alpha \cdot c_{sy} \end{cases} \tag{3.62}$$

同样,可算出地面和 y 处的雷诺数 R_{eon} 和 R_{ey},由式(3.59)和式(3.61)可算出对应的摩阻 $c_{xf}(R_{eon})$ 与 $c_{xf}(R_{ey})$ 及底阻 $c_{xb}(R_{eon})$ 与 $c_{xb}(R_{ey})$,可得地面与高度 y 处在同一马赫数下的摩阻和底阻差为

$$\begin{cases} \Delta c_{xf}=A^* c_{xf}(R_{ey}-R_{eon}) \\ \Delta c_{xb}=A^* c_{xb}(R_{ey}-R_{eon}) \end{cases} \tag{3.63}$$

令标准气象条件下的阻力系数为 c_{xon}，由式(3-63)可得高空中 y 处的阻力系数为

$$c_x=c_{xon}+\Delta c_{xf}+\Delta c_{xb} \tag{3.64}$$

5. 精确弹道解算模型的建立

在已有弹道数学模型的基础上，全面考虑了重力偏心、地表曲率的影响、重力加速度随高度和纬度的变化、柯氏惯性力等的影响，得出较精确的火控弹道解算模型[10-12]为

$$\begin{aligned}
\frac{\mathrm{d}v_x}{\mathrm{d}t}=&\frac{1}{m}\Bigg[F_p\cos\varphi_a\cos\varphi_2-R_x\frac{v_x-w_x}{v_r}-\frac{R_y}{\sin\delta_r}(\sin\delta_{r1}\cos\delta_{r2}\sin\theta_r+\sin\delta_{r2}\sin\psi_r\cos\theta_r)\\
&+\frac{R_z}{\sin\delta_r}(\sin\psi_r\cos\theta_r\cos\delta_{r2}\sin\delta_{r1}-\sin\theta_r\sin\delta_{r2})+2m(-\Omega_E\cos\Lambda_t\sin\alpha^*v_y-\Omega_E\sin\Lambda_t v_z)\Bigg]\\
&-\frac{v_xv_y}{a(1-\bar{a})(\sin^2\varphi_s+(1-\bar{a})^2\cos^2\varphi_s)^{-\frac{1}{2}}}\cdot\left(1+\frac{y}{a(1-\bar{a})(\sin^2\varphi_s+(1-\bar{a})^2\cos^2\varphi_s)^{-\frac{1}{2}}}\right)^{-1}\\
\frac{\mathrm{d}v_y}{\mathrm{d}t}=&\frac{1}{m}\Bigg[F_p\cos\varphi_2\sin\varphi_a-R_x\frac{v_y}{v_r}+\frac{R_y}{\sin\delta_r}(\sin\delta_{r1}\cos\delta_{r2}\cos\theta_r-\sin\delta_{r2}\sin\theta_r\sin\psi_r)\\
&+\frac{R_z}{\sin\delta_r}(\cos\theta_r\sin\delta_{r2}+\sin\psi_r\sin\theta_r\cos\delta_{r2}\sin\delta_{r1})+2m(-\Omega_E\cos\Lambda_t\sin\alpha^*v_x\\
&-\Omega_E\cos\Lambda_t\cos\alpha^*v_z)\Bigg]+\frac{v_x^2}{a(1-\bar{a})(\sin^2\varphi_s+(1-\bar{a})^2\cos^2\varphi_s)^{-\frac{1}{2}}}\cdot\left(1+\frac{1}{a(1-\bar{a})}\right.\\
&\left.\cdot\frac{y}{(\sin^2\varphi_s+(1-\bar{a})^2\cos^2\varphi_s)^{-\frac{1}{2}}}\right)^{-1}-\frac{fM}{r^2}\left[1+J\cdot\frac{a^2}{r^2}(1-3\sin^2\varphi_s)-q\cdot\frac{r^3}{a^3}\cos^2\varphi_s\right]\\
\frac{\mathrm{d}v_z}{\mathrm{d}t}=&\frac{1}{m}\Bigg[F_P\sin\varphi_2-R_x\frac{v_z-w_z}{v_r}+\frac{R_y}{\sin\delta_r}\sin\delta_{r2}\cos\psi_r-\frac{R_z}{\sin\delta_r}\cos\psi_r\cos\delta_{r2}\sin\delta_{r1}\\
&+2m(\Omega_E\sin\Lambda_t v_x-\Omega_E\cos\Lambda_t\cos\alpha^*v_y)\Bigg]\\
\frac{\mathrm{d}\dot{\gamma}}{\mathrm{d}t}=&-\ddot{\varphi}_a\sin\varphi_2-\dot{\varphi}_a\dot{\varphi}_2\cos\varphi_2+(M_{xp}+M_{xw})/C-k_{XD}(\dot{\gamma}+\dot{\varphi}_a\sin\varphi_2)v_r\\
\frac{\mathrm{d}\dot{\varphi}_a}{\mathrm{d}t}=&\frac{1}{A\cos\varphi_2}\Bigg[(2A-C)\dot{\varphi}_a\dot{\varphi}_2\sin\varphi_2-C\dot{\gamma}\dot{\varphi}_2+\frac{M_z}{\sin\delta_r}(\sin\delta_{r1}\cos\alpha_r+\cos\delta_{r1}\sin\delta_{r2}\sin\alpha_r)\\
&+\frac{M_y}{\sin\delta_r}(\cos\delta_{r1}\sin\delta_{r2}\cos\alpha_r-\sin\delta_{r1}\sin\alpha_r)\Bigg]-k_{ZD}\dot{\varphi}_a\cos\varphi_2 v_r\\
\frac{\mathrm{d}\dot{\varphi}_2}{\mathrm{d}t}=&\frac{1}{A}\Bigg[-(A-C)\dot{\varphi}_a^2\sin\varphi_2\cos\varphi_2+C\dot{\gamma}\dot{\varphi}_a\cos\varphi_2+\frac{M_z}{\sin\delta_r}(\cos\delta_{r1}\cos\alpha_r-\sin\delta_{r1}\sin\alpha_r)
\end{aligned}$$

$$-\frac{M_y}{\sin\delta_r}(\sin\delta_{r1}\cos\alpha_r+\cos\delta_{r1}\sin\delta_{r2}\sin\alpha_r)\Big]-k_{ZD}\dot{\varphi}_2 v_r$$

$$\frac{d\varphi_a}{dt}=\dot{\varphi}_a$$

$$\frac{d\varphi_2}{dt}=\dot{\varphi}_2$$

$$\frac{dx}{dt}=v_x\left(1+\frac{y}{a(1-\bar{a})(\sin^2\varphi_s+(1-\bar{a})^2\cos^2\varphi_s)^{-\frac{1}{2}}}\right)^{-1}$$

$$\frac{dy}{dt}=v_y$$

$$\frac{dz}{dt}=v_z$$

$$\frac{dm}{dt}=-\frac{F_p}{Ig} \tag{3.65}$$

角度关系为

$$\varphi_r=\arcsin\frac{V_z-w_z}{V_r}$$

$$\theta_r=\arcsin\frac{V}{V_r\cos\psi_r}$$

$$\delta_{r2}=\arcsin[\sin\varphi_2\cos\psi_r-\sin\psi_r\cos\varphi_2\cos(\varphi_a-\theta_r)]$$

$$\delta_{r1}=\arcsin[\sin(\varphi_a-\theta_r)\cos\varphi_2/\cos\delta_{r2}]$$

$$\alpha_r=\arcsin[\sin(\varphi_a-\theta_r)\sin\psi_r/\cos\delta_{r2}]$$

$$\delta_r=\arccos(\cos\delta_{r1}\cos\delta_{r2})$$

相对速度为

$$v_r=\sqrt{(v_x-w_x)^2+v_y^2+(v_z-w_z)^2}$$

力和力矩大小为

$$R_x=\frac{1}{2}\rho v_r^2 S_M C_x,\qquad R_y=\frac{1}{2}\rho v_r^2 S_M C_y,\qquad R_z=\frac{1}{2}\rho v_r^2 S_M C_z$$

$$M_z=\frac{1}{2}\rho v_r^2 S_M l m_z,\qquad M_y=\frac{1}{2}\rho v_r^2 S_M l m_y,\qquad M_{xw}=\frac{1}{2}\rho v_r^2 S_M l m'_{xw}\varepsilon$$

$$M_{xp}=\frac{F_p d^*}{2}\tan\varepsilon\,\frac{u_1}{u_{\text{eff}}}\left[1-\frac{\dot{\gamma}d^*/2}{u_1\sin\varepsilon}\left(1-\frac{R_p^2}{(d^*/2)^2}\right)\right]$$

$$k_{XD}=S_M l\rho m_{xz0}/2C,\qquad K_{ZD}=S_M l\rho(m_{zz0}+m_{zz2}\delta^2)/2A$$

气动力和力矩系数写成非线性形式为

$$C_x=C_{x0}+C_{x2}\delta^2,C_y=(C_{y0}+C_{y2}\delta^2)\delta,C_Z=(C_{Z0}+C_{Z2}\delta^2)\delta$$

$$m_z=(m_{z0}+m_{z2}\delta^2)\delta,m_y=(m_{y0}+m_{y2}\delta^2)\delta$$

模型中的符号如下所示：

m——火箭质量；

w——风速；

w_F——风向；

w_x——风速在垂直于火箭飞行方向的分量；

w_z——风速在火箭飞行方向的分量；

α^*——射向；

a——地球为椭球体时的长半轴长度；

$\bar{a}$——椭球体扁率(体现重力偏心)；

v_r——相对速度；

F_x、F_y、F_z——在 x、y、z 方向上的合力；

A——赤道转动惯量；

C——极转动惯量；

C_x、C_y——阻力和升力系数；

C_z——马格努斯力系数；

r——火箭质心到地心的距离；

d^*——涡轮式火箭各小喷管喉中心所在圆的半径；

F_p——推力；

I——比冲；

k_{ZD}——与赤道阻尼有关的系数，$k_{ZD}=S_M l\rho m'_{ZD}/2A$；

k_{XD}——与极阻尼有关的系数，$k_{XD}=S_M l\rho m'_{XD}/2C$；

l——全弹长；

M_z——静力矩；

M_y——马格努斯力矩；

M_{xw}——尾翼导转力矩；

M_{xp}——喷管导转力矩；

M_{ZD}——赤道阻尼力矩；

M_{XD}——极阻尼力矩；

m——火箭质量；

m_z——静力矩系数；

m_y——马格努斯力矩系数；
m'_{XD}——极阻尼力矩系数导数；
m'_{ZD}——赤道阻尼力矩系数导数；
m'_{xw}——尾翼导转力矩系数导数；
R_x——空气阻力；
R_y——升力；
R_z——马格努斯力；
R_p——火箭发射药对弹轴的回转半径；
S_M——弹体最大横截面积；
v——火箭质心的飞行速度；
v_x、v_y、v_z——飞行速度在地面坐标系内的 3 个分量；
v_r——相对速度；
w_x——纵风风速；
w_z——横风风速；
α^*——射向角；
γ——自转角；
δ——攻角，章动角；
δ_1、δ_2——复攻角 Δ 的二分量；
δ_r——相对攻角；
ε——喷管倾斜角；
u_{eff}——有效排气速度；
θ——弹道倾角；
φ——摆动角；
φ_1、φ_2——复摆动角 ϕ 的二分量；
ψ——偏角；
ψ_1、ψ_2——复偏角 Ψ 的二分量。

3.1.3 精确解算模型对射击诸元精度的提高

为了考查精确解算模型与传统模型相比在射击诸元精度方面的提高，利用两个模型进行了对比计算。传统弹道解算模型取式(3.21)，精确火控弹道解算模型取式(3.57)。射角分别取 20°、35°、45°，纬度分别取 30°、45°、55°、70°，计算结果如表 3.14 和表 3.15 所列，用两种模型计算得到的射程差如表 3.16 所列。

表 3.14　用传统弹道模型得到的射程 X_1/m

射　　角	纬　　度				
	20°	30°	45°	60°	70°
20°	111540.40	111540.40	111540.40	111540.40	111540.40
35°	195430.44	195430.44	195430.44	195430.44	195430.44
45°	261434.33	261434.33	261434.33	261434.33	261434.33

表 3.15　用精确弹道解算模型得到的射程 X_2/m

射　　角	纬　　度				
	20°	30°	45°	60°	70°
20°	115034.62	114962.85	114807.31	114675.71	114446.11
35°	202227.88	202063.10	201707.46	201408.54	200890.15
45°	267207.08	267052.62	266718.91	266437.87	265949.16

表 3.16　两种弹道模型计算射程差 ΔX/m

射　　角	纬　　度				
	20°	30°	45°	60°	70°
20°	3494.22	3422.45	3266.91	3135.31	2905.71
35°	5772.75	5618.29	5284.58	5003.54	4514.83
45°	6797.44	6632.66	6277.02	5978.1	5459.71
45°射角的射程差百分比	2.60%	2.48%	2.35%	2.24%	2.05%

根据计算结果绘出了射程差与射角、纬度的关系曲线,如图 3.11 所示。

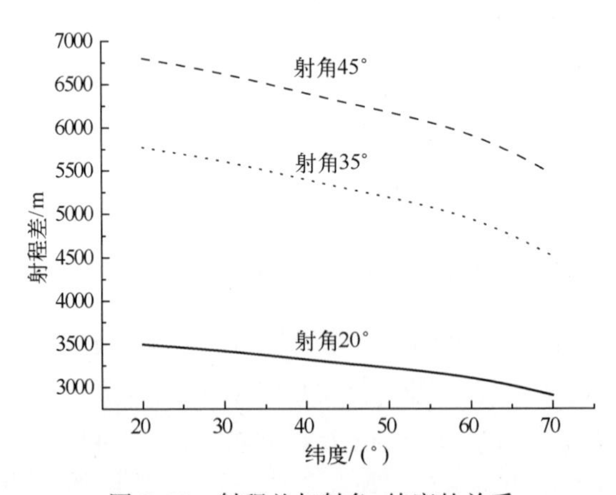

图 3.11　射程差与射角、纬度的关系

从图 3.11 可以看出,在本例的计算中,射程差随着射角的增大而增加,在45°射角时考虑了高空因素与不考虑高空因素的射程差超过 2%,这个差别对于常规火箭来说是很大了。显然,在火控系统弹道解算模型中考虑由于高度和射程增大而带来的影响因素是必要的。

3.2 采用精确方法决定射击开始诸元

以往决定射击开始诸元的方法(包括营连简易射击指挥系统)不可避免地存在下述几点不足。

(1) 用拟合函数逼近射表,其精度要低于射表。因此,使用这种方法决定射击诸元,将会在射表误差的基础上再增加拟合误差。

(2) 在气象条件方面,利用近似层权或有关实用公式换算弹道风、弹道温偏并据此处理气象条件对弹道诸元的影响,这与实际的气象条件对弹道诸元的影响有较大的误差。

(3) 没有考虑到各种射击条件之间的相互影响。

为了进一步提高诸元精度,在计算机广泛使用的今天,摒弃射表,利用非标准条件下的弹道方程进行数值积分决定射击诸元已成为精确决定射击诸元的首选方法。这种方法具有数学模型统一、处理数据少、通用性好、精度高等特点。同时,这种方法还可以考虑利用传统方法时省略或简化掉的一些因素,使计算结果更加精确。

3.2.1 采用精确弹道模型进行计算

1. 火箭六自由度刚体运动模型

为了保证诸元计算的精确性,在进行计算时采用火箭六自由度刚体运动模型,具体内容见式(3.65),这里就不再赘述。

2. 非标准条件的计算

非标准条件包括弹道条件非标准、气象条件非标准、地形条件非标准等。对于火箭弹而言,弹道条件非标准要折合到弹道系数上,气象非标准主要表现在对气温、气压、纵风、横风、垂直风的处理上。

(1) 非标准条件下气温的计算。当气温不符合标准定律时,设弹道温偏为 ΔT_v,则气温随高度的变化规律满足如下标准分布[13-16],即

$$\begin{cases} T_{v0}=T_{v0n}+\Delta T_v=288.9+\Delta T_v \quad (y=0\text{m}) \\ T_{v1}=T_{v0}-G_1 y \quad (0\text{m}<y<9300\text{m}) \\ T_{v1}=T_{v1}(y=9300)-G_1(y-9300)+B_1(y-9300)^2 \quad (9300\text{m}\leqslant y\leqslant 12000\text{m}) \\ T_{v1}=T_{v1}(y=9300)-2700G_1+2700^2/B_1 \quad (12000\text{m}\leqslant y\leqslant 30000\text{m}) \end{cases} \tag{3.66}$$

式中：T_{v0}为地面气温值；T_{v1}为各高度处的不符合标准定律时的气温；$T_{v1}(y=9300)=T_{v0}-9300G_1$为$y=9300\text{m}$处的气温；$G_1=6.328\times10^{-3}\text{K}\cdot\text{m}^{-1}$；$B_1=1.172\times10^{-6}\text{ K}\cdot\text{m}^{-2}$。

（2）非标准条件下气压的计算，即

$$\begin{cases}\pi_1(y)=\dfrac{P_0}{P_{0n}}\left(1-\dfrac{G_1y}{T_{v0}}\right)^{g/(RG_1)} & (0\text{m}\leqslant y\leqslant 9300\text{m})\\ \pi_1(y)=\pi_1(y=9300)\exp\left[-\dfrac{2g}{R}\dfrac{1}{\sqrt{4A_1B_1-G_1^2}}\times\right. & \\ \qquad\left.\left(\arctan\dfrac{2B_1(y-9300)-G_1}{\sqrt{4A_1B_1-G_1^2}}+\arctan\dfrac{G_1}{\sqrt{4A_1B_1-G_1^2}}\right)\right] & (9300\text{m}\leqslant y\leqslant 12000\text{m})\\ \pi_1(y)=\pi_1(y=12000)\exp\left(-\dfrac{g}{R}\dfrac{y-12000}{T_{v_1}(y=12000)}\right) & (12000\text{m}\leqslant y\leqslant 30000\text{m})\end{cases} \tag{3.67}$$

式中：$A_1=230\text{K}$；P_0为地面气压值；$\pi_1(y=9300)$、$\pi_1(y=12000)$分别为气压函数在9300m和12000m时的值；$T_{v1}(y=12000)$为$y=12000\text{m}$处的气温值。

（3）非标准条件下空气密度的计算。此时的空气密度函数用$H_1(y)$表示，其计算公式为

$$H_1(y)=\pi_1(y)\frac{T_{v0n}}{T_{v1}} \tag{3.68}$$

（4）非标准条件下声速的计算。当气温不符合标准定律时，对应的声速也不符合标准定律，其计算公式应为

$$C_1(y)=\sqrt{kRT_{v1}} \tag{3.69}$$

（5）纵风、横风、垂直风的处理。实际存在的风在地面坐标系$o-xyz$中，可以看作一个空间向量$\boldsymbol{W}_b$，如图3.12所示。

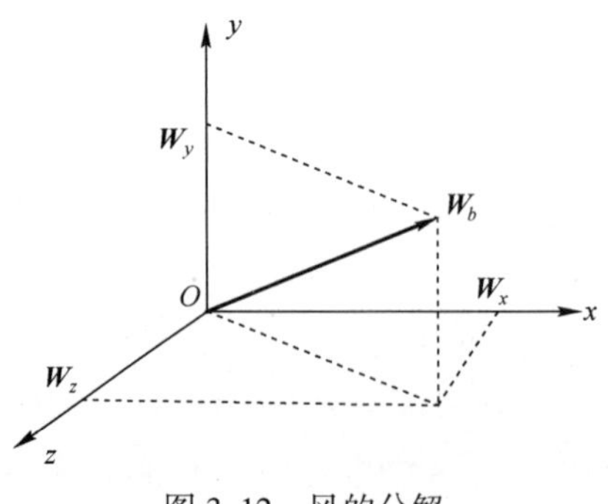

图3.12 风的分解

式中：$\boldsymbol{W}_b$、$\boldsymbol{W}_x$、$\boldsymbol{W}_y$ 和 $\boldsymbol{W}_z$ 分别为弹道风、弹道纵风、垂直弹道风和弹道横风。

(6) 地形非标准时的处理。当把地球表面看作球面时，要计及柯氏力的影响、重力加速度随高度和纬度的变化、地表曲率的影响。关于这几个因素的影响，在前面已进行了详细分析，都已作为影响因素考虑在了精确弹道模型（式(3.65)）中。

3.2.2 从气象通报中获取气象诸元的高精度方法

利用弹道方程求解射击诸元，原则上讲完全可以把真实的气象诸元代入弹道方程中积分求解。当采用精密法进行手工作业时，若没有计算机气象通报，也可直接利用手工作业的气象通报。但是，不管利用计算机气象通报，还是利用手工作业的气象通报，为了尽可能地提高诸元精度，应重视以下问题的解决。

1. 炮阵地气压计算问题

手工作业时，为了方便快捷，认为炮阵地的气压偏差等于气象站的气压偏差，实际上两者并不相等，尤其在气象站与炮阵地高程相差较大时。在利用计算机求解弹道方程的条件下，完全可以用炮阵地的实际气压（或气压偏差）代入计算。经推导可得炮阵地的气压偏差 ΔP_p 的计算公式[16]为

$$\Delta P_p = P_q\left(1-G_1\frac{\Delta H_{pq}}{T_{vq}}\right)^{g/RG_1} - P_{pn} \tag{3.70}$$

其中

$$P_q = P_{0n}\left(1-G_1\frac{H_q}{T_{v0n}}\right)^{g/RG_1} + \Delta P_q \tag{3.71}$$

$$T_{vq} = T_{v0n} - G_1\times H_q + \Delta T_{vq} \tag{3.72}$$

$$\Delta H_{pq} = H_p - H_q \tag{3.73}$$

$$P_{pn} = P_{0n}\left(1-G_1\frac{H_p}{T_{v0n}}\right)^{g/RG_1} \tag{3.74}$$

式中：P_q、T_{vq}、ΔP_q、ΔT_{vq}、H_q 分别为气象站的实际气压、实际气温、气压偏差、气温偏差、高程；P_{pn}、H_p 分别为炮阵地的标准气压、高程；P_{0n}、T_{v0n} 分别为炮兵标准气象条件中气压、气温的地面值；ΔH_{pq} 为炮阵地与气象站的高程差。

根据式(3.70)计算可知，炮阵地的气压偏差不等于气象站的气压偏差，特别在严寒、酷暑和气象站与炮阵地高程差较大时更为明显。为了提高火箭炮射击精度，这些偏差都应进行考虑。

2. 换算气象通报中的弹道高问题

气象通报中的弹道高是从气象站高程上的水平面起算的。当气象站与炮阵地不在同一水平面时，气象通报中的弹道高与实际弹道高就不在同一高度

上。此时,若根据气象通报中的弹道高直接查取相应阵地弹道高的气象诸元,则必然产生误差。手工作业时,同样为了方便、快捷,当炮阵地与气象站高程差小于 200m 时,不进行换算。但在利用计算机决定诸元时,不管高程差多大,均应加以考虑,具体换算公式为

$$Y_q = Y_p + 1.5(H_p - H_q) \tag{3.75}$$

式中:H_p、Y_p 分别为炮阵地高程和从炮阵地起算的最大弹道高;H_q、Y_q 分别为气象站高程和从气象站起算的最大弹道高。

3. 弹道纵风和弹道横风的计算问题

如果从气象通报中查得风速为 W,风向坐标方位角为 α_w,炮目坐标方位角为 α_{PM},则对应的弹道纵风 W_x 和横风 W_z 为

$$\begin{cases} W_x = -W\cos(\alpha_{PM} - \alpha_w) \\ W_z = W\sin(\alpha_{PM} - \alpha_w) \end{cases} \tag{3.76}$$

当 Y_q 不正好是气象通报中的弹道高时,为了使 W_x 和 W_z 的计算更为合理,我们作如下的处理:先把气象通报中低于 Y_q 的 Y_1 和高于 Y_q 的 Y_2 处的 W_1、α_{w1} 和 W_2,α_{w2} 分解为

$$\begin{cases} W_{x1} = -W_1\cos(\alpha_{PM} - \alpha_{w1}) \\ W_{z1} = W_1\sin(\alpha_{PM} - \alpha_{w1}) \end{cases} \tag{3.77}$$

$$\begin{cases} W_{x2} = -W_2\cos(\alpha_{PM} - \alpha_{w2}) \\ W_{z2} = W_2\sin(\alpha_{PM} - \alpha_{w2}) \end{cases} \tag{3.78}$$

而后,用直线插值求得与 Y_q 对应的 W_x 和 W_z 为

$$\begin{cases} W_x = W_{x1} + \dfrac{Y_q - Y_1}{Y_2 - Y_1} \times (W_{x2} - W_{x1}) \\ W_z = W_{z1} + \dfrac{Y_q - Y_1}{Y_2 - Y_1} \times (W_{z2} - W_{z1}) \end{cases} \tag{3.79}$$

用式(3.79)计算的纵风和横风与过去传统的求法是不同的,无疑其结果也是不一样的。计算表明,两种计算方法引起的 W_x 和 W_z 间的误差会随着($Y_1 - Y_2$)、($\alpha_{w2} - \alpha_{w1}$)和($W_1 - W_2$)的增大而增大。虽然这两种方法的计算结果相差较小,但是在计算机作业的条件下,在弹道计算中采用式(3.79)计算纵风和横风对于提高火箭炮射击诸元精度是非常必要的。

第 4 章　精密进行射击准备

火箭炮武器系统的射击准备对射击准确度产生重要影响。火箭炮在射击之前要先占领炮阵地,根据测地分队给出的数据配置炮阵地进行射击准备。对于间接瞄准射击来说,射击准备的内容有很多,如设置火箭炮、赋予射向、标定射向、测量“三差”(纵深差、间隔差、高低差)、测量地面风、弹药准备、测量药温等,这些工作的精密程度会影响到火箭炮的射击精度,因此,必须精密进行炮阵地的射击准备,才能保证射击的高准确度。

4.1　减小耳轴倾斜误差

使用非独立式瞄准装置的 122mm 火箭炮,瞄准装置与定向器固连在一起,并随定向器而运动。因此,当在定向器的起落中心轴——耳轴处于倾斜状态下进行瞄准时,就会产生瞄准误差。对于 122mm 轮式火箭炮,其炮位一般设置在较松的土地上,这就容易造成车体左右倾斜,从而造成定向器耳轴左右倾斜,导致装定射角和射向时出现误差(图 4.1)。

图 4.1　耳轴与定向器的位置关系

4.1.1　耳轴倾斜对赋予射角的影响

1. 耳轴倾斜时赋予射角产生误差原理分析

规正后的瞄准装置随着耳轴的倾斜而倾斜,则倾斜水准器轴和表尺蜗轮轴不再水平。这时,在瞄准具上装定表尺分划和高低分划时,高低水准器轴在一个与倾斜的表尺蜗轮轴相垂直的倾斜面内转过了一个角度 φ。此时,再操作高低机使高低水位器轴水平,定向器轴也在一个相应的倾斜面内获得角度 φ。

在图 4.2 中,定向器轴线在倾斜面 σ_2 中获得的角度 φ 并不是射角,角度 φ 在通过 $OA'J'$ 的铅垂平面内的投影 φ' 才是定向器轴线实际获得的射角,于是,耳轴倾斜时产生的射角误差为

$$\Delta\varphi=\varphi'-\varphi \tag{4.1}$$

倾斜面 σ_2 骨的角度 φ 在水平面 Q 内的投影为 $\Delta\psi_1$,这就是耳轴倾斜时赋予射角产生的方向误差,它与耳轴倾斜的方向一致。

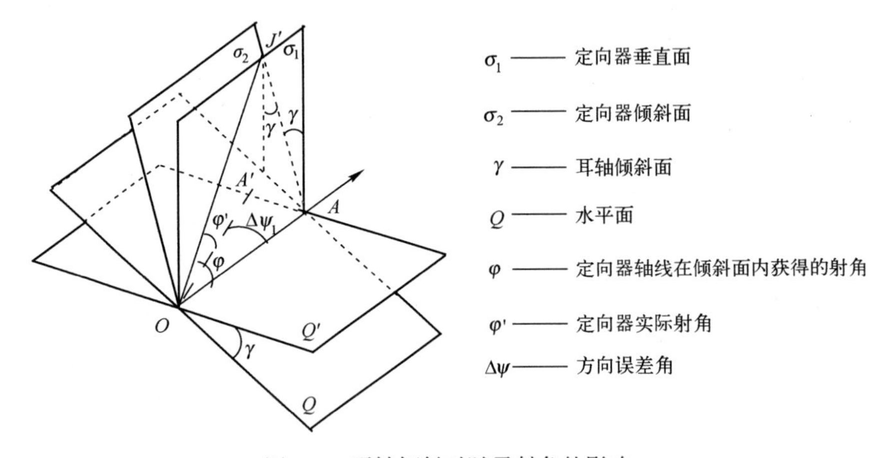

图 4.2　耳轴倾斜对赋予射角的影响

2. 耳轴倾斜时赋予射角产生的角度误差

(1) 炮瞄角 $\psi_{PM}=0$,炮瞄高低角 $\varepsilon_H=0$。

① 耳轴倾斜时赋予射角所产生的高低误差。

在图 4.2 中,令 $OJ'=1$,则有

$$\sin\varphi'=\frac{A'J'}{OJ'}=A'J' \tag{4.2}$$

因为

$$A'J'=AJ'\cdot\cos\gamma \tag{4.3}$$

$$AJ'=OJ'\cdot\sin\varphi \tag{4.4}$$

有

$$\sin\varphi'=\sin\varphi\cdot\cos\gamma \tag{4.5}$$

联系式(4.1),得

$$\Delta(\sin\varphi)=\sin\varphi'-\sin\varphi \tag{4.6}$$

用微分代替增量,式(4.6)左边变为

$$\Delta(\sin\varphi)=\cos\varphi\cdot\Delta\varphi \tag{4.7}$$

将式(4.5)、式(4.7)代入到式(4.6),可得到耳轴倾斜 γ 时赋予射角时产生的射角误差为

$$\Delta\varphi=\tan\varphi(\cos\gamma-1) \tag{4.8}$$

② 耳轴倾斜时赋予射角所产生的方向误差。

由图 4.2 可知

$$\tan(\Delta\psi_1)=\frac{AA'}{OA} \tag{4.9}$$

因为 $AA'=AJ'\cdot\sin\gamma$,$AJ'=OJ'\cdot\sin\varphi=\sin\varphi$,$OA=OJ'\cdot\cos\varphi=\cos\varphi$,可得

$$\tan(\Delta\psi_1)=\frac{\sin\varphi\cdot\sin\gamma}{\cos\varphi}=\tan\varphi\cdot\sin\gamma \tag{4.10}$$

由于 $\Delta\psi_1$ 是小量,则 $\tan(\Delta\psi_1)\approx\Delta\psi_1$,于是,可得到耳轴倾斜 γ 时赋予射角时产生的方向误差为

$$\Delta\psi_1=\tan\varphi\cdot\sin\gamma \tag{4.11}$$

(2) 炮瞄角 $\psi_{PM}\neq0$,炮瞄高低角 $\varepsilon_H\neq0$。

按照类似的推导方法,可得到一般情况下耳轴倾斜时赋予射角产生瞄准误差的表达式为

$$\Delta\varphi=\tan\varphi(\cos\gamma-1) \tag{4.12}$$

$$\Delta\psi_1=(\tan\varphi-\tan\varepsilon_H\cdot\cos\psi_{PM})\sin\gamma-\frac{1}{2}\sin2\psi_{PM}(1-\cos\gamma) \tag{4.13}$$

4.1.2 耳轴倾斜对赋予方向角的影响

耳轴倾斜时,瞄准装置也随之倾斜。瞄准镜上所装定的方向分划,位于一个倾斜平面内。

方向瞄准时,定向器轴线不是在水平面获得方向角,而是在倾斜面内获得方向角,就会产生方向瞄准误差。

在图 4.3 中,$TJ\perp OJ$,$OJ_1\perp JJ_1$,$T_1J_1\perp OJ_1$。方向角 ψ 位于倾斜面 OTJ 内,该斜面与水平面 OT_1J_1 在射面方向上的夹角为 γ,方向角 ψ 在水平面内的投影为 ψ_2,则方向误差为

$$\Delta\psi_2=\psi-\psi_2 \tag{4.14}$$

因为 $TJ\perp T_1J_1$,有

$$\cot\psi_2=\frac{OJ_1}{J_1T_1}\approx\frac{OJ_1}{JT} \tag{4.15}$$

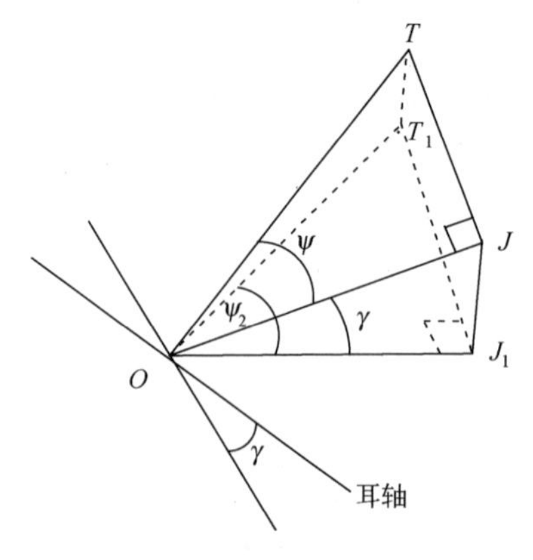

图 4.3　耳轴倾斜对赋予方向角的影响

又因 $OJ_1 = OJ \cdot \cos\gamma, TJ = OJ \cdot \tan\psi$,联系式(4.15)得

$$\cot\psi_2 = \cos\gamma\cot\psi \tag{4.16}$$

因为

$$\Delta(\cot\psi_2) = \cot\psi - \cot\psi_2 \tag{4.17}$$

用微分代替增量,则式(4.17)变为

$$\Delta(\cot\psi) = -\frac{\Delta\psi}{\sin^2\psi} \tag{4.18}$$

将式(4.18)、式(4.16)代入到式(4.17)中得

$$-\frac{\Delta\psi_2}{\sin^2\psi} = \cot\psi - \cos\gamma\cot\psi = \cot\psi(1-\cos\gamma) \tag{4.19}$$

$$\Delta\psi_2 = -\sin\psi\cos\psi(1-\cos\gamma) \tag{4.20}$$

即耳轴倾斜时,进行方向瞄准所产生的方向误差为

$$\Delta\psi_2 = -\frac{1}{2}\sin2\psi(1-\cos\gamma) \tag{4.21}$$

从以上的推导可以看出,在耳轴倾斜情况下赋予定向器射角时,在高低上和方向上都会产生误差;在耳轴倾斜情况下赋予定向器方向时,在方向上产生误差。也就是说,在耳轴倾斜情况下进行瞄准时,会在高低和方向上都产生误差。

4.1.3　耳轴倾斜对赋予射角和方向角的影响计算分析

为了考查耳轴倾斜对赋予射角和射向产生的影响,我们通过计算进行分析。为了体现一般性,我们取炮瞄角 $\psi_{PM} \neq 0$、炮瞄高低角 $\varepsilon_H \neq 0$ 的情况进行弹道仿真。

耳轴倾斜角 γ 分别取 0°、3°、5°、7°、9°，射角分别取 30°、35°、40°、45°、50°，炮瞄角分别取 0°、30°、60°、90°、120°，炮瞄高低角分别取 0°、5°、10°、15°、20°，方向角分别取 30°、35°、40°、45°、50°，计算数据列于表 4.1 中。

1. 耳轴倾斜时赋予射角产生的角度误差

（1）$\psi_{PM}=0,\varepsilon_H=0$ 的情况。

表 4.1　定向器耳轴倾斜时赋予射角产生的角度误差

γ	φ									
	30°		35°		40°		45°		50°	
	$\Delta\varphi\times10^{-3}$	$\Delta\psi_1$	$\Delta\varphi\times10^{-3}$	$\Delta\psi_1$	$\Delta\varphi\times10^{-3}$	$\Delta\psi_1$	$\Delta\varphi\times10^{-3}$	$\Delta\psi_1$	$\Delta\varphi\times10^{-3}$	$\Delta\psi_1$
0°	0	0	0	0	0	0	0	0	0	0
5°	-2.2	0.05	-2.7	0.06	-3.2	0.07	-3.8	0.09	-4.5	0.10
10°	-8.8	0.10	-10.6	0.12	-12.7	0.15	-15.2	0.17	-18.1	0.21
15°	-19.7	0.15	-23.9	0.18	-28.6	0.22	-34.1	0.26	-40.6	0.31
20°	-34.8	0.20	-42.2	0.24	-50.6	0.29	-60.3	0.34	-71.9	0.41

根据计算数据得曲线，如图 4.4 和图 4.5 所示。

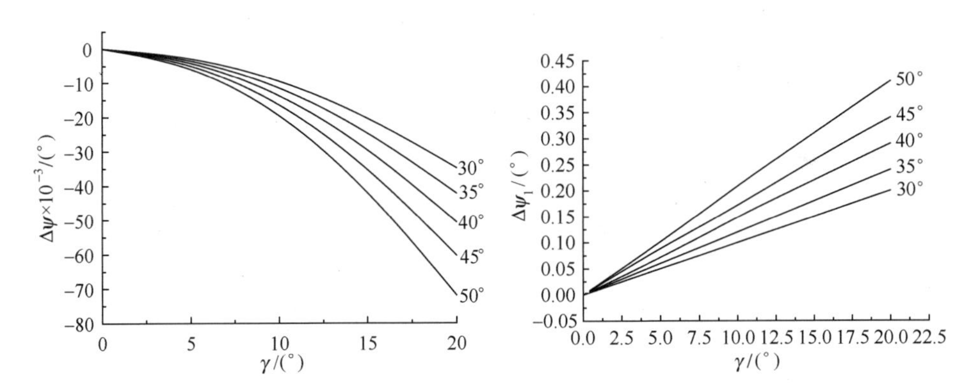

图 4.4　射角误差随耳轴倾斜角的变化　　图 4.5　方向角误差随耳轴倾斜角的变化

从图上可以看出，射角误差和方向角误差都随着耳轴倾斜角的增大而增大。耳轴倾角相同时，射角越大，则射角误差和方向误差越大。

（2）$\psi_{PM}\neq0,\varepsilon_H\neq0$ 的情况。

为考查炮瞄角和炮瞄高低角对赋予射角的影响，取炮瞄角和炮瞄高低角不同，在同一射角和同一耳轴倾斜角下进行了计算，取 $\varphi=45°,\gamma=5°$，计算结果如表 4.2 所列。

表 4.2　炮瞄角和炮瞄高低角赋予射角产生的方向误差 $\Delta\psi_1$

ψ_{PM}	ε_H				
	10°	15°	20°	25°	30°
10°	0.071	0.063	0.055	0.046	0.037
30°	0.072	0.065	0.058	0.050	0.042
60°	0.078	0.074	0.070	0.065	0.060
90°	0.087	0.087	0.087	0.087	0.087
120°	0.096	0.100	0.104	0.109	0.114

根据计算数据得曲线,如图 4.6 和图 4.7 所示。

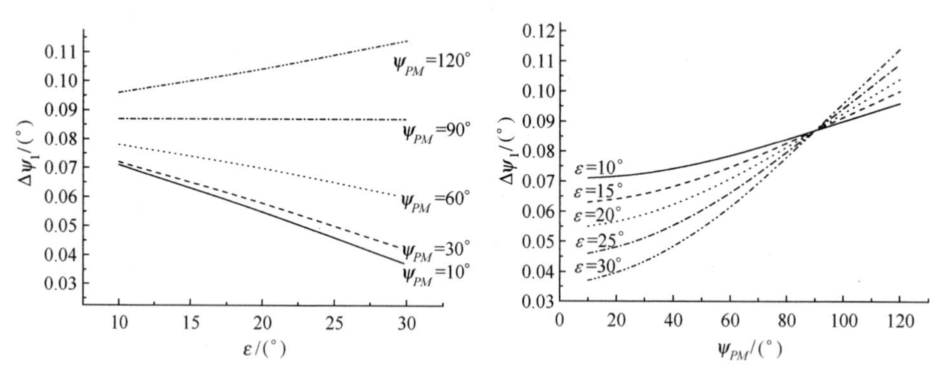

图 4.6　不同炮瞄高低角下赋予射角引起的方向误差

图 4.7　不同炮瞄角下赋予射角引起的方向误差

由图 4.6 可以看出,当炮瞄角 ψ_{PM}<90°时,在耳轴倾斜情况下赋予射角时产生的方向误差随着炮瞄高低角的增大而减小;当炮瞄角 ψ_{PM}>90°时,在耳轴倾斜情况下赋予射角时产生的方向误差随着炮瞄高低角的增大而增大;当炮瞄角 $\psi_{PM}=90°$时,炮瞄高低角的变化对方向角误差没有影响。

由图 4.7 可以看出,耳轴倾斜情况下赋予射角时产生的方向误差随着炮瞄角的增大而增大;在炮瞄角 ψ_{PM}<90°时,炮瞄高低角越大则方误差角越大,ψ_{PM}>90°时,炮瞄高低角越大则方误差角越小。

2. 耳轴倾斜时赋予方向产生的角度误差

为了考查定向器耳轴倾斜时进行方向瞄准时产生的方向误差规律,γ 分别取 0°、3°、5°,计算数据列于表 4.3 中。

表 4.3 耳轴倾斜时赋予方向角产生的方向误差 $\Delta\psi_2$

γ	ψ									
	-90°	-45°	-30°	0°	10°	30°	45°	90°	135°	180°
0°	0	0	0	0	0	0	0	0	0	0
3°	0	0.011	0.01	0	-0.004	-0.01	-0.011	0	0.011	0
5°	0	0.03	0.027	0	-0.01	-0.027	-0.03	0	0.03	0

根据计算数据得曲线,如图 4.8 所示。

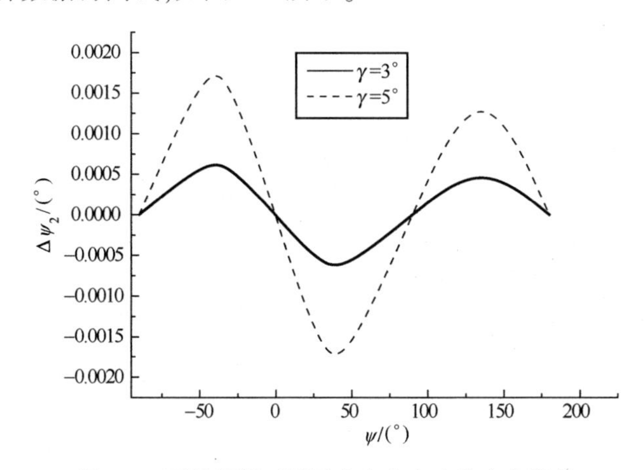

图 4.8 耳轴倾斜时赋予方向角产生的方向误差

从计算数据和图 4.8 可以看出,在方向角为 0°、90°和 180°时,耳轴倾斜对方向瞄准没有影响,而这 3 个角度对应的火箭炮射击方向分别为正向射击和侧向射击;在方向角为 45°和 135°时,耳轴倾斜对方向瞄准影响最大,即产生的方向误差最大。

4.1.4 耳轴倾斜对射击精度的影响

从前面的分析可知,耳轴倾斜会给定向器在赋予射角和射向时产生偏差。那么,耳轴倾斜到底会给野战火箭的射击精度产生怎样的影响呢?下面就通过弹道计算进行分析。

由式(4.12)和式(4.13)可知,如果耳轴倾斜,则在赋予射角时既产生高角误差 $\Delta\varphi$,也产生方向误差 $\Delta\psi_1$。在赋予射向时,只产生方向误差 $\Delta\psi_2$。

在弹道微分方程组中,耳轴倾斜既影响了滚转角 γ 的初值,也使速度在 x 和 z 方向产生分量。

耳轴倾斜角 γ 分别取 0°、3°、5°、7°、9°,射角取 45°,炮瞄角分别取 30°,炮瞄高低角取 15°,方向角取 45°,弹道落点计算数据列于表 4.4 中。

表 4.4　耳轴倾斜对弹道落点的影响

落　点	γ				
	0°	3°	5°	7°	9°
X/m	30609.111	30494.887	30346.01	30138.127	29870.824
Z/m	0.776	1431.249	2320.5	3152.641	3922.965
ΔX/m	—	−114.224	−263.101	−470.984	−738.287
ΔZ/m	—	1430.473	2319.724	3151.865	3922.189

从表中数据可以看出,在射程为30km左右的距离上,当倾斜角达到9°时,射程差将近750m,侧偏最大可达近4000m。即便是耳轴倾斜仅为3°时,射程差也超过百米,侧偏也达到了近1500m。无论是射程差还是侧偏,都随着耳轴倾斜的增大而增加。

以上计算足以看出,耳轴倾斜对火箭弹落点精度的影响很大,因而,应尽量减小火箭炮耳轴倾斜。

4.1.5　消除耳轴倾斜误差的措施

从以上的计算分析可以看出,耳轴倾斜时会对赋予定向器射角和射向产生误差,因此,要尽量避免耳轴倾斜。

(1) 精确设置火炮。选择炮阵地时尽量选取平坦宽阔的地方,在设置火炮时,尽量不要将火箭炮设置在左右斜面上;对于轮式自行火箭炮,在构筑车轮坑时,要做到左右水平。对于履带式自行火箭炮,也要将火箭炮的停放地进行平整。

(2) 精确检查调整瞄准装置上的倾斜调整机构。要消除瞄准误差,应使定向器轴线在倾斜面内获得角在铅垂面内的投影正好等于射角,则要使定向器轴线在倾斜平面内转过的角度大于射角。要达到这个目的,可利用倾斜调整器保持倾斜水准器轴线横向水平,通过操作高低机,居中高低水冷气泡,通过操作方向机,保证瞄准镜视轴线指向瞄准点,从而使定向器轴线在水平面内转过方向角误差量 $\Delta\psi$,在垂直面内转过射角误差 $\Delta\varphi$。如此反复几次,即可消除耳轴倾斜带来的瞄准误差。因此,要精确检查与规正倾斜调整机构,确保进行倾斜调整的精确性。

(3) 要减小方向转动量。图4.4和图4.5显示,射角误差和方向角误差都随着耳轴倾斜角的增大而增大。耳轴倾角相同时,射角越大,则射角误差和方向误差越大。

(4) 在火箭炮的射击过程中,应尽量采用正向射击和侧向射击。图4.8表明,在方向角为0°、90°和180°时,耳轴倾斜对方向瞄准没有影响。

（5）避免在方向角为45°和135°时射击，因为在这两个角度时耳轴倾斜对方向瞄准影响最大。

（6）合理选择瞄准点。图4.6和图4.7显示，当炮瞄角 $\psi_{PM}<90°$ 时，在耳轴倾斜情况下赋予射角时产生的方向误差随着炮瞄高低角的增大而减小；当炮瞄角 $\psi_{PM}>90°$ 时，在耳轴倾斜情况下赋予射角时产生的方向误差随着炮瞄高低角的增大而增大；当炮瞄角 $\psi_{PM}=90°$ 时，炮瞄高低角的变化对方向角误差没有影响。因此，理论上，炮瞄角大小应尽量靠近90°。在炮瞄角 $\psi_{PM}<90°$ 时，炮瞄高低角应小些，$\psi_{PM}>90°$ 时，炮瞄高低角应大些。

4.2 减小瞄准镜位移误差

4.2.1 瞄准镜位移误差产生的原因

一般火箭炮的瞄准镜是安装在瞄准镜座筒上的，对于轮式自行火箭炮，座筒是安装在瞄准具支臂上的，这就决定了瞄准镜的轴线与火箭炮回转中心不重合（图4.9）。

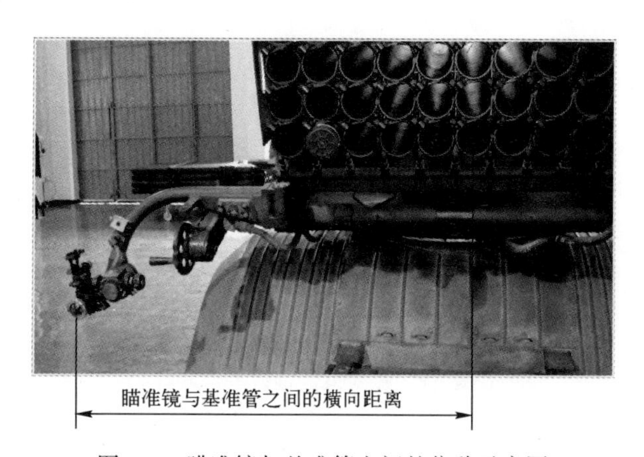

图4.9 瞄准镜与基准管之间的位移示意图

当转动方向机进行瞄准时，瞄准镜必然绕回转中心转动而产生位移，从而在利用瞄准点标定射向条件下射击时，瞄准镜装定的方向转动量与炮身实际转动的角度不相等，形成瞄准镜位移误差（图4.10）。

那么，瞄准镜位移产生的误差有多大呢？下面我们就对这个误差进行推导。

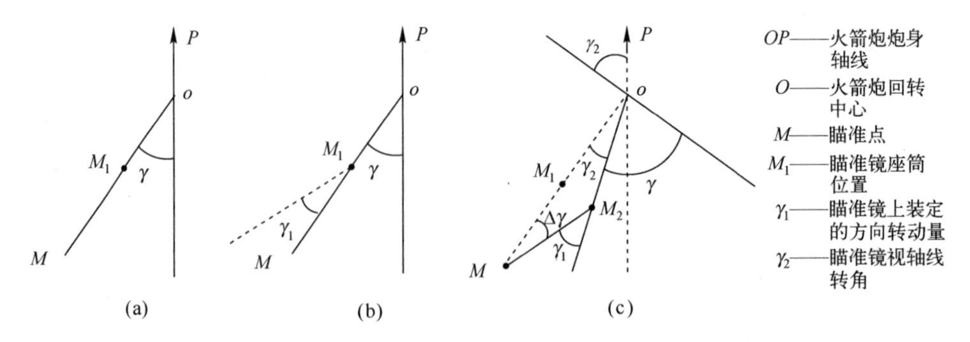

图 4.10　瞄准镜位移误差角示意图

4.2.2　瞄准镜位移误差的推导

图 4.11 表示瞄准镜位移误差角的关系。

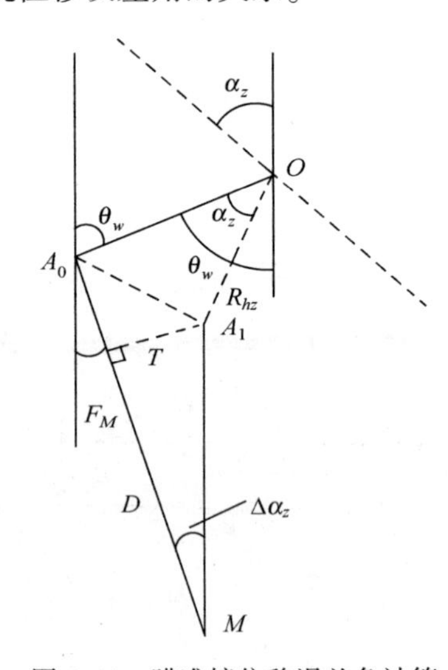

图 4.11　瞄准镜位移误差角计算

图中,将瞄准点置于任意位置,火箭炮实际方向转动量为 α_z,θ_{hz}为瞄准镜至回转中心的连线与炮身轴线在水平面上的夹角,称为镜轴角;F_M 为瞄准镜对瞄准点的方向分划,称为镜瞄分划;R_{hz}为瞄准镜位置至回转中心的水平距离。

在 ΔA_0A_1O 中,有

$$\angle A_0A_1O=\angle A_1A_0O=\frac{\pi-\alpha_z}{2} \tag{4.22}$$

作 $A_1T\perp A_0M$,则瞄准点距离等于 A_0M,因为 $A_0T\leqslant A_0A_1<D$,则可将 D 大约看作 TM。

又

$$\begin{aligned}\angle A_1A_0T &= \pi-\theta_w-\angle A_1A_0O-F_M \\ &= \pi-\theta_w-\frac{\pi-\alpha_z}{2}-F_M \\ &= \frac{\pi}{2}-\theta_w-F_M+\frac{\alpha_z}{2}\end{aligned} \tag{4.23}$$

$$A_0A_1=2A_0O\cdot\sin\left(\frac{\alpha_z}{2}\right)=2R_{hz}\cdot\sin\left(\frac{\alpha_z}{2}\right) \tag{4.24}$$

所以

$$\begin{aligned}A_1T &= 2A_0A_1\cdot\sin\angle A_1A_0T \\ &= 2R_{hz}\cdot\sin\left(\frac{\alpha_z}{2}\right)\cdot\sin\left(\frac{\pi}{2}-\theta_w+\frac{\alpha_z}{2}-F_M\right) \\ &= 2R_{hz}\cdot\sin\left(\frac{\alpha_z}{2}\right)\cdot\cos\left(\theta_w-\frac{\alpha_z}{2}+F_M\right)\end{aligned} \tag{4.25}$$

所以

$$\begin{aligned}\tan\Delta\alpha_z &= \frac{A_1T}{TM}\approx\frac{A_1T}{D} \\ &= \frac{2R\cdot\sin\left(\frac{\alpha_z}{2}\right)\cdot\cos\left(\theta_w-\frac{\alpha_z}{2}+F_M\right)}{D}\end{aligned} \tag{4.26}$$

由于 $\Delta\alpha_z$ 是小量,则 $\tan\Delta\alpha_z\approx\Delta\alpha_z$。将弧度划成密位,则当 $\alpha_z>0$ 时,有

$$\begin{aligned}\Delta\alpha_z &\approx \tan\Delta\alpha_z\times955 \\ &= \frac{2R_{hz}\cdot\sin\left(\frac{\alpha_z}{2}\right)\cdot\cos\left(\theta_w-\frac{\alpha_z}{2}+F_M\right)\times955}{D}\end{aligned} \tag{4.27}$$

在本例中,方向转动量 $\alpha_z<0$,则式(4.27)变为

$$\Delta\alpha_z\approx\frac{2R_{hz}\cdot\sin\left(\frac{\alpha_z}{2}\right)\cdot\cos\left(\theta_w+\frac{\alpha_z}{2}+F_M\right)\times955}{D} \tag{4.28}$$

4.2.3 计算分析

从式(4.28)可以看出,影响瞄准镜位移误差的因素较多,如瞄准点方位、瞄准点距离、方向转动量等。为了在实际操作中提高精度,为实际操作提供量化指导,我们以 122mm 火箭炮为例进行了计算。经测量,某轮式 122mm 火箭炮瞄

准镜位置至回转中心的水平距离 $R_{hz}=1.9\text{m}$，某履带式 122mm 火箭炮瞄准镜位置至回转中心的水平距离 $R_{hz}=0.7\text{m}$。方向转动量分别取基准射向向左和向右各转动，向左转时用式(4.28)计算，向右转时用式(4.27)计算。

用 C 语言编制了计算程序，对影响瞄准镜位移误差的因素进行了计算分析。

1. 瞄准点方位 F_M 对瞄准镜位移误差的影响

为了考查瞄准镜位移误差与 F_M 的关系，先取 D、R_{hz}、α_z 为定值，F_M 在 0~60-00 变化，计算结果列于表 4.5 中。

根据计算数据，得出瞄准镜位移误差与镜瞄分划之间的关系如图 4.12 所示。

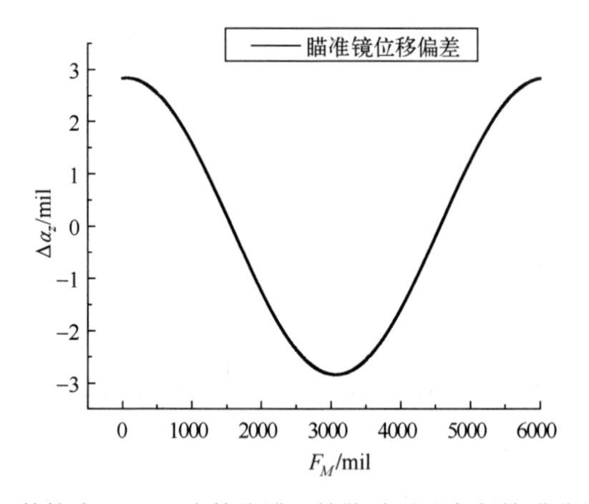

图 4.12　某轮式 122mm 火箭炮瞄准镜位移误差角与镜瞄分划的关系

表 4.5　瞄准镜位移误差与 F_M 的关系

$D=200\text{m}, R_{hz}=1.9\text{m}, \alpha_z=3\text{-}00$					
F_M/mil	$\Delta\alpha_z$/mil	F_M/mil	$\Delta\alpha_z$/mil	F_M/mil	$\Delta\alpha_z$/mil
1-00	2.83657	9-00	1.82456	17-00	-0.39466
2-00	2.81068	10-00	1.58732	18-00	-0.68628
3-00	2.754	11-00	1.3327	19-00	-0.97038
4-00	2.66715	12-00	1.06347	20-00	-1.24385
5-00	2.55109	13-00	0.7826	21-00	-1.50369
6-00	2.40707	14-00	0.49315	22-00	-1.74706
7-00	2.23669	15-00	0.1983	23-00	-1.97129
8-00	2.04181	16-00	-0.09872	24-00	-2.17393

(续)

$D=200m, R_{hz}=1.9m, \alpha_z=3-00$					
F_M/mil	$\Delta\alpha_z$/mil	F_M/mil	$\Delta\alpha_z$/mil	F_M/mil	$\Delta\alpha_z$/mil
25-00	-2.35276	37-00	-2.2371	49-00	0.96976
26-00	-2.50581	38-00	-2.04227	50-00	1.24326
27-00	-2.63141	39-00	-1.82506	51-00	1.50313
28-00	-2.72818	40-00	-1.58787	52-00	1.74654
29-00	-2.79507	41-00	-1.33328	53-00	1.97082
30-00	-2.83134	42-00	-1.06408	54-00	2.17351
31-00	-2.83659	43-00	-0.78323	55-00	2.35239
32-00	-2.81077	44-00	-0.4938	56-00	2.5055
33-00	-2.75416	45-00	-0.19896	57-00	2.63116
34-00	-2.66737	46-00	0.09806	58-00	2.728
35-00	-2.55137	47-00	0.39401	59-00	2.79495
36-00	-2.40742	48-00	0.68564	60-00	2.83129

从图4.12可以看出，在本例中，当镜瞄分划 F_M 在0~60-00取值时，瞄准镜位移误差角的最大值分别出现在 F_M 为0mil、30-00mil和60-00mil时，最小值分别出现在 F_M 为15-00mil和45-00mil时，即采用正向射击时瞄准镜位移误差最大，侧向射击时瞄准镜位移误差最小。当 $\Delta\alpha_z>0$ 时，说明定向器由基准射向向右转动；当 $\Delta\alpha_z<0$ 时，说明定向器由基准射向向左转动。

2. 瞄准点距离 D 对瞄准镜位移误差的影响

瞄准点的选取对于瞄准精度有一定的影响。取不同的镜瞄角，对瞄准点距离在2000m以内的瞄准镜位移误差进行了计算，计算数据列于表4.6中。

表4.6　瞄准镜位移误差与瞄准点距离 D 的关系

$F_M=5-00, R_{hz}=1.9m, \alpha_z=3-00$					
D/m	$\Delta\alpha_z$/mil	D/m	$\Delta\alpha_z$/mil	D/m	$\Delta\alpha_z$/mil
20	25.51085	140	3.64441	260	1.96237
40	12.75543	160	3.18886	280	1.8222
60	8.50362	180	2.83454	300	1.70072
80	6.37771	200	2.55109	320	1.59443
100	5.10217	220	2.31917	340	1.50064
120	4.25181	240	2.1259	360	1.41727

（续）

$F_M=5\text{-}00, R_{hz}=1.9\text{m}, \alpha_z=3\text{-}00$					
D/m	$\Delta\alpha_z$/mil	D/m	$\Delta\alpha_z$/mil	D/m	$\Delta\alpha_z$/mil
380	1.34268	660	0.77306	940	0.54278
400	1.27554	680	0.75032	960	0.53148
420	1.2148	700	0.72888	980	0.52063
440	1.15958	720	0.70864	1000	0.51022
460	1.10917	740	0.68948	1020	0.50021
480	1.06295	760	0.67134	1040	0.49059
500	1.02043	780	0.65412	1060	0.48134
520	0.98119	800	0.63777	1080	0.47242
540	0.94485	820	0.62222	1100	0.46383
560	0.9111	840	0.6074	1120	0.45555
580	0.87969	860	0.59328	1140	0.44756
600	0.85036	880	0.57979	1160	0.43984
620	0.82293	900	0.56691	1180	0.43239
640	0.79721	920	0.55458	2000	0.42518

根据计算数据，得出在 F_M 为 5-00 时，瞄准镜位移误差与瞄准点距离的关系曲线，如图 4.13 所示。

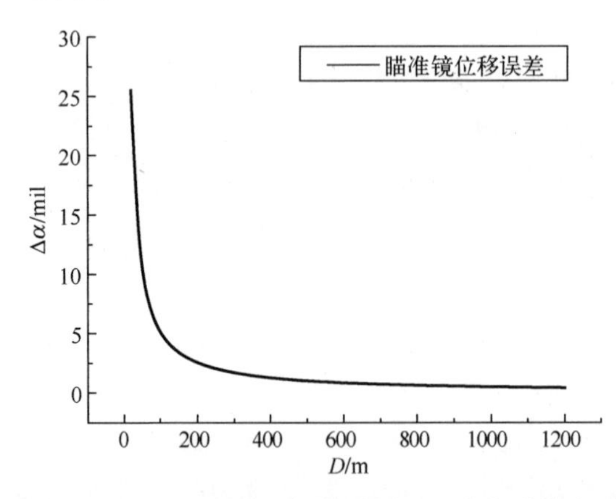

图 4.13　某轮式 122mm 火箭炮瞄准镜位移误差角与瞄准点距离的关系

从图 4.13 可以看出，在镜瞄分划 F_M 为 5-00 时，瞄准镜位移误差随着瞄准点距离的增大而减小。可以看出，瞄准点选取的越远，则瞄准时产生的误差越小。

此外,还对镜瞄分划 F_M 为 5-00、10-00、20-00、30-00、40-00、50-00、58-00 时进行了计算,根据计算数据得曲线,如图 4.14 所示。

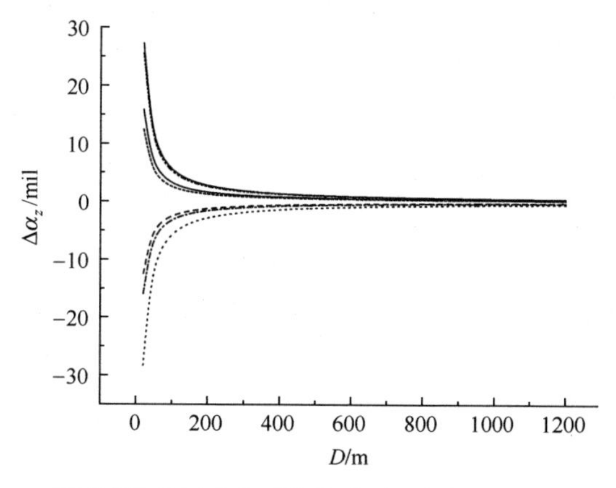

图 4.14 不同镜瞄分划瞄准时镜位移误差角与瞄准点距离的关系

图 4.14 显示,镜瞄分划不同时,瞄准镜位移误差随瞄准点距离的收敛速度有所差别。目前,炮兵阵地指挥一般在离火炮 400m 开外的地方选瞄准点,从图 4.14 可以看出,D 等于 400m 时误差并不等于 0。

计算表明,要想使瞄准镜位移误差在理论上等于零,则瞄准点要选得很远,要保证小数点后一位小数为零,则瞄准点距离要选在 6000m 左右。表 4.7 列出了 D 等于 400m、1000m、2000m、3000m、4000m、5000m、6000m 时瞄准镜位移误差计算值。

表 4.7 瞄准镜位移误差与瞄准点距离 D 的关系

D/m	F_M						
	5-00	10-00	20-00	30-00	40-00	50-00	58-00
400	1.27554	0.79366	−0.62192	−1.41567	−0.79393	0.62163	1.364
500	1.02043	0.63493	−0.49754	−1.13254	−0.63515	0.4973	1.0912
550	0.94485	0.5669	−0.44423	−1.01119	−0.5671	0.44402	0.97428
600	0.85036	0.52911	−0.41462	−0.94378	−0.52929	0.41442	0.90933
1000	0.51022	0.31747	−0.24877	−0.56627	−0.31757	0.24865	0.5456
2000	0.25511	0.15873	−0.12439	−0.28313	−0.15879	0.12433	0.2728
3000	0.17007	0.10582	−0.08292	−0.18876	−0.10586	0.08288	0.18187
4000	0.12755	0.07937	−0.06219	−0.14157	−0.07939	0.06216	0.1364

（续）

D/m	F_M						
	5-00	10-00	20-00	30-00	40-00	50-00	58-00
5000	0.10204	0.06349	-0.04975	-0.11325	-0.06352	0.04973	0.10912
6000	0.08504	0.05291	-0.04146	-0.09438	-0.05293	0.04144	0.09093

从计算值来看，在 D 等于 400m 时，瞄准镜位移误差还有大于 1mil 的情况，因此，在条件允许时，瞄准点距离还应再远一些。

图 4.15 是根据表 4.7 作出的曲线。可以看出，要保证瞄准镜位移误差小于 1mil，则瞄准点需选在 550m 以外。现行的将瞄准点选取距离定为 400m 对于消除瞄准镜位移误差显然不合适，因为在 400m 距离上的位移误差将近 1.5mil。

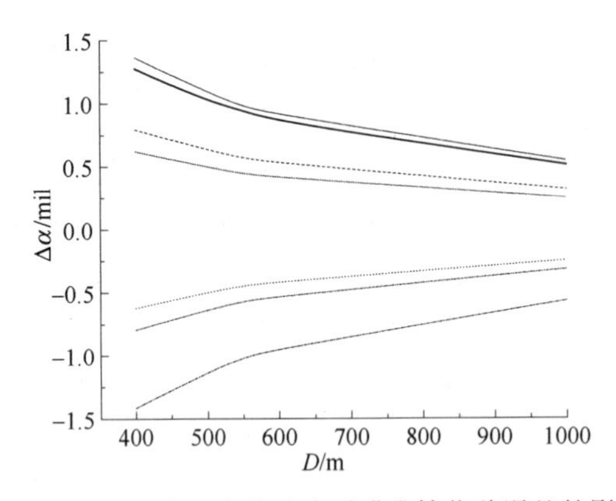

图 4.15　瞄准点距离的选取对瞄准镜位移误差的影响

3. 定向器转动量对瞄准镜位移误差的影响

影响瞄准镜位移误差的因素除了瞄准点距离、镜瞄角以外，还与定向器方向转动量 α_z 有关。根据火箭炮作战的性能，某轮式 122mm 火箭炮的方向转动量：沿车头方向向左 120°、向右 70°，即其方向转动量最大为 172°。将其化为密位数，取向左转动为负，向右转动为正，可得该 122mm 火箭炮的方向转动量范围为[-1693,1162]mil。取镜瞄分划 F_M = 10-00，瞄准点距离 D = 600m，计算数据列于表 4.8 中。

根据表 4.8 数据得曲线，如图 4.16 所示。

由图 4.16 可知，方向转动量越大，则瞄准镜位移误差越大，当方向转动量为零时，瞄准镜位移误差为零。这就要求在火箭炮操作过程中，在一次阵地准备中，尽量选取方向相差较小的目标进行打击，或者选取相对于基准射向转动量小的目标进行打击，这样可以减小由于定向器方向转动量过大引起的瞄准镜位移误差。

表 4.8　某轮式 122 火箭炮瞄准镜位移误差与方向转动量的关系

$F_M=15-00, R_{hz}=1.9\text{m}, D=600\text{m}$					
α_z/mil	$\Delta\alpha_z$/mil	α_z/mil	$\Delta\alpha_z$/mil	α_z/mil	$\Delta\alpha_z$/mil
-1693	3.87492	-753	1.07566	187	0.00636
-1646	3.73127	-706	0.96376	234	0.02614
-1599	3.58589	-659	0.85682	281	0.05314
-1552	3.43912	-612	0.75509	328	0.08732
-1505	3.29132	-565	0.65884	375	0.12858
-1458	3.14284	-518	0.56828	422	0.17682
-1411	2.99405	-471	0.48365	469	0.23193
-1364	2.8453	-424	0.40514	516	0.29377
-1317	2.69696	-377	0.33294	563	0.3622
-1270	2.54938	-330	0.26723	610	0.43705
-1223	2.40292	-283	0.20817	657	0.51813
-1176	2.25794	-236	0.15591	704	0.60525
-1129	2.11479	-189	0.11056	751	0.69821
-1082	1.97381	-142	0.07223	798	0.79676
-1035	1.83535	-95	0.04103	845	0.90069
-988	1.69974	-48	0.01703	892	1.00973
-941	1.56731	-1	2.77E-4	939	1.12362
-894	1.43838	46	-0.00918	986	1.24208
-847	1.31326	93	-0.01132	1033	1.36483
-800	1.19226	140	-0.00613	1080	1.49158

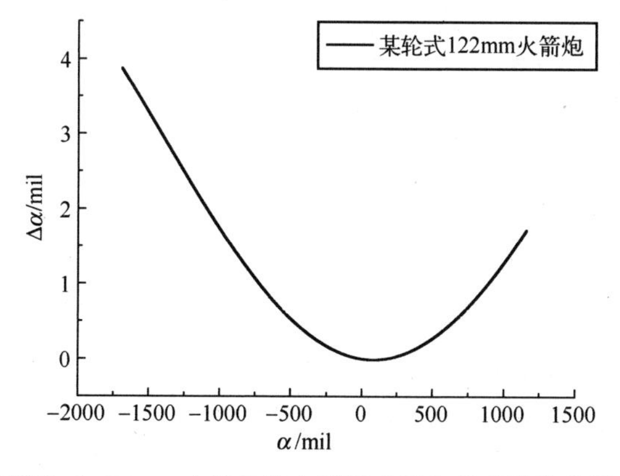

图 4.16　某轮式 122mm 火箭炮定向器转动量与瞄准镜位移误差的关系

某履带式 122mm 火箭炮的方向转动量为 360°,转换成密位为 6000mil。经测量,某履带式 122mm 火箭炮的瞄准镜至回转中心的距离 $R_{hz}=0.7\text{m}$,取向右转,其定向器转动量与瞄准镜位移误差的计算值列于表 4.9 中。

表 4.9 某履带式 122 毫米火箭炮瞄准镜位移误差与方向转动量的关系

$F_M=15-00, R_{hz}=0.7\text{m}, D=600\text{m}$					
α_z/mil	$\Delta\alpha_z$/mil	α_z/mil	$\Delta\alpha_z$/mil	α_z/mil	$\Delta\alpha_z$/mil
100	-0. 00406	2100	1. 68374	4100	1. 65029
200	0. 00409	2200	1. 78042	4200	1. 54549
300	0. 02435	2300	1. 86975	4300	1. 43591
400	0. 05651	2400	1. 95077	4400	1. 32277
500	0. 1002	2500	2. 02257	4500	1. 20729
600	0. 15496	2600	2. 08437	4600	1. 09075
700	0. 22017	2700	2. 1355	4700	0. 97442
800	0. 29513	2800	2. 17539	4800	0. 85957
900	0. 37902	2900	2. 20361	4900	0. 74747
1000	0. 47092	3000	2. 21985	5000	0. 63934
1100	0. 56982	3100	2. 22394	5100	0. 53636
1200	0. 67463	3200	2. 21582	5200	0. 43966
1300	0. 78421	3300	2. 19558	5300	0. 35031
1400	0. 89736	3400	2. 16345	5400	0. 26928
1500	1. 01284	3500	2. 11979	5500	0. 19746
1600	1. 12938	3600	2. 06506	5600	0. 13563
1700	1. 24571	3700	1. 99986	5700	0. 08448
1800	1. 36055	3800	1. 92492	5800	0. 04456
1900	1. 47265	3900	1. 84105	5900	0. 01631
2000	1. 58077	4000	1. 74917	6000	4. 5E-5

根据数据得曲线,如图 4. 17 所示。

由图 4. 17 可知,由于取向右转,所以误差值都为正。随着定向器旋转量的增大,误差值也随之增大,当定向器轴线正好反转 180°后,瞄准镜位移误差值达到最大值,此时的误差值可达 2. 25mil。随着定向器继续旋转,瞄准镜位移误差值随之减小,定向器转回到原来位置时,误差达到最小值。

由此可见,该履带式 122mm 火箭炮在进行射击时,为了减小瞄准镜位移误差,最好沿车头正向射击。在需要与车头方和有夹角射击时,则转动量越小,瞄准镜位移误差越小。

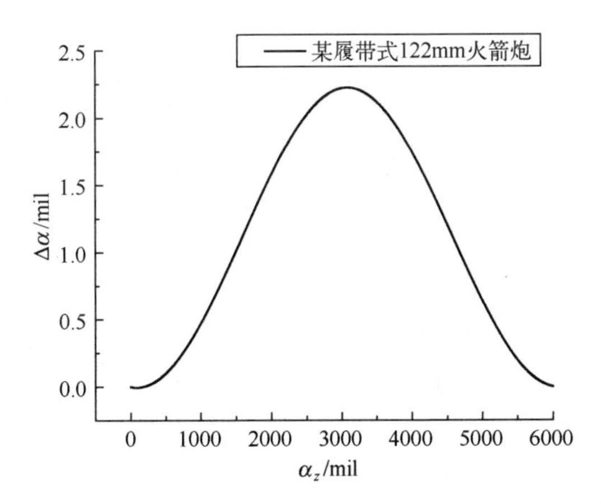

图 4.17　某履带式 122mm 火箭炮定向器转动量与瞄准镜位移误差的关系

4. 瞄准镜位移误差对射击精度的影响

瞄准镜位移误差究竟对火箭弹能造成多大的落点偏差呢？下面通过弹道计算进行分析。

由前面分析可知，瞄准镜位移误差与瞄准点距离、方向转动量、镜瞄分划等因素都有关系。下面我们就分别考查这几个因素对射弹偏差的影响。

(1) 瞄准点方位对弹道落点的影响。

由图 4.17 可知，在 0～60−00 范围内，瞄准点方位引起的瞄准镜位移误差是以 30−00 对称的，因此，在进行弹道计算时，只在 0～30−00 范围内取值。取 $D=400\text{m}$，$R_{hz}=1.9\text{m}$ 和 0.7m，$\alpha_z=3-00$，结果如表 4.10 和表 4.11 所列。

表 4.10　某轮式 122mm 火箭炮 F_M 对弹道落点的影响

F_M/mil	$\Delta\alpha_z$/mil	X/m	Z/m
0−00	1.41569	30607.658	55.491
5−00	1.27554	30607.81	50.075
10−00	0.79366	30608.323	31.451
15−00	0.09915	30609.042	4.608
20−00	−0.62192	30609.759	−23.264
25−00	−1.17638	30610.364	−44.697
30−00	−1.41567	30610.586	−53.948

表 4.11　某履带式 122mm 火箭炮 F_M 对弹道落点的影响

F_M/mil	$\Delta\alpha_z$/mil	X/m	Z/m
0−00	0.52157	30608.608	20.935
5−00	0.46994	30608.661	18.939

(续)

F_M/mil	$\Delta\alpha_z$/mil	X/m	Z/m
10-00	0. 2924	30608. 846	12. 077
15-00	0. 03653	30609. 105	2. 188
20-00	-0. 22913	30609. 373	-8. 081
25-00	-0. 4334	30609. 574	-15. 977
30-00	-0. 52156	30609. 661	-19. 384

根据落点数据得曲线,如图 4. 18 和图 4. 19 所示。

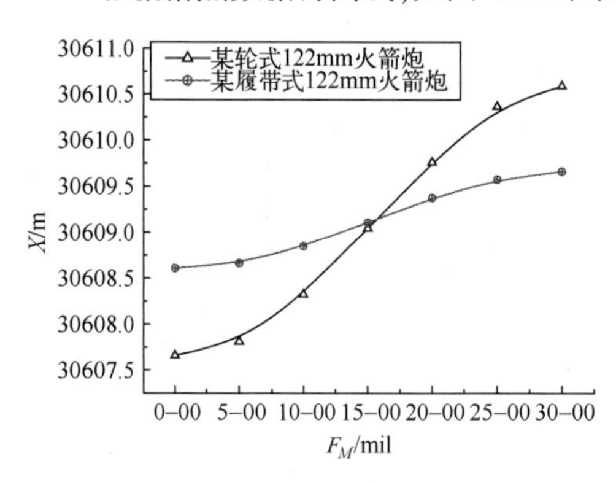

图 4. 18 瞄准点方位对射距离的影响对比

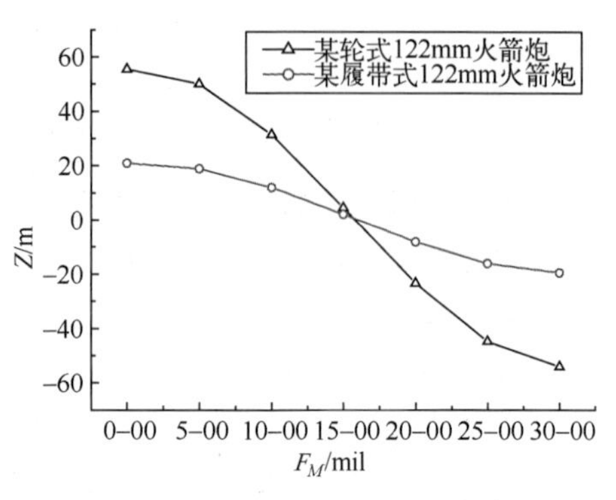

图 4. 19 瞄准点方位对侧偏的影响对比

可以看出,瞄准镜对应瞄准点的分划对射程影响很小,而对侧偏影响较大。在本例射程为 30km 左右的情况下,某轮式 122 火箭炮镜瞄分划在 0~30-00 变化引起的侧偏变化量超过 100m,在 0~150-00 变化引起的侧偏变化量逾 50m。

由图 4. 18 可以看出,瞄准点方位对某轮式 122mm 火箭炮的落点影响要大于某履带式 122mm 火箭炮。在侧偏方面,瞄准点方位对履带式火箭炮的影响要比轮式火箭炮小 62. 3%。究其原因,是履带式 122 火箭炮瞄准镜到回转中心的距离要远小于轮式 122 火箭炮瞄准镜到回转中心的距离。

(2) 瞄准点距离的选取对弹道落点的影响。

由图 4. 19 可知,F_M为 15-00mil 时对瞄准镜位移误差的影响最小。为了减小误差,取 F_M为 15-00mil 进行计算。R_{hz} = 1. 9m 和 0. 7m,α_z = 3-00,结果如表 4. 12 和表 4. 13 所列。

表 4. 12 某轮式 122mm 火箭炮 D 对弹道落点的影响

D/m	$\Delta\alpha_z$/mil	X/m	Z/m
100	5. 66344	30602. 386	219. 611
200	2. 83172	30606. 065	110. 211

（续）

D/m	$\Delta\alpha_z$/mil	X/m	Z/m
300	1.88781	30607.139	73.736
400	1.41586	30607.657	55.498
500	1.13269	30607.964	44.554
600	0.94391	30608.166	37.258
700	0.80906	30608.309	32.046
800	0.70793	30608.415	28.138
900	0.62927	30608.497	25.098
1000	0.56634	30608.564	22.665

表 4.13　某履带式 122mm 火箭炮 D 对弹道落点的影响

D/m	$\Delta\alpha_z$/mil	X/m	Z/m
100	2.08653	30605.439	81.412
200	1.04326	30605.757	41.096
300	0.69551	30605.854	27.656
400	0.52163	30605.894	20.937
500	0.41731	30605.923	16.905
600	0.34775	30605.939	14.217
700	0.29808	30605.953	12.297
800	0.26082	30605.964	10.857
900	0.23184	30605.97	9.737
1000	0.20865	30605.971	8.841

根据计算数据得出两种火箭炮的对比曲线如图 4.20 和图 4.21 所示。

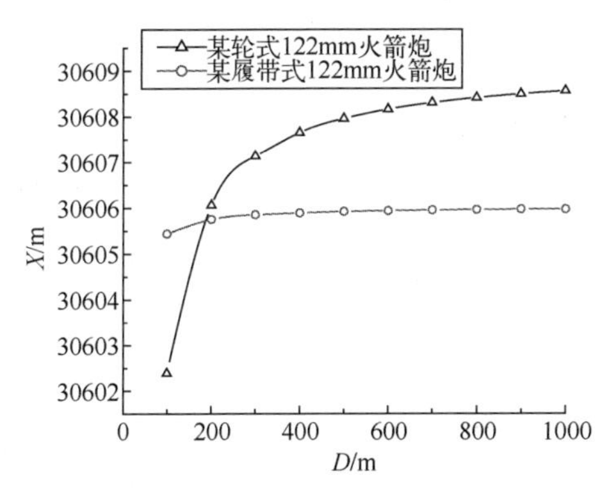

图 4.20　瞄准点距离对射程的影响对比

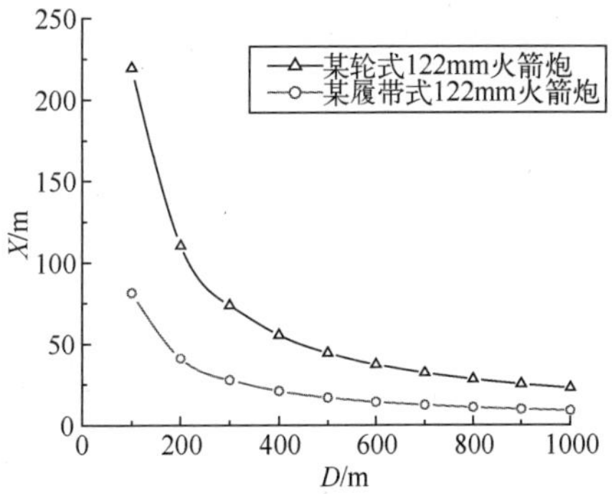

图 4.21　瞄准点距离对侧偏的影响对比

从表中数据可以看出，瞄准点选得越近，产生的瞄准镜位移误差就越大。在射程 30km 左右的情况下，在本例中的侧偏在 D=400m 时可超过 20m。从图中可以看出,瞄准点距离对某轮式 122mm 火箭炮射程的影响和侧偏的影响都大于某履带式 122mm 火箭炮。从图 4.21 中可以看出,对于该轮式 122mm 火箭炮来说,在 D>800m 后,侧偏变化比较平缓;对于该履带式 122mm 火箭炮来说,在 D>600m 后,侧偏变化比较平缓。由此反映出,将 400m 作为瞄准点选取的距离精度是不够的。

(3) 定向器转动量对弹道落点的影响。

前面我们分析了定向器转动量对瞄准镜位移误差的影响程度。那么,这种影响反映在弹道落点又是怎样的数量级呢?由于某轮式 122mm 火箭炮和某履带式 122mm 火箭炮的方向射界不同,我们对其一并进行了计算分析。

取 $D=600$m, $F_M=15-00$mil 进行计算,结果如表 4.14 和表 4.15 所列。

表 4.14 某轮式 122mm 火箭炮方向转动量对弹道落点的影响

α_z/mil	$\Delta\alpha_z$/mil	X/m	Z/m
-1693	-2.62833	30611.672	-100.83
-1393	-2.75463	30611.782	-105.713
-1093	-2.58502	30611.637	-99.155
-793	-2.1361	30611.243	-81.799
-493	-1.45182	30610.62	-55.345
-193	-0.59915	30609.736	-22.384
107	0.33847	30608.797	13.858
407	1.26926	30607.817	49.832
707	2.10213	30606.901	82.019
1007	2.75555	30606.153	107.268

表 4.15 某履带式 122mm 火箭炮方向转动量对弹道落点的影响

α_z/mil	$\Delta\alpha_z$/mil	X/m	Z/m
-1693	-0.96833	30610.166	-36.655
-1393	-1.01486	30610.208	-38.453
-1093	-0.95237	30610.078	-36.038
-793	-0.78699	30609.918	-29.645
-493	-0.53488	30609.674	-19.899
-193	-0.22074	30609.364	-7.757
107	0.1247	30609.016	5.596
407	0.46762	30608.664	18.85
707	0.77447	30608.344	30.709
1007	1.0152	30608.091	40.013

从表中可以看出,定向器方向转动量对射程产生的影响较小,对侧偏产生的影响较大。在某轮式 122mm 火箭炮的方向射界内,该火箭炮在 30km 射程时最大射界产生的侧偏都超过了 100m,某履带式 122mm 火箭炮也达到 40m 左右;图 4.22 和图 4.23 显示出,方向转动量对该型轮式 122mm 火箭炮的影响远超过履带式。

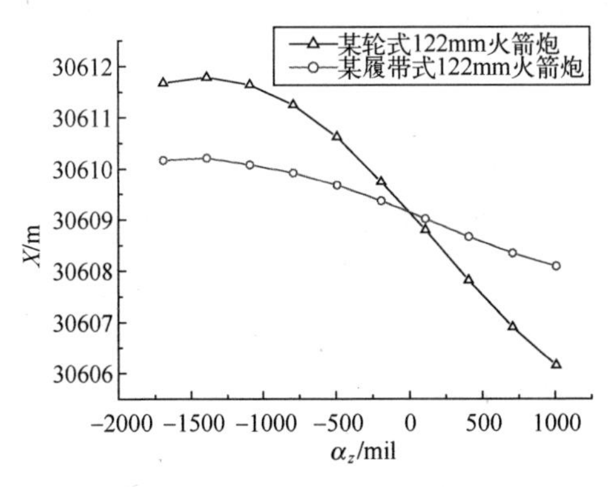

图 4.22　方向转动量对射程的影响对比

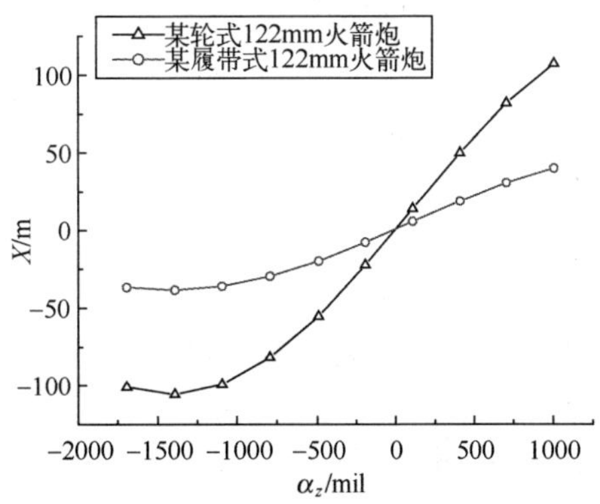

图 4.23　方向转动量对侧偏的影响对比

4.2.4　减小瞄准镜位移误差的措施

由前面的计算分析可知,可从如下方面减小瞄准镜位移误差。

(1) 镜瞄分划 F_M避开正前方或正后方。F_M在 0~60-00 取值时,瞄准镜位移误差角的最大值分别出现在 F_M为 0mil、30-00mil 和 60-00mil 时。

(2) 选瞄准点时,尽量选在 15-00 或 45-00 分划。因为 F_M为 15-66mil 和 45-66mil 时瞄准镜位移误差最小,所以瞄准镜分划应尽量向其靠近。

(3) 减小定向器方向转动量。从某轮式和履带式 122mm 火箭炮算例知,方向转动量越大,瞄准镜位移误差越大,反之越小。所以,在使用过程中,要尽量减小定向器的方向转动量。

(4) 瞄准点在 550m 以外选取可减小瞄准镜位移误差。现行的将瞄准点距离定为 400m 有一定局限性,并不能满足消除火箭炮瞄准镜位移误差的要求。由计算结果可知,要想使瞄准镜位移误差在方向上小于 1mil,就应该在 550m 以外选择瞄准点。

(5) 某履带式 122mm 火箭炮尽量沿正前方向射击。在需要与车头方和有夹角射击时,则转动量越小,瞄准镜位移误差越小。

阵地指挥员和测地分队在进行测量与指挥时,要尽量考虑到以上因素,达到减小瞄准镜位移误差的目的。

4.3 精确赋予射向

在射击准备阶段,需要对火箭炮赋予、标定射向。赋予、标定射向差多少,射击时的方向误差就差多少。因此,在野战火箭炮特别是无控野战火箭的射击过程中,要精确地赋予、标定射向,在保证精度的同时,还要提高作业速度,不影响射击准备进度。

4.3.1 采用精确赋向方法

目前,赋予、标定射向的方法很多,如方向盘法、瞄准点法、天体法、导向法等。在这些方法中,瞄准点法的精度最高,但受天气影响较大;方向盘法较为常用,但受器材、操作手法等因素的影响,其精度较前者差些;天体法主要是用于夜间能见度好的条件下赋予、标定射向;导向法主要是用于炮阵地通视条件受限时进行的一种赋予、标定射向的方法。为了提高赋予、标定射向的精度,减小射击时的方向误差,我们采用了一种又快又好的赋予、标定射向的方法——共同点法。

共同点法赋予、标定射向的要领如下。

(1) 在炮阵地后方能通视全连火箭炮的适当位置选择一点作为共同点,架设方向盘并精密定向。

(2) 装上基准射向磁方位角,方向分划归 30-00。

(3) 选择一 400m 以外的瞄准点,向其标定,记下标定分划。

(4) 在方向盘三角架下中心位置打下木桩。

(5) 副连长在共同点上架设方向盘,利用共同点的瞄准点分划给方向盘赋予射向,尔后分别向各炮瞄准镜标定,并将标定分划加(减)30-00 下达给各炮。

(6) 各炮装上下达的标定分划,转动方向机和高低机向共同点瞄准,即可给各炮精确赋予射向。

共同点法赋予射向的优点是:火箭炮占领阵地赋予射向时,可以省去火箭炮瞄准时产生的瞄准镜位移误差。

因为瞄准镜位移误差是在根源上产生的误差,所以对射击精度的影响很大,共同点法可以解决这个问题,所以说是一种高精度赋予射向的方法。

4.3.2 消除瞄准镜单圈误差

1. 瞄准镜单圈误差的规律

某轮式 122mm 自行火箭炮和某履带式 122mm 自行火箭炮都配用周视瞄准

镜。有的周视瞄准镜,当镜头恰好转动一圈(或奇数圈)时,其视轴线的起始位置与终止位置不重合;如再转一圈(即双圈或偶数圈),则又重合在一起。这种故障称为周视瞄准镜的单圈误差。

周视瞄准镜的单圈误差会影响赋予射向的精度。瞄准镜存在单圈误差,实际上相当于其方向转动机构的转动量与方向分划显示数不相符。用这种瞄准镜给火箭炮赋予射向时,则其装定的分划数不能正确反应瞄准镜视轴停留方向与炮身轴线的方向夹角。当其向瞄准位置瞄准后,定向器的指向必然偏离基准射向。单圈误差越大,赋予射向精度越差。

周视瞄准镜的单圈误差是由于瞄准镜内光学系统中的梯形棱镜装配不正确或受到强烈震动而引起的。其计算公式为

$$\Delta\alpha_i = \Delta\alpha_0 \cdot \left|\sin\left(\frac{F_i}{2}\right) - (15-00)\right| \tag{4.29}$$

式中:$\Delta\alpha_i$为任意方位上的单圈误差;$\Delta\alpha_0$为 0 方位上的单圈误差;F_i为 i 方位相应的方向分划。因为修正量表是正值,所以对三角函数取绝对值。为了分析修正量表的规律,在对三角函数不取绝对值的情况下进行了计算,得到单圈误差与方位的关系如图 4.24 所示。

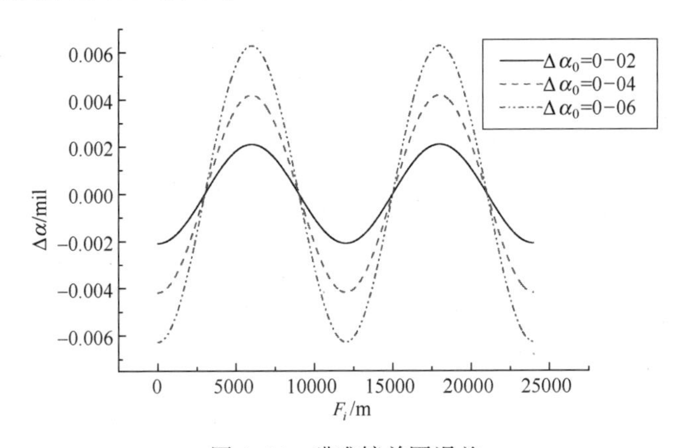

图 4.24 瞄准镜单圈误差

由图 4.24 可以看出,0 和 60−00 的倍数是最大单圈误差处,30−00 处的单圈误差为 0。从曲线看出,单圈误差是周期为 4π 的周期函数。

2. 赋予射向中排除单圈误差的方法

要从根本上排除瞄准镜单圈误差就要送交专业修理单位进行修理,但是,由于分队中使用瞄准镜具有单圈误差的较多,全都送修则可能影响训练。因此,在使用中想办法排除误差显得尤为重要。排除单圈误差对于提高赋予射向精度、减小单圈误差对射击中方向瞄准精度的影响具有重要意义。

在赋予射向中排除单圈误差的流程如下(图 4.25)。

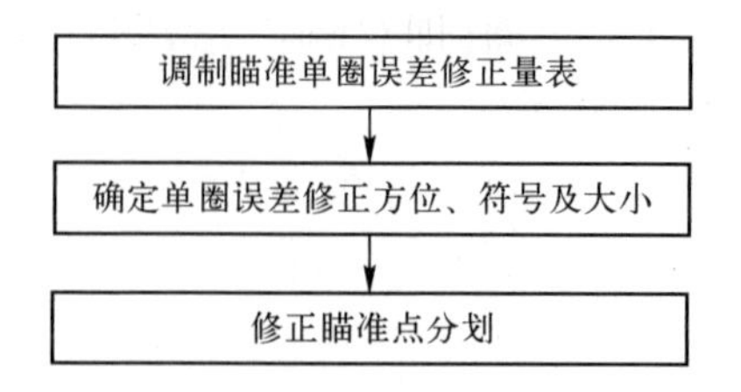

图 4.25　赋予射向时排除瞄准镜单圈误差流程

具体步骤如下。

(1) 调制对瞄准镜单圈误差修正量表。

在平时测量好故障瞄准镜在各个方位上的单圈误差,然后,调制修正量表,是一种简单易行的方法。

为了给调制修正量表提供依据,对式(4.18)加绝对 $\Delta\alpha_0=0-02$ 时进行了计算,根据计算数据得出曲线,如图 4.26 所示。

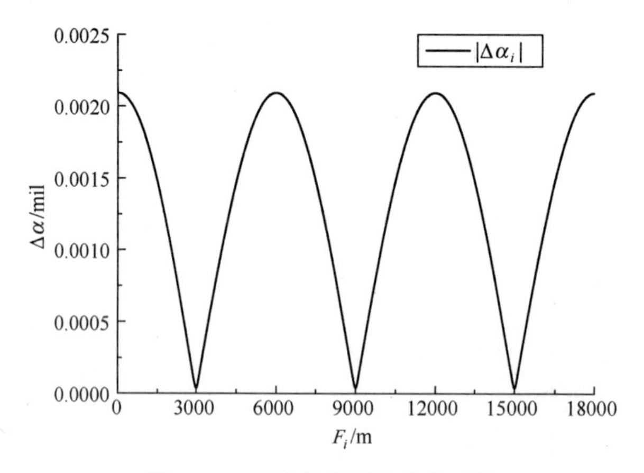

图 4.26　瞄准镜单圈误差绝对值

从图上可以看出,在 0~30-00 范围内随着分划的增加而减小,在 30-00~60-00 范围内随着分划的增加而增大。单圈误差绝对值以每 60-00 为一个周期,且以 30-00 为对称。根据这个特点,在调制修正量表时可以减小计算量,简化表格设计,增加实用性。

单圈误差调制过程如下。

① 安装好周视瞄准镜,在 0 方位附近选择一远方瞄准点,先向其标定,记下标定分划。

② 将镜头向左或向或转动一圈,再向该瞄准点标定,求出两次标定的分划差,即为瞄准镜在 0 方位上的单圈相对误差,其 1/2 为绝对误差。

③ 利用式(4.29)计算出各个方位上的单圈误差量。

④ 调制单圈误差修正量表。

在制作表格时,只需要制作一个周期的即可。在第步骤④中,根据对称性,假设某方位为 x,则方位为 60-00~x 的值与之相等,则这两个方位的值可放在一栏。经过计算,得出间隔 1-00 时单圈误差修正量值列于表 4.16 中。

表 4.16 ×炮瞄准镜单圈误差修正量表(计算值)

α_z/mil	$\Delta\alpha_z$/mil	α_z/mil	$\Delta\alpha_z$/mil	α_z/mil	$\Delta\alpha_z$/mil
0	2	2100	0.90792	4100	1.08921
100	1.99725	2200	0.81342	4200	1.1755
200	1.98902	2300	0.71669	4300	1.25856
300	1.97534	2400	0.61799	4400	1.33818
400	1.95625	2500	0.5176	4500	1.41413
500	1.9318	2600	0.41579	4600	1.48621
600	1.90206	2700	0.31285	4700	1.55421
700	1.8671	2800	0.20904	4800	1.61795
800	1.82702	2900	0.10466	4900	1.67726
900	1.78194	3000	0	5000	1.73197
1000	1.73197	3100	0.10466	5100	1.78194
1100	1.67726	3200	0.20904	5200	1.82702
1200	1.61795	3300	0.31285	5300	1.8671
1300	1.55421	3400	0.41579	5400	1.90206
1400	1.48621	3500	0.5176	5500	1.9318
1500	1.41413	3600	0.61799	5600	1.95625
1600	1.33818	3700	0.71669	5700	1.97534
1700	1.25856	3800	0.81342	5800	1.98902
1800	1.1755	3900	0.90792	5900	1.99725
1900	1.08921	4000	0.99993	6000	2
2000	0.99993				

(2) 确定单圈误差修正方位、修正符号及大小。

① 确定单圈误差修正方位。

给火箭炮瞄准镜装定指定的方向分划,向指定的瞄准点瞄准,使定向器轴线指向基准射向,此时,该瞄准点位置所在的方位即为单圈误差修正方位。

② 确定大小圈和符号。

射向标定好之后,在火箭炮后方选一瞄准点,取标定分划。然后,将镜头转一圈,再向该瞄准点标定。比较两次标定分划的大小,若第一次分划大于第二次分划,我们称赋予射向工作是在“大圈”上进行的;反之,称其在“小圈”上进行。测完后,将镜头再转一圈,使其停留在第一次标定的位置上。以后,只要镜头不超过 30-00 方位,则大小圈不会变。误差修正量符号按照“大圈加分划,小圈减分划”的原则进行。

③ 确定误差修正量大小。

根据确定好的误差修正量方位,从表 4.16 中直接查取,即可得到瞄准镜单圈误差修正量。

3. 修正瞄准点分划

阵地指挥员(通常是副连长)在赋予射向前,要在合适的位置选取基本瞄准点、预备瞄准点、夜间基本瞄准点和夜间预备瞄准点,在赋予射向时,要求各炮测出其分划,然后,上报给阵地指挥员,作为每门炮方向转动的依据。

每门火箭炮炮长将求得的单圈误差修正量修正在基本准点、预备瞄准点、夜间基本瞄准点和夜间预备瞄准点分划上,并下达给瞄准手。瞄准手按照修正过的瞄准点分划进行瞄准,即可排除瞄准镜单圈误差。

4.4 精确测量计算“三差”修正量

4.4.1 间隔和纵深差引起的炸点偏差

“三差”是指火箭炮占领阵地后,非基准炮对基准炮的间隔、纵深差和高差,如图 4.27 所示。图中设基准炮位于 O 点,某一门非基准炮位于 P 点,在基准炮测得非基准炮的距离 d_p、锐角 α_c 和高低(俯仰)角 ε_c,若以 O 点为原点建立空间直角坐标系,并将 P 点投影到 XOY 平面上得到 A 点,OP 连线为 d_p,OA 连线为 d'_p则 AB 为火箭炮间隔,AC 为纵深差,PA 为高差。

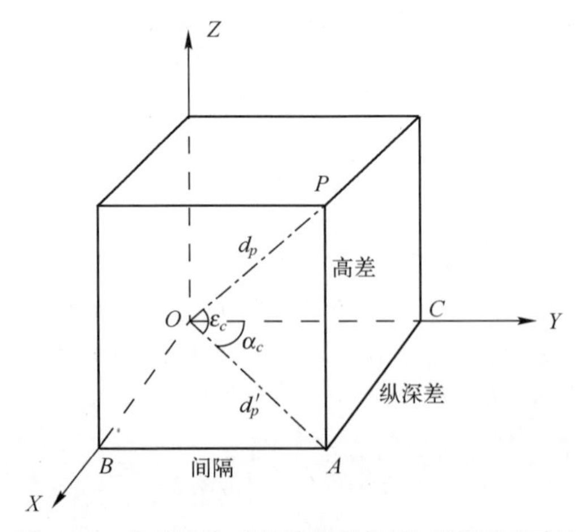

图 4.27 非基准炮对基准炮的间隔、纵深差和高差

精确地测定“三差”,用于在射击时供炮长计算并修正非基准炮对基准炮的间隔、纵深差和高差而带来的高低(表尺)与方向偏差。一般来说,火箭炮的间隔和纵深差是以目标恰好出现在基准炮的基准射向线上为前提求取的,但在实际操作中却很难做到。

如果行集火射向,则一炮向基准炮方向转动很大的方向角。在前面的瞄准镜位移误差分析中可知,当火箭炮定向器方向转量过大时,会引起较大的瞄准镜位移误差。除此之外,当火箭炮配置疏散时,非基准炮对基准炮炸点偏差到底有多少呢?

在图 4.28 中,设目标为 M_m,炮目方向转动量为 α_z,基准炮对非基准炮的方向分划为 F_{JF}。

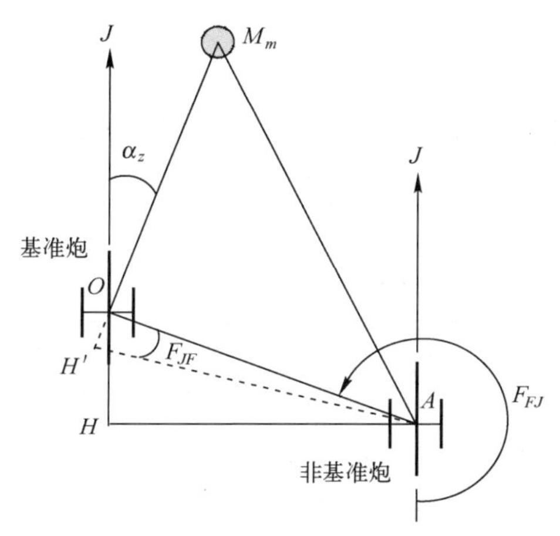

图 4.28　非基准炮的实际间隔和纵深差

由上图可得

$$\begin{cases} AH = OA \cdot \sin F_{JF} \\ OH = OA \cdot \cos F_{JF} \\ AH' = OA \cdot \sin(F_{JF} + \alpha_z) \\ OH' = OA \cdot \cos(F_{JF} + \alpha_z) \end{cases} \tag{4.30}$$

则由于炮目之间存在方向转动量而引起的距离、方向偏差量为

$$\begin{aligned} \Delta X &= AH' - AH \\ &= OA \cdot \sin(F_{JF} + \alpha_z) - OA \cdot \sin F_{JF} \\ &= OA \cdot [\sin(F_{JF} + \alpha_z) - \sin F_{JF}] \end{aligned} \tag{4.31}$$

$$\begin{aligned} \Delta Z &= OH' - OH \\ &= OA \cdot \cos(F_{JF} + \alpha_z) - OA \cdot \cos F_{JF} \\ &= OA \cdot [\cos(F_{JF} + \alpha_z) - \cos F_{JF}] \end{aligned} \tag{4.32}$$

写成圆误差的形式为

$$R_{jz}=\sqrt{(\Delta X)^2+(\Delta Z)^2}=OA\cdot\sqrt{2-2\cos\alpha_z}=2OA\cdot\left|\sin\frac{\alpha}{2}\right| \tag{4.33}$$

取方向转动量分别为 3-00、5-00、7-00,炮间隔最大取到 450m,对由于非基准炮对基准炮间隔和纵深差引起的炸点偏差进行了计算,得曲线如图 4.29 所示。

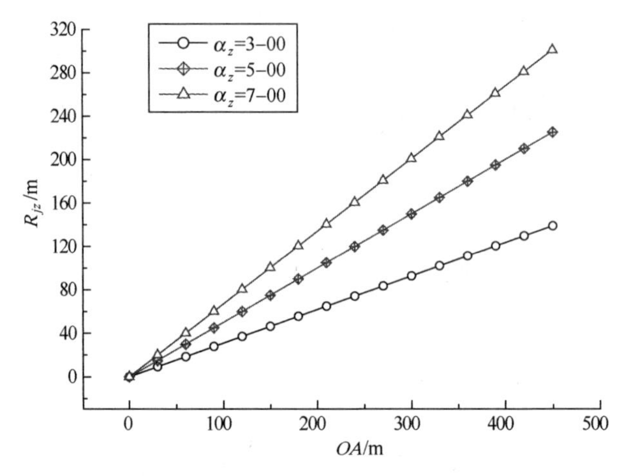

图 4.29　间隔和纵深差引起的非基准炮对基准炮炸点偏差

从图中可以看出,炸点偏差与非基准炮对基准炮间隔成正比。在同一间隔量上,方向转动量越大,炸点偏差就越大。计算显示:当非基准炮对基准炮间隔为 450m 时,即使转动量只有 3-00,R_{jz}值就会达到 139.1m,当转动量等于 7-00 时,R_{jz}值会达 301.1m 之多,这必然使集火射向射击时集火效果变差,适宽射向射击时分火效果不理想。

因此,特别是在疏散配置的情况下,精确测量“三差”对于提高火箭炮的射击精度具有重要意义。

4.4.2　大幅员配置时“三差”误差的修正

为使炮兵分队在疏散配置情况下也能获得较好的集火(或分火)效果,当炮目方向转动量过大时,应计算并修正间隔、纵深差变化误差。

除按一般要求计算单独修正量外,尚应计算出炮目方向转动量为 $J\pm1$-00 时,因间隔、纵深差变化而引起的各射距离上高低(表尺)、方向修正量,并填表。

具体方法如下。

(1) 求出炮目方向转动量为 $J\pm3$-00 时的实际间隔和纵深差。

(2) 计算对基准射向上的间隔、纵深差变化修正量,并据此从火箭炮高差、纵深差、集火射向修正量算成表中查取各预定射距离上高低和方向修正量密位数。

（3）将上述修正量密位数分别除以 3 后，填入该炮修正量综合表的“高低补修”栏和“方向补修”栏，以备查用。

为了便于修正，我们计算了不同转动量、不同间隔和纵深差时的修正量算成表（见附录），以便在使用时直接查取。

4.5 精确测量与计算地面风修正量

地面风是指离炮阵地地面 3.5～100m 高度上的风向、风速，其下界由火箭炮定向管火线高度确定，100m 以上开始进入自由大气层。由于火箭弹刚离开定向管时的速度比较慢，因此，地面风对火箭弹在主动段飞行时的影响较大。所以，在火箭炮射击前必须对地面风进行精确测量与修正。

4.5.1 风对火箭炮射击精度的影响

为了说明地面风对火箭炮射击精度的影响，利用某 122mm 火箭弹 6 自由度弹道程序进行计算。射角分别取 30°、35°、40°、45°，弹道平均纵风 W_x 和横风 W_z 均取 5m/s，与无风的情况进行对比计算，结果列于表 4.17 中。

表 4.17 无风时的弹道落点

射角/(°)	落点	
	X/m	Z/m
30	22518.76	23.646
35	25409.439	29.289
40	28092.85	34.835
45	30608.091	40.013

同时，为了说明风值精度对射击精度的影响，弹道纵风 W_x 和横风 W_z 改取 4m/s，其他条件与表 4.18 计算条件一样，计算结果列于表 4.19 中。

表 4.18 有风时的弹道落点（$W_x = W_z = 5$m/s）

射角/(°)	落点	
	X/m	Z/m
30	23232.461	-884.462
35	26224.346	-1062.365
40	29004.612	-1270.431
45	31591.207	-1520.851

表 4.19　有风时的弹道落点($W_x=W_z=4\text{m/s}$)

射角/(°)	落　点	
	X/m	Z/m
30	23093.477	-682.915
35	26069.431	-823.045
40	28834.716	-987.249
45	31411.956	-1184.993

由表4.17和表4.18对比可以看出,有风与无风时弹道落点差别甚大,两种情况下射角为45°时的射程差达1000m,侧偏差达1500m。

对比表4.18和表4.19可以看出,风值的微小变化对火箭弹射击精度产生的影响很大。风速由5m/s变为4m/s仅变化了1m/s,射程变化竟达180m,侧偏变化达336m。

以上计算充分表明,风的大小对于无控火箭弹射击精度的影响很大,即使是细微的风速变化,也会对弹道落点造成较大的误差。因此,在射击前必须对地面风进行精确测量与精确修正。

4.5.2　精确测量与修正地面风

这里主要以目前部队常用的有磁针的测风仪进行讨论。

影响地面风修正误差的因素有多种:一是测量器材本身的精度;二是操作时的条件与操作精度;三是射击时修正的地面风与测量时不一致。因此,要提高地面风的测量与修正精度,应从以下几个方面入手。

1. 精确检查与架设测风仪

(1) 对测风仪进行精确检查和保养,保持各部件的灵活性。

(2) 查看各部件是否有变形,保持旋转部分的灵活性。

(3) 检查调试磁针,保证磁针归北的精确性。

(4) 擦拭分划环,防止刻度磨损,保证读数的准确性。

(5) 在火箭炮发射阵地附近选择一个不使风向、风速失真的地点架设测风仪,避免在树林、居民点等地架设;为便于定向和判读,应在插杆旁设置一高台(如叠放三层空弹药箱),站在高台上,面向测风仪,转动塑料握把(此时,整个测风仪一起转动),将副连长下达的基准射向磁方位角分划对正磁北“N”。此时,测风仪的“0”对正了基准射向,将塑料握把插紧,测风仪即架设好。

2. 精确判读分划

(1) 判读风速时,测风员应位于风速窗的正前方,视线垂直于表盘准确地判定出指针所指的数值(精确到0.1m/s);判读风向时,测风员应位于上风处,取风向指针左右摆动的中间值(归整到整百密位)。

(2) 当听到指挥员下达"风"的口令时,测风员立刻将当时的瞬时基准射向风角(归整到百密位)和风速(精确到0.1m)报告给指挥员。

3. 精确计算地面风修正量

为了保证射击的精确性,在执行初发口令和记录诸元口令时需要修正地面风修正量。要保证修正的正确性,必须注意以下几个方面。

(1) 保证测量的实时性。

① 缩小测量间隔。测风员应每隔5~10min测定一次风向(风的坐标方位角)和风速。判读时,在方向上精度要求到1-00,在风速上精度要求到0.1m/s,并进行详细记录。

② 为使成果诸元计算更加精确,测风员最好在发射瞬间测定风速、风向。

(2) 保证计算的正确性。

① 保证目标风角计算的正确性。

测风员测出的是风的坐标方位角,因而,要先将其换算成基准射向的风角,然后,再由副连长计算目标风角。计算公式为

基准射向风角=基准射向坐标方位角-风坐标方位角

(不够减加60-00再减)

式中:基准射向风角为基准射向至风吹来方向的左旋角;风坐标方位角为坐标北至风吹来方向的右旋角,并且

目标风角=基准射向风角+方向转动量(计算结果归整到整百密位数)

注意:方向转动量:向右取正,向左为负。

② 保证修正量计算的正确性。

地求取地面风修正量时,指挥员根据所求得的风坐标方位角从地面风修正量算成表中求取。地面风修正量算成表给出了不同风角时的距离和方向修正量,分带阻力环和不带阻力环两种,因此,在查取前,首先要看清楚射击口令中是否带阻力环。

多数情况下,要对表中数值进行插值求取修正量,在插值时尽量采用内插法。

4.5.3 提高地面风测量与修正的实时性与精确性

以往对于火箭炮阵地地面风的获取,主要由人工通过测风仪获得。测风员测出风坐标方位角后再转化为风角,然后,根据风修正量算成表进行查表计算,求出风修正量,最后,将风修正量加到开始表尺和方向上作为射击装定诸元,这种方法存在着实时性差、精度不够、作业时间长及不能直接计算地面风修正量

等诸多问题。火箭炮分队的地面风的测量与修正,要求一定的测风高度(最少在3.5m以上)及很高的实时性,目前的测风手段远不能达到要求。随着火箭炮信息化改造进程的加快,新型战术火箭炮也将实现全自行化操作,虽然像远程野战火箭炮等有气象雷达保障气象条件,但因与火箭炮阵地相距较远,在地面风修正上存在较大误差。

为了达到实时测量、实时计算,减小地面风修正量带来的误差,可设计一种新型数字气象观测仪,能够简化测风过程,减少测量时间,且能够将测量计算结果进行数传,以适应新型火箭炮武器系统。

1. 数字气象观测仪的战术技术指标

(1) 测量精度: 风向:±0-08;
风速:0.1m/s;
气温:±0.5°;
气压:±1.5mmHg。

(2) 测量范围: 风向:60-00;
风速:0.1~40m/s;
气温:-40°~+60°;
气压:0~776mmHg。

(3)分辨率: 风向:±0-03;
风速:0.1m/s;
气温:0.5°;
气压:1.5mmHg。

(4) 电源电压: 1.6~3.0V。

(5) 系统功耗: 正常状态:500mW;
低功耗状态:100mW。

(6) 传输距离: 1000m。

(7) 连续工作时间: 不小于10小时。

(8) 环境温度: -40~+50℃。

(9) 最大升降高度: 5m。

2. 数字气象观测仪的基本功能

(1) 实时测定风向、风速、气温和气压等气象条件,为炮兵射击提供简易气象条件修正量。

(2) 实时测定火箭炮阵地的地面风向和风速,为火箭炮分队提供地面风修正量。

3. 数字气象观测仪的基本工作原理

新型数字气象观测仪实现了地面气象条件风向、风速、气温、气压的自动测量和射击条件修正量及火箭炮地面风修正量的自动计算。其基本工作原理是：将气象仪与处理机通过数据线相连，通过升降杆将气象仪升至要求的高度后，风的作用使风标指向风吹来的方向，磁方位传感器即感应出风向磁方位角；风速叶轮随风速的不同以不同的转速旋转，每转一圈即产生一个脉冲信号，通过单位时间内计数即可计算出风速；气温、气压感应出当时的气温和气压。以上数据经气象仪数据处理后传输给处理机，处理机按要求以固定格式显示，当输入测地距离方向时即可直接计算出气象条件修正量，输入开始表尺和方向转动量后即可直接计算出装定诸元，见图 4. 30。

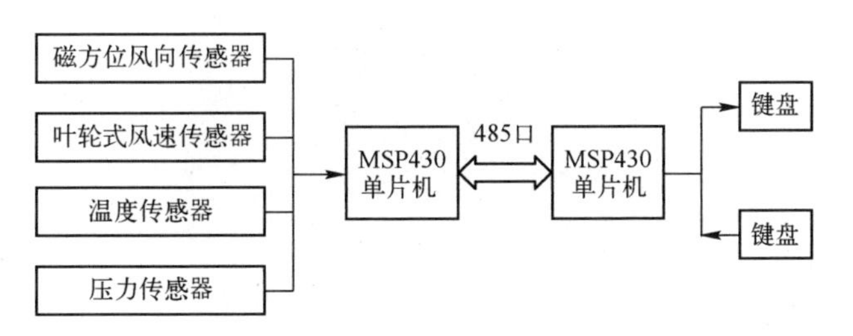

图 4. 30　基本工作原理框图

4. 数字气象观测仪的构造

(1) 数字气象观测仪的组成。数字气象观测仪由气象仪、处理机、升降杆和附件四部分组成(图 4. 31)。

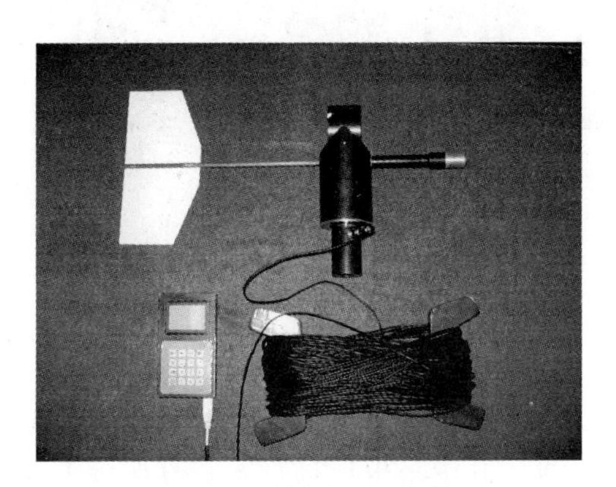
图 4. 31　数字气象观测仪

气象仪用于测量大气压力、温度、风速和风向。

处理机用于显示大气压力、温度、风速、风向，计算简易气象条件修正量和火箭炮地面风修正量。

升降杆用于将气象仪升至测量所需要的高度，最高可达 5m。

附件包括数据线、升降杆拉绳、充电器、包装箱(袋)等。

(2) 数字气象观测仪结构。数字气象观测仪结构如图 4.32 所示,上半部安装叶轮式风速传感器,下半部内安装有磁方位风向传感器、温度传感器、压力传感器及主控电路等,外安装有电池盒及风向标。主控电路数据线与插座之间通过电刷和导电环与插座活动连接,保证气象仪可以随风向 360°任意转动,使用时通过下方的连接座与升降杆相连将气象仪升至一定的测量高度,数据经插座传输给处理机。

图 4.32 数字观测仪结构

(3) 处理机结构。处理机结构如图 4.33 所示,由液晶屏、键盘和处理电路等组成,外形尺寸为 123mm×70mm×16mm,便于携带和操作。

图 4.33 处理机结构

(4) 升降杆结构。升降杆由 1m 长、ϕ28 的 5 根铝合金管套接而成,可以根据不同的需要调整高度。其中一根连接管安装有连接头,用以安装气象仪和拉绳。

附件包括驻钉、拉绳、充电器、数据线等,驻钉、拉绳与升降杆放于一个工具包内,充电器、数据线与气象仪、处理机等放于包装箱内。

(5) 数字气象观测仪工作流程。主程序的基本流程为观测仪部分在接受到处理机的命令后,通过各传感器采集数据,并将数据存放到指定寄存器中,进行数据滤波，将采集到的数据传送给处理机，其流程图如图 4.34 所示。

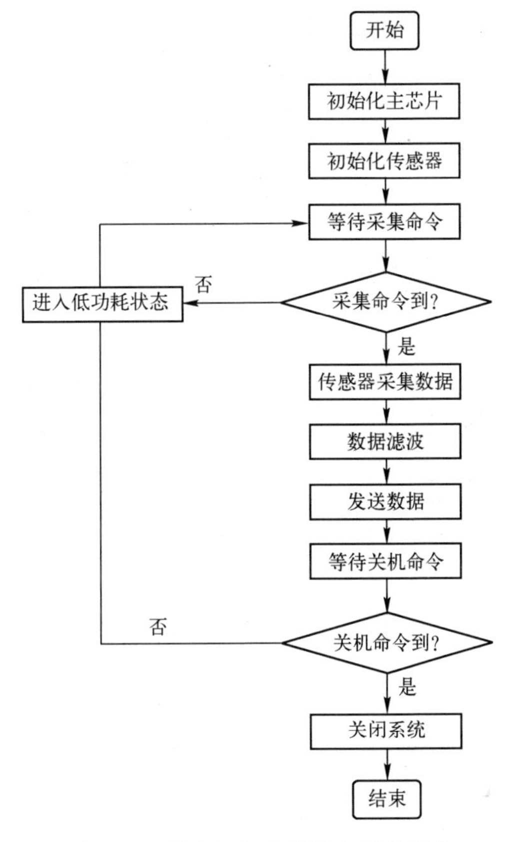

图 4.34　数字气象观测仪主程序流程

从风向、风速、温度和压力传感器采集到的数据，因受多种因素的影响，可能存在不符合条件或测量误差较大的数据，为了保证测量的精确性，必须对所得到的数据进行筛选，剔出精确性较差的数据。为此，对采集到的数据，采用每 10 个求取平均值，剔除和平均值差值较大的数据，将剩余的精确数据求平均值，其平均值即为测量所需的风速、风向、压力和温度数据。

(6) 求取风角流程(图 4.35)。

(7) 求取修正量流程(图 4.36)。

(8) 地面风修正量算法。火箭炮射击时，修正的地面风是指离炮阵地地面 3.5m 高度以上的风向和风速，由于火箭炮刚离开定向管时飞行速度比较慢，因此，地面风对火箭弹在主动飞行段的影响比较大，地面纵风既影响距离又影响方向，地面横风既影响方向又影响距离，是影响射击精度的重要因素。

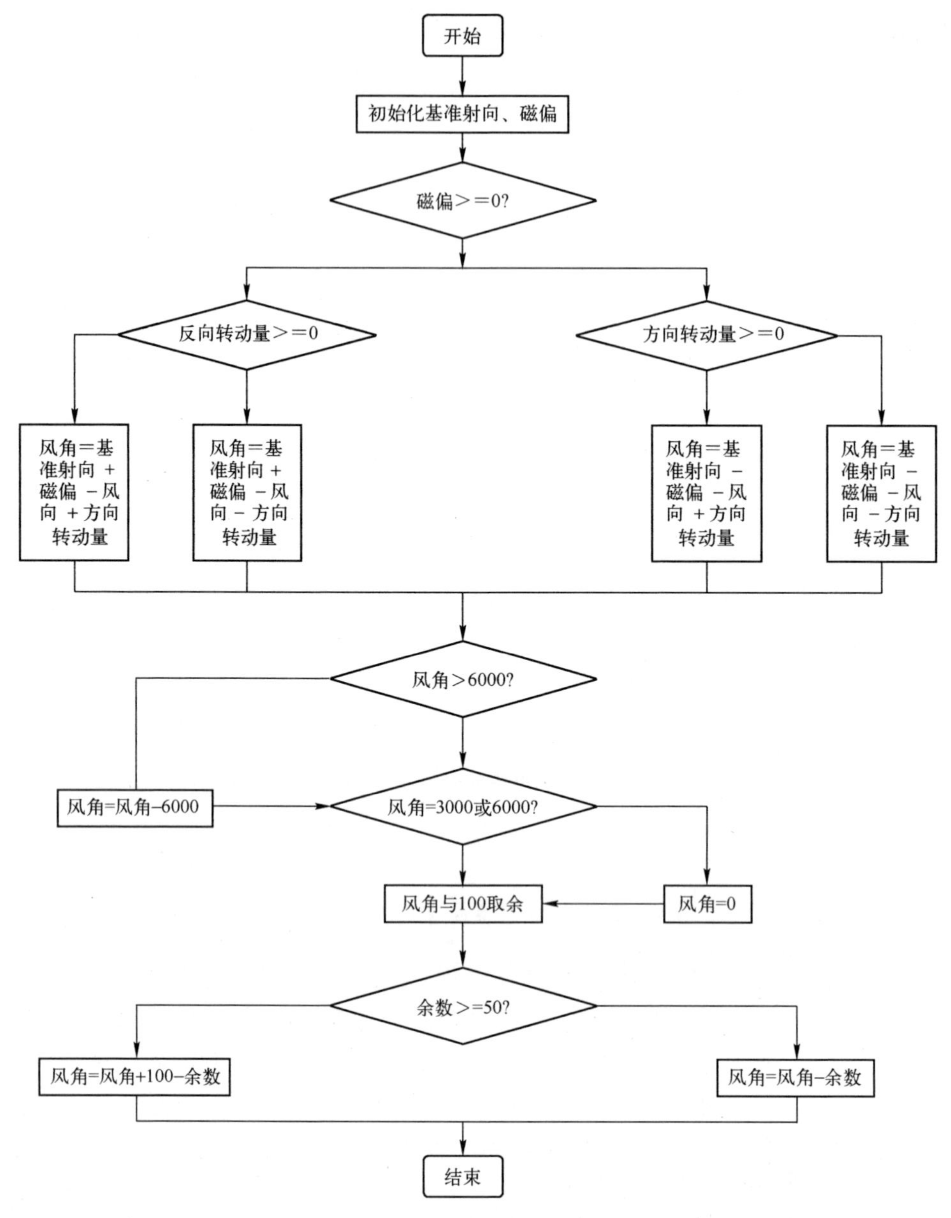

图 4.35　求取风角流程图

在获取开始表尺、风速和风角后，就可以根据地面风修正量数组计算地面风修正量，具体计算方法为根据对应的开始表尺和风角查出对应的数组元素，在用内插法计算修正量，其计算公式为

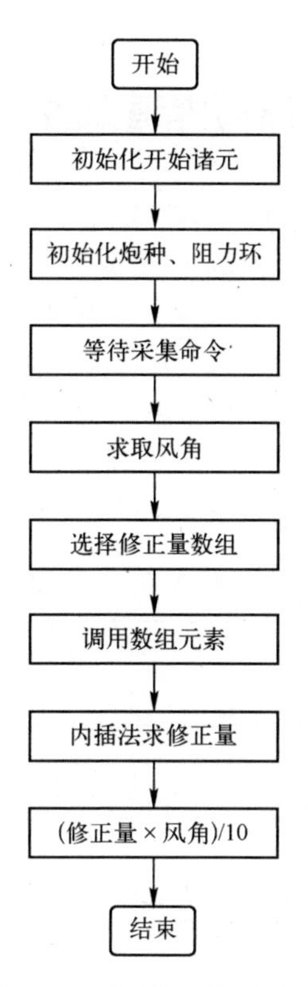

图 4.36 求取修正量流程图

$$
\begin{aligned}
\text{表尺修正量}=&\Bigg(\Bigg(\Bigg(\frac{\text{开始表尺}-\text{开始表尺}_{\text{上}}}{\text{开始表尺}_{\text{下}}-\text{开始表尺}_{\text{上}}}\times(\text{表尺修正量}_{\text{下}}-\text{表尺修正量}_{\text{上}})\\
&+\text{表尺修正量}_{\text{上}}\Bigg)_{\text{风角后}}-\Bigg(\frac{\text{开始表尺}-\text{开始表尺}_{\text{上}}}{\text{开始表尺}_{\text{下}}-\text{开始表尺}_{\text{上}}}\times(\text{表尺修正量}_{\text{下}}-\text{表尺修正量}_{\text{上}})\\
&+\text{表尺修正量}_{\text{上}}\Bigg)_{\text{风角前}}\Bigg)\times\frac{\text{风角}-\text{风角}_{\text{前}}}{\text{风角}_{\text{后}}-\text{风角}_{\text{前}}}+\Bigg(\frac{\text{开始表尺}-\text{开始表尺}_{\text{上}}}{\text{开始表尺}_{\text{下}}-\text{开始表尺}_{\text{上}}}\times\\
&(\text{表尺修正量}_{\text{下}}-\text{表尺修正量}_{\text{上}})+\text{表尺修正量}_{\text{上}}\Bigg)_{\text{风角前}}\Bigg)\times\frac{\text{风速}}{10}
\end{aligned}
$$

$$
\begin{aligned}
\text{方向修正量}=&\Bigg(\Bigg(\Bigg(\frac{\text{开始表尺}-\text{开始表尺}_{\text{上}}}{\text{开始表尺}_{\text{下}}-\text{开始表尺}_{\text{上}}}\times(\text{方向修正量}_{\text{下}}-\text{方向修正量}_{\text{上}})\\
&+\text{方向修正量}_{\text{上}}\Bigg)_{\text{风角后}}-\Bigg(\frac{\text{开始表尺}-\text{开始表尺}_{\text{上}}}{\text{开始表尺}_{\text{下}}-\text{开始表尺}_{\text{上}}}\times(\text{方向修正量}_{\text{下}}-\text{方向修正量}_{\text{上}})\\
&+\text{方向修正量}_{\text{上}}\Bigg)_{\text{风角前}}\Bigg)\times\frac{\text{风角}-\text{风角}_{\text{前}}}{\text{风角}_{\text{后}}-\text{风角}_{\text{前}}}+\Bigg(\frac{\text{开始表尺}-\text{开始表尺}_{\text{上}}}{\text{开始表尺}_{\text{下}}-\text{开始表尺}_{\text{上}}}\times\\
&(\text{方向修正量}_{\text{下}}-\text{方向修正量}_{\text{上}})+\text{方向修正量}_{\text{上}}\Bigg)_{\text{风角前}}\Bigg)\times\frac{\text{风速}}{10}
\end{aligned}
$$

注意:开始表尺为射击指挥员所传达表尺。

4.6 提高弹道条件一致性

每发火箭弹发射之后,都有自己的飞行弹道,弹道落点的位置受多种弹道条件影响。对于火箭炮为例,其标准弹道条件包括火箭全弹重、火箭弹气动外形、装药温度、火箭初速度和比冲、火箭发动机工作时间等。

为了说明弹道条件对射击精度的影响,以火箭弹全弹重 m、火箭初速 V_0、火箭发动机工作时间 T_k为例,以 122mm 火箭弹六自由度弹道模型程序进行了计算,射角都取 45°,计算步长取 0.01,结果列于表 4.20~表 4.22 中。在考查每一个因素时,假设其他因素都符合标准条件。

表 4.20 全弹重变化对射程的影响

m/kg	58.5	59.5	60.5	61.5
X/m	21639.4	21552.9	21458.0	21355.2

表 4.21 火箭初速变化对射程的影响

V_0/(m/s)	65	66	67	68
X/m	19928.5	20238.3	20547.3	20854.2

表 4.22 发动机工作时间变化对射程的影响

T_k/s	1.9	2.0	2.1	2.2
X/m	19136.0	20121.8	20816.9	21200.9

从表中数据可知,弹重由 58.5kg 变为 61.5kg,变化量仅为 3kg,射程变化达 284.2m;初速度由 65m/s 变为 68m/s,变化量仅为 3m/s,射程变化达 925.7m;发动机工作时间由 1.9s 变为 2.2s,变化量仅为 0.3s,射程变化达 2064.9m。

可以看出,弹道条件对射程的影响很明显,保持弹道条件一致性对于提高火箭炮射击精度是非常重要的。

所有的火箭弹都符合标准条件时,射击精度就好,但这在实际中是不可能的。所以,尽可能保持弹道条件一致性是提高射击准确度和密集度的重要措施。

根据标准弹道条件要素,主要从如下方面提高弹道条件一致性。

(1) 保持药温一致。受气候及保管条件的影响,射击时的药温不可能完全符合标准,而药温的变化会使发动机火药燃烧的速度发生变化,导致发射药燃烧释放出的能量有差别(比冲发生改变),其结果是火箭弹获得的推力不标准、运动速度不尽相同。

火箭运动速度受到药温的影响之后,反映在弹道上就会造成射弹散布的增大。因此,除了射击前要测量药温进行修正外,在储存时要避免火箭弹受阳光的照射或受潮。一次齐射后,重新装填火箭弹进行发射时,不要使火箭弹在定向管内停留的时间过长,否则,会造成火箭弹温度升高或降低,影响射程。

(2) 保持发射药批号一致。发射药批号一致,则发射药的性质和能量一致,发射药的比冲相同。基于此,当火箭发动机的工作时间相同时,火箭获得的推力就相同,射弹散布就小。

要提高火箭炮射击精度,发射前需对火箭弹按装配批号、时间、工厂代号等进行分类,一次齐射或对同一目标射击时,应使用发射药及装配时间等标志相同的火箭弹。

(3) 保持火箭弹整洁程度一致。火箭弹表面的粗糙度对其在火箭发射过程中和飞行弹道中受到的阻力有一定程度的影响。为了防止火箭弹生锈,平时保存时都涂有一层炮脂,如果不将炮脂擦干净,则在发射时必然增大阻力,影响射击精度。所以,在装填之前,要组织人员对火箭弹进行擦拭,擦拭方法和标准要一致。

第5章 精密进行火箭炮技术检查

野战火箭炮是一种结构复杂的多管联装武器，由定向系统、瞄准系统、电传动系统、发火系统和支撑运行系统组成。要使野战火箭炮保持高精度，就需要使火箭炮保持良好的技术状况。

从使用经验来看，影响野战火箭射击精度的主要有定系统和瞄准装置，其中定向管影响火箭弹的初始飞行方向；闭锁挡弹装置闭锁力的大小及其一致性影响火箭弹的初始飞行姿态；瞄准装置的精密程度影响瞄准的精度，也就间接影响火箭弹的初始飞行方向。因此，要使野战火箭具备高精度，火箭炮分队要定期对其进行技术检查与处理。

技术检查方面影响射击精度的误差主要包括定向管检查误差（包括平行度检测与弯曲变形）、零位零线检查误差、射角不一致检查误差、瞄准线偏移检查误差、瞄准装置空回量检查误差、瞄准镜单圈误差检查误差、瞄准镜固定位置不一致误差、使用检查座误差、检查发射时间的误差、检查闭锁力的误差等。

5.1 精密检查与调整定向管

5.1.1 定向管的作用及构造

定向器用于发射前盛装和固定火箭弹，并保证火箭弹装填后在定向器上的正确位置，以顺利点燃火箭发动机；在发射时约束火箭弹并赋予火箭弹起始运动方向；赋予火箭弹一定的转速，以提高火箭弹射击密集度；带弹行军时，固定火箭弹并保护火箭弹不受敌弹片及外界物体损（图5.1）。

定向管系一长度为3000mm的薄壁圆筒。为了使火箭弹旋转飞行，提高射击密集度，在管壁上有一缠角为2°30′并向外凸出的螺旋导向槽。定向管的前支座和后支座是定向管装配成束的基准。后支座上制有用于使定向管结合定位的三角键槽。管的前端有加强环，后端有加强箍和保证顺利装填的导向盘。导向盘上焊有定位器，用于与焊在后支座上的定位板配合，安装闭锁挡弹装置。导向盘左边有用于安装导电装置的固定座（图5.2）。

整个成束的定向器则借助调整定位装置来调整定向器轴线与瞄准线的平行性。

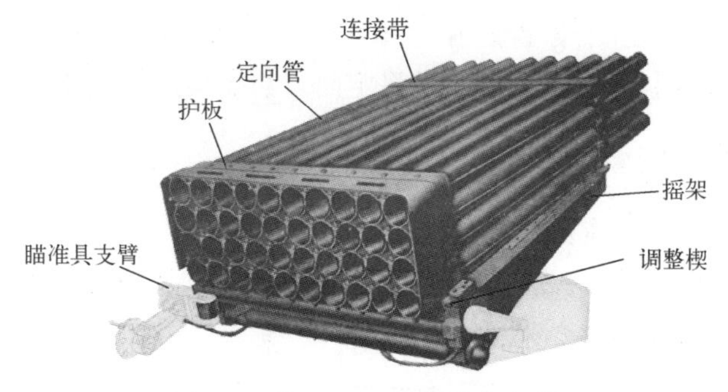

图 5.1　某 122mm 火箭炮定向器

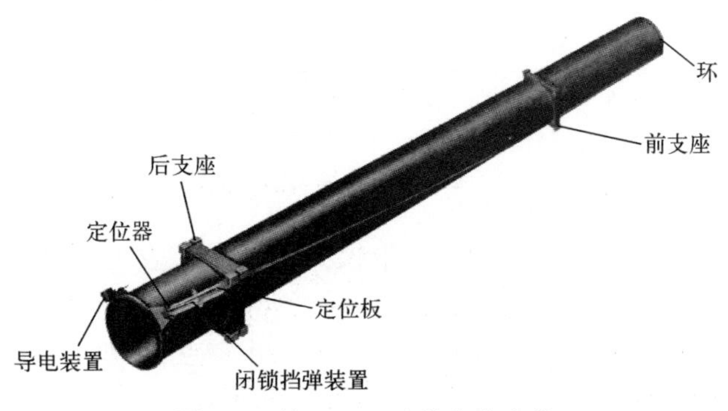

图 5.2　某 122mm 火箭炮定向管

调整定位装置(图 5.3)以横向拉带、纵向拉带、键和调整楔将 40 根定向管固定在摇架上,组成定向器。任一定向管对基准管(28 号)在垂直方向和水平方向的不平行度为 0-01 以下,任意两管之间在垂直方向和水平方向的不平行度为 0-02 以下。在定向器中有三角键,用于限制定向管前后移动;弧形键装在

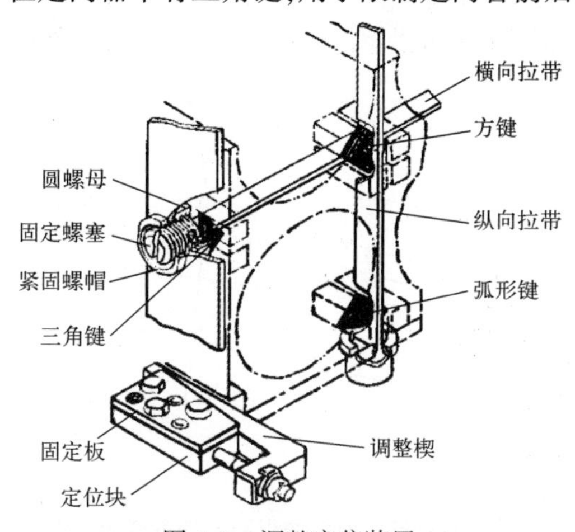

图 5.3　调整定位装置

下排定向管与摇架之间，方键装在每排相邻定向管之间，三角键装在上方和两侧相邻定向管之间，通过纵横向拉带将定向管与摇架连成整体。

5.1.2 排除定向管变形

1. 定向管导引面弯曲对弹道的影响

由于制造上的原因，或者在使用过程中的碰撞等因素，会导致定向管导引面产生微弯曲，如图 5.4 所示。

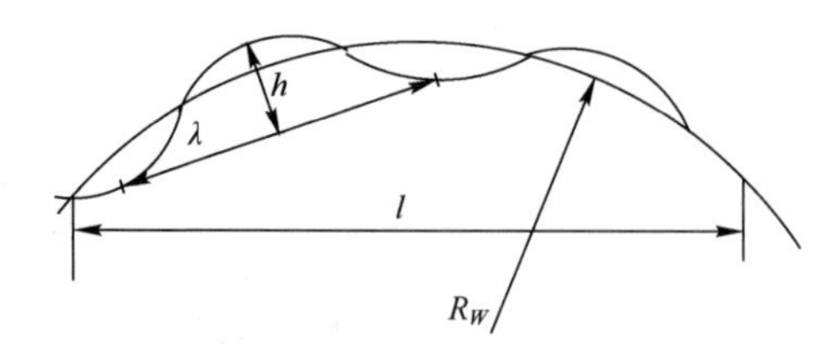

图 5.4 定向管导引面弯曲

图中，l 表示弯曲长度，R_W 为弯曲半径，l/R_W 越大，表示弯曲度越大；λ 为波长，h 为波高，h/λ 越大，表示波纹度越大。当火箭弹在这种具有弯曲的定向管上滑行时，会引起动力载荷。为了讨论简便，突出重点，作如下假设。

(1) 火箭弹为刚体，无推力偏心与质量分布不均。

(2) 定向器为刚体且静止不动。

(3) 火箭弹定心部与定向器导引面无配合间隙，且为光滑接触。

(4) 只在铅直面内进行讨论。

火箭弹在定向管内可分为约束期和半约束期，分别对这两个阶段内定向管弯曲情况下进行动力学分析。

(1) 约束期分析。在约束期内的力学模型如图 5.5 所示。

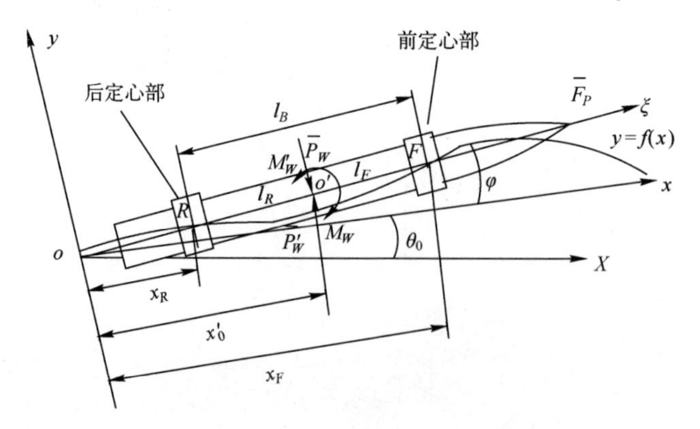

图 5.5 定向管导引面弯曲引起的动力载荷(约束期)

其中,x 为定向器理想轴线,它在铅直平面内与水平轴 X 的夹角 θ_0为射角;xoy 为静止坐标系,y 轴在铅直面内与 x 轴垂直,$y=f(x)$表示定向器导引面的实际中心线,火箭弹前后定心部中心点分别为 F 和 R,并沿 $y=f(x)$滑行;o'为火箭弹质心,ξ 轴为弹轴,φ 为弹轴摆动角,$\overline{F}_P$为火箭弹受到的推力。

不考虑重力,以火箭弹为研究对象,它受到推力、前后定心部的支撑力。考虑到曲线 $y=f(x)$弯曲的微小性,故可近似认为$\overline{P}_W$垂直于定向器理想轴线 x。

火箭弹质心沿 y 轴的运动微分方程为

$$m\ddot{y}_{o'}=F_P\sin\varphi+P'_W \tag{5.1}$$

考虑到 φ 为小量,式(5.1)可化为

$$m\ddot{y}_{o'}=P'_W \tag{5.2}$$

火箭弹质心沿 y 轴的弹轴摆动方程为

$$A\ddot{\varphi}=M'_W \tag{5.3}$$

式中:m 为火箭弹质量;A 为弹的赤道转动惯量。

由图 5.5 可得

$$\varphi=\frac{1}{l_B}(y_F-y_R) \tag{5.4}$$

$$y'_o=y_R+l_B\varphi=y_F-l_F\varphi \tag{5.5}$$

对式(5.4)和式(5.5)求二阶微分为

$$\ddot{\varphi}=\frac{1}{l_B}(\ddot{y}_F-\ddot{y}_R) \tag{5.6}$$

$$\ddot{y}'_o=\ddot{y}_R+l_B\ddot{\varphi}=\ddot{y}_R+\frac{l_R}{l_B}(\ddot{y}_F-\ddot{y}_R)=\frac{1}{l_B}(l_B\ddot{y}_F+l_F\ddot{y}_R) \tag{5.7}$$

将式(5.6)和式(5.7)代入到式(5.2)与式(5.3)得

$$P'_W=\frac{m}{l_B}(l_B\ddot{y}_F+l_F\ddot{y}_R) \tag{5.8}$$

$$M'_W=\frac{A}{l_B}(\ddot{y}_F-\ddot{y}_R) \tag{5.9}$$

在定向器导引面微弯曲的情况下,由图可知

$$y_R=f(x_R),\quad y_F=f(x_F) \tag{5.10}$$

故有

$$\ddot{y}_R=f''(x_R)\cdot\dot{x}_R^2+f'(x_R)\cdot\ddot{x}_R \tag{5.11}$$

$$\ddot{y}_F=f''(x_F)\cdot\dot{x}_F^2+f'(x_F)\cdot\ddot{x}_F \tag{5.12}$$

式中:x_R为火箭弹的纵向速度;$\ddot{x}_R$为火箭弹的纵向加速度。由上式进而得到力 P'_W和力矩 M'_W的表达式为

$$P'_W=\frac{m}{l_B}\{[l_Rf''(x_F)+l_Ff''(x_R)]\dot{x}_R^2+[l_Rf'(x_F)+l_Ff'(x_R)]\ddot{x}_R\} \tag{5.13}$$

$$M'_W=\frac{A}{l_B}\{[f''(x_F)-f''(x_R)]\dot{x}_R^2+[f'(x_F)-f'(x_R)]\ddot{x}_R\} \tag{5.14}$$

作用在定向器上的$\bar{P}_W$和M_W与$\bar{P}'_W$、M'_W大小相等,方向相反,正是由于定向器导引面弯曲所引起的动力载荷。

(2) 半约束期分析。在半约束期内的力学模型如图5.6所示。

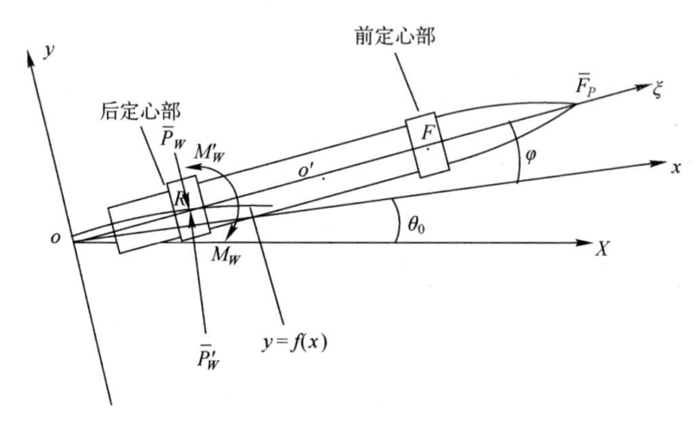

图5.6 定向管导引面弯曲引起的动力载荷(半约束期)

在半约束期,前定心部已经滑离定向管,故F点已不位于弯曲线$y=f(x)$上,也就不能再用式(5.4)确定摆动角。根据假设条件,可认为$y=f(x)$在R点的切线应与ξ轴线重合,则有

$$\varphi\approx\tan\varphi=f'(x_R) \tag{5.15}$$

此时,定向器对火箭弹后定心部支撑反力向R点简化得力$\bar{P}'_W$和力矩M'_W。

根据牛顿第二定律$F=ma$得

$$\frac{\mathrm{d}^2y_{o'}}{\mathrm{d}x}=\frac{P'_W}{m} \tag{5.16}$$

$$A\frac{\mathrm{d}^2\varphi}{\mathrm{d}x}=M'_W-P'_Wl_R\cos\varphi\approx M'_W-P'_Wl_R \tag{5.17}$$

经推导得力P'_W和力矩M'_W的表达式为

$$\begin{aligned}P'_W&=m\{[\ddot{y}_R+l_R[f'''(x_R)\dot{x}_R^2+f''(x_R)]\ddot{x}_R\}\\&=m\{[f''(x_R)+l_Rf'''(x_R)]\dot{x}_R^2+[f'(x_R)+l_Rf''(x_R)]\ddot{x}_R\}\end{aligned} \tag{5.18}$$

$$M'_W=m\{[l_Rf''(x_R)+(K^2+l_R^2)f''(x_R)]\dot{x}_R^2+[l_Rf'(x_R)+(K^2+l_R^2)f''(x_R)]\ddot{x}_R\} \tag{5.19}$$

式中:K为赤道转动惯量半径。

进而可求得$\overline{P}_W$和M_W,其值与$\overline{P}'_W$和M'_W大小相等,方向与之相反。$\overline{P}_W$和M_W作用在定向管上,即定向管弯曲变形在半约束期内引起的动力载荷。

通过以上分析可以看出,无论是在约束期还是半约束期,定向管弯曲变形会增加火箭弹在运动过程中的动力载荷,产生扰动,影响射弹飞行。因此,必须定期对野战火箭的定向管形状进行检查校正。

2. 定向管变形检查处理方法

对定向管形状进行检查时,可以用一个外径与定向管内径相同的检查样柱进行。将检查样柱旋接在洗把杆上,从定向管后部插入进行检查,检查样柱如能以一手之力通过定向管全长,则说明该定向管的形状没有发生变形,可以用于射击,否则应送修(图5.7)。

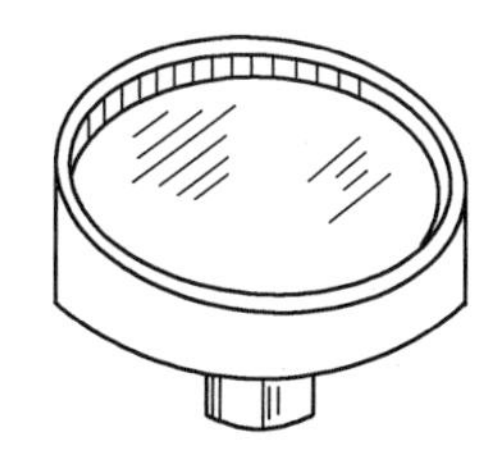

图5.7　定向管检查样柱

5.1.3　精确检测定向管平行度

由于日常使用及行军中对火箭炮定向器的碰撞,影响定向器平行性,也会直接造成火箭炮偏差,严重影响射击效果。因此,要对定向管的平行度进行检测和调整。

某122mm野战火箭定向器由40根相同的定向管集束联装而成,以横向拉带、纵向拉带、键和调整楔固定在摇架上,如图5.8所示。

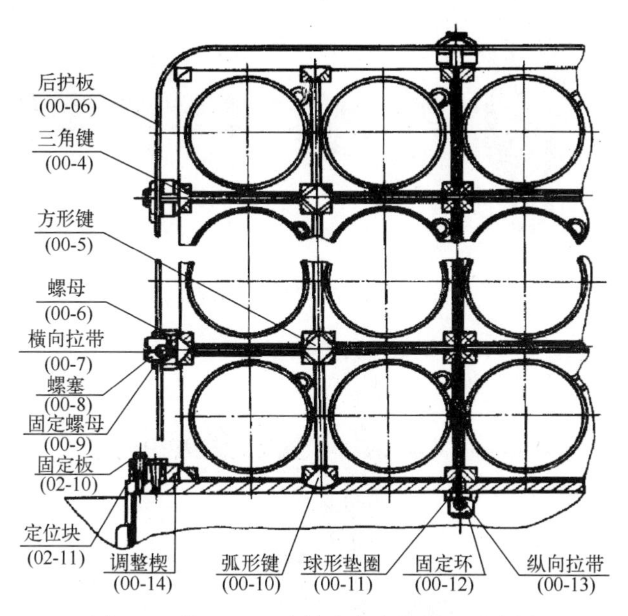

图5.8　某122mm火箭炮定向器断面示意图

其排列及发射顺序如图 5.9 所示。

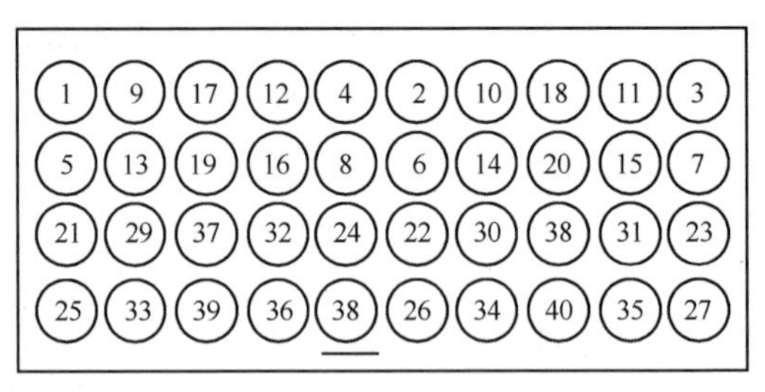

图 5.9　定向管发射顺序编号(从炮尾方向看)

在进行射击时,瞄准装置将射角与射向统一赋予给定向器,理论上若想使每发火箭弹都以相同的射角和射向飞向目标,40 根定向管就必须具备共轴性,即每根定向管与基准管 28 号管之间的平等度必须很好。因此,要保证定向管具有良好的平行度,必须定期进行检测。然而,平行度检测对于分队来说操作起来很难,一是因为不具备相应的工具和器材,二是技术难度较大。

为了能够快速、精确地对野战火箭炮定向管的平行度进行检测,根据原炮所装备的工具,研究了一种利用激光原理的野战火箭炮定向器平行度检测仪。

1. 平行度检测仪设计

平行度检测仪由激光发射器、弹性套、面板、激光接受报警器组成(图 5.10~图 5.18)。

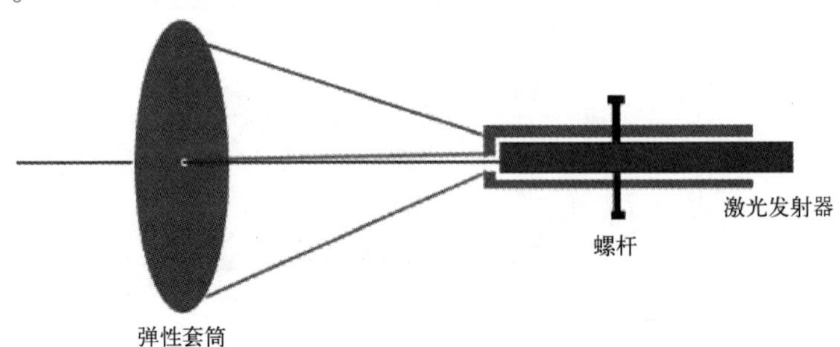

图 5.10　弹性套筒与激光发射器的关系

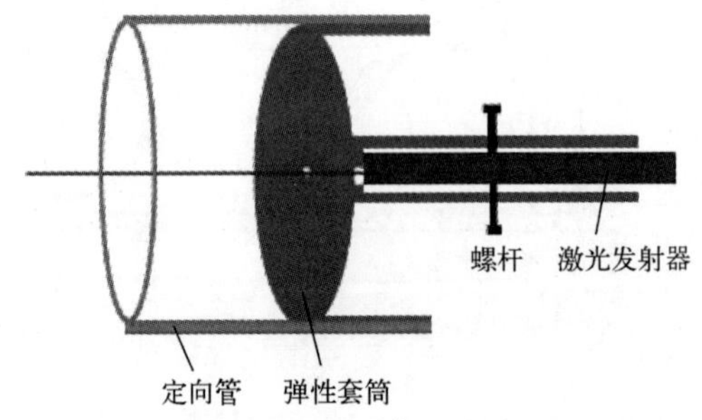

图 5.11　弹性套筒、激光发射器与定向管的关系

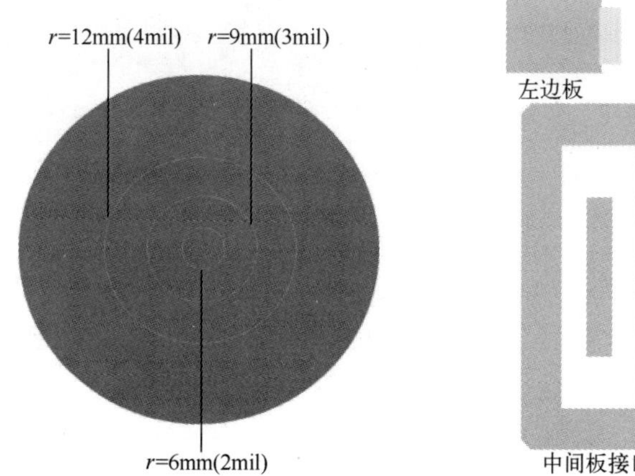

图 5.12　激光接收靶尺寸设计

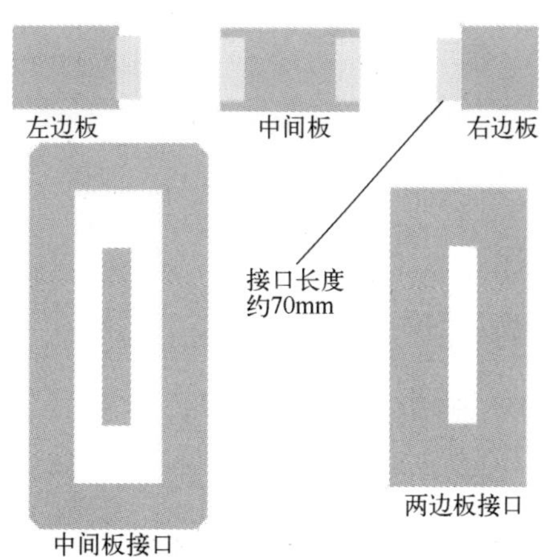

图 5.13　面板接口设计

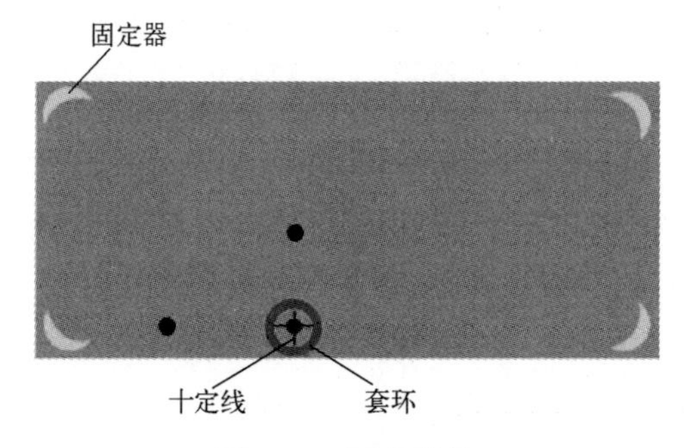

图 5.14　面板结构

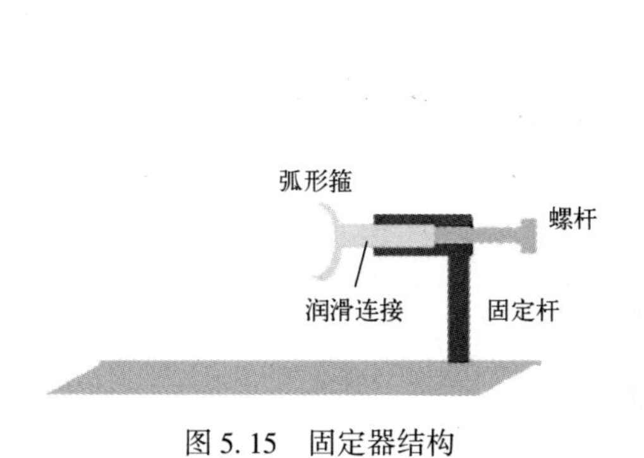

图 5.15　固定器结构

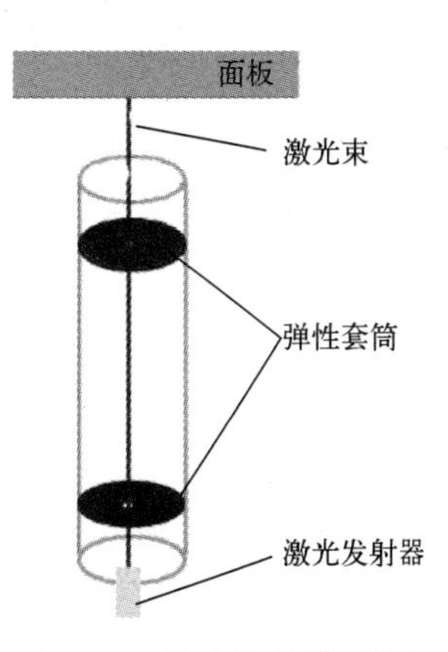

图 5.16　激光发射器、弹性套筒与面板的关系

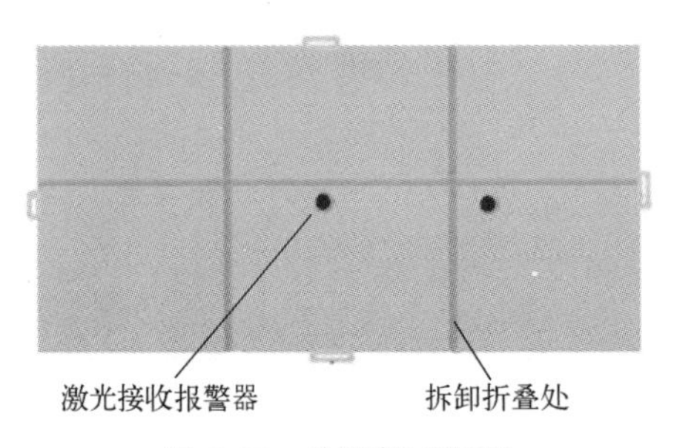

图 5.17　检测仪正视图

图 5.18　光斑接收面板

2. 平行度检测仪操作步骤

平行度检测仪的操作步骤如图 5.19 所示。

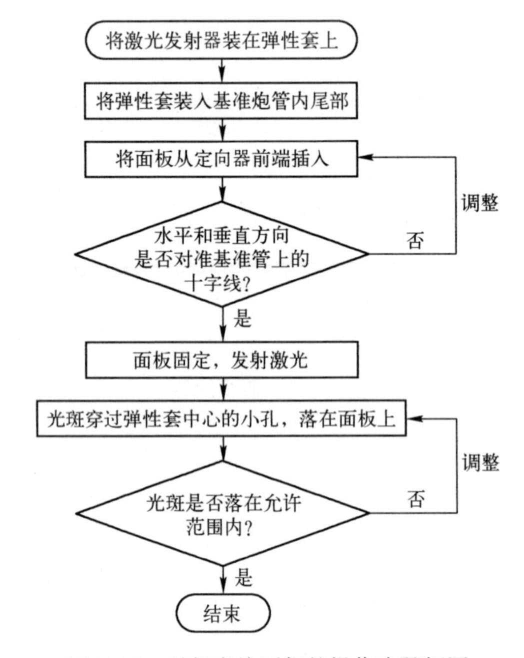

图 5.19　平行度检测仪的操作步骤框图

在制作时,将面板上直接刻制和定向器同位置、同数量的圆圈,这样就省去了激光接收报警器的成本,将面板上基准管的位置加一个伸长器直接插入基准管内,水平和垂直方向同基准管上的十字线对准后,将面板固定。将弹性套减少为一个(因每门火箭炮仅配一个弹性套),从基准管后端插入,发射激光,然后,调整光斑到面板基准管相应圆圈的中央。再将弹性套插入待检查管内,观察光斑的位置是否位于圆圈内即可判断检测。

3. 平行度检测仪的使用

平行度检测仪的各部组成如图 5. 20~图 5. 26 所示。

图 5. 20　检测仪组件

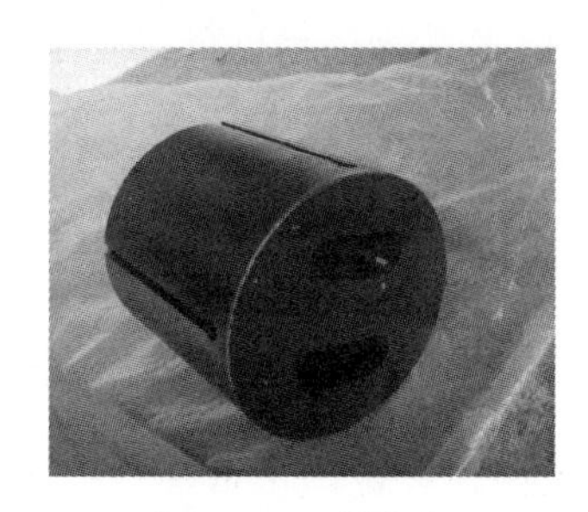

图 5. 21　弹性套

图 5. 22　接收板与定向器的固定部位

图 5. 23　激光发射装置

图 5. 24　激光发射装置的安装

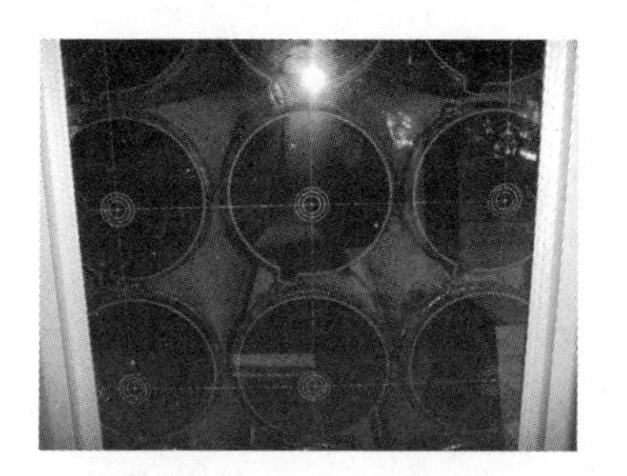

图 5. 25　接收面板的安装

图 5. 26　接收面板在定向器上的安装

进行火箭炮定向器平行度检测是一件关于部队训练使用安全的大问题,激光平行度检测仪结构简单,操作方便,使火箭炮分队平时很难解决的定向管平行度检测工作变得简易可行,对于提高火箭炮密集度有着非常重要的使用价值。

5.2 精确检查闭锁力一致性

5.2.1 闭锁挡弹装置的作用及原理

闭锁挡弹装置用于带弹行军和高低瞄准时,防止火箭弹滑落或移动,以防止火箭弹由于重力、燃气流作用力、振动惯性力等作用产生移动、跳动甚至脱落掉弹,保证安全和可靠发火。闭锁挡弹装置由闭锁体、杠杆等组成。两个带弹性的闭锁体和杠杆,用轴结合在一起。闭锁体和杠杆之间的弹性垫圈,用于防止杠杆在轴上移动。

根据闭锁挡弹装置的作用及工作特点,对其要求如下。

(1) 定位确实可靠,保证火箭弹与电点火装置接触良好,不因行军时或邻近火箭弹发射时发射装置振动使火箭弹发生位移。

(2) 具备一定闭锁挡弹能力,稳定性好,使起始扰动最小。

火箭发射装置采用的闭锁挡弹装置大体上分 3 种:摩擦式、弹簧式和杠杆式,以弹簧式闭锁挡弹器居多。

结合好的闭锁挡弹装置,其前端装在定位板下面,并突出于定向管导向槽内,后端借杠杆叉口卡在定位器上;闭锁挡弹装置的闭锁力(即火箭弹挣脱闭锁体的限制所需之力)为 5884~7845N(600~800kgf),如图 5.27 所示。

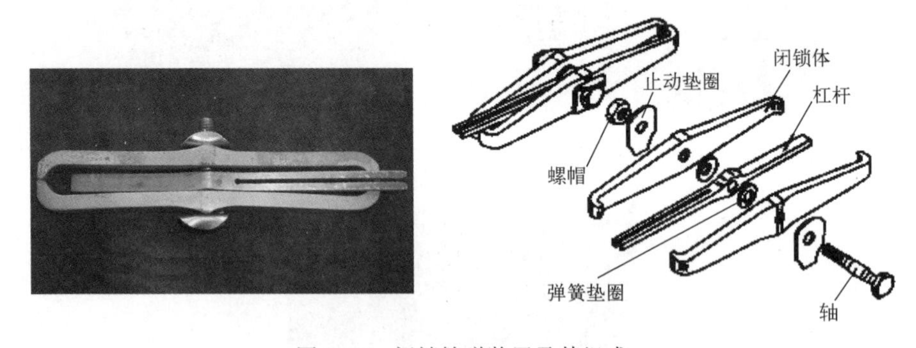

图 5.27　闭锁挡弹装置及其组成

5.2.2 闭锁力的确定

闭锁体的闭锁力是根据火箭炮的使用安全和由它引起的起始扰动最小的

原则确定的。闭锁力太大,会加大定向器的起始扰动;闭锁力太小,不能确保使用安全。为了明确闭锁力对火箭弹的影响,先从力学角度对闭锁力的确定原理进行分析。建立模型如图 5.28 所示。

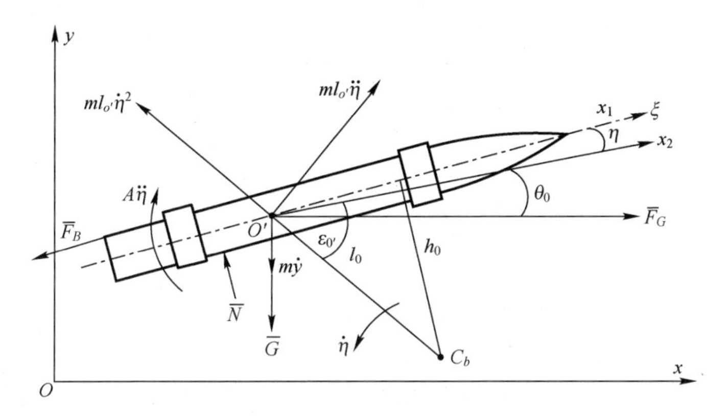

图 5.28 确定闭锁力示意图

图中,$\overline{G}$为重力,$\overline{F}_B$为闭锁力(平行于弹轴 ξ),$\overline{N}$为定向器对火箭弹定心部的支撑反力的合力(垂直于弹轴 ξ),$\overline{F}_G$为惯性力,x_1为定向管轴线,x_2为行军固定状态定向器轴线的仰角。以位于发射装置纵对称面内的火箭弹为对象进行分析。

诸力在弹轴 ξ 上投影的平衡方程为

$$ml_{o'}\ddot{\eta}\sin\varepsilon_{o'}+F_G\cos(\theta_0+\eta)-ml_{o'}\dot{\eta}^2\cos\varepsilon_{o'}-m\ddot{\eta}\sin(\theta_0+\eta)-G\sin(\theta_0+\eta)-F_B \tag{5.20}$$

式中:$ml_{o'}\dot{\eta}^2$为小量,可以忽略。考虑到 η 很小,可近似地视弹轴 ξ 呈水平状态,即 $\cos(\theta_0+\eta)=1$,$\sin(\theta_0+\eta)=0$。由式(5.20)可以得到闭锁力的表达式为

$$F_B=m\ddot{\eta}\sin\varepsilon_{o'}+F_G \tag{5.21}$$

对于轮式自行火箭炮来说,根据$\ddot{\eta}$ 和 F_G的参数设计,则保证火箭弹在定向器内不发生移动所需要的闭锁力为

$$F_B=\left[(9\sim13)\frac{h_{o'}}{g}+0.8\right]G \tag{5.22}$$

如图 5.29 所示,火箭弹装填到位后,火箭弹上的定向钮位于阻挡杠杆和两个卡簧的弧形面之间,从而使火箭弹在载弹行军时不会发生前后位移。

火箭弹在发射时,发动机推力作用使弹向前运动。此时,定向钮顺着两弧形面运动,两个卡簧向两边张开,当推力值大于闭锁力值时,火箭弹就挣脱闭锁挡弹装置的限制发射出去。由式(5.22)可以看出,闭锁力的大小是一个数值区间,并不是一个固定值。此外,受闭锁力的作用,定向钮在挣脱时会对火箭弹产

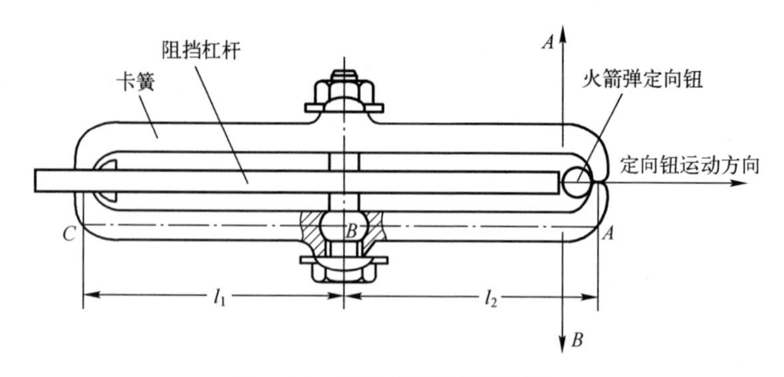

图 5.29　闭锁挡弹装置侧视图

生一初始扰动。这个初始扰动会对射击密集度产生一定的影响。如何减小初始扰动的影响呢?

取消闭锁力显然是不现实的,因此,尽量提高各管闭锁力的一致性、减小初始扰动的差异,是一种提高射击密集度的方法。

那么,如何调整闭锁力大小呢?我们对闭锁体进行受力分析,看一下影响闭锁力大小的因素有哪些(图 5.30)。

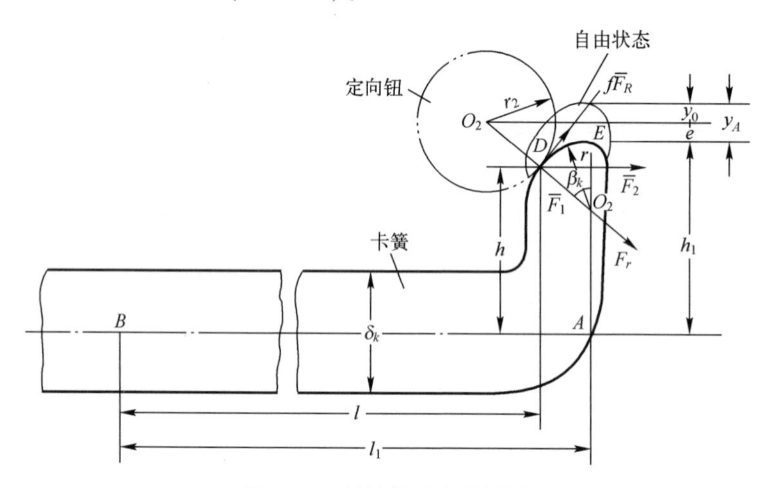

图 5.30　闭锁体受力分析图

闭锁力的大小受多种因素影响。经推导,得出闭锁体最大闭锁力 $F_{B\max}$ 计算公式为

$$F_{B\max}=y_0\delta_k^2\Big/\left[H\left(h_1-r_1\frac{r_2}{r_1+r_2}\right)+B\,\frac{1-f\tan\beta_B}{\tan\beta_B-f}\right] \tag{5.23}$$

式中:y_0为调整螺栓预紧量;δ_k 为卡簧厚度;f 为弹的定向钮与闭锁体的摩擦系数;H、B 为闭锁体的结构参数,其中

$$H=\frac{12(l_0+l_1)}{Eb_1}\left(l_1-l_0\ln\frac{b_1}{b_0}\right)$$

$$B=\frac{12(l_0+l_1)}{Eb_1}\left(l_0^2\ln\frac{b_1}{b_0}+\frac{1}{2}l_1^2-l_0l_1\right)$$

式中:E 为卡簧材料的弹性系数;b_0 为卡簧 A 截面的宽度;b_1 为卡簧 B 截面的宽度。

卡簧宽度变化图如图 5.31 所示。

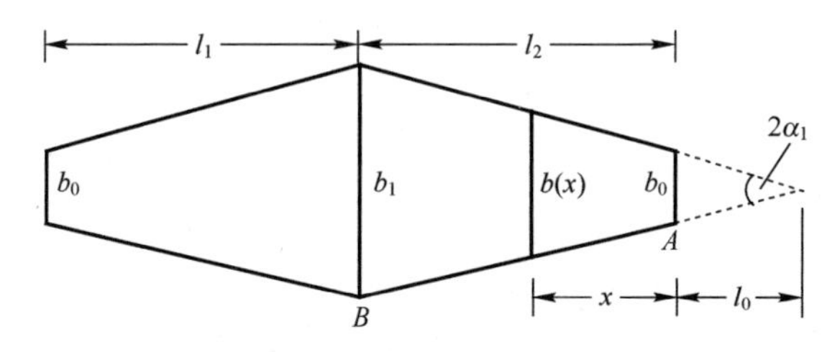

图 5.31 卡簧宽度变化图

可见,当闭锁体的各部结构参数一定量,其闭锁力受到 y_0 和 f 的两个参数的影响。因此,在维护修理时,除了调整螺栓外,还应保持火箭弹定向钮与闭锁体有良好的润滑,注意不使火箭弹定向钮和闭锁体前端内钩部圆弧面碰伤或变形,以确保闭锁力的正常。

5.2.3 闭锁力一致性检查

我们将火箭弹挣脱闭锁体限制瞬间的轴向力称为闭锁力[17,18]。闭锁挡弹装置在对火箭弹起到固定作用的同时,闭锁力太大,会加大火箭的初始扰动,这种初始扰动会对火箭弹的射击密集度产生影响。为了能够减小初始扰动带来的误差,使闭锁力的大小尽量一致从而减小初始扰动差异,也是一种提高射击密集度的方法。这就需要对闭锁挡弹装置闭锁力一致性进行检查与调整。

目前,对于闭锁力的要求范围是 5884~6845N,是一个差值约为 10000N 的范围。若只是满足这种标准,则闭锁力一致性并不高,所以,要采取更加精密的方法进行检测与调整。

新型的闭锁力检查装置采用数显格式,将闭锁挡弹装置卸下来后,安装到检查座上,然后,通过拉力使闭锁挡弹装置挣脱。在此过程中,通过数字信号显示出拉力的变化值,直到闭锁挡弹装置挣脱后显示的值为最大值。根据显示值对闭锁挡弹装置进行调整,直到得到理想的值。

采用数字显示方式检查闭锁力的大小,可以精确地测出 40 个定向管上的闭锁挡弹装置的闭锁力大小,并可以通过测量—调整—测量的方式使各个闭锁挡弹装置的闭锁力从理论上达到大小一致,从而达到闭锁力产生的初始扰动误差从理论上达到偏差为零的目的,减小射弹散布。

虽然在实际操作中不可能达到闭锁力扰动偏差为零,但可以大大减小各闭锁挡弹装置闭锁力大小的差异,基本达到保证闭锁力一致性的目的。

5.3 保证瞄准装置精度

5.3.1 瞄准的意义及分类

为了使火箭发射装置所发射的火箭弹能准确地落到目标区域,以便有效地消灭敌人,必须使所有发射出去的火箭弹平均弹道通过目标区域中心。为此,在发射开始的瞬间,火箭发射装置的定向器轴线的位置,应该是使火箭弹的平均弹道通过目标区域中心的位置。在对活动目标射击开始的瞬间,定向器轴线处于使火箭弹落到某一指定点的位置。这种赋予定向器轴线所需要的空间位置的操作称为瞄准。赋予定向器轴线在空间的位置,实际上是赋予定向器轴线在射击平面内的射角和炮口水平面内的方向角。赋予定向器轴线在射击平面内的射角的操作称为高低瞄准,赋予定向器轴线在炮口水平面内的方向角的操作称为方向瞄准。

瞄准装置是火箭发射装置重要的也是精密的部件,它的精度是评定其战斗性能好坏的重要标志。

瞄准装置的精度对野战火箭炮的射击精度和密集度有重要的影响,在其他条件一定的情况下,瞄准装置的精度越高,射击的精度和密集度就越好。

5.3.2 瞄准装置的分类

瞄准具的分类方法很多,常见的有以下几种。

(1) 按是否跟随炮身俯仰分类,可分为非独立式瞄准具、半独立式瞄准具和独立式瞄准具。

非独立式瞄准具的特点是火炮进行高低瞄准时,在瞄准具装定表尺(高角)后,瞄准线随之改变。在打高低机使瞄准线直接对准目标或使高低水准气泡居中完成瞄准。优点是结构简单、精度好。缺点是瞄准具随炮身俯仰,瞄准手的脑袋要跟随移动,给瞄准带来不便;采用此种瞄准具的火炮,其瞄准往往要由瞄准手一人来完成,负担较重。

半独立式瞄准具(又称半独立瞄准线式瞄准具)在装定表尺(高角)时瞄准线不改变,装定炮目高低角时瞄准线要改变。

独立式瞄准具(又称独立瞄准线式瞄准具)在装定表尺(高角)及炮目高低时瞄准线均不改变。由于该种瞄准具结构复杂,现已不采用。

(2) 按能否相对炮身横向摆动分类,可分为摆动式和非摆动式瞄准具两种。

摆动式瞄准具装有倾斜调整器,能校正由于炮耳轴倾斜而引起的瞄准误差,故已被主要行间瞄射击的瞄准装置广泛采用。

非摆动式瞄准具结构简单、操作方便、跟踪目标迅速,多用于进行直接瞄准射击的火炮,如各种光学直接瞄准镜。

随着现代科学技术的发展,各种新型结构的瞄准装置相继出现,特别是激光、微光、电子光学、计算机在军事上的应用,为瞄准装置的发展开拓了广阔的前景,单一的机械或光学瞄准具正在为光机电结合的瞄准具所代替。

5.3.3 非独立摆动瞄准装置的基本构造

瞄准装置的主要作用,一是正确地装定射击诸元(包括射角和方向),二是配合瞄准机将所装定的射击诸元正确赋予给定向器。某型火箭炮瞄准具为非独立摆动瞄准装置,由叉形接头、本体、瞄准镜座筒、底座、表尺装定器、炮目高低角装定器及倾斜调整器组成,如图 5.32 所示。

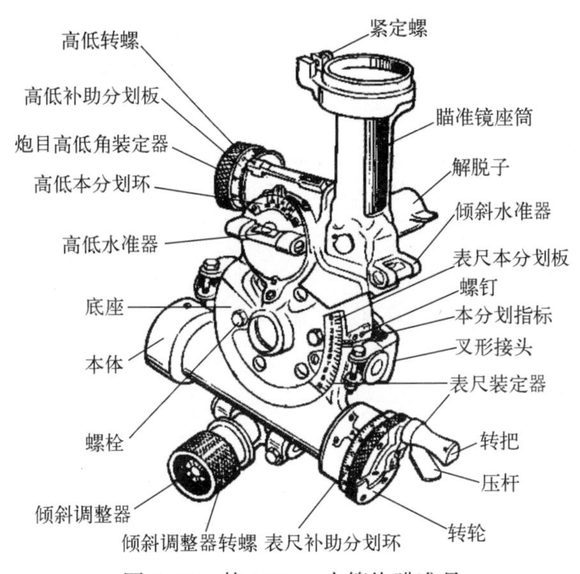

图 5.32 某 122mm 火箭炮瞄准具

从原理上,可将其分为装定射角的部分、装定方向角的部分和消除耳轴倾斜产生瞄准误差的部分。其中,第一部分由表尺装定器、炮目高低角装定器、高低水准器、倾斜水准器、倾斜调整器等组成,构成瞄准具;第二部分由方向角装定机构、俯仰机构及供瞄准观察的光学系统所构成的光学周视瞄准镜。

1. 瞄准具的构造

(1) 叉形接头和本体。叉形接头用于与瞄准具支臂连接。本体连接在叉形接头上,用于安装瞄准具各部零件。

(2) 瞄准镜座筒和底座。瞄准镜座筒用于安装周视瞄准镜。座筒上方有紧定螺,用于紧定周视瞄准镜。侧方有解脱子。

安装周视瞄准镜时,向前扳解脱子到位,使解脱子轴的缺口向上,装入周视瞄准镜后放松解脱子,解脱子轴上的缺口在扭簧作用下紧紧钩住周视瞄准镜的驻钩,再拧紧紧定螺,瞄准镜即被装好。

底座用于连接瞄准镜座筒和炮目高低角装定器。中央凸起部上有用于注入锭子油的注油嘴。

(3) 表尺装定器。表尺装定器用于装定表尺(高角),由表尺本分划及指标、表尺补助分划及指标、表尺转轮等组成。

表尺本分划刻在分划板上。本分划板用两个螺钉固定在底座上,其分划刻度值共10-00,相邻两条长刻线间为1-00。本分划指标用螺钉固定在本体上。由于分划板和指标的螺钉孔均为椭圆形孔,所以,旋松螺钉,分划板和指标均可作小范围移动。

表尺补助分划刻在分划环上。补助分划环用压环和4个螺钉固定在表尺转轮上,旋松4个螺钉,分划环可任意转动。分划刻度值共1-00,相邻两条刻线间为0.5mil。补助分划指标固定在本体上。

(4) 炮目高低角装定器。炮目高低角装定器用于装定炮目高低角,由高低本分划及指标、高低补助分划及指标、高低转螺、高低水准器等组成。

高低本分划刻在分划板上。本分划板用两个螺钉固定在水准器座上,其分划注记从“28”至“34”,相邻两刻线间为1-00,以“30”为零,大于“30”为正,小于“30”为负。本分划指标用螺钉固定在底座上。旋松螺钉、分划板和指标均可作小范围移动。

高低补助分划刻在分划环上,相邻两刻线间的刻度值为0-01,逢0-10有数字注记,共1-00。补助分划环被用螺钉固定的高低转螺压紧,旋松螺钉,分划环可任意转动。补助分划指标固定在底座上,当补助分划零对正指标时,指标前端可卡入分划环内的缺口,并发出“咔”声进行提示,以便于补助分划归零和夜间操作。

高低水准器用于显示瞄准镜座筒的纵向水平,固定在水准器托座的套箍内,平时,用护盖盖住以保护玻璃管。

转动高低转螺,补助分划环和本分划板转动,各指标不动,因而,装定了炮目高低角。

（5）倾斜调整器。用于调整瞄准具的横向水平，从而排除因火箭炮耳轴倾斜所产生的射角和方向误差，由螺筒、合成螺杆、倾斜转螺和倾斜水准器等组成。

螺筒与瞄准具本体相连。合成螺杆分为两节，外边一节螺杆上固定着倾斜转螺。倾斜水准器安装在瞄准镜座筒后方的托座内，用于显示瞄准镜座筒的横向水平。水准器左端旋有 4 个螺钉，上下 2 个是调整螺钉，左右 2 个是紧定螺钉；旋松紧定螺钉，旋动调整螺钉，可调整水准气泡的位置。平时，水准器的两端均用螺盖封住，外部套有护盖。

转动倾斜转螺，合成螺杆在原位转动，迫使螺筒在合成螺杆上左右移动，拉或推本体带着瞄准镜座筒、炮目高低角装定器和表尺装定器左右摆动；当居中倾斜水准气泡时，瞄准具即横向水平。

2. 周视瞄准镜的构造

某 122mm 火箭炮使用的周视瞄准镜由镜头部、镜体部组成（图 5.33）。

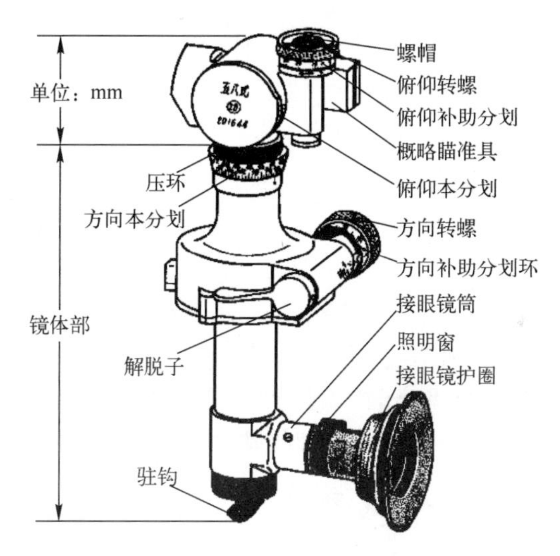

图 5.33　周视瞄准镜

（1）镜头部。上方有俯仰转螺，转螺上用螺帽固定有俯仰补助分划环。俯仰补助分划相邻两刻线间的刻度值为 0-01，共 1-00，按顺时针方向每 0-10 有注记。分划环下面的环形凸起部上刻有补助分划指标，两边有“←下”及“上→”的注记，分别表示俯仰转螺沿“←”方向转动时，瞄准线向下，分划减小；沿“→”方向转动时，瞄准线向上，分划增大。镜头部左侧盖板上刻有俯仰本分划，共有 6 条刻线（或 6 个圆点），相邻两刻线间的刻度值为 1-00，以中间长刻线为“0”，上方为正，下方为负，正、负各 3-00。本分划指标刻在镜头部上。

转动俯仰转螺时,本分划上下移动,补助分划环随转螺转动,因指标不动,故可以指示出俯仰分划。当本分划为负值时,补助分划的读数为用 1-00 减去显示的分划值后的差值(因补助分划为顺时针方向注记,所以其差值才为实际的俯角补助分划数)。镜头部的右侧固定有概略瞄准具,用于概略瞄准。

(2) 镜体部。右侧有方向转螺,转螺上用螺帽固定有方向补助分划环。方向补助分划相邻两刻线间的刻度值为 0-01,共 1-00,每 0-10 有注记。镜体上有补助分划指标,指标左侧刻有“炮”“↑右”和“↓左”的箭头和注字,表示方向转螺沿“↑”方向转动时,分划增大,与方向机配合进行瞄准时,定向器轴线向右转动;沿“↓”方向转动时,分划减小,与方向机配合进行瞄准时,定向器轴线向左转动。方向本分划环用 4 个螺钉固定在镜头部的下方,方向本分划相邻两刻线间的刻度值为 1-00,共 60-00,按顺时针方向每 2-00 有数字注记。本分划指标刻在镜体上。

转动方向转螺时,补助分划环随转螺转动,本分划环随镜头部一起转动,而指标不动,从而可以装定所需的分划。

左侧有解脱子,供大方向转动镜头部时使用。使用时,应先使方向补助分划归 0,再将解脱子向上扳到位,转动镜头部至所需的方向,并使方向本分划的刻线对正指标,然后轻轻放下解脱子。

下部有接眼镜筒,其右侧有照明窗,用于夜间使用时安装分划镜照明灯头;接眼镜筒后端套有接眼镜护圈,用于使人眼的位置保持在射出瞳孔距离附近;下端有驻钩,安装瞄准镜时,用于钩住瞄准镜座筒的解脱子轴缺口。

为保护镜头和接眼镜,平时分别用护罩将其盖住。

(3) 标定器。标定器也是某 122mm 火箭炮瞄准装置的组成部分。当选不到适当的瞄准点或能见度不良时,用作火箭炮的近旁瞄准点,以排除瞄准时因瞄准镜位移产生的误差,保证方向瞄准的精度。这里不再赘述。

5.3.4 瞄准装置的检查与处理

瞄准装置精度的好坏,直接影响到火箭炮的射击精度。由前面的构造可以看出,瞄准装置是由各种复杂的部件组成,由于长期磨损、机械加工和装配误差、传动部件啮合中的磨损、传动部件间存在空隙等,都可能造成空回量,影响瞄准精度,从而严重影响射击精度。因此,在火箭炮的使用中,要经常对瞄准装置进行检查与处理。检查的原则是保证瞄准装置能够精密地赋予火炮射角和射向,同时保证在进行此操作时能够在垂直于水平面内进行,这就需要检查其空回量以及零位线。

1. 检查与调整空回量

(1) 检查周视瞄准镜的方向空回量。

① 向一方向转动方向转螺,使瞄准镜内十字线纵线对正一远方瞄准点,看读并记下方向分划。

② 继续向同一方向转动方向转螺,使十字线纵线离开瞄准点。

③ 向反方向转动方向转螺,使十字线纵线重新对正瞄准点,再看读并记下方向分划,两次分划之差即为空回量。

按上述方法检查 3 次,取其平均值。空回允许量为 0-02,超过允许量应送修。

(2) 检查周视瞄准镜的俯仰空回量。

检查方法与检查方向空回量相同,但应转俯仰转螺,使十字线横线在高低上对正瞄准点。空回允许量为 0-02,超过允许量应送修。

(3) 检查表尺装定器的空回量。

① 向一方向转动转轮,使高低水准气泡居中,看读并记下表尺分划。

② 继续向同一方向转动转轮,使水准气泡离开居中位置。

③ 向相反方向转动转轮,使气泡重新居中,再看读并记下表尺分划,两次分划之差即为表尺装定器的空回量。

按上述方法检查 3 次,取其平均值。空回允许量为 0. 5mil,超过允许量应送修。

(4) 检查炮目高低角装定器的空回量。

① 向一方向转动高低转螺,使高低气泡居中,看读并记下高低分划。

② 继续向同一方向转动高低转螺,使气泡离开居中位置。

③ 向反方向转动高低转螺,使气泡重新居中,再看读并记下高低分划。两次分划之差即为空回量。

按上述方法检查 3 次,取其平均值。空回允许量为 0-02,超过允许量应送修。

2. 精确检查与规正零位

正确的零位就是当定向器、瞄准镜座筒纵横向水平,高低水准气泡居中时,各部分划应为零,倾斜水准气泡应居中;否则,表明零位不正确,应进行规正。

(1) 一般条件下的检查与规正。

检查要领:

① 使定向器水平。将定向器向左转 90°,并概略纵向水平。将调整好的水准仪沿横线放在检查座上,若气泡不居中,则将 2 个千斤顶放在支木上,分别同时支在汽车 2 根纵梁的后端(必要时也可支在后桥左右两端)或 2 根纵梁的前端,操作千斤顶居中气泡;再将水准仪沿纵线放在检查座上,转手摇传动装置转轮(注意排除空回)居中气泡。如此反复数次,直至水准仪气泡在纵横向和横向

都居中为止。

② 使瞄准镜座筒水平。将水准仪纵放在座筒上,转表尺转轮使水准仪气泡居中;再将水准仪横放在座筒上,转倾斜调整转螺,使水准仪气泡居中。如此反复检查,直至水准仪气泡纵横向都居中为止。

③ 转动高低转螺,居中高低气泡。

此时,倾斜水准气泡应居中,高低分划应归 30-00,表尺分划应归 0;否则,应规正。

规正要领:

① 规正倾斜水准器。旋下倾斜水准器左端的螺盖,拧松左右 2 个紧定螺钉,拧动上下 2 个调整螺钉,使气泡居中。在保持气泡居中的情况下,将调整螺钉和紧定螺钉都拧紧,然后旋上螺盖。规正手法如图 5.34 所示。

② 规正高低分划。拧松高低转螺上的螺钉,保持水准气泡居中,转动补助分划环归“0”,再拧紧螺钉;拧松高低本分划板上的 2 个固定螺钉,移动本分划板归“30”,再拧紧螺钉。规正手法如图 5.35、图 5.36 所示。

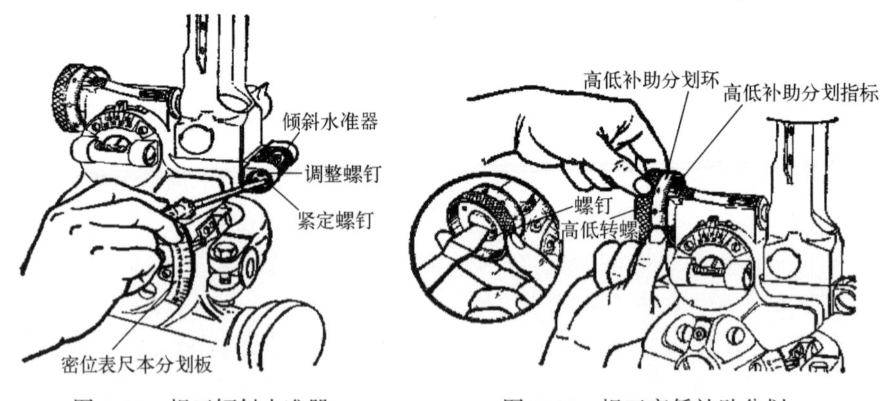

图 5.34 规正倾斜水准器　　图 5.35 规正高低补助分划

③ 规正表尺分划。拧松表尺转轮上的 4 个螺钉,转动表尺补助分划环归“0”,再拧紧螺钉;拧松表尺本分划板上的 2 个螺钉,移动本分划板归“0”,再拧紧螺钉。规正手法如图 5.37 所示。

规正后,为排除作业误差,尚应进行复查。

(2) 定向器不能纵向水平时的检查与规正。

当受条件限制,定向器不能纵向水平时,可用下述方法进行检查与规正。

检查要领:

① 用水准仪使定向器横向水平。

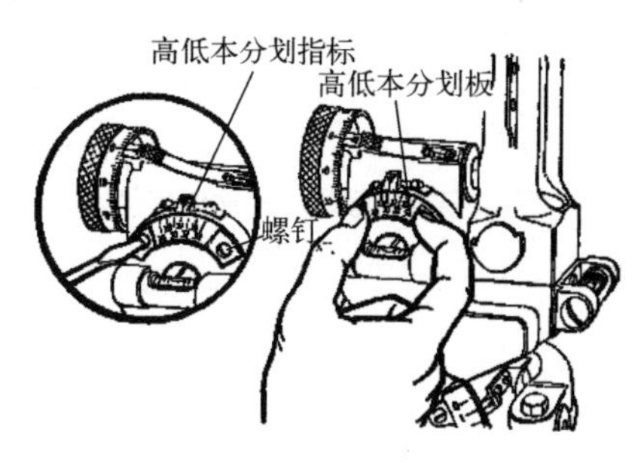

图 5.36　规正高低本分划

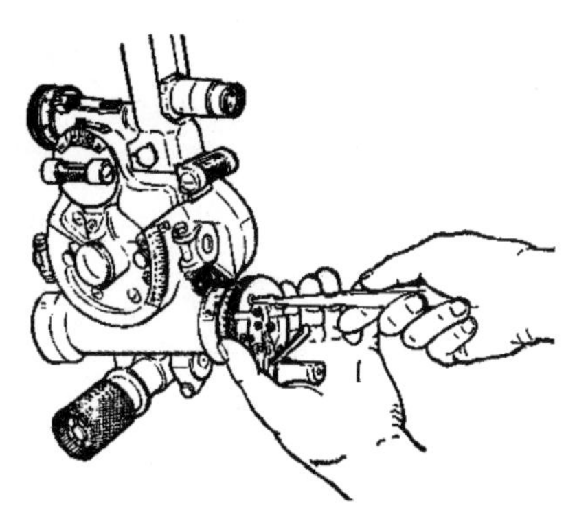
图 5.37　规正表尺分划

② 用象限仪赋予定向器一定射角(最好为整百密位),并复查定向器的横向水平情况和所装定的射角,直至符合要求。

③ 用水准仪使瞄准镜座筒纵、横向都水平。

④ 转动高低转螺,居中高低气泡。

此时,倾斜水准气泡应居中,高低分划应为 30-00,表尺分划与象限仪分划应一致;否则,应进行规正。

规正要领:

① 规正表尺分划。拧松表尺转轮上的 4 个螺钉及本分划板上的 2 个螺钉,转动分划环或移动分划板,使表尺本、补分划与象限仪分划一致,再拧紧螺钉。

② 规正倾斜水准气泡和高低分划。按一般条件下的规正要领进行规正。

(3) 耳轴倾斜及检查座纵向刻线不标准时精确检查零位。

众所周知,检查与规正瞄准具零位的目的,是保证在表尺归 0,高低归 30-00,炮耳轴水平,高低、倾斜气泡居中时,高低气泡轴线、倾斜摆轴线与炮身轴线平行,且表尺蜗轮轴、倾斜气泡轴与炮耳轴平行。检查与规正零位的目的便是为了减小表尺误差。但是,受装配和制造误差的影响,火箭炮耳轴难免存在倾斜,耳轴倾斜会产生表尺误差。

图 5.38 说明了耳轴倾斜情况下表尺误差产生的原理。其中,γ 为耳轴倾斜角,炮身轴线 OA 与炮尾检查座纵向刻线 OB 的水平夹角为 μ,$\Delta\psi_L$ 为表尺误差角,$B'C \perp AB$。

当炮身以 OA 为轴线倾斜 γ 角时,在 $\Delta ACB'$ 中有

$$CB' = AB' \cdot \sin\gamma = AB \cdot \sin\gamma \tag{5.24}$$

$$\sin\Delta\psi_L = \frac{CB'}{OB'} = \frac{AB \cdot \sin\gamma}{OB} = \sin\mu \cdot \sin\gamma \tag{5.25}$$

由于 $\Delta\psi_L$ 和 μ 都很小,为了在数值计算时方便,所以式(5.25)可表示为

$$\Delta\psi_L=\mu \cdot \sin\gamma \tag{5.26}$$

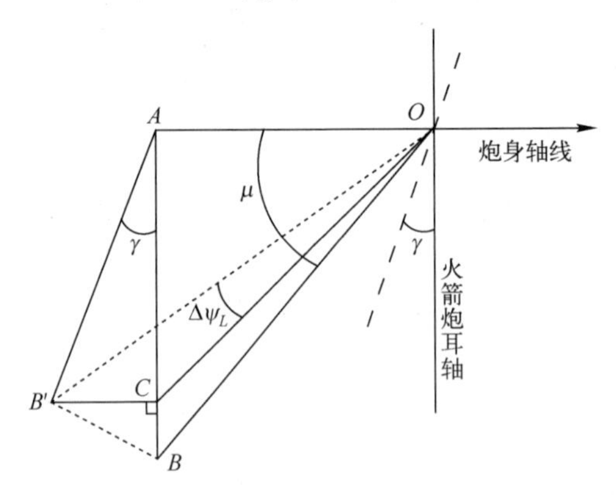

图 5.38　耳轴倾斜时表尺误差示意图

在使用水准仪检查时，若水准仪的水准器轴线与基座边沿在基座所在平面上的投影不平行，等于使 μ 增大或减小，因而也会影响检查精度。

下面计算分析检查座纵向刻线不标准角 μ 与耳轴倾斜角 γ 对检查零位精度的影响。一般来说，对于肉眼看不出明显倾斜的火箭炮，耳轴倾斜角 γ 不会大于 30mil，因此，γ 取值为 0~0-30；同样，根据试验与测量，一般火箭炮的 μ 值范围也不会超过 28.5mil[19,20]，因此，μ 取值也为 0~0-30。据式(5.26)编制了计算程序，计算角度间隔 0-03，$\Delta\psi_L$ 结果列于表 5.1 中。

表 5.1　μ 和 γ 对零位检查精度的影响算成表

μ	γ									
	0-03	0-06	0-09	0-12	0-15	0-18	0-21	0-24	0-27	0-30
0-03	0.01	0.02	0.03	0.04	0.05	0.06	0.07	0.08	0.08	0.09
0-04	0.01	0.03	0.04	0.05	0.06	0.08	0.09	0.1	0.11	0.13
0-05	0.02	0.03	0.05	0.06	0.08	0.09	0.11	0.13	0.14	0.16
0-06	0.02	0.04	0.06	0.08	0.09	0.11	0.13	0.15	0.17	0.19
0-07	0.02	0.04	0.07	0.09	0.11	0.13	0.15	0.18	0.20	0.22
0-08	0.03	0.05	0.08	0.10	0.13	0.15	0.18	0.20	0.23	0.25
0-09	0.03	0.06	0.08	0.11	0.14	0.17	0.2	0.23	0.25	0.28
0-10	0.03	0.06	0.09	0.13	0.16	0.19	0.22	0.25	0.28	0.31
0-11	0.03	0.07	0.10	0.14	0.17	0.21	0.24	0.28	0.31	0.35
0-12	0.04	0.08	0.11	0.15	0.19	0.23	0.26	0.30	0.34	0.38
0-13	0.04	0.08	0.12	0.16	0.20	0.25	0.29	0.33	0.37	0.41
0-14	0.04	0.09	0.13	0.18	0.22	0.26	0.31	0.35	0.4	0.44
0-15	0.05	0.09	0.14	0.19	0.24	0.28	0.33	0.38	0.42	0.47
0-16	0.05	0.10	0.15	0.20	0.25	0.30	0.35	0.40	0.45	0.50
0-17	0.05	0.11	0.16	0.21	0.27	0.32	0.37	0.43	0.48	0.53
0-18	0.06	0.11	0.17	0.23	0.28	0.34	0.40	0.45	0.51	0.57

（续）

μ	γ									
	0−03	0−06	0−09	0−12	0−15	0−18	0−21	0−24	0−27	0−30
0−19	0.06	0.12	0.18	0.24	0.30	0.36	0.42	0.48	0.54	0.60
0−20	0.06	0.13	0.19	0.25	0.31	0.38	0.44	0.50	0.57	0.63
0−21	0.07	0.13	0.20	0.26	0.33	0.40	0.46	0.53	0.59	0.66
0−22	0.07	0.14	0.21	0.28	0.35	0.41	0.48	0.55	0.62	0.69
0−23	0.07	0.14	0.22	0.29	0.36	0.43	0.51	0.58	0.65	0.72
0−24	0.08	0.15	0.23	0.30	0.38	0.45	0.53	0.60	0.68	0.75
0−25	0.08	0.16	0.24	0.31	0.39	0.47	0.55	0.63	0.71	0.79
0−26	0.08	0.16	0.25	0.33	0.41	0.49	0.57	0.65	0.73	0.82
0−27	0.08	0.17	0.25	0.34	0.42	0.51	0.59	0.68	0.76	0.85
0−28	0.09	0.18	0.26	0.35	0.44	0.53	0.62	0.70	0.79	0.88
0−29	0.09	0.18	0.27	0.36	0.46	0.55	0.64	0.73	0.82	0.91
0−30	0.09	0.19	0.28	0.38	0.47	0.57	0.66	0.75	0.85	0.94

那么，γ 和 μ 的取值为多大时就可以保证在耳轴倾斜情况下零位检查的精度（也即保证表尺误差小于 0.5mil）呢？为了找出 γ 和 μ 共同满足的范围，根据表 5.1 中计算值作出曲线如图 5.39 所示。

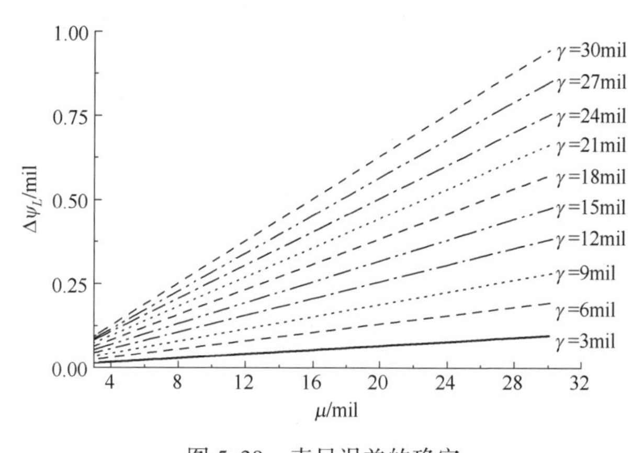

图 5.39　表尺误差的确定

由图 5.39 可以看出，要想使表尺误差 $\Delta\psi_L<0.5$mil，则 γ 和 μ 同时满足的范围为

$$\begin{cases}\gamma<0-30\\ \mu<0-16\end{cases} \tag{5.27}$$

也就是说，在式（5.27）范围内时可保证耳轴倾斜及检查座纵向刻度线不标准情况下表尺误差的精度，即可保证零位检查的精度。

3. 精确检查与规正零线

正确的零线就是当定向器横向水平,倾斜水准气泡居中,表尺归零,周视瞄准镜视轴线和基准定向管(28 号管)轴线平行时,方向分划应为 30-00,俯仰分划应为“0”。若零线不正确,在间接瞄准射击时,会产生射向误差,直接瞄准射击时会产生射向和射角误差。因此,射击前对瞄准镜零线必须进行检查与规正。

检查零线应在零位正确的基础上进行,通常使用瞄准点法或检查靶法。

1) 瞄准点法

(1) 检查要领。

① 使定向器横向水平。

② 在 28 号定向管前端沿刻线贴十字线,在尾部安装弹性套,并在炮口前方 1600m 以外选一瞄准点。

③ 转手摇传动装置转轮,通过弹性套小孔和定向管前端十字线交点将 28 号定向管瞄准瞄准点。

④ 安装瞄准镜,使表尺归 0,居中倾斜水准气泡,转方向和俯仰转螺,使瞄准镜内立标尖对正瞄准点。

此时,瞄准镜的方向分划应为 30-00,俯仰分划应为 0;否则,应进行规正。

(2) 规正要领。

① 规正俯仰分划。拧松俯仰转螺上的螺帽,保持视轴线对准原来的瞄准位置,转动俯仰补助分划环归“0”,随即拧紧螺帽。规正手法如图 5.40 所示。

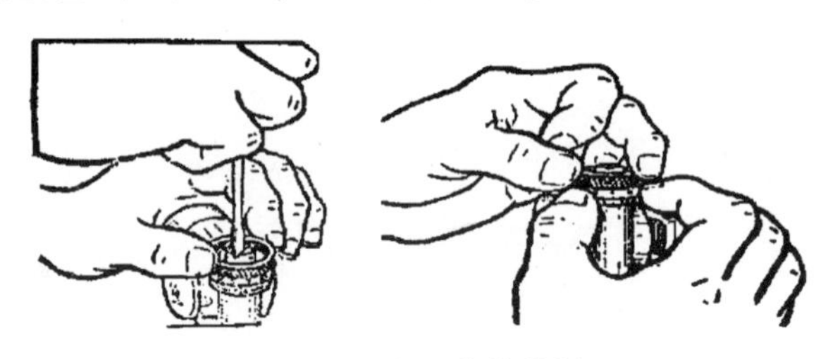

图 5.40 规正俯仰分划

② 规正方向分划。拧松方向转螺上的螺帽,保持视轴线对准原来的瞄准位置,转动补助分划环归“0”,随即拧紧螺帽;拧松固定方向本分划环的四个螺钉,转动本分划环归“30”,随即拧紧螺钉。规正手法如图 5.41、图 5.42 所示。

2) 检查靶法

当无适当的瞄准点可利用时,可用检查靶法。检查靶是根据周视瞄准镜视轴线与 28 号定向管轴线的水平间隔和垂直高度的理论数值制作的,如图 5.43 所示。使用时,检查靶应平正垂直地设置在火箭炮前方 40m 以外处,靶面应与定向管轴线垂直。检查时,28 号定向管瞄准右方十字线,周视瞄准镜瞄准左方十字线。其余检查与规正要领同瞄准点法。

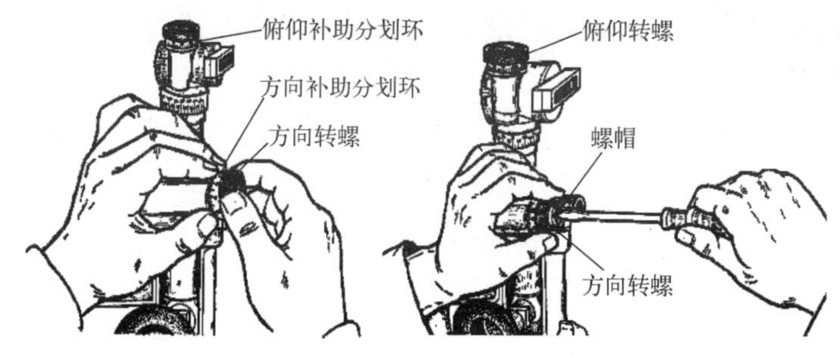

图 5.41 规正方向补助分划

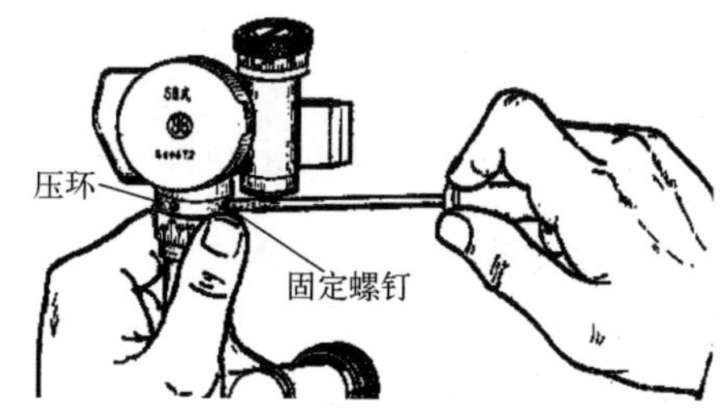

图 5.42 规正方向补助分划

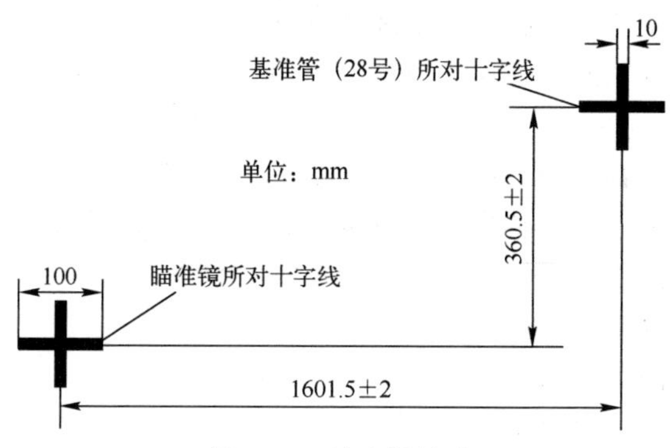

图 5.43 检查靶尺寸

3）耳轴倾斜时精确检查瞄准镜零线

检查与规正瞄准镜零线的目的是要使瞄准镜视轴线与火箭炮炮身轴线在表尺、俯仰归 0，倾斜气泡居中，方向归 30-00 时保持平行。然而，当炮耳轴倾斜时，如何才能保证瞄准镜零线检查的精度呢？下面就对这个问题进行分析。

（1）耳轴倾斜时瞄准镜位置误差推导。

对于零位正确且结构标准的瞄准具来说，在表尺归 0 条件下转倾斜转螺时，瞄准镜头虽然在上下和左右方向上发生了平移，但瞄准镜座筒与定向管轴线的垂直关系不会变，假设此时瞄准镜视轴线与炮身轴线已经平行，则在耳轴绕定向器轴线旋转过程中,其平等关系也不会变。也就是说,在耳轴倾斜条件下检查零线时,其俯仰和方向分划的改变只是由于瞄准镜头在上下和左右方向上的平移所造成的。

用瞄准点法检查零线时耳轴倾斜前后的位置变化关系如图 5.44 所示。

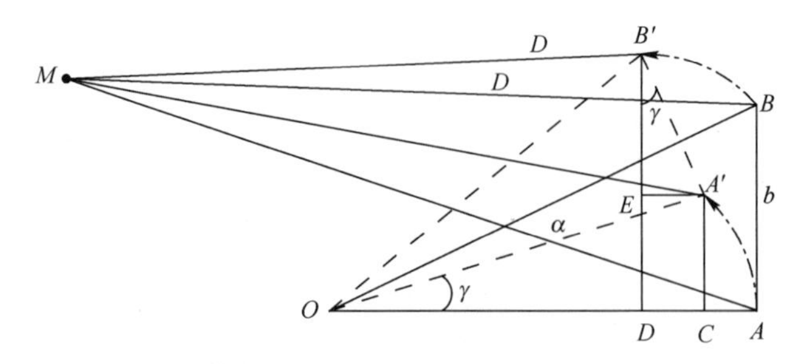

图 5.44 耳轴倾斜时瞄准镜位置平移量

图 5.44 中的各点的位置关系:

A 点为炮身水平时 B 点对 O 点所在水平面的垂足;

A'点为 A 点在炮耳轴倾斜后的位移点;

B 点为炮耳轴水平时瞄准具倾斜摆动轴中心;

B'点为炮耳轴倾斜后瞄准具倾斜摆动轴中心;

O 点为 B 点对基准管轴线的垂足;

γ 为耳轴倾斜角;

a 为瞄准镜到基准管轴线所在垂面的标准水平距离;

b 为瞄准具倾斜摆动轴到基准管轴线所在垂面的标准垂直距离;

M 为瞄准点;

D 为瞄准点距离。

令 $\Delta\alpha_{lx}$ 为俯仰误差,$\Delta\psi_{lx}$ 表示方向误差。

① 俯仰误差角。由正切公式得

$$\tan(\Delta\alpha_{lx}) = \frac{\Delta\alpha_{lx}\text{高度差}}{D} = \frac{OA' \cdot \sin\gamma + A'B' \cdot \cos\gamma - AB}{D} = \frac{a \cdot \sin\gamma + b \cdot \cos\gamma - b}{D} \tag{5.28}$$

以上的计算是在角度为弧度的基础上进行的。因为 $\Delta\alpha_{lx}$ 是小量,当以弧度 rad 为单位时有 $\tan(\Delta\alpha_{lx}) \approx \Delta\alpha_{lx}$;若要将 $\Delta\alpha_{lx}$ 换算成密位,则式(5.28)可写为

$$\Delta\alpha_{lx} = \frac{(a \cdot \sin\gamma + b \cdot \cos\gamma - b) \times 955}{D} \tag{5.29}$$

② 方向误差角。同理,在方向上用正切公式得

$$\tan(\Delta\psi_{lx})=\frac{\Delta\psi_{lx}\text{水平位移差}}{D}=\frac{OA'\cdot\cos\gamma+A'B'\cdot\sin\gamma-AO}{D}=\frac{a\cdot\cos\gamma+b\cdot\sin\gamma-a}{D} \tag{5.30}$$

同样,因 $\tan(\Delta\psi_{lx})\approx\Delta\psi_{lx}$,同时将 $\Delta\psi_{lx}$ 换算成密位,则可得方向误差为

$$\Delta\psi_{lx}=\frac{(a\cdot\cos\gamma+b\cdot\sin\gamma-a)\times955}{D} \tag{5.31}$$

(2) 耳轴倾斜对零线检查精度的影响。

经测量,81 式 122mm 火箭炮的 $a=1.6\text{m}$,$b=0.7\text{m}$。据式(5.29)、式(5.31)编制了计算程序,计算了耳轴倾斜角对检查零线精度影响。γ 取值为-0-30~0-30,瞄准点距离 $D=1600\text{m}$,计算值列于表 5.2 和表 5.3 中。

表 5.2 耳轴倾斜时检查零线产生的俯仰误差

γ/mil	$\Delta\alpha_{lx}$/mil	γ/mil	$\Delta\alpha_{lx}$/mil	γ/mil	$\Delta\alpha_{lx}$/mil
-30	-0.0302	-9	-0.00902	12	0.01197
-29	-0.02919	-8	-0.00801	13	0.01296
-28	-0.02818	-7	-0.00701	14	0.01396
-27	-0.02716	-6	-0.00601	15	0.01495
-26	-0.02615	-5	-0.00501	16	0.01594
-25	-0.02514	-4	-0.004	17	0.01693
-24	-0.02413	-3	-0.003	18	0.01793
-23	-0.02312	-2	-0.002	19	0.01892
-22	-0.02211	-1	-1E-3	20	0.01991
-21	-0.0211	0	0	21	0.0209
-20	-0.02009	1	1E-3	22	0.02189
-19	-0.01908	2	0.002	23	0.02288
-18	-0.01807	3	0.003	24	0.02387
-17	-0.01707	4	0.004	25	0.02485
-16	-0.01606	5	0.00499	26	0.02584
-15	-0.01505	6	0.00599	27	0.02683
-14	-0.01404	7	0.00699	28	0.02782
-13	-0.01304	8	0.00799	29	0.0288
-12	-0.01203	9	0.00898	30	0.02979
-11	-0.01103	10	0.00998		
-10	-0.01002	11	0.01097		

表 5.3　耳轴倾斜时检查零线产生的方向误差

γ/mil	$\Delta\psi_{lx}$/mil	γ/mil	$\Delta\psi_{lx}$/mil	γ/mil	$\Delta\psi_{lx}$/mil
-30	-0.01359	-9	-0.00398	12	0.00517
-29	-0.01313	-8	-0.00353	13	0.0056
-28	-0.01266	-7	-0.00309	14	0.00602
-27	-0.01219	-6	-0.00264	15	0.00644
-26	-0.01173	-5	-0.0022	16	0.00687
-25	-0.01126	-4	-0.00176	17	0.00729
-24	-0.0108	-3	-0.00132	18	0.00771
-23	-0.01034	-2	-8.77E-4	19	0.00812
-22	-0.00988	-1	-4.38E-4	20	0.00854
-21	-0.00942	0	0	21	0.00896
-20	-0.00896	1	4.37E-4	22	0.00937
-19	-0.0085	2	8.73E-4	23	0.00979
-18	-0.00804	3	0.00131	24	0.0102
-17	-0.00759	4	0.00174	25	0.01061
-16	-0.00713	5	0.00217	26	0.01102
-15	-0.00668	6	0.00261	27	0.01143
-14	-0.00623	7	0.00304	28	0.01184
-13	-0.00578	8	0.00347	29	0.01225
-12	-0.00532	9	0.0039	30	0.01265
-11	-0.00488	10	0.00432		
-10	-0.00443	11	0.00475		

从表中可以看出，无论是耳轴向右倾斜还是向左倾斜，$\Delta\alpha_{lx}$和 $\Delta\psi_{lx}$都随着 γ 绝对值的增大而增大。两种误差值都是小量，在最大耳轴倾斜角 0-30 时，$\Delta\alpha_{lx}$仅为 0.03mil，$\Delta\psi_{lx}$仅为 0.01mil，这样大的误差对于瞄准具零线检查精度是满足的。

以下计算分析说明，在耳轴倾斜条件下，采用瞄准点法进行零线检查是一种高精度的方法。

4. 检查与消除射角不一致带来的影响

赋予火箭炮射角时，定向器所获得的实际射角与表尺所装定的角度不相等，这种现象称为射角不一致。它影响火箭炮的射击精度，因此，应通过检查测出其修正量，以便射击时修正。

产生射角不一致的主要原因是表尺装定器制造有误差和使用过程中零件的磨损。检查射角不一致必须在零位正确的基础上进行。

(1) 检查要领。

① 火箭炮成战斗状态,用象限仪或水准仪使定向器横向水平,高低归30-00。

② 用表尺分划逐次赋予定向器1-00,2-00,…,8-00的射角。

③ 在每次通过表尺赋予定向器射角后,用象限仪测量定向器的实际射角,并将所测分划依次记入表5.4中。

④ 按上述要领检查3次(第二次可以从8-00到1-00),求出3次分划平均值。

⑤ 确定修正量,按下式计算,即

修正量=装定的表尺分划-象限仪测量分划的平均值(够减为正,不够减为负)

⑥ 将各射角的修正量记入射角不一致修正量计算表中。

表5.4 射角不一致修正量计算表

装定的表尺分划	象限仪测得的分划				修正量
	第一次	第二次	第三次	平均值	
1-00	1-00	1-01	1-01	1-01	-1
2-00	2-00	1-99	2-00	2-00	0
3-00	2-98	2-99	3-00	2-99	+1
⋮	⋮	⋮	⋮	⋮	⋮
8-00	7-97	7-97	7-96	7-97	+3

(2) 修正方法。射角不一致修正量由炮长掌握,在射击中执行初发口令时,修正在火箭炮单独高低修正量上。根据第几门炮、计算距离、带不带阻力环射击等条件,用内插法求射角不一致修正量,调制到单独修正量综合表中,在射击之前以开始诸元进行修正。

5. 检查与消除瞄准线偏移带来的影响

1) 火箭炮瞄准线偏移形成的原理

从火箭炮结构上讲,有6条关键轴线,如图5.45所示。

这6条轴线的关系如下:倾斜摆动轴与炮身轴线平行;倾斜摆动轴与高低气泡轴线在装定射为零时平行;倾斜气泡轴线与表尺涡轮轴线平行;在倾斜气泡居中、炮耳轴水平时倾斜气泡轴线与炮耳轴轴线平行;炮耳轴轴线与炮身轴线垂直;高低气泡轴线、倾斜摆动轴线与表尺涡轮轴线垂直。

这6条轴线的关系已由火箭炮结构定下来了,当火箭炮因机械受损而破坏了其相互关系时,就可能产生方向瞄准误差,即瞄准线偏移。也就是说,变换火箭炮射角时,瞄准线自瞄准点在方向上偏移的角度与定向管轴线自原来方向上偏移的角度不相等,由此产生的方向误差称为瞄准线偏移。

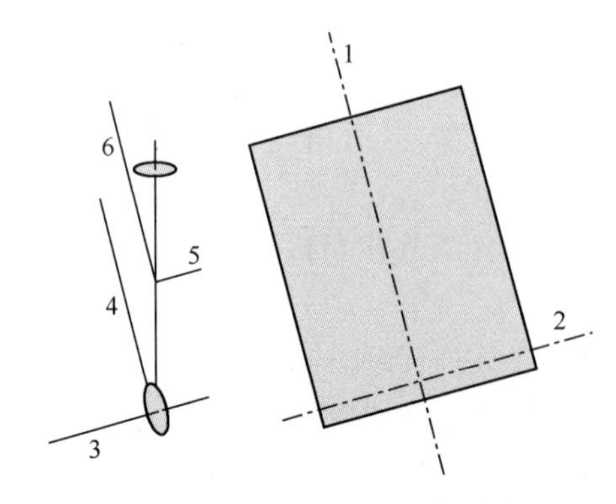

图 5.45　火箭炮上的六条轴线

1—定向器轴;2—耳轴;3—表尺蜗轮轴;4—倾斜转动轴;5—倾斜调整器轴;6—高低调整器轴。

常见的影响较大的故障有两处:一是瞄准镜座筒歪斜;二是瞄准具支臂水平弯曲。座筒左右歪斜主要表现在座筒平面与表尺蜗轮轴不平行,从而在规正零位后不能保证倾斜气泡与表尺蜗轮轴平行。当居中倾斜气泡时,表尺蜗轮轴必然倾斜,由此引起的瞄准线偏移量 $\Delta\psi$ 可用下式表示[19,20],即

$$\Delta\psi=\gamma_1\cdot\tan\alpha_g \tag{5.32}$$

式中:γ_1 为座筒倾斜角;α_g 为装定高角。

根据式(5.32)进行计算,得出 $\Delta\psi$ 与 γ_1 和 α_g 的关系曲线如图 5.46 所示。从图上可以看出,瞄准线偏移量与座筒倾斜角成正比;在同一座筒倾斜角时,装定高角越大,瞄准线偏移量越大。

当瞄准镜支臂水平弯曲时,虽然倾斜气泡轴与表尺蜗轮轴可以平行,但两者与炮耳轴已不平行,由此引起的瞄准线偏移量可用下式计算,即

$$\Delta\psi=\theta_{zb}\left(\frac{1}{\cos\alpha_g}-1\right) \tag{5.33}$$

式中:θ_{zb}为瞄准具支臂水平弯曲角。

根据式(5.33)进行了计算,得出 $\Delta\psi$ 与 θ_{zb}和 α_g 的关系曲线如图 5.47 所示。

从图 5.47 可以看出,瞄准线偏移量与瞄准具支臂弯曲角成正比;在同一弯曲角时,装定高角越大,瞄准线偏移量越大。所以,在火箭炮平时的操作使用中,要防止瞄准具支臂弯曲。

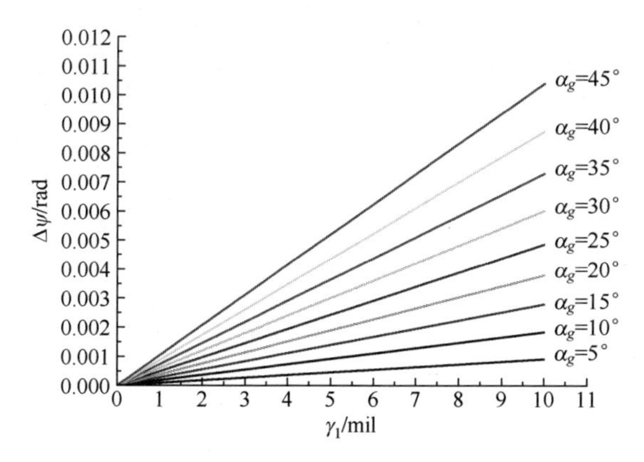

图 5.46　瞄准线偏移量与装定高角和座筒倾斜角的关系

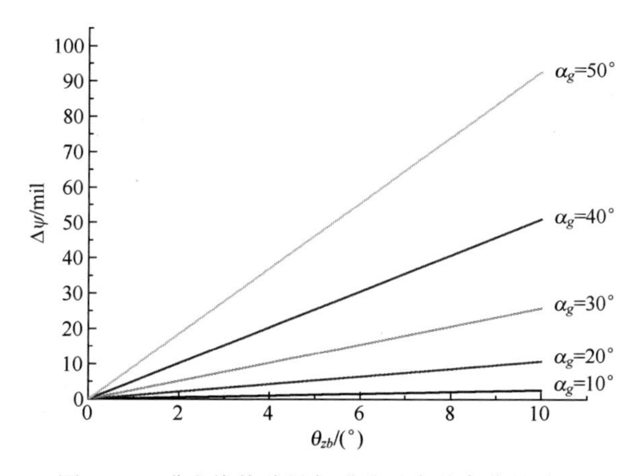

图 5.47　瞄准线偏移量与瞄准具支臂弯曲的关系

2）火箭炮瞄准线偏移对射击精度的影响

一般情况下，火箭的刚体运动方程组为

$$\frac{\mathrm{d}V_x}{\mathrm{d}t}=\frac{1}{m}\left[F_p\cos\varphi_a\cos\varphi_2-R_x\frac{v_x-w_x}{v_r}-\frac{R_y}{\sin\delta_r}(\sin\delta_{r1}\cos\delta_{r2}\sin\theta_r+\sin\delta_{r2}\sin\psi_r\cos\theta_r)+\frac{R_z}{\sin\delta_r}(\sin\psi_r\cos\theta_r\cos\delta_{r2}\sin\delta_{r1}-\sin\theta_r\sin\delta_{r2})\right]=\sum F_x/m$$

$$\frac{\mathrm{d}V_y}{\mathrm{d}t}=\frac{1}{m}\left(F_p\cos\varphi_2\sin\varphi_a-R_x\frac{v_y}{v_r}+\frac{R_y}{\sin\delta_r}(\sin\delta_{r1}\cos\delta_{r2}\cos\theta_r-\sin\delta_{r2}\sin\theta_r\sin\psi_r)+\frac{R_z}{\sin\delta_r}(\cos\theta_r\sin\delta_{r2}+\sin\psi_r\sin\theta_r\cos\delta_{r2}\sin\delta_{r1})\right)-g=\sum F_y/m$$

$$
\begin{aligned}
\frac{\mathrm{d}V_z}{\mathrm{d}t} &= \frac{1}{m}\left(F_p\sin\varphi_2 - R_x\frac{v_z-w_z}{v_r} + \frac{R_y}{\sin\delta_r}\sin\delta_{r2}\cos\psi_r - \frac{R_z}{\sin\delta_r}\cos\psi_r\cos\delta_{r2}\sin\delta_{r1}\right)\\
&= \sum F_z/m\\
\frac{\mathrm{d}\dot{\gamma}}{\mathrm{d}t} &= -\ddot{\varphi}\sin\varphi_2 - \dot{\varphi}_a\dot{\varphi}_2\cos\varphi_2 + (M_{xp}+M_{xw})/C - k_{XD}(\dot{\gamma}+\dot{\varphi}_a\sin\varphi_2)V_r\\
\frac{\mathrm{d}\dot{\varphi}_a}{\mathrm{d}t} &= \frac{1}{A\cos\varphi_2}\left[(2A-C)\dot{\varphi}_a\dot{\varphi}_2\sin\varphi_2 - C\dot{\gamma}\dot{\varphi}_2 + \frac{M_z}{\sin\delta_r}(\sin\delta_{r1}\cos\alpha_r + \cos\delta_{r1}\sin\delta_{r2}\sin\alpha_r)\right.\\
&\quad \left. + \frac{M_y}{\sin\delta_r}(\cos\delta_{r1}\sin\delta_{r2}\cos\alpha_r - \sin\delta_{r1}\sin\alpha_r)\right] - k_{ZD}\dot{\varphi}_a\cos\varphi_2 v_r\\
\frac{\mathrm{d}\dot{\varphi}_2}{\mathrm{d}t} &= \frac{1}{A}\left[-(A-C)\dot{\varphi}_a^2\sin\varphi_2\cos\varphi_2 + C\dot{\gamma}\dot{\varphi}_a\cos\varphi_2 + \frac{M_z}{\sin\delta_r}(\cos\delta_{r1}\cos\alpha_r - \sin\delta_{r1}\sin\alpha_r)\right.\\
&\quad \left. - \frac{M_y}{\sin\delta_r}(\sin\delta_{r1}\cos\alpha_r + \cos\delta_{r1}\sin\delta_{r2}\sin\alpha_r)\right] - k_{ZD}\dot{\varphi}_2 v_r\\
\frac{\mathrm{d}\varphi_a}{\mathrm{d}t} &= \dot{\varphi}_a\\
\frac{\mathrm{d}\varphi_2}{\mathrm{d}t} &= \dot{\varphi}_2\\
\frac{\mathrm{d}x}{\mathrm{d}t} &= v_x\\
\frac{\mathrm{d}y}{\mathrm{d}t} &= v_y\\
\frac{\mathrm{d}z}{\mathrm{d}t} &= v_z\\
\frac{\mathrm{d}m}{\mathrm{d}t} &= -\frac{F_p}{I_1 g}
\end{aligned}
\tag{5.34}
$$

其中

$$
\begin{aligned}
&w_x = -w\cos((w_F-\alpha^*)/57.3),\ w_z = -w\sin((w_F-\alpha^*)/57.3)\\
&\psi_r = \arcsin\frac{v_z-w_z}{v_r},\ \theta_r = \arcsin\frac{v}{v_r\cos\psi_r}\\
&\delta_{r2} = \arcsin[\sin\varphi_2\cos\psi_r - \sin\psi_r\cos\varphi_2\cos(\varphi_a-\theta_r)]\\
&\delta_{r1} = \arcsin[\sin(\varphi_a-\theta_r)\cos\varphi_2/\cos\delta_{r2}],\ \delta_r = \arccos(\cos\delta_{r1}\cos\delta_{r2})\\
&\alpha_r = \arcsin[\sin(\varphi_a-\theta_r)\sin\psi_r/\cos\delta_{r2}]\\
&v_r = \sqrt{(v_x-w_x)^2 + v_y^2 + (v_z-w_z)^2}
\end{aligned}
$$

式中：w 为风速；w_F 为风向；α^* 为射向；v_r 为相对速度；m 为火箭质量。

根据式(5.34)用C语言编制了122mm火箭六自由度弹道计算程序,对瞄准线偏移引起的弹道偏差进行了计算。在射角为45°时分别取瞄偏角为0mil、1mil、2mil、-1mil、-2mil进行了计算,不同瞄偏角所对应的弹道侧偏随飞行时间的变化对比曲线如图5.48所示。

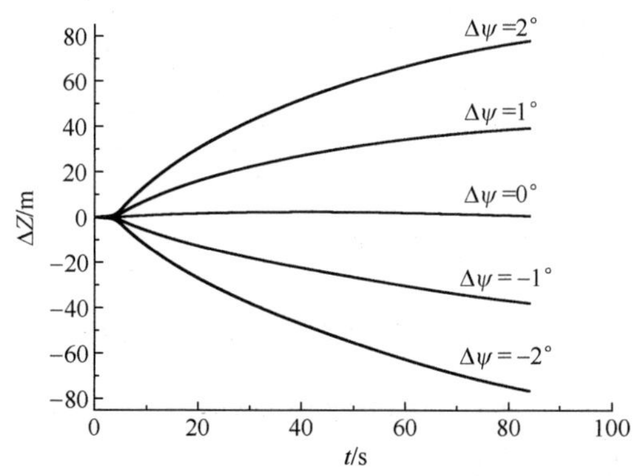

图5.48 瞄准线偏移引起的弹道侧偏

将装定高角为45°时计算得到的弹道落点数据列于表5.5中。

表5.5 装定高角为45°时的弹道落点

装定角 / 落点	$\Delta\psi$/mil				
	0	1	2	−1	−2
X/m	30609.143	30608.107	30607.014	30611.12	30610.196
Z/m	0.776	39.426	78.072	−76.537	−37.879

由图5.48可以看出,弹道侧偏随着瞄偏角的增大而增大,随着射距离的增大而增大。由表中弹道落点数据可知,当瞄准线偏移角为2mil时,落点侧偏可达78m之多,比瞄准线偏移为0时多出77.3m;瞄准线偏移对射程的影响较小,在本例中,瞄准线偏移角为2mil时射程变化仅为2m。

为了考查不同射角下瞄偏角对射击精度的影响,取装定高角45°、40°、35°、30°,瞄偏角为2mil进行了计算,根据计算数据得曲线如图5.49所示。

由图5.49可以看出,瞄准线偏移引起的弹道侧偏随着装定高角的增大而增大。装定高角越大,射程越远,则落点侧偏越大。

总体看来,瞄准线偏移对野战火箭射击精度的影响很大,必须进行修正。

3) 瞄准线偏移的检查与修正要领

瞄准线偏移是一种系统误差,通常随着射角的增大而增大。如无特殊情况(如翻炮、碰撞等),在短时间内不会发生明显变化。前面的计算分析表明,瞄准线偏移的存在将严重影响到火箭炮的射击精度,因而,平时必须进行检查与修正。

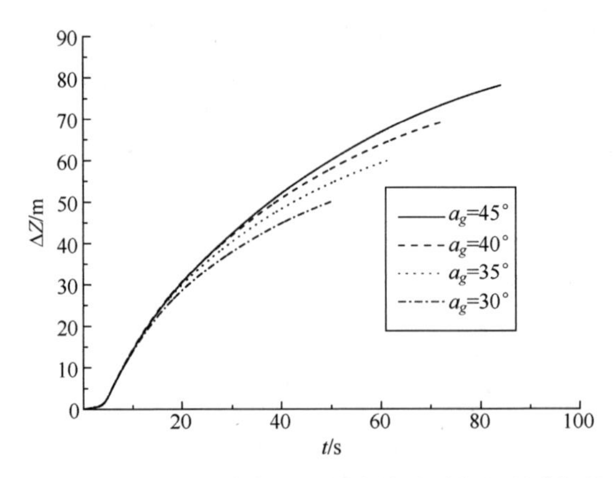

图 5.49　不同装定高角下瞄准线偏移引起的弹道侧偏

(1) 检查要领。检查瞄准线偏移必须在检查零位正确的基础上进行,通常采用铅垂线法检。检查要领如下。

① 使炮耳轴精确横向水平。

a. 将火箭炮置于平坦、坚硬的地面上成战斗状态,安装瞄准镜。

b. 在定向器 28 号管前约 1m 处悬挂一垂线,其高度应保证在最大射角时,通过定向管也能观察到。垂线宜用约 1.5mm 粗的线,其颜色应与背景颜色有较大的反差。为保持垂线的稳定,可在垂线下端挂一垂球并将垂球置于盛有水的桶(盆)内,也可在垂线下端紧贴垂线处放置一块木板,待垂线稳定后,用图钉将其固定在木板上。

c. 在 28 号定向管前端面沿刻线贴十字线,在尾部安装弹性套。

d. 表尺归“0”;转手摇传动装置转轮使高低气泡居中;再转手摇传动装置转轮使 28 号定向管前端十字线的纵线概略瞄准垂线;用水准仪和千斤顶使定向器横向水平;转手摇传动装置转轮通过弹性套中央小圆孔和定向管前端的十字线交点瞄准垂线。

e. 保持定向器方向不动,用瞄准具赋予定向器 9-00 的射角;通过弹性套中央小圆孔观察十字线交点是否偏离垂线,如偏离垂线,应操作千斤顶使其重合,此时,回转盘耳轴即基本水平。

f. 表尺再归“0”;转手摇传动装置转轮使高低气泡居中;转手摇传动装置转轮(每次转动均应向一个方向停止,以排除空回)使十字线交点与垂线准确重合。

g. 重复“5”“6”操作。直到 28 号定向管前端十字线交点与垂线在 0 射角上和 7-50 射角都能准确重合为止。

此时,炮耳轴精确横向水平。

② 测量计算瞄准线偏移修正量。

a. 居中倾斜水准气泡;向标定器或一远方瞄准点标定(注意转螺向一个方向停止),将基本标定分划(应判读到0.1mil)记入表5.6中。

b. 逐次赋予定向器1-00、2-00、…、9-00的射角,每次赋予射角后,都应检查28号定向管前端十字线的交点是否与垂线重合,如不重合,应转手摇传动装置转轮使其重合,并居中倾斜水准气泡,向原瞄准点标定,将该射角的标定分划记入表5.6中。

c. 按上述要领再做两遍,将每个射角上测得的标定分划记入瞄准线偏移修正量计算表中。

d. 计算瞄准线偏移修正量,即

瞄准线偏移修正量=某射角的标定分划-基本标定分划(够减为"+",不够减为"-")

根据3次计算结果,取其平均值作为各射角上的瞄准线偏移修正量,填入表5.6中。

表5.6 瞄准线偏移修正量计算表

检查次数	第一次		第二次		第三次		瞄准线偏移修正量平均值
基本标定分划	58-00.4		58-01.2		58-00.9		
表尺	某射角标定分划	修理量	某射角标定分划	修理量	某射角标定分划	修理量	
1-00	58-00.9	+0.5	58-01.7	+0.5	58-01.6	+0.7	+0.6
…	…	…	…	…	…	…	…
3-00	58-01.5	+1.1	58-02.2	+1.0	58-02.1	+1.2	+1.1
…	…	…	…	…	…	…	…
8-00	58-03.0	+2.6	58-03.6	+2.4	58-03.8	+2.4	+2.5

(2) 修正方法。可以用调表法修正,也可以用调整倾斜水准器的方法进行修正。

① 利用瞄准线偏移修正量表修正。

根据检查结果,调制瞄准线偏移修正量表,由炮长在射击中执行初发口令时,修正在火箭炮单独方向修正量上。与修正射角不一致类似,将瞄准线偏移修正量调制到单独修正量表中,在射击之前由各炮通过内插法查取进行修正。

② 调整倾斜水准器气泡修正。

a. 瞄准线偏移修正量检查做完,在记取基本标定分划后,只赋予定向器8-00一个射角,居中倾斜气泡,转手摇传动装置转轮使28号定向管前十字线交点与垂线对正。

b. 从镜内观察,若立标尖偏离瞄准点,则转倾斜调整器转螺使镜内立标尖对正瞄准点,保持座筒倾斜状态不变,调整倾斜水准器 4 个螺钉,使倾斜气泡居中,然后拧紧螺钉。

c. 按上述要领再操作 2~3 次,直至倾斜气泡没有误差为止。

d. 取下瞄准镜,用象限仪量取并记录此时瞄准镜座筒的倾斜角(估读到 0.1mil),记下座筒的倾斜方向,作为以后零位规正的依据。

以后规正零位时,在规正倾斜水准器前,需用象限仪先赋予瞄准镜座筒此倾斜角(倾斜角小于 0.5mil 时,可不修正)。注意:不要将左右倾斜的方向搞错。在此状态下,调整倾斜气泡居中。在以后的射击中,装定射角进行瞄准时,瞄准装置即可自动修正瞄准线偏移修正量。

第 6 章　减少尾翼式火箭随机风偏

野战火箭炮以其火力突然猛烈、射程远、威力大、机动性能好等特点,成为炮兵重要的压制武器,是战场上的重要火力力量。我军装备过的火箭弹可分为涡轮式火箭弹和尾翼式火箭弹,以尾翼式居多。

目前,无控火箭弹的散布较大是一个突出问题。就全弹道而言,主动段形成的落点散布占主导地位。主动段的扰动因素作用下,使火箭速度方向发生角偏差,即实际速度偏离理想弹道速度方向。形成射弹散布的原因有多种,如推力偏心、初始扰动、随机风偏、质量偏心、气动偏心及发射装置振动等。

对于尾翼式火箭弹,由于初速较小,因而在初始弹道段受随机风的影响显著。在初始弹道段,风的影响主要表现在对火箭角运动的影响上,角运动不稳定则会造成弹道散布。为了说明这个问题,首先分析随机风对火箭初始弹道飞行稳定性的影响。

6.1　风对火箭初始弹道角运动的影响

6.1.1　坐标系的定义

为了便于研究火箭角运动,必须先建立一些适当的坐标系。

1. 地面坐标系 $oxyz$

该坐标系是与地面固连的坐标系,以弹道起点为坐标原点,以射击面和弹道起点水平面的交线为 x 轴,y 轴铅直向上为正,z 轴方向按右手定则确定。把地面坐标系作为基础坐标系(图 6.1)。

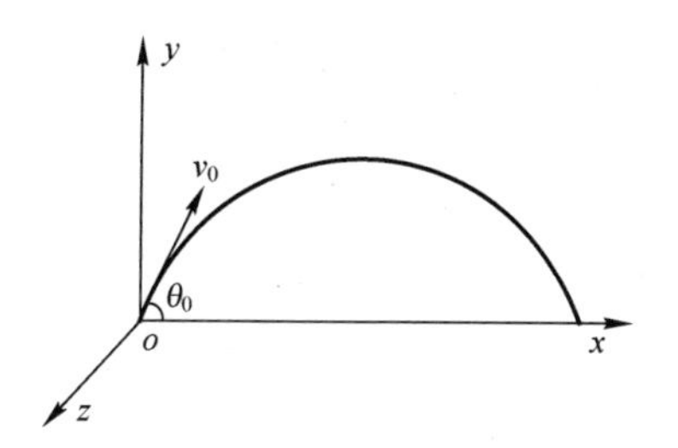

图 6.1　地面坐标系

2. 弹轴坐标系 $o'\xi\eta_1\zeta_1$ 与弹体坐标系 $o'\xi\eta\zeta$

弹轴坐标系(第一弹轴系)是由地面坐标系 $oxyz$ 先沿 oz 转动 φ_a,再沿 $o\eta_1$ 转动 φ_2 后得到的。弹体坐标系 $o'\xi\eta\zeta$ 是由弹轴坐标系 $o'\xi\eta_1\zeta_1$ 沿弹轴转动 γ 角后得到的。弹轴系向地面系的转换矩阵为

$$\boldsymbol{A}_{\varphi_a\varphi_2}=\begin{bmatrix}\cos\varphi_a\cos\varphi_2 & -\sin\varphi_a & -\sin\varphi_2\cos\varphi_a\\ \cos\varphi_2\sin\varphi_a & \cos\varphi_a & -\sin\varphi_2\sin\varphi_a\\ \sin\varphi_2 & 0 & \cos\varphi_2\end{bmatrix} \tag{6.1}$$

弹体系向弹轴系的转换矩阵为

$$\boldsymbol{A}_r=\begin{bmatrix}1 & 0 & 0\\ 0 & \cos\gamma & -\sin\gamma\\ 0 & \sin\gamma & \cos\gamma\end{bmatrix} \tag{6.2}$$

3. 速度坐标系 $o'x_2y_2z_2$ 与相对速度坐标系 $o'x_ry_rz_r$

速度坐标系是由地面坐标系先绕 oz 转动 θ(实际弹道倾角),然后,再绕 oy_2 轴转动 ψ 角得到的,$o'x_2$ 轴与速度向量 $\boldsymbol{v}$ 重合;相对速度坐标系是由地面坐标系先绕 oz 转动 θ_r,然后,再绕 oy_r 轴转动 ψ_r 角得到的,$o'x_r$ 轴与速度向量 $\boldsymbol{v}_r$ 重合。

4. 弹轴系与相对速度坐标系

由相对速度坐标系 $o'x_ry_rz_r$ 转动 δ_{r_1} 和 δ_{r_2}(相对攻角)可得第二弹轴系 $o'\xi\eta_2\zeta_2$。第一弹轴系与第二弹轴系只差一个绕弹轴的自转角 α_r。第二弹轴系向相对速度系的转换矩阵为

$$\boldsymbol{A}_{\delta_{r1}\delta_{r2}}=\begin{bmatrix}\cos\delta_{r1}\cos\delta_{r2} & -\sin\delta_{r1} & -\sin\delta_{r2}\cos\delta_{r1}\\ \cos\delta_{r2}\sin\delta_{r1} & \cos\delta_{r1} & -\sin\delta_{r2}\sin\delta_{r1}\\ \sin\delta_{r2} & 0 & \cos\delta_{r2}\end{bmatrix} \tag{6.3}$$

5. 非滚转坐标系

非滚转坐标系 $ox_Ny_Nz_N$ 的原点在火箭质心,弹轴为 x 轴,y 轴、z 轴在赤道面内互相垂直并与 x 轴服从右手定则关系。该坐标系不绕弹轴旋转,与弹体系只差一个旋转角 γ_1。非滚转坐标系与速度坐标系的转换关系可用图 6.2 说明。

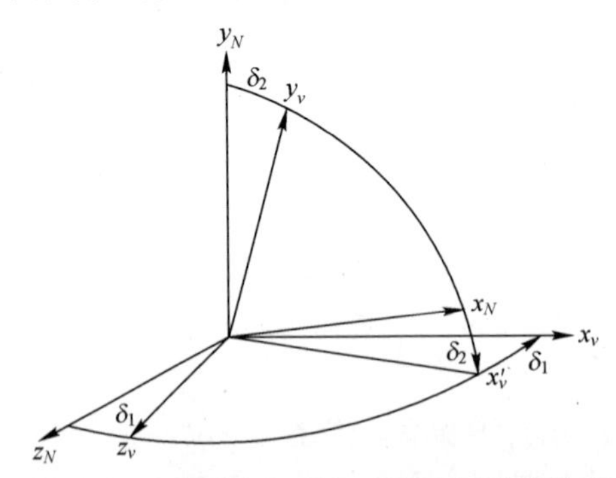

图 6.2 非滚转坐标系与速度坐标系的关系

速度坐标系可以看成是非滚转坐标系经两次旋转而成的。如图 6.2 所示,第一次是非滚转系 $ox_Ny_Nz_N$ 绕 oz_N 转 δ_2 角达到 $ox_v'y_vz_N$,绕 oz_N 负向右旋为正;第

二次是 $ox_v'y_vz_N$ 系绕 oy_v 转动 δ_1 达到 $ox_vy_vz_v$，绕 oy_v 正向右旋为正。设速度 $\boldsymbol{V}$ 在非滚转坐标系中的 3 个分量为 u、v、w，可得

$$\begin{pmatrix} u \\ v \\ w \end{pmatrix} = L_{Nv}\begin{pmatrix} V \\ 0 \\ 0 \end{pmatrix} = \begin{pmatrix} \cos\delta_2\cos\delta_1 & \sin\delta_2 & \cos\delta_2\sin\delta_1 \\ -\sin\delta_2\cos\delta_1 & \cos\delta_2 & -\sin\delta_2\sin\delta_1 \\ -\sin\delta_1 & 0 & \cos\delta_1 \end{pmatrix}\begin{pmatrix} V \\ 0 \\ 0 \end{pmatrix} = V\begin{pmatrix} \cos\delta_2\cos\delta_1 \\ -\sin\delta_2\cos\delta_1 \\ -\sin\delta_1 \end{pmatrix} \tag{6.4}$$

6.1.2 复攻角的定义

定义平面 yo_1z 为复平面，如图 6.3 所示。平面 yo_1z 平行于非滚转坐标系的平面 y_Noz_N。其中，$oo_1 = \left|\frac{\boldsymbol{V}}{V}\right| = 1$ 为单位长度。

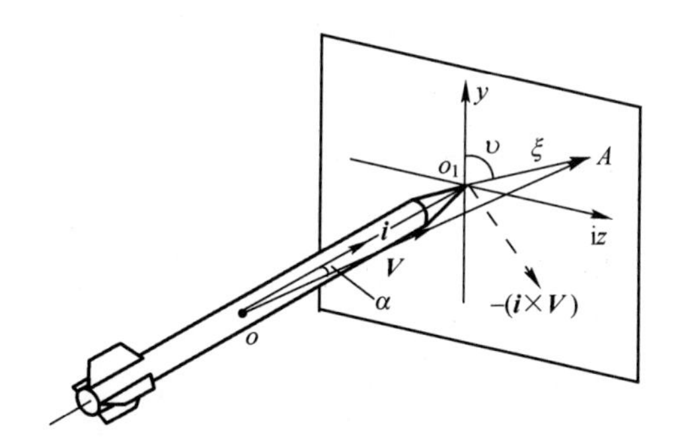

图 6.3　复平面的定义

用方向攻角（或侧滑角）δ_1 和高低攻角 δ_2 表示复攻角[21,22]，即

$$\Delta = \delta_2 + \mathrm{i}\delta_1 \tag{6.5}$$

为了便于研究火箭的角运动，这里采用速度 V 在弹体非滚转坐标系中的横向分量 (v, w) 与速度 V 的比值 $\left(\frac{-v}{V}, \frac{w}{V}\right)$ 作为运动分量来定义复攻角，即

$$\xi = \left(\frac{-v}{V}\right) + \mathrm{i}\left(\frac{-w}{V}\right) \tag{6.6}$$

可得

$$\frac{-v}{V} = \sin\delta_2\cos\delta_1 \tag{6.7}$$

$$\frac{-w}{V} = \sin\delta_1 \tag{6.8}$$

在一般外弹道学中要将力向弹道系内投影,力矩向弹轴系投影。有了式(6.6)复变量的定义以后,在建立角运动方程时将质心的运动方程和转动方程都向弹体非滚转坐标系投影,从而更适合于研究火箭的角运动。

如果定义速度线与弹轴之间的夹角为总攻角 α,则总攻角的正弦 δ 便是复数 ξ 的模,即

$$\delta=\sin\alpha=|\xi| \tag{6.9}$$

$$\eta=\cos\alpha=\frac{u}{V} \tag{6.10}$$

显然,当总攻角 α 较小时,$\eta=\cos\alpha\approx1$。攻角平面 o_1oA 与非滚转坐标系 xoy 面之间的夹角 υ 为进动角,它就是复数 ξ 的幅角。所以,可把复攻角写成极坐标的形式为

$$\xi=|\xi|\mathrm{e}^{\mathrm{i}\upsilon}=\delta\mathrm{e}^{\mathrm{i}\upsilon}=\delta\cos\upsilon+\mathrm{i}\delta\sin\upsilon \tag{6.11}$$

故在小攻角情况下,略去几何非线性的情况下,有

$$\xi=\Delta=\delta_2+\mathrm{i}\delta_1=\delta\cos\upsilon+\mathrm{i}\delta\sin\upsilon \tag{6.12}$$

6.1.3 火箭角运动方程的建立

1. 火箭质心横向运动方程的复数形式

根据动量定理,火箭质心的运动可用向量方程描述,即

$$m\frac{\mathrm{d}\boldsymbol{V}}{\mathrm{d}t}=\boldsymbol{F}+m\boldsymbol{g} \tag{6.13}$$

式中:$\boldsymbol{V}$ 为火箭质心速度向量;$\boldsymbol{F}$ 为作用在火箭上的空气动力;$\boldsymbol{g}$ 为重力加速度向量。对于以 $\boldsymbol{\Omega}$ 旋转的坐标系,引入 $\boldsymbol{V}$ 的相对导数 $\partial\boldsymbol{V}/\partial t$,坐标系转动产生的牵连导数为 $\boldsymbol{\Omega}\times\boldsymbol{V}$,则式(6.13)可写成

$$m\left(\frac{\partial\boldsymbol{V}}{\partial t}+\boldsymbol{\Omega}\times\boldsymbol{V}\right)=\boldsymbol{F}+m\boldsymbol{g} \tag{6.14}$$

为便于研究火箭的非线性运动,将质心运动向量方程向非滚转坐标系投影,三轴上的单位向量分别为 $\boldsymbol{i}$、$\boldsymbol{j}$、$\boldsymbol{k}$,则式(6.14)可写为

$$\frac{\mathrm{d}u}{\mathrm{d}t}\boldsymbol{i}+\frac{dv}{\mathrm{d}t}\boldsymbol{j}+\frac{\mathrm{d}w}{\mathrm{d}t}\boldsymbol{k}+\begin{vmatrix}\boldsymbol{i} & \boldsymbol{j} & \boldsymbol{k}\\ 0 & \omega_{Ny} & \omega_{Nz}\\ u & v & w\end{vmatrix}=\left(\frac{F_x}{m}+g_x\right)\boldsymbol{i}+\left(\frac{F_y}{m}+g_y\right)\boldsymbol{j}+\left(\frac{F_z}{m}+g_z\right)\boldsymbol{k} \tag{6.15}$$

式中:ω_{Ny} 和 ω_{Nz} 为非滚转系转动角速度的分量。于是,可得质心运动沿非滚转坐标系三轴的分量方程为

$$\frac{\mathrm{d}u}{\mathrm{d}t}+\omega_{Ny}w-\omega_{Nz}v=\frac{F_x}{m}+g_x \tag{6.16}$$

$$\frac{\mathrm{d}v}{\mathrm{d}t}+\omega_{Nz}u=\frac{F_y}{m}+g_y \tag{6.17}$$

$$\frac{\mathrm{d}w}{\mathrm{d}t}-\omega_{Ny}u=\frac{F_z}{m}+g_z \tag{6.18}$$

将式(6.17)和式(6.18)变成对弹道弧长 s 求导的形式,因为$\dot{v}=v'v,\dot{w}=w'w$,为了能用式(6.6)中复攻角的表示形式,所以在方程两都除法以 V^2,得

$$\frac{v'}{V}+\frac{u}{V}\left(\frac{r}{V}\right)=\frac{F_y}{mV^2}+\frac{g_y}{V^2} \tag{6.19}$$

$$\frac{w'}{V}-\frac{u}{V}\left(\frac{q}{V}\right)=\frac{F_z}{mV^2}+\frac{g_\perp}{V^2} \tag{6.20}$$

式中“′”为对弹道弧长 s 求导。

将式(6.20)×i+式(6.19),得

$$\frac{v'+\mathrm{i}w'}{V}-\mathrm{i}\,\frac{u}{V}\left(\frac{q+\mathrm{i}r}{V}\right)=\frac{F_y+\mathrm{i}F_z}{mV^2}+\frac{g_y+\mathrm{i}g_z}{V} \tag{6.21}$$

令

$$\mu=\frac{q+\mathrm{i}r}{V},F_\perp=F_y+\mathrm{i}F_z,g_\perp=g_y+\mathrm{i}g_z \tag{6.22}$$

式中:$F_\perp$为作用在火箭上的空气动力的横向分量的大小和方向;$g_\perp$为作用在火箭上的重力的横向分量的大小和方向。

由式(6.21)、式(6.6)、式(6.10)可得复数形式的质心横向运动方程[21,22]为

$$\xi'-\left(-\frac{V'}{V}\right)\xi+\mathrm{i}\eta\mu=-\frac{F_\perp}{mV^2}-\frac{g_\perp}{V^2} \tag{6.23}$$

将式(6.13)向速度方程上投影,并把自变量变成弹道弧长,可得到$\frac{V'}{V}$的表达式为

$$\frac{V'}{V}=-\frac{\rho S}{2m}c_x-\frac{g\sin\theta}{V^2} \tag{6.24}$$

所以,式(6.23)可写为

$$\xi'-\left(\frac{\rho S}{2m}c_x+\frac{g\sin\theta}{V^2}\right)\xi+\mathrm{i}\eta\mu=-\frac{F_\perp}{mV^2}-\frac{g_\perp}{V^2} \tag{6.25}$$

把所有的横向力都代入得

$$\xi'-\left(b_x+\frac{g\sin\theta}{V^2}\right)\xi+\mathrm{i}\eta\mu=-b_N\xi-\mathrm{i}b_z\,\frac{\dot{\gamma}}{V}\xi-\frac{g_\perp}{V^2} \tag{6.26}$$

其中

$$b_x=\frac{\rho S}{2m}c_x,b_N=\frac{\rho S}{2m}c_N',b_z=\frac{\rho Sd}{2m}c_z''$$

2. 火箭横向转动方程的复数形式

根据动量矩定理,火箭绕心转动可用动量矩向量方程描述,即

$$\frac{\mathrm{d}\boldsymbol{K}}{\mathrm{d}t}=\boldsymbol{M} \tag{6.27}$$

式中:$\boldsymbol{K}$ 为火箭关于质心的动量矩;$\boldsymbol{M}$ 为作用在火箭上的空气动力矩。

对于关于中心轴对称的火箭,在非对称滚转坐标系内的转动惯量矩阵为

$$\boldsymbol{J}=\begin{pmatrix}C & 0 & 0\\ 0 & A & 0\\ 0 & 0 & A\end{pmatrix} \tag{6.28}$$

式中:A 为赤道转动惯量;C 为极转动惯量。取弹体角速度矩阵的三分量为 p、q、r,则弹体总的角速度矩阵为

$$\boldsymbol{\omega}_b=\begin{pmatrix}p\\ q\\ r\end{pmatrix}\approx\begin{pmatrix}\dot{\gamma}\\ -\dot{\theta}_1\cos\theta_2\\ \dot{\theta}_2\end{pmatrix} \tag{6.29}$$

式中:γ 为弹轴系绕弹轴的滚转角;θ_1 为弹轴方位角;θ_2 为弹轴高低角。

可得绕心运动沿非滚转坐标系三轴的分量方程为

$$C\frac{\mathrm{d}p}{\mathrm{d}t}=M_x \tag{6.30}$$

$$A\frac{\mathrm{d}q}{\mathrm{d}t}+Cpr=M_y \tag{6.31}$$

$$A\frac{\mathrm{d}r}{\mathrm{d}t}-Cpq=M_z \tag{6.32}$$

将横向转动方程式(6.31)与式(6.32)运用与式(6.18)~式(6.22)相似的方法,可得到复数形式的横向转动方程为

$$\mu'-\left(-\frac{V'}{V}\right)\mu-\mathrm{i}P\mu=\frac{M_y+\mathrm{i}M_z}{AV^2} \tag{6.33}$$

其中 $P=\frac{Cp}{AV}$。将$\frac{V'}{V}$的表达式和所有横向力矩代入上式,整理得

$$\mu'-\mathrm{i}P\mu=(Pk_y+\mathrm{i}k_z)\xi+\left(b_x+\frac{g\sin\theta}{V^2}-k_{zz}\right)\mu-\mathrm{i}k_{\dot{\alpha}}\xi' \tag{6.34}$$

考虑气动力的非线性,其中

$$k_y=\frac{\rho Sld}{2C}m_y,k_{zz}=\frac{\rho Sld}{2A}m_{zz},k_{\dot{\alpha}}=\frac{\rho Sld}{2A}m_{\dot{\alpha}}$$

对式(6.33)求导,再把μ和μ'的表达式代入式(6.34),略去小量,可得到如下的角运动方程的精确形式为

$$\xi''+\left(H-\frac{\eta'}{\eta}-\mathrm{i}P\right)\xi'-(M+\mathrm{i}PT)\xi=G \tag{6.35}$$

其中

$$H=\eta b_y-b_x-\frac{g\sin\theta}{V^2}+k_{zz}+\eta k_{\dot{\alpha}} \tag{6.36}$$

$$P=\frac{C\dot{\gamma}}{AV}=\frac{C}{A}\frac{k_{xw}}{k_{xz}}\varepsilon \tag{6.37}$$

$$M=\eta(k_z-b_y') \tag{6.38}$$

$$T=\eta(b_y-k_y)-b_z'\frac{A}{C} \tag{6.39}$$

$$G=-\left(\frac{g_\perp}{V^2}\right)'+\frac{g_\perp}{V^2}\left[\frac{\eta'}{\eta}+\left(b_x+\frac{g\sin\theta}{V^2}\right)-k_{zz}+\mathrm{i}P\right] \tag{6.40}$$

式中:H项代表角运动阻尼,取决于赤道阻尼力矩、非定态阻尼力矩和升力的大小;M项主要与静力矩有关;k_{xw}为尾翼导转力矩系数;k_{xz}为极阻尼力矩系数;ε为尾翼斜置角。若假设攻角较小,则据近似关系$\cos\alpha=1,\sin\alpha=\alpha$可得$\eta=1$,$\eta'=0$,可得线化的角运动方程为

$$\Delta''+(H-\mathrm{i}P)\Delta'-(M+\mathrm{i}PT)\Delta=G \tag{6.41}$$

其中

$$H=b_y-b_x-\frac{g\sin\theta}{V^2}+k_{zz}+k_{\dot{\alpha}} \tag{6.42}$$

$$P=\frac{C\dot{\gamma}}{AV} \tag{6.43}$$

$$M=k_z-b_y' \tag{6.44}$$

$$T=b_y-k_y-b_z'\frac{A}{C} \tag{6.45}$$

$$G=-\left(\frac{g_\perp}{V^2}\right)'+\frac{g_\perp}{V^2}\left[b_x+\frac{g\sin\theta}{V^2}-k_{zz}+\mathrm{i}P\right] \tag{6.46}$$

并且

$$b_x=\frac{\rho S}{2m}c_x,b_y=\frac{\rho S}{2m}c_y,b_z=\frac{\rho Sd}{2m}c_z''$$

$$k_y=\frac{\rho Sld}{2C}m_y,k_{zz}=\frac{\rho Sld}{2A}m_{zz},k_{\dot{\alpha}}=\frac{\rho Sld}{2A}m_{\dot{\alpha}}$$

6.1.4　有风时的气动力

1. 风速的分解

风是气团的空间运动。一般大气的水平运动明显大于铅垂方向的运动。所以,除了复杂地形之外,可不考虑铅直风。风速不但受地形的影响,还随着高度的变化而变化。

考虑平行于水平面的风,以火箭炮射击面为准又可分为横风和纵风。图 6.4 给出了风速的分解图。

图中,纵风 w_x 是平行于射击平面的风,沿 ox 轴为正向;横风 w_z 是垂直于射击平面的风,与 oz 轴方向一致;纵风 w_x 又可分解为平行于速度 $\boldsymbol{v}$ 的平行风 $w_{/\!/}$ 和垂直于速度 $\boldsymbol{v}$ 的风 $w_{x\perp}$,且有

$$w_{/\!/}=w_x\cos\theta,w_{x\perp}=w_x\sin\theta \tag{6.47}$$

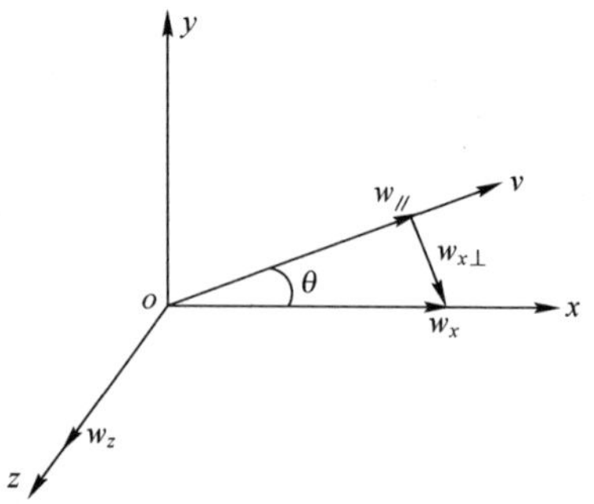

图 6.4　风速分解图

式中:θ 为弹道倾角。

就对火箭运动的影响而言,与速度垂直的风 w_z 和 $w_{x\perp}$ 称为垂直风。w_z 和 $w_{x\perp}$ 引起落点方向偏差,w_x 引起落点距离偏差。

2. 风产生的附加量

风是空气的流动,作用在火箭上之后,实际上是对火箭的空气动力及空气动力矩产生影响。因为我们在研究火箭的角运动时,主要研究的是其在横向的运动规律,所以,主要讨论风对横向气动力的影响。

风在地面坐标系中可表示为

$$\boldsymbol{W}=\begin{bmatrix}W_x\\W_y\\W_z\end{bmatrix} \tag{6.48}$$

利用地面坐标系与速度坐标系之间的关系,可以得到风在速度坐标系中的表达式为

$$\begin{aligned}\begin{bmatrix}W_{x2}\\W_{y2}\\W_{z2}\end{bmatrix}&=K(\theta+\psi_1,\psi_2)\begin{bmatrix}W_x\\W_y\\W_z\end{bmatrix}\\&=\begin{bmatrix}W_x\cos\psi_2\cos(\theta+\psi_1)+W_y\cos\psi_2\sin(\theta+\psi_1)+W_z\sin\psi_2\\-W_x\sin(\theta+\psi_1)+W_y\cos(\theta+\psi_1)\\-W_x\cos(\theta+\psi_1)\sin\psi_2-W_y\sin(\theta+\psi_1)\sin\psi_2+W_z\cos\psi_2\end{bmatrix}\end{aligned} \tag{6.49}$$

风引起的附加攻角(图6.5)为

$$\delta_{W1}=\arctan\left(\frac{W_{y2}}{v-W_{x2}}\right) \tag{6.50}$$

$$\delta_{W2}=\arctan\left(\frac{W_{z2}}{\sqrt{(v-W_{x2})^2+W_{y2}^2}}\right) \tag{6.51}$$

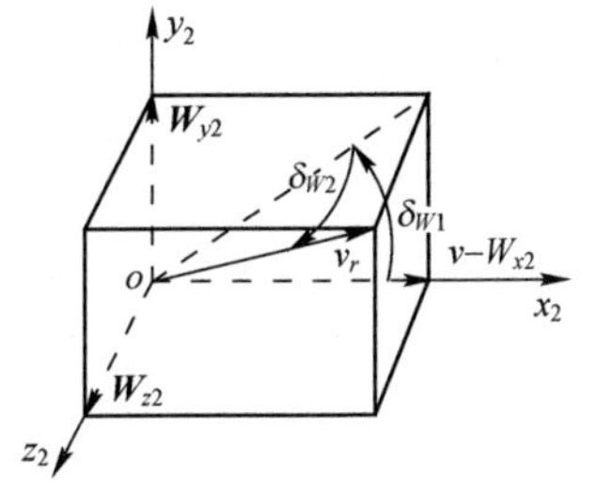

图6.5 风引起的附加攻角

火箭相对风的攻角为

$$\begin{cases}\alpha_{w1}=\delta_1+\delta_{W1}\\ \alpha_{w2}=\delta_2+\delta_{W2}\end{cases} \tag{6.52}$$

此时,火箭的总攻角为

$$\alpha_W=\arccos(\cos\alpha_{W1}\cos\alpha_{W2}) \tag{6.53}$$

其中

$$|\alpha_W|+|\alpha_{W1}|+|\alpha_{W2}|\leqslant\pi$$

火箭相对空气的速度为

$$\boldsymbol{v}_r=\begin{bmatrix}v-W_{x2}\\-W_{y2}\\-W_{z2}\end{bmatrix} \tag{6.54}$$

正是由于附加攻角的存在,在计算火箭的空气动力和空气动力矩时就把风的影响考虑在内,最终将影响到式(6.41)中各系数的变化。

3. 有风时的精确气动力

空气动力取决于火箭与空气的相对速度、空气特性及弹体形状与飞行姿态。由式(6.54)可知,在有风的情况下,相对速度 $\boldsymbol{v}_r$ 受纵风和横风的影响。在有风条件下的气动力计算,应该以 $\boldsymbol{v}_r$ 及其与弹轴间的夹角为依据,阻力面是 $\boldsymbol{v}_r$ 和弹轴所确定的平面。下面给出有风条件下气动力的表达式,以说明风产生的影响。

(1) 有风条件下的阻力 $\boldsymbol{R}_{xr}$。$\boldsymbol{R}_{xr}$ 与 $\boldsymbol{v}_r$ 反向,在弹道坐标系中,有

$$\boldsymbol{R}_{xr}=-\frac{1}{2}\rho SC_x\boldsymbol{v}_r\begin{bmatrix}u-w_{/\!/}\\w_{x\perp}\\-w_z\end{bmatrix} \tag{6.55}$$

(2) 有风条件下的阻力 $\boldsymbol{R}_{yr}$,即

$$\boldsymbol{R}_{yr}=-\frac{1}{2}\rho SC_y'\begin{bmatrix}w_{x\perp}^2+w_z^2-w_{x\perp}(v-w_{/\!/})\delta_1+w_z(v-w_{/\!/})\delta_2\\v_r^2\delta_1-(v-w_{/\!/})w_{x\perp}\\v_r^2\delta_2-(v-w_{/\!/})w_z\end{bmatrix} \tag{6.56}$$

(3) 有风条件下的静力矩 $\boldsymbol{M}_{zr}$,即

$$
\boldsymbol{M}_{zr}=\frac{1}{2}\rho Slm_z'\boldsymbol{v}_r\begin{bmatrix}0\\-(v-w_{/\!/})\delta_2-w_z\\(v-w_{/\!/})\delta_1-w_{x\perp}\end{bmatrix}\tag{6.57}
$$

(4) 有风条件下的赤道阻尼力矩 $\boldsymbol{M}_{zdr}$,即

$$
\boldsymbol{M}_{zdr}=\frac{1}{2}\rho\boldsymbol{v}_rSl^2m_{zd}'\begin{bmatrix}\omega_\zeta\tan\varphi_2\\\omega_\eta\\\omega_\zeta\end{bmatrix}\tag{6.58}
$$

(5) 有风条件下的马格努斯力矩 $\boldsymbol{M}_{yr}$,即

$$
\boldsymbol{M}_{yr}=\frac{1}{2}\rho Slm_y'\boldsymbol{v}_r\begin{bmatrix}0\\(v-w_{/\!/})\delta_1-w_{x\perp}\\(v-w_{/\!/})\delta_2+w_z\end{bmatrix}\tag{6.59}
$$

可以看出,风对气动力和气动力矩产生影响,这种影响必定会对式(6.41)的系数产生影响。因此,通过都对式(6.41)进行数值积分考查风对角运动的影响。

4. 复数攻角方程离散方法推导

前面定义的攻角是复数形式,对于式(6.41)二阶常系数微分方程,要考查横向两个分量的运动趋势,必须先将二阶常系数微分方程进行离散,将虚实部分开。将攻角较大时的非线性因素考虑在内,对式(6.41)的离散过程进行了推导。

将式(6.41)写成如下形式,即

$$
\Delta''+(H_0+H_2\delta^2-\mathrm{i}P)\Delta'-[M_0+M_2\delta^2+\mathrm{i}P(T_0+T_2\delta^2)]\Delta=0\tag{6.60}
$$

其中

$$
H_0=k_{zz0}+b_y-b_x-\frac{g\sin\theta}{v_r^2}
$$

$$
H_2=k_{zz2},M_0=k_{z0},M_2=k_{z2},\Delta=\delta_2+\mathrm{i}\delta_1
$$

则式(6.60)可化为

$$
(\delta_2+\mathrm{i}\delta_1)''+(H_0+H_2\delta^2-\mathrm{i}P)(\delta_2+\mathrm{i}\delta_1)'-[M_0+M_2\delta^2+\mathrm{i}P(T_0+T_2\delta^2)](\delta_2+\mathrm{i}\delta_1)=0
$$

即

$$
\begin{aligned}
&\delta_2''+(\mathrm{i}\delta_1)''+(H_0+H_2\delta^2-\mathrm{i}P)\delta_2'+(H_0+H_2\delta^2-\mathrm{i}P)(\mathrm{i}\delta_1)\\
&-[M_0+M_2\delta^2+\mathrm{i}P(T_0+T_2\delta^2)]\delta_2-[M_0+M_2\delta^2+\mathrm{i}P(T_0+T_2\delta^2)](\mathrm{i}\delta_1)=0\\
&\Rightarrow\delta_2''+(\mathrm{i}\delta_1)''+(H_0+H_2\delta^2)\delta_2'-\mathrm{i}P\delta_2'+\mathrm{i}(H_0+H_2\delta^2)\delta_1'+P\delta_1''\\
&-(M_0+M_2\delta^2)\delta_2-\mathrm{i}P(T_0+T_2\delta^2)\delta_2-\mathrm{i}(M_0+M_2\delta^2)\delta_1+P(T_0+T_2\delta^2)\delta_1=0
\end{aligned}
$$

把实部与虚部分开得

$$\delta_2''+(H_0+H_2\delta^2)\delta_2'+P\delta_1'-(M_0+M_2\delta^2)\delta_2+P(T_0+T_2\delta^2)\delta_1=0 \tag{6.61}$$

$$\mathrm{i}[\delta_1''-P\delta_2'+(H_0+H_2\delta^2)\delta_1'-P(T_0+T_2\delta^2)\delta_2-(M_0+M_2\delta^2)\delta_1]=0 \tag{6.62}$$

这样,在解方程时,只要解如下两个只含有实数的方程即可,即

$$\delta_2''+(H_0+H_2\delta^2)\delta_2'+P\delta_1'-(M_0+M_2\delta^2)\delta_2+P(T_0+T_2\delta^2)\delta_1=0 \tag{6.63}$$

$$\delta_1''-P\delta_2'+(H_0+H_2\delta^2)\delta_1'-P(T_0+T_2\delta^2)\delta_2-(M_0+M_2\delta^2)\delta_1=0 \tag{6.64}$$

由式(6.63)和式(6.64)得

$$\frac{\mathrm{d}\delta_2^2}{\mathrm{d}^2 s}=\delta_2''=-(H_0+H_2\delta^2)\delta_2'-P\delta_1'+(M_0+M_2\delta^2)\delta_2-P(T_0+T_2\delta^2)\delta_1 \tag{6.65}$$

$$\frac{\mathrm{d}\delta_1^2}{\mathrm{d}^2 s}=\delta_1''=P\delta_2'-(H_0+H_2\delta^2)\delta_1'+P(T_0+T_2\delta^2)\delta_2+(M_0+M_2\delta^2)\delta_1 \tag{6.66}$$

令 $z=\frac{\mathrm{d}\delta_2}{\mathrm{d}s}=\delta_2'$, $w=\frac{\mathrm{d}\delta_1}{\mathrm{d}s}=\delta_1'$,则 $\frac{\mathrm{d}z}{\mathrm{d}s}=\frac{\mathrm{d}\delta_2^2}{\mathrm{d}^2 s}$, $\frac{\mathrm{d}w}{\mathrm{d}s}=\frac{\mathrm{d}\delta_1^2}{\mathrm{d}^2 s}$,把式(6.65)、式(6.66)降阶后可得如下微分方程组,即

$$\begin{cases}\frac{\mathrm{d}s}{\mathrm{d}s}=1\\ \frac{\mathrm{d}\delta_2}{\mathrm{d}s}=z\\ \frac{\mathrm{d}z}{\mathrm{d}s}=-(H_0+H_2\delta^2)z-pw+(M_0+M_2\delta^2)\delta_2+p(T_0+T_2\delta^2)\delta_1\\ \frac{\mathrm{d}\delta_1}{\mathrm{d}s}=w\\ \frac{\mathrm{d}w}{\mathrm{d}s}=pz-(H_0+H_2\delta^2)w+p(T_0+T_2\delta^2)\delta_2+(M_0+M_2\delta^2)\delta_1\end{cases} \tag{6.67}$$

另外,总攻角为 δ 时,其正弦等于复攻角的模,即

$$\sin\delta=|\Delta|=|\delta_2+\mathrm{i}\delta_1|=\sqrt{\delta_2^2+\delta_1^2} \tag{6.68}$$

这样,式(6.68)与式(6.67)联立,总共 6 个方程,有 s、δ_2、z、δ_1、w、δ 6 个变量,用龙格库塔法可以求解。

5. 风引起的角散布

有了复攻角的微分方程就可对风产生的影响进行分析。由式(6.55)~式(6.59)可知,横风的影响主要体现在 H_0项和马格努斯力项,这里以线化形式进行讨论。

以弹道弧长 s 为自变量时,假设在无风的条件下,取积分步长为 0.05,积分 120000 步,得曲线如下。

由图 6.6 和图 6.7 可以看出,在无风条件下,弹道弧长为 300 时攻角的实部

δ_2 与虚部 δ_1 都已收敛,即火箭角运动处于稳定状态。

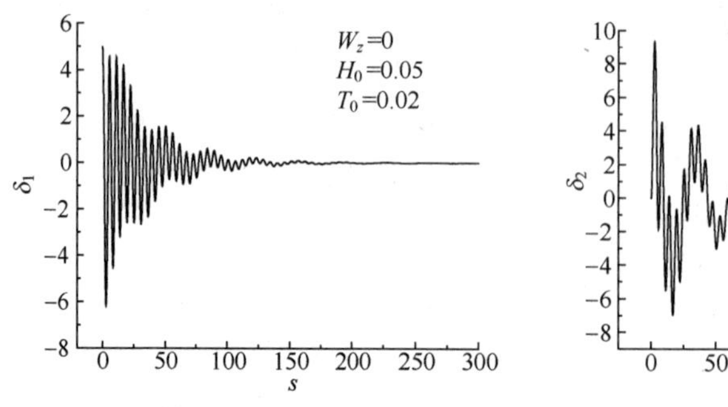

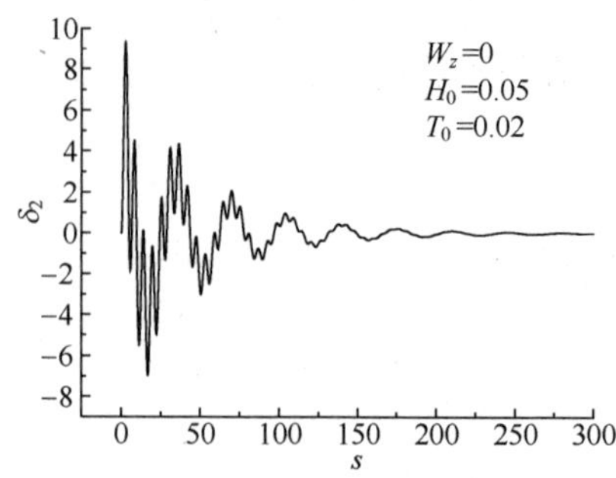

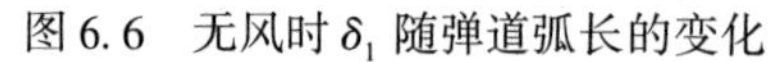

图 6.6　无风时 δ_1 随弹道弧长的变化　　　图 6.7　无风时 δ_2 随弹道弧长的变化

在有风条件下,当 H_0 由 0.05 增加到 0.1 时,由图 6.8 和图 6.9 可以看出,δ_2 和 δ_1 在弹道弧长为 300 时仍处于小幅振荡,表明此时弹轴与无风时相比已有小幅散布。随着风速的增加,当 H_0 由 0.1 增加到 0.2 时,图 6.8 和图 6.9 曲线表明,δ_2 和 δ_1 在弹道弧长为 300 时发生大幅振荡,且有发散趋势。此时,弹轴与无风时相比已有很大幅度的散布。

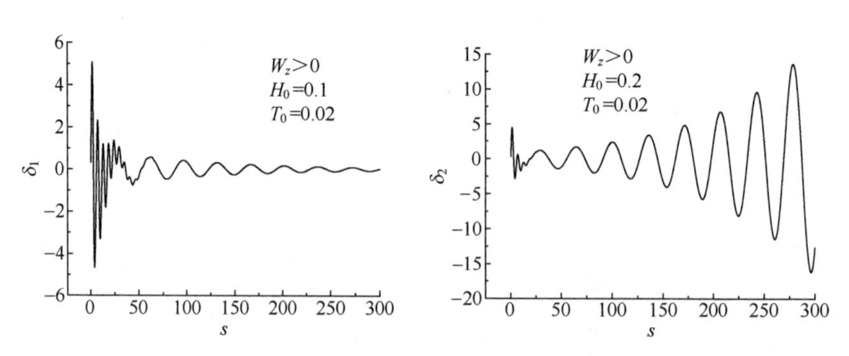

图 6.8　有风时 H_0 对 δ_1 的影响

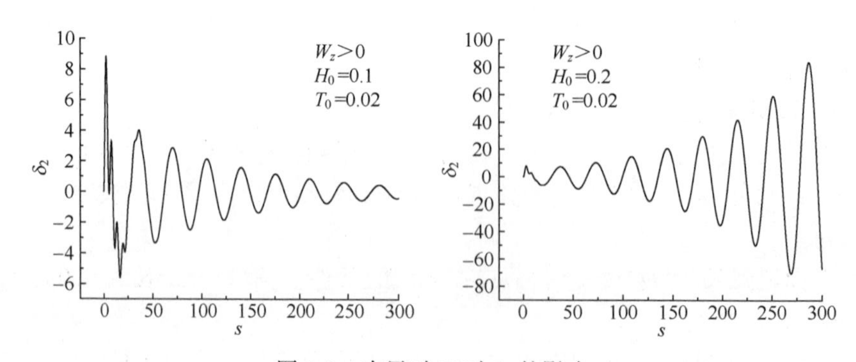

图 6.9　有风时 H_0 对 δ_2 的影响

图 6.10 和图 6.11 表明,受风的影响,δ_2 和 δ_1 在弹道弧长为 300 时已不收敛,且随着风值的增大而有发散趋势。

以上分析充分说明了随机风对火箭在初始弹道的飞行稳定性产生较大影响。那么,从全弹道来看,风会产生怎样的影响呢?为了说明这个问题,下面分析风对火箭弹道特性的影响。

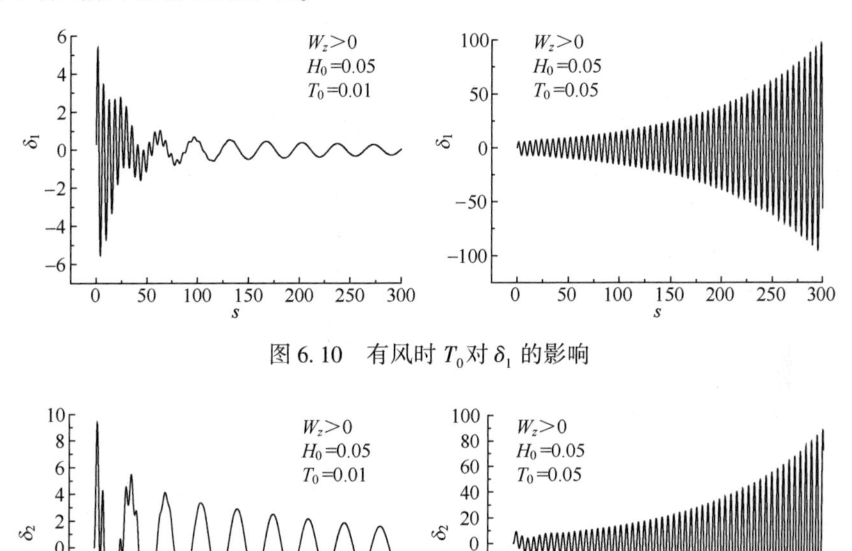

图 6.10　有风时 T_0 对 δ_1 的影响

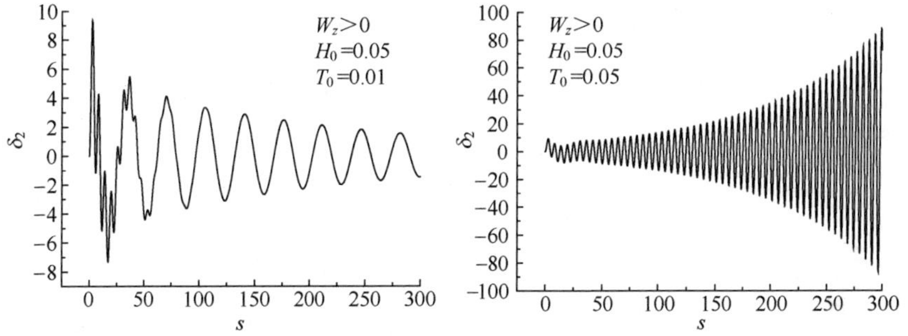

图 6.11　有风时 T_0 对 δ_2 的影响

6.2　随机风对尾翼式火箭弹道特性的影响

从全弹道来看,风会对火箭的弹道参数产生较大影响,从而造成落点偏差。

以某 122mm 火箭为例,以六自由度弹道模型编制程序进行了对比计算。为了便于研究,以风的平均值代替随机风进行计算。一种情况,取无风条件,即 $w_x=w_z=0$;另一种情况,取 $w_x=w_z=5\mathrm{m/s}$。两种条件下的弹道参数曲线如下。

由图 6.12~图 6.22 可以看出,在风的影响下,弹道倾角、弹道偏角、高低攻角、侧向攻角、弹轴高低角、侧向摆动角、滚转角速率等都发生了较大变化。其中,弹道偏角、攻角、侧向摆动角在数值上变化幅度更加明显,其结果是造成较大的射弹散布,射程差达 1052.5m,侧偏达 2174.4m。

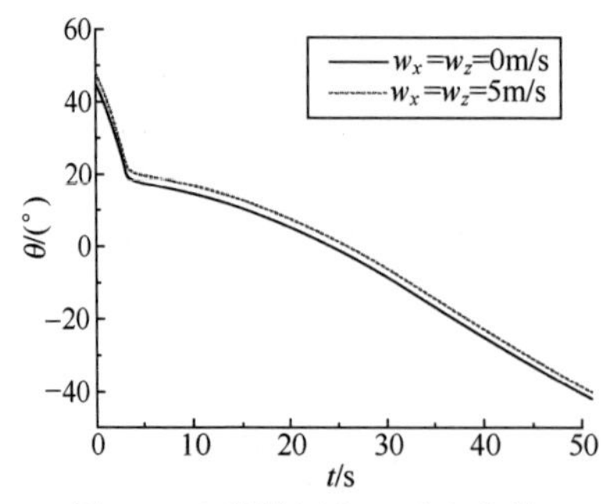

图 6.12　弹道倾角 θ 对比曲线

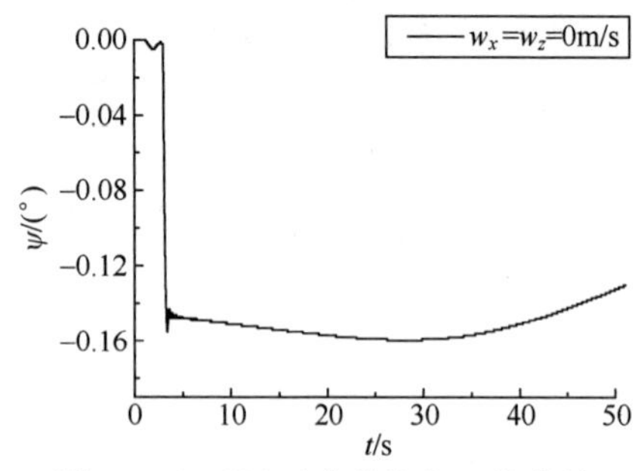

图 6.13　无风时弹道偏角 ψ 的曲线

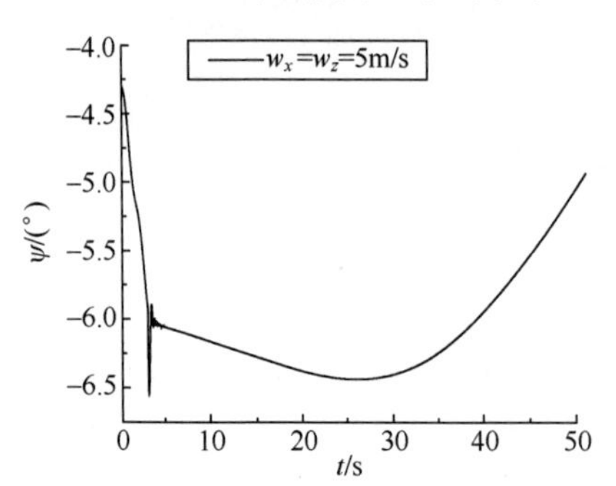

图 6.14　有风时弹道偏角 ψ 的曲线

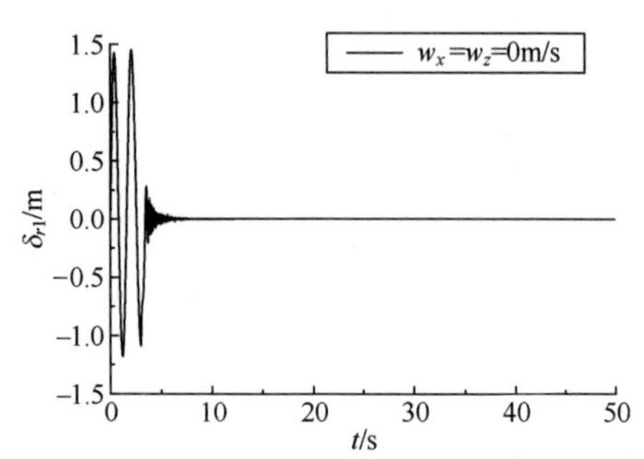

图 6.15　无风时高低攻角 δ_{r1} 的曲线

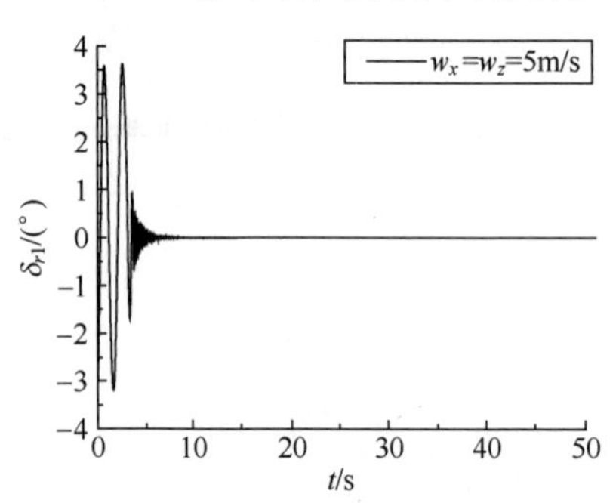

图 6.16　有风时高低攻角 δ_{r1} 的曲线

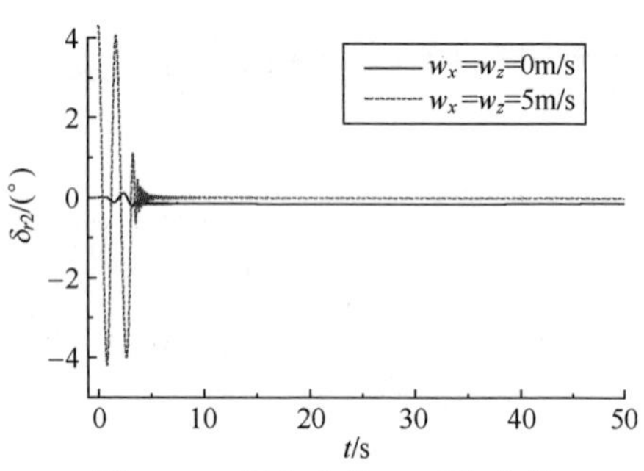

图 6.17　侧向攻角 δ_{r2} 对比曲线

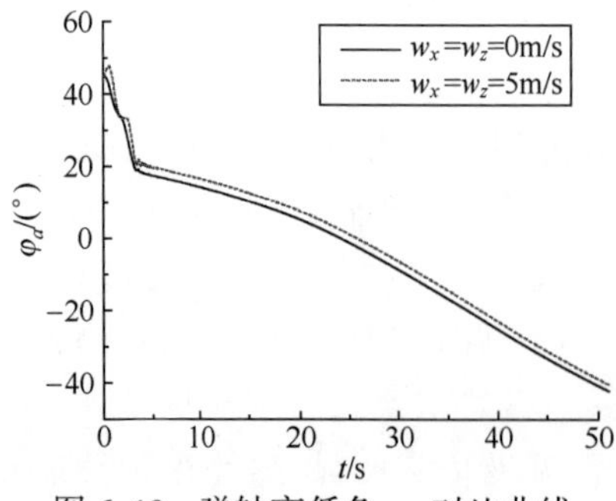

图 6.18　弹轴高低角 φ_a 对比曲线

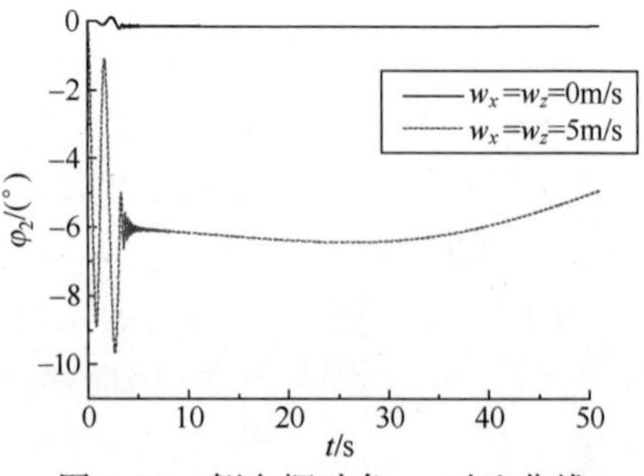

图 6.19　侧向摆动角 φ_2 对比曲线

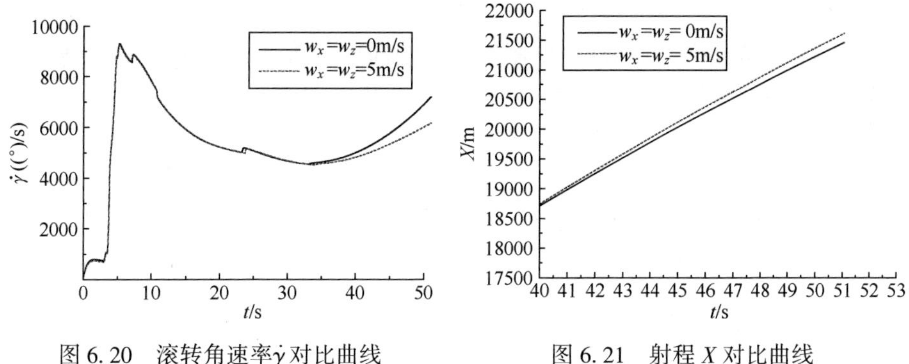

图 6.20　滚转角速率$\dot{\gamma}$对比曲线　　图 6.21　射程 X 对比曲线

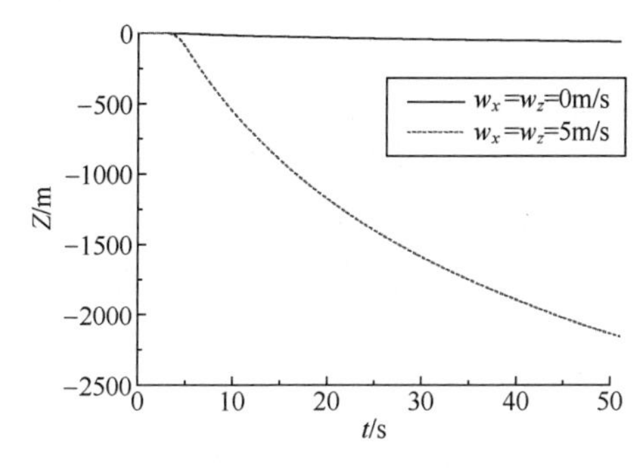

图 6.22　侧偏 Z 对比曲线

研究表明,尽管主动段比被动段短得多,但由于主动段有很大推力,因而风对主动段的影响是很大的,它在发动机工作结束时间点形成的偏角引起的落点散布较大[23]。因此,在主动段减小风偏是提高射击密集度的重要措施。

6.3　减小尾翼式火箭随机风偏

火箭一出炮口,相对速度方向便与弹轴不一致了,也就是说,气流方向与弹轴不一致,因而产生了一个空气动力矩 M_z。随着弹头逆风向转动,推力作用线也离开了原来方向,便产生了一个垂直于火箭飞行速度的法向力,这个推力法向分量正好与风速垂直分量相反。气动力 R 产生的法向分量也与推力法向力反向。在这种情况下,火箭速度必将逆风向偏转,因而,主动段内横风引起的弹道落点偏差是“迎风偏”。同理,到了被动段后就会产生“顺风偏”。

主动段产生“迎风偏”的根本原因是 $F_p \gg R$,由 F_p 的法向分量起主导作用。那么,有没有可能减小或消除这种影响,大幅减小主动段内的风偏呢?本着这个目的,我们进行了相关研究。

现代非制导尾翼火箭弹在飞离定向管后要经过一段时间后尾翼才能张开到位,因而,存在静不稳定的一段弹道。正如前面的弹道特性分析和飞行稳定性分析所表明的,在这一阶段,随机风会对火箭的射弹散布产生较大的影响。因此,如何从理论与工程上减小随机风对火箭弹的影响成为提高火箭弹射击精度、减小射弹散布的重要途径。

我们从风偏形成的物理意义出发,提出了通过控制折叠尾翼飞出定向管后的张开时间减小随机风偏的方法,以达到大幅度减小射弹散布的目的。

现代尾翼式火箭多采用折叠式卷弧尾翼。当火箭飞离发射装置时,折叠尾翼迅速张开到位,那么,火箭在主动段要经过静不稳定和静稳定两个阶段。在静不稳定阶段,火箭在横风作用下产生顺风偏,在静稳定阶段,火箭在横风作用下产生迎风偏。这样就可以设法选择合适的尾翼张开时间,使顺风偏和迎风偏相互抵消,从而达到侧风偏为零的目的[23]。

对于非制导火箭弹而言,我们主要从弹体和尾翼设计和动力装置设计着手进行研究。前者主要是综合地反映在火箭弹的纵向动力矩上,后者则主要反映在推力设计上,而其本质则表现为前者是对火箭弹的气动特性进行控制,后者则是对火箭弹的能量进行控制。所以,我们称前者为动控制方案,后者为能量控制方案。

6.3.1 气动控制减小火箭随机风偏

为了研究方便,只考虑气动控制时,认为火箭发动机推力在整个主动段上为常值。根据主动段特点,将主动段弹道分为静不稳定和静稳定两种情况进行研究[23-25]。

1. 运动方程的建立

为突出重点,我们在研究风偏时不考虑尾翼式火箭弹体绕纵轴的低速旋转,在此条件下可采用二维坐标系进行研究,如图 6.23 所示。

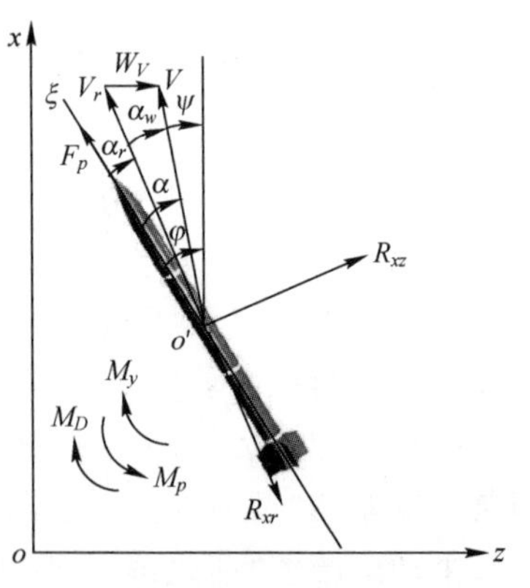

图 6.23 有风时火箭的一般运动姿态

在图 6.23 中,oxz 为基准参考系,ox 为射击方向,oz 轴按右手定则确定,o' 为火箭弹质心,$o'\xi$ 为弹轴,$\alpha_w \doteq W_V/V$。

假设随机横风 W_V 相对于射击面自左向右吹,规定 W_V 沿 oz 轴为正。火箭弹的速度在无风时为 V,火箭弹相对于风的速度为 V_r。F_p 为发动机推力,R_{xr} 为火箭弹所受阻力,纵向力矩

为 M_y，阻尼力矩为 M_D，M_p 为推力矩。A 为赤道转动惯量，ψ 为弹道偏角，φ 为摆动角，α 为攻角，α_r 为相对攻角，m 为火箭弹质量，R_{xz}为火箭弹所受升力。

鉴于一般尾翼式火箭弹的初速度较小，为了突出重点，在这里忽略升力、阻力和阻尼力矩，可得火箭弹运动方程组为

$$\begin{cases} m\dfrac{\mathrm{d}V}{\mathrm{d}t}=F_p-R_{xr} \\ mV\dfrac{\mathrm{d}\psi}{\mathrm{d}t}=F_p\alpha+R_{zr} \\ A\dfrac{\mathrm{d}^2\varphi}{\mathrm{d}t^2}=\pm M_y-M_D+M_p \\ \varphi=\psi+\alpha \end{cases} \tag{6.69}$$

当尾翼式火箭弹为静稳定时，纵向力矩（即静稳定力矩）M_y 前取负号，反之取正，即

$$M_y=\frac{1}{2}\rho V_r^2 S_m l m_y^{\alpha}\alpha_r \tag{6.70}$$

式中：ρ 为空气密度；S_m 为火箭弹特征面积；l 为特征长度；m_y^{δ} 为纵向力矩系数的攻角导数。

令 $a_p=\dfrac{F_p}{m}$为推力加速度，将式(6.69)写成

$$\begin{cases} \dfrac{\mathrm{d}V}{\mathrm{d}t}=a_p \\ \dfrac{\mathrm{d}\psi}{\mathrm{d}t}=\dfrac{a_p\alpha+R_{zr}}{V} \\ \dfrac{\mathrm{d}^2\varphi}{\mathrm{d}t^2}=\pm\dfrac{1}{2A}\left[\rho V_r^2 S_m l m_y^{\delta}\left(\alpha+\dfrac{W_V}{V}\right)-M_D+M_p\right] \\ \varphi=\psi+\alpha \end{cases} \tag{6.71}$$

为了便于分析和估算，忽略空气阻力、升力、阻尼力矩和推力矩等小量。又因为通常情况下 $W_V<V$，所以 $V_r\approx V$。可将式(6.71)简化为

$$\begin{cases} \dfrac{\mathrm{d}V}{\mathrm{d}t}=a_p \\ \dfrac{\mathrm{d}\psi}{\mathrm{d}t}=\dfrac{a_p\alpha}{V} \\ \dfrac{\mathrm{d}^2\varphi}{\mathrm{d}t^2}=\pm\dfrac{1}{2A}\rho V_r^2 S_m l m_y^{\alpha}\left(\alpha+\dfrac{W_V}{V}\right) \\ \varphi=\psi+\alpha \end{cases} \tag{6.72}$$

由于随机横风的值通常远小于火箭弹飞行速度，简化得

$$V_r \approx V, \alpha_r \approx \alpha + \frac{W_V}{V} \tag{6.73}$$

$$M_y = \frac{1}{2}\rho V_r^2 S_m l m_y^{\alpha}\left(\alpha + \frac{W_V}{V}\right) \tag{6.74}$$

2. 静稳定火箭弹横风引起的角偏差

此时，式(6.72)中第三式右端取负号。令 $K_m = \sqrt{\dfrac{\rho S_m l m_y^{\delta}}{2A}}$，$s$ 为弹道弧长。式(6.72)中第一式为独立的，可以单独求取速度 V。引入变量 $z = K_m s$，将其化为以 z 为自变量的变系数非齐次方程组，即

$$\begin{cases} \psi' = \dfrac{1}{2z}\alpha \\ \varphi'' + \dfrac{1}{2z}\varphi' + \alpha = -\dfrac{W_V}{V} \\ \varphi = \psi + \alpha \end{cases} \tag{6.75}$$

引入 $u = \sqrt{z}\alpha$，可将式(6.75)化为

$$u'' + u = -\frac{W_V}{V}\sqrt{z} \tag{6.76}$$

这是一个常系数非齐次方程，解之得

$$u = W_V \frac{\sqrt{z}}{V}[\cos(z - z_0) - 1] \tag{6.77}$$

$$\alpha = \frac{W_V}{V}[\cos(z - z_0) - 1] \tag{6.78}$$

代入到式(6.75)得

$$\psi_W = -W_V\left[\left(\frac{1}{V_0} - \frac{1}{V}\right) - \frac{1 - \psi_{\psi_0}^*(z, z_0)}{V_0}\right] \tag{6.79}$$

其中

$$\psi_{\psi_0}^*(z, z_0) = \sqrt{2\pi z_0}\left[\cos z_0 \int_{z_0}^{z} \frac{\sin z}{z} dz - \sin z \int_{z_0}^{z} \frac{\cos z}{z} dz + \frac{\cos(z - z_0)}{\sqrt{2\pi z_0}}\right] \tag{6.80}$$

称 $\psi_{\psi_0}^*(z, z_0)$ 为偏角特征函数[24,25]。

3. 静不稳定火箭弹横风引起的角偏差

此时，式(6.72)中第三式右端取正号。与以上推导类似，可有

$$
\begin{cases}
\psi' = \dfrac{1}{2z}\alpha \\
\varphi'' + \dfrac{1}{2z}\varphi' - \alpha = \dfrac{W_V}{V} \\
\varphi = \psi + \alpha
\end{cases} \tag{6.81}
$$

进而得到

$$
u'' - u = \frac{W_V}{V}\sqrt{z} \tag{6.82}
$$

解得

$$
u = -W_V \frac{\sqrt{z}}{V}\left\{1 - \frac{1}{2}\left[\mathrm{e}^{z-z_0} + \mathrm{e}^{-(z-z_0)}\right]\right\} \tag{6.83}
$$

$$
\alpha = -W_V \frac{\sqrt{z}}{V}\left\{1 - \frac{1}{2}\left[\mathrm{e}^{z-z_0} + \mathrm{e}^{-(z-z_0)}\right]\right\} \tag{6.84}
$$

将式(6.83)和式(6.84)代入到式(6.81)得

$$
\begin{aligned}
\psi_W &= \int_{z_0}^{z} \frac{1}{2z}\alpha \mathrm{d}z = -\frac{W_V}{V}\int_{z_0}^{z} \frac{1}{2z}\left[\frac{1}{z}\mathrm{e}^{z-z_0} + \frac{1}{z}\mathrm{e}^{-(z-z_0)} - 1\right]\mathrm{d}z \\
&= \frac{W_V}{V}\psi^{*}_{W_V}(z_0, z)
\end{aligned} \tag{6.85}
$$

其中

$$
\psi^{*}_{W_V}(z_0, z) = \int_{z_0}^{z} \frac{1}{2z}\left[\frac{1}{2}\mathrm{e}^{z-z_0} + \frac{1}{2}\mathrm{e}^{-(z-z_0)} - 1\right]\mathrm{d}z \tag{6.86}
$$

称 $\psi^{*}_{W_V}(z_0, z)$ 为静不稳定尾翼式火箭的风偏特征函数,用 Matlab 编制程序对偏角特征函数进行了积分,结果列于表 6.1 中。

4. 尾翼火箭的零风偏原理

由式(6.76)和式(6.77)可以看出,静稳定的尾翼火箭弹,其攻角是振荡而收敛的,且其偏角方向总是与风的方向相反。显然,在静不稳定条件下,非制导尾翼火箭弹飞行时间太长会造成散布太大。

由前面的介绍可知,火箭的弹道可分为主动段和被动段。由于发动机推力的存在,使主动段和被动段的风偏方向正好相反。由于主动段风偏比被动段风偏大得多,所以,减小风偏关键在于主动段。

对于弧形折叠翼的火箭弹,当其飞离定向管时,折叠状态的尾翼迅速张开到位,由于这一张开过程很短暂,所以对飞行的影响不是很明显。如果设计一种尾翼,使其在飞离定向管后不立即张开,而是在飞行一段时间后再迅速张开到位,则火箭在主动段要经过静不稳定和静稳定两个阶段,如图 6.24 所示。

表 6.1　静不稳定尾翼火箭随机风偏特征函数 $\psi^*_{W_V}(z_0,z)$ 表

Z	Z_0																			
	0.1	0.2	0.3	0.4	0.5	0.6	0.7	0.8	0.9	1.0	1.1	1.2	1.3	1.4	1.5	1.6	1.7	1.8	1.9	2.0
0.1	0	0	0	0	0	0	0	0	0	0	0	0	0	0	0	0	0	0	0	0
0.2	5E-4	0	0	0	0	0	0	0	0	0	0	0	0	0	0	0	0	0	0	0
0.3	0.003	3E-4	0	0	0	0	0	0	0	0	0	0	0	0	0	0	0	0	0	0
0.4	0.007	0.002	2E-4	0	0	0	0	0	0	0	0	0	0	0	0	0	0	0	0	0
0.5	0.014	0.005	0.002	2E-4	0	0	0	0	0	0	0	0	0	0	0	0	0	0	0	0
0.6	0.024	0.011	0.004	0.001	1E-4	0	0	0	0	0	0	0	0	0	0	0	0	0	0	0
0.7	0.035	0.02	0.009	0.004	1E-3	1E-4	0	0	0	0	0	0	0	0	0	0	0	0	0	0
0.8	0.05	0.029	0.016	0.008	0.003	9E-4	1E-4	0	0	0	0	0	0	0	0	0	0	0	0	0
0.9	0.067	0.042	0.025	0.014	0.007	0.003	8E-4	1E-4	0	0	0	0	0	0	0	0	0	0	0	0
1.0	0.088	0.058	0.037	0.022	0.012	0.006	0.003	7E-4	1E-4	0	0	0	0	0	0	0	0	0	0	0
1.1	0.111	0.076	0.051	0.032	0.020	0.011	0.005	0.002	6E-4	1E-4	0	0	0	0	0	0	0	0	0	0
1.2	0.137	0.097	0.067	0.045	0.029	0.018	0.010	0.005	0.002	6E-4	1E-4	0	0	0	0	0	0	0	0	0
1.3	0.167	0.121	0.087	0.061	0.041	0.026	0.016	0.009	0.005	0.002	5E-4	1E-4	0	0	0	0	0	0	0	0
1.4	0.199	0.149	0.109	0.079	0.055	0.037	0.024	0.015	0.008	0.004	0.002	5E-4	1E-4	0	0	0	0	0	0	0
1.5	0.236	0.179	0.135	0.099	0.072	0.051	0.034	0.022	0.014	0.008	0.004	0.002	5E-4	1E-4	0	0	0	0	0	0
1.6	0.276	0.213	0.163	0.123	0.091	0.066	0.047	0.032	0.021	0.013	0.007	0.004	0.002	4E-4	1E-4	0	0	0	0	0
1.7	0.321	0.251	0.195	0.150	0.114	0.085	0.062	0.044	0.030	0.019	0.012	0.007	0.003	0.001	4E-4	0	0	0	0	0
1.8	0.369	0.293	0.231	0.180	0.139	0.106	0.079	0.057	0.041	0.028	0.018	0.011	0.006	0.003	0.001	4E-4	0	0	0	0
1.9	0.422	0.339	0.271	0.214	0.168	0.130	0.099	0.074	0.054	0.038	0.026	0.017	0.011	0.006	0.003	0.001	4E-4	0	0	0
2.0	0.480	0.389	0.314	0.252	0.200	0.157	0.122	0.093	0.069	0.051	0.036	0.025	0.016	0.010	0.006	0.003	0.001	3E-4	0	0
2.1	0.543	0.445	0.362	0.293	0.235	0.187	0.147	0.114	0.087	0.065	0.048	0.034	0.023	0.015	0.009	0.005	0.003	0.001	3E-4	0
2.2	0.612	0.505	0.415	0.339	0.275	0.221	0.176	0.139	0.108	0.083	0.062	0.045	0.032	0.022	0.015	0.009	0.005	0.003	0.001	3E-4
2.3	0.686	0.570	0.472	0.389	0.319	0.259	0.209	0.167	0.132	0.102	0.078	0.059	0.043	0.031	0.021	0.014	0.009	0.005	0.002	1E-3
2.4	0.77	0.641	0.535	0.444	0.367	0.301	0.245	0.198	0.158	0.125	0.097	0.074	0.056	0.041	0.029	0.020	0.013	0.008	0.005	0.002
2.5	0.855	0.719	0.603	0.504	0.420	0.347	0.285	0.233	0.188	0.150	0.119	0.093	0.071	0.053	0.039	0.028	0.019	0.013	0.008	0.004

（续）

Z	Z_0																			
	0.1	0.2	0.3	0.4	0.5	0.6	0.7	0.8	0.9	1.0	1.1	1.2	1.3	1.4	1.5	1.6	1.7	1.8	1.9	2.0
2.6	0.950	0.803	0.678	0.57	0.477	0.400	0.329	0.271	0.221	0.179	0.143	0.113	0.088	0.068	0.051	0.038	0.027	0.018	0.012	0.008
2.7	1.052	0.894	0.759	0.642	0.541	0.453	0.378	0.314	0.258	0.211	0.171	0.137	0.108	0.085	0.065	0.049	0.036	0.026	0.018	0.012
2.8	1.163	0.993	0.847	0.720	0.610	0.514	0.432	0.361	0.299	0.247	0.202	0.164	0.131	0.104	0.081	0.062	0.047	0.035	0.025	0.017
2.9	1.284	1.101	0.942	0.805	0.685	0.581	0.491	0.412	0.345	0.286	0.236	0.193	0.157	0.126	0.100	0.078	0.060	0.045	0.033	0.024
3.0	1.414	1.217	1.046	0.897	0.767	0.654	0.555	0.469	0.395	0.330	0.275	0.227	0.186	0.151	0.121	0.096	0.075	0.058	0.043	0.032
3.1	1.554	1.343	1.158	0.997	0.856	0.733	0.625	0.532	0.450	0.379	0.317	0.264	0.218	0.178	0.145	0.116	0.092	0.072	0.056	0.042
3.2	1.707	1.479	1.28	1.106	0.953	0.820	0.702	0.600	0.51	0.432	0.364	0.305	0.254	0.210	0.172	0.140	0.112	0.089	0.070	0.054
3.3	1.871	1.626	1.412	1.224	1.059	0.913	0.786	0.674	0.576	0.490	0.415	0.350	0.293	0.244	0.202	0.166	0.135	0.108	0.086	0.067
3.4	2.049	1.786	1.555	1.352	1.173	1.016	0.877	0.755	0.648	0.554	0.472	0.400	0.337	0.283	0.236	0.195	0.16	0.13	0.105	0.083
3.5	2.241	1.959	1.71	1.491	1.298	1.127	0.977	0.844	0.727	0.624	0.534	0.455	0.386	0.326	0.273	0.228	0.189	0.155	0.126	0.101
3.6	2.449	2.146	1.878	1.642	1.433	1.248	1.085	0.940	0.813	0.701	0.602	0.516	0.440	0.373	0.315	0.264	0.220	0.182	0.150	0.122
3.7	2.674	2.348	2.060	1.805	1.579	1.379	1.202	1.046	0.907	0.785	0.677	0.582	0.498	0.425	0.361	0.305	0.256	0.213	0.177	0.145
3.8	2.918	2.567	2.257	1.982	1.738	1.522	1.33	1.16	1.010	0.876	0.758	0.655	0.563	0.482	0.411	0.349	0.295	0.248	0.207	0.171
3.9	3.181	2.804	2.470	2.174	1.910	1.677	1.469	1.285	1.121	0.976	0.848	0.734	0.634	0.545	0.467	0.399	0.339	0.286	0.240	0.201
4.0	3.466	3.061	2.701	2.381	2.097	1.845	1.620	1.420	1.242	1.085	0.945	0.821	0.711	0.614	0.528	0.453	0.387	0.329	0.278	0.233
4.1	3.774	3.339	2.951	2.607	2.3	2.027	1.784	1.567	1.374	1.203	1.051	0.915	0.796	0.689	0.596	0.513	0.440	0.375	0.319	0.270
4.2	4.108	3.640	3.223	2.851	2.52	2.225	1.962	1.727	1.518	1.332	1.166	1.019	0.888	0.772	0.669	0.578	0.498	0.427	0.365	0.310
4.3	4.470	3.966	3.517	3.116	2.759	2.440	2.155	1.901	1.674	1.472	1.292	1.132	0.989	0.862	0.750	0.650	0.562	0.484	0.415	0.355
4.4	4.862	4.319	3.835	3.403	3.017	2.673	2.365	2.089	1.844	1.624	1.429	1.255	1.099	0.961	0.838	0.729	0.632	0.547	0.471	0.404
4.5	5.286	4.702	4.180	3.715	3.298	2.926	2.592	2.295	2.028	1.790	1.578	1.388	1.219	1.069	0.935	0.815	0.709	0.615	0.532	0.459
4.6	5.745	5.117	4.555	4.052	3.603	3.200	2.840	2.517	2.229	1.971	1.740	1.534	1.350	1.186	1.040	0.910	0.794	0.691	0.599	0.518
4.7	6.244	5.566	4.961	4.419	3.933	3.498	3.109	2.760	2.447	2.167	1.917	1.693	1.493	1.314	1.155	1.013	0.886	0.773	0.673	0.584
4.8	6.784	6.054	5.401	4.816	4.292	3.822	3.400	3.023	2.684	2.381	2.109	1.866	1.648	1.454	1.280	1.125	0.987	0.864	0.754	0.656
4.9	7.369	6.583	5.879	5.247	4.681	4.173	3.717	3.308	2.942	2.613	2.318	2.054	1.818	1.606	1.417	1.248	1.097	0.962	0.842	0.735
5.0	8.005	7.157	6.397	5.715	5.104	4.554	4.061	3.619	3.222	2.865	2.546	2.259	2.002	1.772	1.566	1.382	1.217	1.070	0.939	0.822

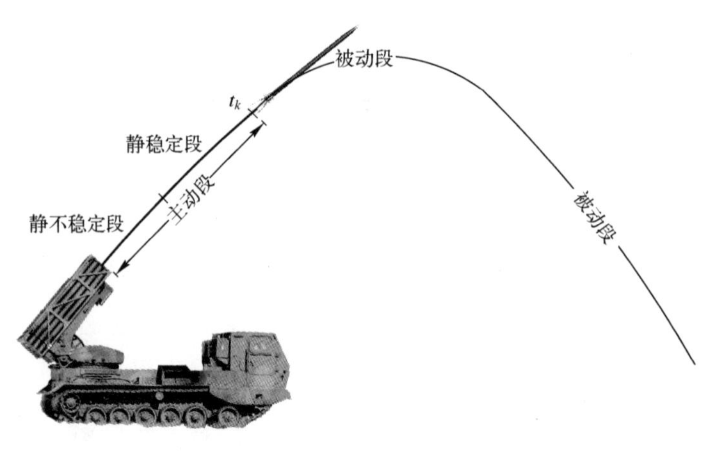

图 6.24　火箭弹弹道示意图

在静不稳定飞行弹道段，火箭在侧风作用下产生顺风偏；在静稳定飞行段，火箭在侧风的作用下又产生迎风偏。据此，可选择一个合适的尾翼张开时间，使顺风偏和迎风偏相互抵消，从而达到侧风偏为零之目的。

设 t_1 为尾翼张开时间，t_k 为发动机工作时间，取随机横风为 1m/s，经过计算得出随机风偏与时间的关系曲线如图 6.25 所示。

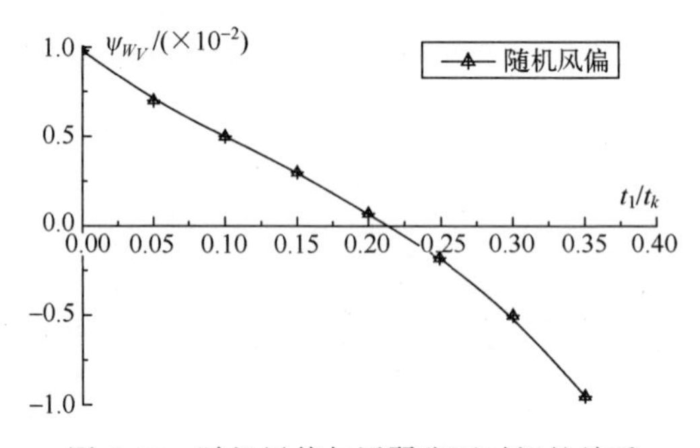

图 6.25　随机风偏与尾翼张开时间的关系

由图可知，随着尾翼张开时间的推迟，风偏迅速减小，一直达到零值；但是，随着张开时间的延长，随机风偏穿过零值转为负值，且随着张开时间变长而增大。该图说明，在尾翼张开时间控制得当的情况下，火箭弹在主动段存在零风偏在理论上是存在的。

但是，从理论上讲，虽然存在着零风偏时刻，但在实际中受张开时刻的跳动和环境条件的变化，风偏不会恰好为零，而是在零值附近变化。即使不能为零，但也达到了大幅度降低随机风偏的目的。

5. 气动控制火箭横风偏公式

采用气动控制时,主要是在火箭弹飞行过程中按照预先设定程序改变纵向力矩的大小以达到随机风偏的目的。我们这里只研究开始阶段为静不稳定飞行、随后转为静稳定飞行的情况。这样,就可以对两个阶段进行分别求解,显然,求解的难点在于第二阶段初值的确定。

总角偏差公式为

$$\psi_W=\psi_{W1}+\psi_{W2}+\dot{\varphi}_1\psi^*_{\varphi_0}+\alpha_1(1-\psi^*_{\psi_0}) \tag{6.87}$$

式中:ψ_{W1}为静不稳定弹道段横风产生的角偏差;ψ_{W2}为静稳定弹道段横风产生的角偏差;$\dot{\varphi}_1$ 为静不稳定弹道结束时弹体摆动角速度;α_1 为静不稳定弹道结束时的攻角。

ψ_{W1}与ψ_{W2}由式(6.79)和式(6.85)确定。大量计算表明,式(6.87)中第三项对结果的影响很小,可以忽略不计,则可将式(6.76)中的第三式写成

$$\frac{\mathrm{d}\dot{\varphi}}{\mathrm{d}t}=k_m^2V^2\left(\alpha+\frac{W_V}{V}\right) \tag{6.88}$$

化简得

$$\mathrm{d}\,\dot{\varphi}=k_m^2V^2\alpha\mathrm{d}t+k_m^2V^2\,\frac{W_V}{V}\mathrm{d}t=k_mW\mathrm{d}z+k_mV\alpha\mathrm{d}z \tag{6.89}$$

将式(6.86)代入式(6.88),为了突出重点,这里认为扰动为零,则$\dot{\varphi}_0=0$,积分得

$$\dot{\varphi}_1=\frac{1}{2}K_mW[\mathrm{e}^{(z_1-z_0)}+\mathrm{e}^{-(z_1-z_0)}] \tag{6.90}$$

式中:下标“0”为炮口;下标“1”为尾翼张开到位时刻。将气动控制时横风引起的角偏差计算公式写为

$$\begin{aligned}\psi_W=&\frac{W}{V}\psi^*_W(z_0,z_1)+W\left[\frac{1}{V_K}-\frac{\psi^*_{\psi_0}(z_1,z_k)}{V_1}\right]\\&+\frac{1}{2}K_mV[\mathrm{e}^{(z_1-z_0)}+\mathrm{e}^{-(z_1-z_0)}]\sqrt{\frac{\pi}{\sqrt{K_m}\,a_p}}R_{\dot{\varphi}_0}(z_1,z_k)\end{aligned} \tag{6.91}$$

式中:$R_{\dot{\varphi}_0}(z_1,z_k)$是与 B_1 函数有关的函数,且有

$$R_{\dot{\varphi}_0}(z_1,z_k)=\frac{B_1(z_1,z_k)}{\sqrt{2\pi z_1}} \tag{6.92}$$

$B_1(z_1,z_k)$可查表求得[24,25],从而进一步求出 ψ_W。

6.3.2 能量控制减小随机风偏[26,27]

1. 能量控制方程组的建立

对于通常的火箭弹,推力可表示为

$$F_p=\begin{cases}F_p, & 0<t<t_k\\ 0, & t>t_k\end{cases} \tag{6.93}$$

当采用能量控制方案时,推力 F_p 应表示为

$$F_p=\begin{cases}F_{p1}, & 0<t<t_1\\ F_{p2}, & t_1<t<t_2\\ \vdots & \\ F_{pn}, & t_{n-1}<t<t_k\\ 0, & t>t_k\end{cases} \tag{6.94}$$

根据实际工程情况,一般取 $n=2$,则其一般表达式为

$$F_p=\begin{cases}F_{p1}, & 0<t<t_1\\ F_{p2}, & t_1<t<t_k\\ 0, & t>t_k\end{cases} \tag{6.95}$$

采用气动控制时,纵向力矩 M_y 应表示为

$$M_y=\begin{cases}\pm M_{y1}, & 0<t<t_1\\ \pm M_{y2}, & t>t_1\end{cases} \tag{6.96}$$

当尾翼式火箭弹为静稳定时,纵向力矩(即静稳定力矩)M_y 前取负号,反之取正。

对于 a_p,通常情况下取

$$a_p=\begin{cases}a_1, & 0<t<t_1\\ a_2, & t_1<t<t_2\\ 0, & t>t_k\end{cases} \tag{6.97}$$

$$m_y^{\delta}=\begin{cases}m_{y1}^{\delta}, & 0<t<t_1\\ m_{y2}^{\delta}, & t>t_1\end{cases} \tag{6.98}$$

至此,式(6.72)、式(6.97)和式(6.98)组成了能量控制尾翼式火箭弹在考虑随机风时的运动方程。

2. 能量控制火箭引起的横风偏差

这里暂不考虑气动控制,即纵向力矩系数攻角导数保持不变。采用能量控制时,主要是在火箭弹主动段飞行过程中按照预先设定的程序改变推力(或推力加速度)的大小以达到减小随机风偏的目的。为了能适应工程实现,这里只考虑二级常推力的情况,进行分段求解。

将能量控制时总的角偏差公式写为

$$\psi_{WN}=\psi_{WN1}+\psi_{WN2}+\dot{\varphi}_1\psi_{\varphi_0}^{*}+\alpha_1(1-\psi_{\psi_0}^{*}) \tag{6.99}$$

式中：ψ_{WN1}为第一级推力作用弹道段横风产生的角偏差；ψ_{WN2}为第二级推力作用弹道段横风产生的角偏差；$\dot{\varphi}_1$ 为第一级推力作用结束时弹体摆动角速度；α_1 为第一级推力作用结束时的攻角。

ψ_{WN1}、ψ_{WN2}由式(6.79)确定。忽略不计式(6.99)中的小量，有

$$\frac{\mathrm{d}\dot{\varphi}}{\mathrm{d}t}=-k_m^2V^2\left(\alpha+\frac{W_V}{V}\right) \tag{6.100}$$

化简得

$$\mathrm{d}\dot{\varphi}=-k_mW\mathrm{d}z=-k_mV\alpha\mathrm{d}z \tag{6.101}$$

积分得

$$\dot{\varphi}_1=-K_mW\sin(z_1-z_0) \tag{6.102}$$

进而得到能量控制时横风角偏差为

$$\begin{aligned}\psi_W=&W\left[\frac{1}{V}-\frac{\psi_{\psi_0}^*(z_0,z_1)}{V_0}\right]+W\left[\frac{1}{V_K}-\frac{\psi_{\psi_0}^*(z_1,z_k)}{V_1}\right]\\&-K_mW\sin(z_1-z_0)\sqrt{\frac{\pi}{\sqrt{K_m}a_p}}\psi_{\varphi_0}^*(z_1,z_k)\end{aligned} \tag{6.103}$$

曾专门采用能量法设计过试验火箭，对一级推力和能量控制(二级推力)情况进行了对比试验，得曲线如图 6.26 所示。图中，自变量为初速度，因变量为密集度，自变量顺序分别为一级推力初速度、能量控制(二级推力)短发射管初速度、能量控制(二级推力)长发射管初速度。从图中可以看出，在能量控制下，随着初速度的增大，密集度得到提高。这一点也可以从另一角度进行解释，即初速度增大可以使初始扰动减小，从而达到提高密集度的目的，如图 6.27 所示。

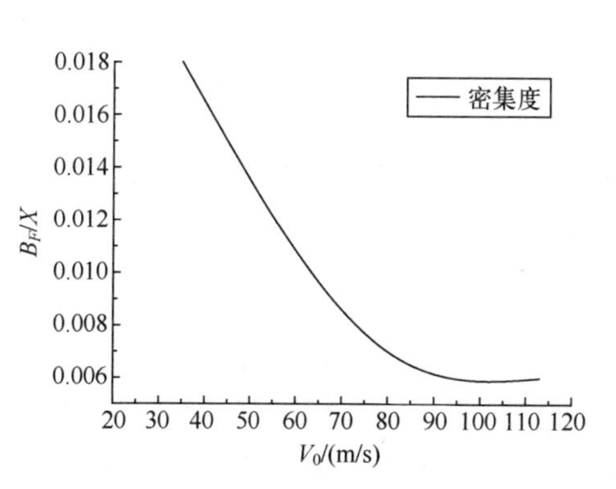

图 6.26 能量控制火箭密集度对比

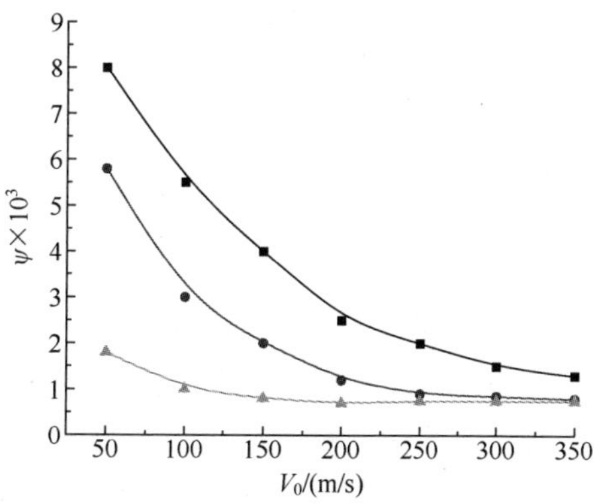

图 6.27 能量控制火箭密集度对比

对于能量控制火箭，要恰当地选择各级推力的比值、能量转换时间以及第一次转换时的飞行速度。同时，为了检验能量控制方案的实际效果及其在工程设计中的可行性，设计了几种试验火箭，其主要参数列于表6.2中。

表6.2 试验火箭弹参数表

参数	方案			
	1	2	3	4
长径比	15.9	15.5	14.7	15.9
相对翼展	2.2	22	2.2	1.8
V_k/V_0	3.5	4.1	6.4	7.2
F_{p2}/F_{p1}	1.112	0.095	0.285	0.116
发射过载	29	39	18	20

其中，方案1采用了两个独立设计的发动机串联起来，方案2和方案4采用了中间通过一个拉瓦尔喷管连通起来的串联结构，方案3则采用单室双推力的设计。部分试验结果曲线如图6.28和图6.29所示。

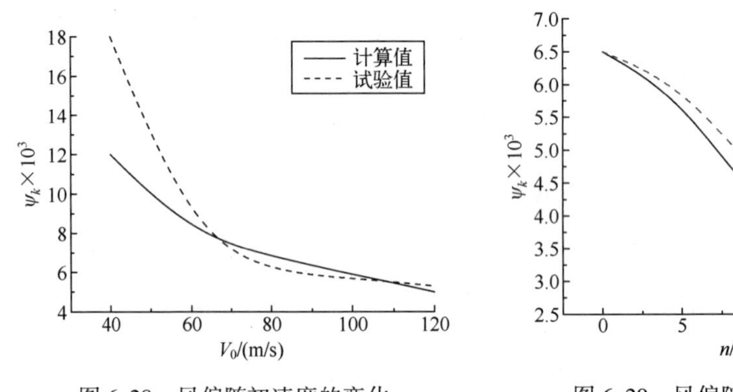

图6.28 风偏随初速度的变化

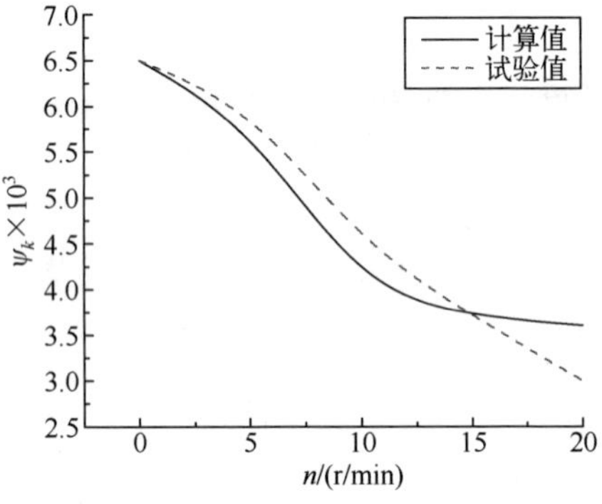

图6.29 风偏随转速的变化

从图中可以看出，第一级大推力发动机的熄火时间对结果影响不是很大，因而，对于出发射器后第一级大推力发动机的熄火时间不必苛求。

3. 能量控制火箭的散布估计

采用能量控制方案时，散布的估计要比普通火箭麻烦些。此时，可先由炮口按一般方法计算至第一级推力装置工作结束，再以此为起点(初始条件)计算至第二级动力装置工作结束，依次类推。计算第一级动力装置工作结束时的参量包括ψ_1、α_1和$\dot{\varphi}_1$等，则可将风偏写成

$$\begin{aligned}\psi_{\dot{\varphi}_0}&=\psi_{\dot{\varphi}_1}+\psi_{\psi_1}+\psi_{\varphi_1}\\&=\dot{\varphi}_1\psi_{\dot{\varphi}_0}^*+\psi_1\psi_{\psi_0}^*+\varphi\psi_{\varphi_0}^*\\&=\dot{\varphi}_1\psi_{\dot{\varphi}_0}^*+\psi_1\psi_{\psi_0}^*+(\alpha_1+\psi_1)(1-\psi_{\psi_0}^*)\\&=\psi_1+\dot{\varphi}_1\psi_{\dot{\varphi}_0}^*+\alpha_1(1-\alpha_{\psi_0}^*)\end{aligned}\tag{6.104}$$

$$\begin{aligned}\psi_w&=\psi_{\dot{\varphi}_1}+\psi_{\psi_1}+\psi_{\varphi_1}+\psi_W\\&=\dot{\varphi}_1\psi_{\dot{\varphi}_0}^*+\psi_1+\alpha_1(1-\psi_{\psi_0}^*)-W\left[\left(\frac{1}{V_1}-\frac{1}{V_k}\right)-\frac{1-\psi_{\psi_0}^*}{V_1}\right]\\&=\psi_1+\psi_2+\dot{\varphi}_1\psi_{\dot{\varphi}_0}^*+\alpha_1(1-\psi_{\psi_0}^*)\end{aligned}\tag{6.105}$$

$$\psi_\Delta=\dot{\varphi}_1\psi_{\dot{\varphi}_0}^*+\varphi_1+\alpha_1(1-\psi_{\psi_0}^*)+\Delta\psi_\Delta^*\tag{6.106}$$

大量计算表明,$\alpha_1(1-\psi_{\psi_0}^*)$这一项在总散布中所占比例较小,在转速选取合适时,这一项在总散布中所占比例不会超过10%。因此,可将式(6.104)~式(6.106)化简为

$$\psi_{\dot{\varphi}_0}=\dot{\varphi}_1\psi_{\dot{\varphi}_0}^*+\psi_1\tag{6.107}$$

$$\psi_w=\psi_1+\psi_2+\dot{\varphi}_1\psi_{\dot{\varphi}_0}^*\tag{6.108}$$

$$\psi_\Delta=\dot{\varphi}_1\psi_{\dot{\varphi}_0}^*+\varphi_1+\Delta\psi_\Delta^*\tag{6.109}$$

式中:$\dot{\varphi}$、W和Δ引起的ψ_1、ψ_2均按一般散布计算公式进行计算。仅考虑横风单独作用时,式(6.72)第三式可写成

$$\frac{\mathrm{d}\dot{\varphi}}{\mathrm{d}t}=-K_m^2V^2\left(\alpha+\frac{W}{V}\right)\tag{6.110}$$

即

$$\mathrm{d}\dot{\varphi}=-K_mW\mathrm{d}z-K_mV\alpha\mathrm{d}z\tag{6.111}$$

积分求得$\dot{\varphi}_1$为

$$\dot{\varphi}_1=-K_mW\sin(z_1-z_0)\tag{6.112}$$

式中:$z=K_ms$,s为弹道弧长;$K_m=\sqrt{\dfrac{\rho lSm_r^\alpha}{2A}}$,$A$为火箭弹的赤道转动惯量。

在能量控制方案中,选取合理的第二级发动机点火时间以及二级推力比不但可以减小风偏,还可以减小推力偏心的影响,如图6.30所示。

能量控制火箭弹若设计得当,不仅有利于减小风偏,也有利于减小其他干扰导致的散布;与能量控制相比,气动控制仅对减小风偏有利。因此,采用气动控制时要综合考虑各干扰因素的影响。将能量控制与气动控制结合起来,全面考虑各种干扰因素的影响,可以较大幅度地提高尾翼式火箭的射击密集度。

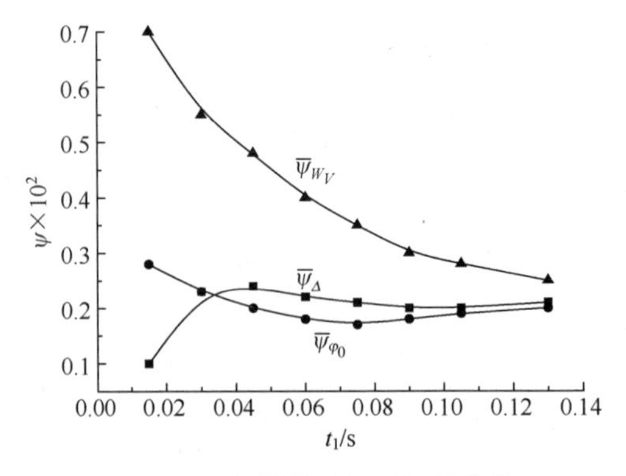

图 6.30　初始扰动与时间的曲线

6.3.3　地面风修正量计算公式

1. 等推力气动控制方案的地面风修正计算

此时,式(6.97)中的 $a_p=a_1$,式(6.66)中第三式先取正号再取负号(尾翼未打开时取正,尾翼打开后取负)。

由式(6.85)、式(6.86)、式(6.87)可以写出以密位为单位的等推力气动控制火箭地面风修正量 ΔF_W 计算公式为

$$\begin{aligned}\Delta F_W=&-954.93\,\frac{W}{V_1}\psi_W^*(z_0,z_1)\\&-954.93W\left[\frac{1}{V_k}-\frac{\psi_{\psi_0}^*(z_1,z_k)}{V_1}\right]\\&-954.93\,\frac{K_mW}{2}[\,\mathrm{e}^{(z_1-z_0)}+\mathrm{e}^{-(z_1-z_0)}\,]\psi_{\dot{\varphi}_0}^*(z_1,z_k)\end{aligned}\tag{6.113}$$

其中

$$\psi_{\dot{\varphi}_0}^*(z_1,z_k)=\sqrt{\frac{1}{8K_ma_p}}\int_{z_1}^{z_k}\frac{\sin(z_0-z_1)}{z\sqrt{z}}\mathrm{d}z\tag{6.114}$$

2. 变推力气动控制方案的风偏计算公式

有时尾翼仍然为一出炮口即张开到位,而通过改变推力方案减小风偏。改变推力可有多种方案,最常用的是前面所提到的二级推力方案,即有 $t\leqslant t_1$ 时,$a_p=a_1$;$t_1<t\leqslant t_k$ 时,$a_p=a_2$。这种情况下可得到式(6.99)。在式(6.99)中,由于 $\alpha_1(1-\psi_{\psi_0}^*)$ 一项可以略去不计,又注意到

$$\psi_{W1}=W\left[\frac{1}{V_1}-\frac{\psi_{\psi_0}^*(z_0,z_1)}{V_0}\right]\tag{6.115}$$

$$\psi_{W2}=W\left[\frac{1}{V_k}-\frac{\psi^*_{\psi_0}(z_1,z_k)}{V_1}\right] \tag{6.116}$$

通过积分得到$\dot{\varphi}_1$ 的表达式后,可写出以密位为单位的变推力火箭横风偏修正公式为

$$\begin{aligned}\Delta F_W=&-954.93W\left[\frac{1}{V_1}-\frac{\psi^*_{\psi_0}(z_0,z_1)}{V_0}\right]\\&-954.93W\left[\frac{1}{V_k}-\frac{\psi^*_{\psi_0}(z_1,z_k)}{V_1}\right]\\&-954.93WK_m\sin(z_1-z_0)\psi^*_{\dot{\varphi}_0}(z_1,z_k)\end{aligned} \tag{6.117}$$

由于式(6.113)和式(6.117)中的复杂运算已经以特征函数的形式给出,因此,用这两式计算气动控制和能量控制火箭的横风偏方便、简明,也能保证精度,因而,可应用于工程计算。

3. 小结

随机风是造成尾翼式火箭散布大的重要原因。在非制导前提下,研究减小随机风偏的措施具有重要意义。由于尾翼式火箭弹的初速度较小,随机风会对主动段产生较大的角散布,并对全弹道特性产生影响,进而造成落点散布。为了减小随机风引起的射弹散布,根据尾翼式火箭在主动段要经历静不稳定和静稳定两个阶段的特点,研究了通过控制尾翼张开时间和控制火箭弹动力飞行阶段的能量减小随机风偏的方法(称为气动控制和能量控制方法),推导了气动控制和能量控制尾翼式火箭随机风偏的计算公式,计算了特征函数表,也推导了火箭炮地面横风修正量计算公式。研究结果表明:

(1) 气动控制方案通过合理设计精确控制尾翼张开时间,可以从理论上达到“零风偏”。但在实际中受尾翼张开时刻的跳动和环境条件的变化,风偏很难恰好为零,而是在零值附近变化,但其风偏绝对值很小,可以达到大幅度降低随机风偏的目的。

(2) 气动控制方案在确定尾翼张开时间时,要综合考虑各种干扰因素的影响。

(3) 推导的静不稳定随机风偏公式和特征函数表可用于工程计算和设计。

(4) 与能量控制相比,气动控制仅对减小风偏有利;能量控制方案既有利于减小风偏,也有利于减小其他干扰引起的散布。

(5) 提高初速可大幅度减小射弹散布,所处速度范围的速度值越小,提高初速减小射弹散布效果越明显。

(6) 在能量控制方案中,第一级推力阶段不必过分强调追求在发射管内结束,在出炮口后不长的时间内结束大推力阶段也可以收到和提高初速相似的效果,因而,为第一级大推力阶段的实现提供了方便。

(7) 由于第一级大推力阶段要在发射管外才能结束,相应要求克服推力偏心影响的转速就有所提高。

(8) 将气动控制与能量控制恰当地结合起来应用,全面考虑各种干扰因素的影响,可以较大幅度地提高尾翼式火箭的射击密集度。

第 7 章　减少尾翼式火箭散布

火箭弹在射击时会产生起始扰动,再加上推力偏心和随机风等因素,会影响主动段的弹道散布。除此之外,受制造和装配误差影响,火箭弹会存在其他一些非对称干扰因素,如气动偏心、质量偏心等。现代尾翼式火箭弹采用绕纵轴旋转的方式减小这些非对称因素造成的散布,而转速的大小对于非对称因素引起的动不平衡也会产生影响。

通过角运动分析探讨速度、起始扰动、转速、推力偏心和动不平衡等因素对尾翼式旋转火箭散布的影响进行定性分析,对火箭弹使用阻力环减小散布的原理进行分析,从理论上和实践中寻求减小射弹散布、提高射击精度的措施。

7.1　合理选取初速度与转速

炮口初速度与转速对火箭的方向密集度产生影响,因此,在选取初速度与转速时,要综合考虑多种因素。这里,先单独探讨速度和转速随弹道弧长的变化规律。

7.1.1　速度方程

为了研究速度与转速对散布的影响,我们针对速度方程与转速方程进行讨论。

在图 7.1 中,以零攻角飞行的火箭,其质心速度方向与面成 θ 角,重力 mg 垂直向下,阻力 $\boldsymbol{R}_x$ 与速度 $\boldsymbol{V}$ 方向相反。将火箭质心运动向量两边投影到速度方向上,得

$$m\frac{\mathrm{d}V}{\mathrm{d}t}=-\frac{\rho V^2}{2}Sc_x-mg\sin\theta \tag{7.1}$$

由

$$\frac{\mathrm{d}V}{\mathrm{d}t}=\frac{\mathrm{d}V}{\mathrm{d}s}\cdot\frac{\mathrm{d}s}{\mathrm{d}t},\quad \frac{\mathrm{d}s}{\mathrm{d}t}=V \tag{7.2}$$

则式(7.2)简化为

$$m\frac{\mathrm{d}V}{\mathrm{d}s}\cdot\frac{\mathrm{d}s}{\mathrm{d}t}=m\frac{\mathrm{d}V}{\mathrm{d}s}\cdot V=-\frac{\rho V^2}{2}Sc_x-mg\sin\theta \tag{7.3}$$

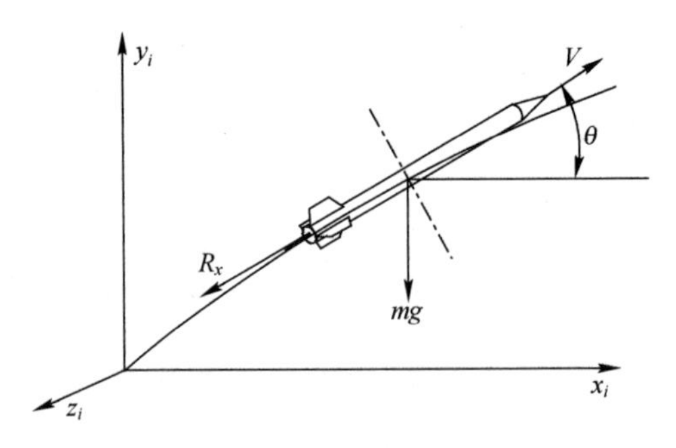

图 7.1　火箭理想弹道示意图

进而得到以弹道弧长 s 为自变量的形式,即

$$\frac{\mathrm{d}V}{\mathrm{d}s}=-\frac{\rho V}{2m}Sc_x-\frac{g\sin\theta}{V} \tag{7.4}$$

$$\frac{V}{V'}=-\left(b_x+\frac{g\sin\theta}{V^2}\right) \tag{7.5}$$

向垂直于速度的方向投影得

$$m\left(V\frac{\mathrm{d}\theta}{\mathrm{d}t}\right)=-mg\cos\theta \tag{7.6}$$

或

$$\dot{\theta}=\frac{-g\cos\theta}{V} \tag{7.7}$$

采用系数冻结法,可得到速度的解析解为

$$V=V_0\mathrm{e}^{-\left(\bar{b}_x+g\frac{\sin\bar{\theta}}{\bar{V}^2}\right)(s-s_0)} \tag{7.8}$$

式中:$\bar{b}_x$、$\bar{\theta}$、$\bar{V}$均为平均值;V_0 为 s_0 处对应的速度。

当攻角为 δ 时,阻力将增大,应写成 $c_x=c_{x0}+c_{x2}\delta^2$,则式(7.4)要与角运动方程联立求解。关于有攻角时的情况在以后作详细讨论。

7.1.2　转速方程

将导转力矩和极阻尼力矩代入火箭绕心运动方程可单独对其求解,得

$$\frac{\mathrm{d}\dot{\gamma}}{\mathrm{d}t}=-k_{xz}V\dot{\gamma}+k_{xW}V^2\varepsilon \tag{7.9}$$

式中:ε 为尾翼斜置角。将自变量改为弹道弧长 s 后,得

$$\frac{\mathrm{d}\dot{\gamma}}{\mathrm{d}s}\frac{\mathrm{d}s}{\mathrm{d}t}=-k_{xz}V\dot{\gamma}+k_{xW}V^2\varepsilon \tag{7.10}$$

进而得到

$$\frac{\mathrm{d}\dot{\gamma}}{\mathrm{d}s}+k_{xz}\dot{\gamma}=k_{xW}\varepsilon\cdot V \tag{7.11}$$

在小弹道上采用系数冻结法，则式(7.10)右边的非齐次项可看作常数，可求得式(7.11)的全解为

$$\dot{\gamma}=\frac{k_{xW}}{k_{xz}}\varepsilon V+\left(\dot{\gamma}_0-\frac{k_{xW}}{k_{xz}}\varepsilon V\right)\mathrm{e}^{-k_{xz}(s-s_0)} \tag{7.12}$$

式中：$\frac{k_{xW}}{k_{xz}}\varepsilon V=\dot{\gamma}_L$ 为平衡转速。

由式(7.12)可以看出，转速与尾翼斜置角、速度、尾翼导转力矩、极阻力力矩等都有关系。

以 122mm 火箭弹参数为例，取不同的速度 V 和初始转速 $\dot{\gamma}_0$ 进行计算，得曲线如下。

由图 7.2 中曲线可以看出，火箭存在平衡转速；转速初始值的大小对于平衡转速没有影响；速度改变后，平衡转速的值也发生变化。平衡转速随着速度的增大而变大。

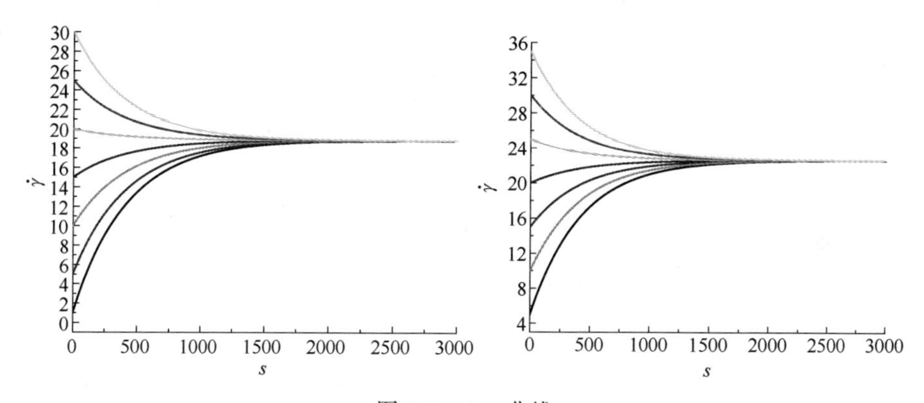

图 7.2　$\dot{\gamma}-s$ 曲线

对于火箭弹来说，初速度和转速都对方向密集度产生影响。一般来说，初速度和转速初始值越向线膛炮特点靠近，会提高方向密集度。然而，由以上对比计算看出，V_0 与 γ_0 是相互影响的，再加上火箭发射时的初始扰动会随着 V_0 与 γ_0 的提高而增大，因而，其值要综合考虑各种因素进行确定。

7.1.3　角运动方程的解

式(6.35)的齐次方程为

$$\Delta''+(H-\mathrm{i}P)\Delta'-(M+\mathrm{i}PT)\Delta=0 \tag{7.13}$$

其中

$$H=b_y-b_x-\frac{g\sin\theta}{V^2}+k_{zz}+k_{\dot{\alpha}} \tag{7.14}$$

$$P=\frac{C\dot{\gamma}}{AV} \tag{7.15}$$

$$M=k_z \tag{7.16}$$

$$T=b_y-k_y \tag{7.17}$$

$$G=-\left(\frac{g_{\perp}}{V^2}\right)'+\frac{g_{\perp}}{V^2}\left[b_x+\frac{g\sin\theta}{V^2}-k_{zz}+\mathrm{i}P\right] \tag{7.18}$$

并且

$$b_x=\frac{\rho S}{2m}c_x,\quad b_y=\frac{\rho S}{2m}c_y,\quad b_z=\frac{\rho Sd}{2m}c_z''$$

$$k_y=\frac{\rho Sld}{2C}m_y,\quad k_{zz}=\frac{\rho Sld}{2A}m_{zz},\quad k_{\dot{\alpha}}=\frac{\rho Sld}{2A}m_{\dot{\alpha}}$$

在一段弹道上采用系数冻结法后,H、P、M、T 都可看作常数,式(7.13)为复数常系数微分方程。考虑到式(6.35)中的马格努斯力较小,所以在 M 项中将其略去。下面求式(7.13)的齐次解。

据微分方程理论,式(7.13)的特征方程为

$$x^2+(H-\mathrm{i}P)x-(M+\mathrm{i}PT)=0 \tag{7.19}$$

解之得二根为

$$\begin{cases} l_1=\dfrac{1}{2}\left[-H+\mathrm{i}P+\sqrt{4M+H^2-P^2+2\mathrm{i}P(2T-H)}\right] \\ l_2=\dfrac{1}{2}\left[-H+\mathrm{i}P-\sqrt{4M+H^2-P^2+2\mathrm{i}P(2T-H)}\right] \end{cases} \tag{7.20}$$

设

$$l_1=\lambda_1+\mathrm{i}\phi_1',\quad l_2=\lambda_2+\mathrm{i}\phi_2' \tag{7.21}$$

则式(7.13)的解为

$$\Delta=(K_{10}\mathrm{e}^{\mathrm{i}\phi_{10}})\mathrm{e}^{(\lambda_1+\mathrm{i}\phi_1')s}+(K_{20}\mathrm{e}^{\mathrm{i}\phi_{20}})\mathrm{e}^{(\lambda_2+\mathrm{i}\phi_2')s} \tag{7.22}$$

式(7.22)表示 Δ 为两个圆运动的叠加。

在式(7.22)中代入 $s=0$ 时得 $\Delta=\Delta_0$,同样有 $\Delta'=\Delta_0'$,从而得到如下两式,即

$$K_{10}\mathrm{e}^{\mathrm{i}\phi_{10}}=\frac{\Delta_0'-(\lambda_2+\mathrm{i}\phi_2')\Delta_0}{\lambda_1-\lambda_2+\mathrm{i}(\phi_1'-\phi_2')} \tag{7.23}$$

$$K_{20}\mathrm{e}^{\mathrm{i}\phi_{20}}=\frac{\Delta_0'-(\lambda_1+\mathrm{i}\phi_1')\Delta_0}{\lambda_2-\lambda_1+\mathrm{i}(\phi_2'-\phi_1')} \tag{7.24}$$

从式(7.23)与式(7.24)看出,可以通过攻角方程分析起始扰动对角运动的影响。

7.1.4 静稳定尾翼火箭的角运动

当静稳定尾翼弹旋转时,两个圆运动的频率不仅符号相反,而且大小也不相等。略去特征根中比 P^2-4M 小得多的 H、T 项,则求得两个圆运动频率和阻尼为

$$\begin{cases}\phi_1'=\dfrac{1}{2}[P+\sqrt{P^2-4M}]\\[2ex]\phi_2'=\dfrac{1}{2}[P-\sqrt{P^2-4M}]\end{cases}\tag{7.25}$$

$$\lambda_1=\lambda_2=\frac{-H}{2}\tag{7.26}$$

式中:ϕ_1' 为快圆运动频率;ϕ_2' 为慢圆运动频率;ϕ_1' 为顺时针方向旋转;ϕ_2' 为逆时针方向旋转。由于是静稳定弹,则 $M<0$,且 $\phi_1'>0,\phi_2'>0$。下面讨论转速的大小对角运动的影响。

取不同转速值对攻角方程进行积分,复攻角曲线如下。

由图 7.3(a)~(d)可以看出,转速选取的不同对攻角影响较大。随着转速的增加,复攻角曲线由椭圆、多叶多瓣形状、准圆直到形成稳定的极限圆运动。在此情况下,相当于弹轴在横向平面内长时间作散布运动,其结果会造成弹道散布,这显然是不可取的。因此,转速的选取应避开这些范围。

由图 7.3(e)可以看出,随着转速增大到一定程度后,攻角曲线最终会收敛,攻角模最后变为零,也就可以消除散布。要做到这一点,需要同时考虑到转速及气动系数设计。

由以上分析可知,合理选取转速可以从理论上消除角散布,从而达到减小射弹散布的目的。转速选择的范围应在保持飞行稳定的基础,避开振幅较大的极限圆运动、椭圆运动、多叶多瓣形状运动及准圆运动,以达到减小角散布之目的。

仅考虑静力矩时火箭的稳定性称陀螺稳定性,其条件为 $P^2-4M>0$,同时要满足阻尼相等,即都为 0。由图 7.3(e)可以看出,当转速项远大于静力矩项时,攻角会摆脱大攻角运动逐渐收敛。所以,要满足静稳定火箭飞行稳定且减小散布的转速设计范围为

$$\begin{cases}P^2-4M>0\\\lambda_1=\lambda_2\\\dfrac{1}{2}[P+\sqrt{P^2-4M}]\gg\dfrac{1}{2}[P-\sqrt{P^2-4M}]\end{cases}\tag{7.27}$$

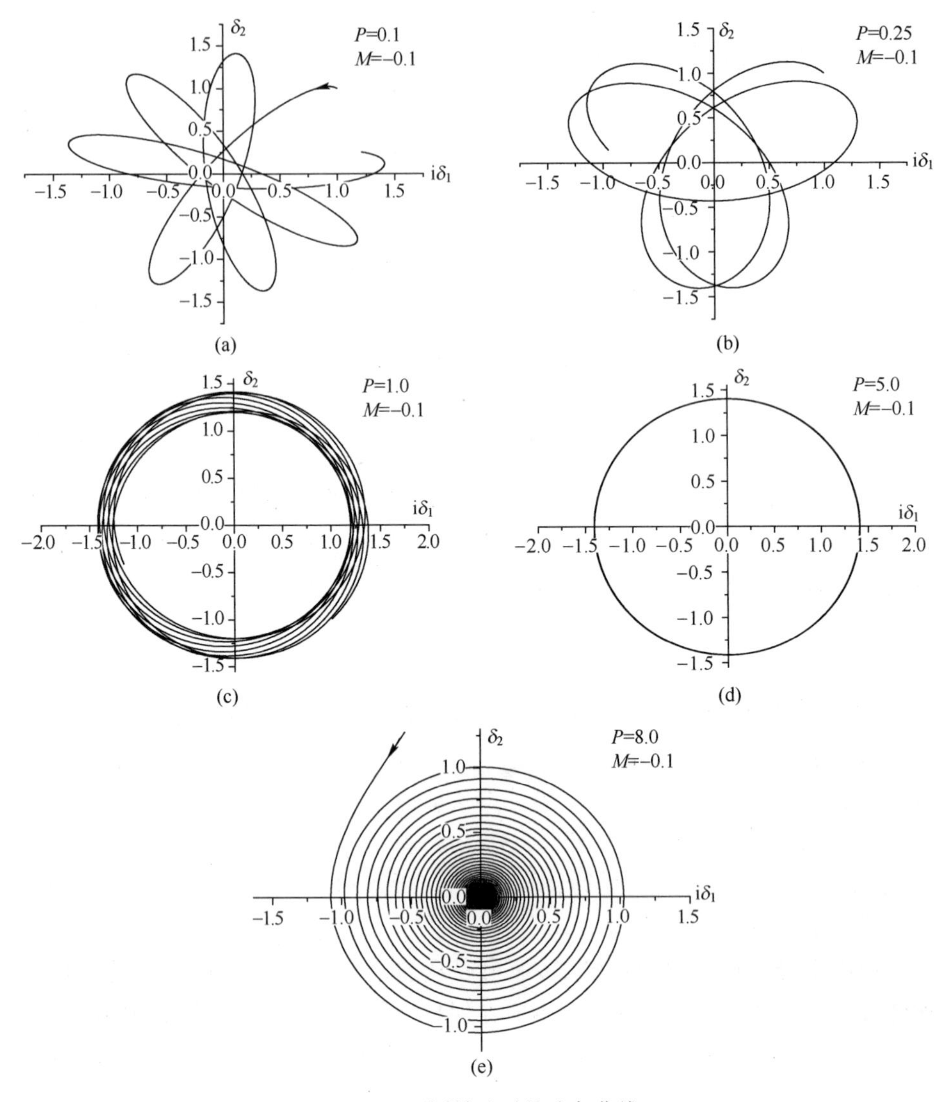

图 7.3　不同转速时的攻角曲线

7.1.5　避免转速闭锁造成的角散布

对于具有轻微不对称的低旋尾翼弹，当自转频率等于俯仰频率时就发生共振，从而会由于攻角过大而造成大的角散布，严重时会飞行失稳。

为了避免发生共振，设计者在转速设计时总是将自转角速度设计得大大高于俯仰运动频率，这样即使由于转速逐渐上升过程中必定要穿过共振区，因在共振区内停留时间很短而不会形成不稳定运动。但仍然发现对于转速设计合理且动态稳定的火箭弹会发生近弹和掉弹,影响射击精度,这种情况出现的原因之一可能就是发生了转速闭锁。

当攻角较大时,在尾翼式火箭弹上除了有建立运动方程时所考虑的力和力矩外,还有在建立运动方程时没有考虑的、与尾翼滚转方位有关的诱导滚转力矩和诱导侧向力矩。正是在这种力矩作用下,使火箭转速在通过共振区时被锁定在共振转速附近,形成共振不稳。在诱导侧向力矩的作用下,攻角可能变得很大,不但会造成大的角散布,影响射击精度,严重时可能导致近弹和掉弹。下面分析一下诱导滚转力矩和诱导侧向力矩的形成机理及其特点。

1. 诱导滚转力矩与诱导侧向力矩的产生

诱导滚转力矩是在大攻角情况下产生的一种与滚转方位角和攻角有关的空气动力矩。对于有 6 片直尾翼的火箭弹,选中其中一片翼为基准翼,此翼面与攻角面的夹角记为翼面方位角 γ_1。

从图 7.4(a)、(b)可以看出,当方位角 $\gamma_1=0°$和 $\gamma_1=30°$时,火箭尾部横截面上的旋涡分布左右是对称的,因而,左右两边的压力分布相同,不会产生使火箭滚转的力矩。

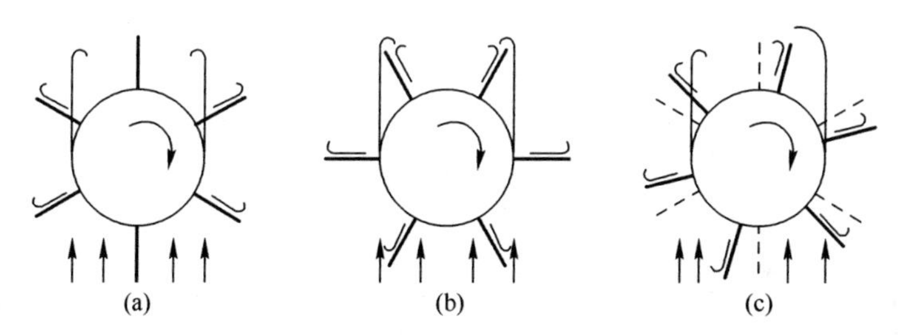

图 7.4 直尾翼在不同滚转方位时的横向气流流场分布情况

(a) $\gamma_1=0°$;(b) $\gamma_1=30°$;(c) $\gamma_1=15°$。

从图 7.4(c)可以看出,当方位角 $\gamma_1=15°$时,火箭尾部横截面上的旋涡分布左右不对称了。由于左右两边的压力不相等,便产生了垂直于攻角平面的侧向力,由此又形成了对质心的力矩,称为诱导滚转力矩。由于右边弹体上拖出的旋涡被尾翼挡住的比左边多,就产生了诱导侧向力,形成的力矩为诱导侧向力矩。由于 $\gamma_1=15°$时火箭尾部横截面上的旋涡分布左右不对称性最大,所以,此时产生的诱导滚转力矩最大。当方位角 γ_1 从 0°变化到 15°时,诱导滚转力矩从零变化到最大,设方向垂直于纸面向里;当方位角从 15°变化到 30°时,诱导滚转力矩的大小从最大变化到零,方向也垂直于纸面向里;当方位角从 30°变化到 45°时,诱导滚转力矩从零变化到最大,则方向垂直于纸面向外;当方位角从 45°变化到 60°时,诱导滚转力矩的大小从最大变化到零,方向也垂直于纸面向外。

在图 7.4(c)中,流经弹体和尾翼的横流及压力分布关于攻角面不再对称,形成垂直于攻角面的合力即诱导侧向力 $\boldsymbol{N}_s$、诱导滚转力矩 $\boldsymbol{M}_{xs}$ 和使弹轴垂直于攻角面摆动的诱导侧向力矩 $\boldsymbol{M}_{ys}$。攻角平面两侧气流越不对称，诱导侧向力、诱导侧向力矩和诱导滚转力矩越大。可以看出，诱导侧向力矩与马格努斯力矩的作用相当，是破坏弹箭动态稳定性的因素。$\boldsymbol{N}_s$、$\boldsymbol{M}_{xs}$ 和 $\boldsymbol{M}_{ys}$ 是 γ_1 的奇函数，可把它们展开成只含奇次项的富氏级数。若只考虑 $\boldsymbol{N}_s$、$\boldsymbol{M}_{xs}$ 和 $\boldsymbol{M}_{ys}$ 的基频部分，并设它们均是攻角的线性函数，则其 $\boldsymbol{N}_s$、$\boldsymbol{M}_{xs}$ 和 $\boldsymbol{M}_{ys}$ 可写成

$$M_{xs}=\mathrm{i}\,\frac{1}{2}\rho V^2 slc'_{l\Delta}\Delta\sin(6\gamma_1) \tag{7.28}$$

$$M_{ys}=\mathrm{i}\,\frac{1}{2}\rho V^2 slm'_s\Delta\sin(6\gamma_1) \tag{7.29}$$

$$N_s=\mathrm{i}\,\frac{1}{2}\rho V^2 slc'_s\Delta\sin(6\gamma_1) \tag{7.30}$$

从上面的分析可以看出，在攻角一定的情况下，诱导滚转力矩随方位角 γ_1 的变化为正弦函数，其变化如图 7.5 所示。

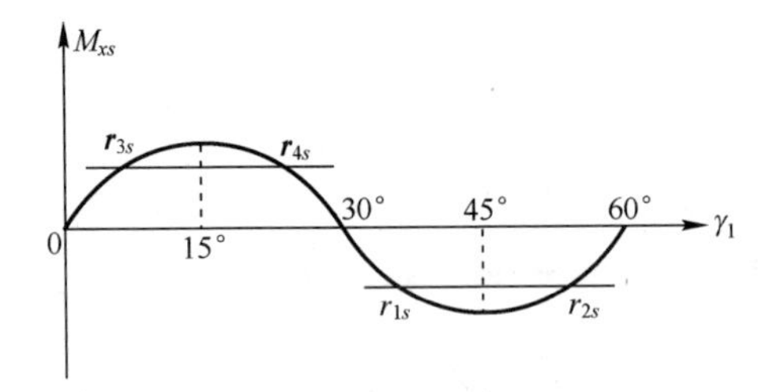

图 7.5　诱导滚转力矩随方位角 γ_1 的变化

轴对称弹箭的诱导滚转力矩和诱导侧向力矩主要与尾翼及弹翼面的形状和布置有关。如果弹箭的尾翼是卷弧翼，情况与直翼又有不同。

即使有一对尾翼在攻角平面内，如图 7.6(a)所示，气流关于攻角平面左右仍不对称，仍会产生诱导滚转力矩和诱导侧向力矩；即使攻角为零，各翼面上压力分布相同，但由于翼面向同一方向卷曲，也会产生诱导滚转力矩和诱导侧向力矩，如图 7.6(b)所示，其中箭头为滚转方向；若没有任何一对翼面处于攻角

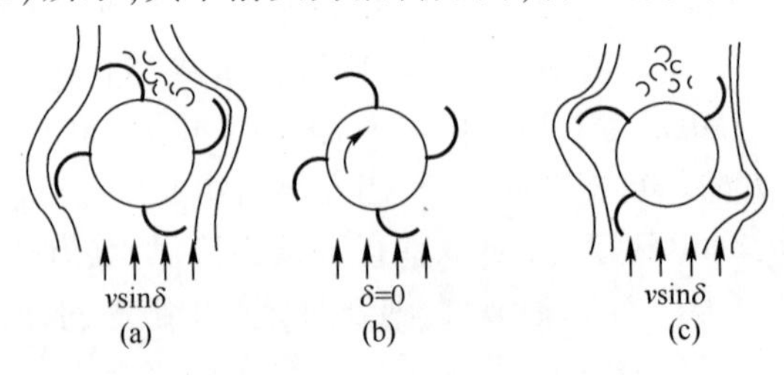

图 7.6　卷弧翼的诱导滚转力矩和诱导侧向力矩定性分析

平面内，气流左右不对称的情况就加大，如图 7.6(c)所示。

因此，卷弧翼的诱导滚转力矩与诱导侧向力矩比平直翼大，平均值不为零，即使在攻角为零时也有诱导滚转力矩和诱导侧向力矩，故更易发生转速闭锁。在目前的远程弹箭研制中，一开始用的是卷弧翼，但现在改成了平直翼，一个重要的原因是考虑了卷弧翼的这种特点。

2. 转速闭锁的形成

共振的危害是人们所共知的，故为避免共振，通常将平衡转速设计得比弹箭的俯仰频率高得多。在弹箭转速不断变化的过程中，如转速迅速穿过共振转速，共振时间不长，然后又脱离共振，就不会出现攻角太大的情况。但作低速旋转的火箭在飞行过程中，其转速从零逐渐增加到平衡转速(设计转速)，在增加到平衡转速的过程中，如果转速$\dot{\gamma}$等于快进动频率 ϕ_1'，就会发生共振。如果弹箭的转速被锁定在共振转速附近，使共振的时间较长，其结果就会使攻角急剧增大，形成长时间阻力增大而使射程减小和弹道发散，严重时，会因为弹体上所受的横向力非常大而造成灾难性后果。

转速被锁定后，由于弹箭转速$\dot{\gamma}$不变，角加速度$\ddot{\gamma}=0$，则总的滚转力矩应为零，导转力矩保持与滚转阻尼力矩、诱导滚转力矩平衡，故必然弹箭相对于攻角面方位不变，弹上基准尾翼面与攻角面之夹角 γ_1 也不变，如图 7.7 所示。这时，弹的一侧永远面向气流速度，就像月球绕地球运动一样，故称为似月运动。其中

$$\gamma_1=\gamma-v \tag{7.31}$$

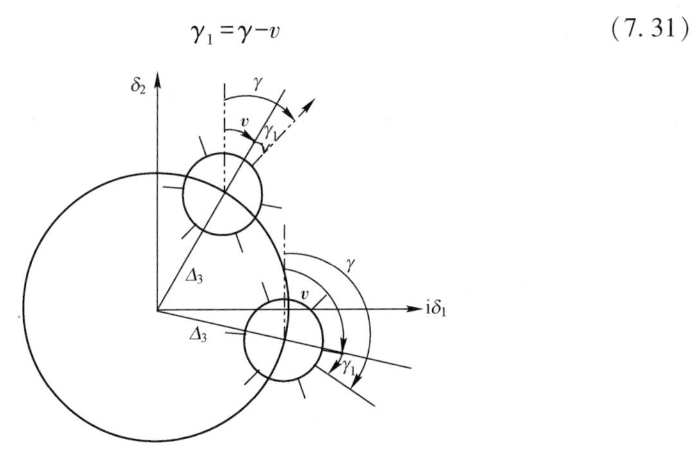

图 7.7　转速闭锁与似月运动

考虑了诱导滚转力矩后，弹箭的转速方程为

$$\frac{\mathrm{d}\dot{\gamma}}{\mathrm{d}t}=k_{xw}V^2\varepsilon-k_{xz}V\dot{\gamma}+k_{xs}V^2\delta\sin(6\gamma_1) \tag{7.32}$$

式中：k_{xs}为诱导滚转力矩系数；$k_{xw}=\frac{1}{2C}\rho slm'_{xw}$，$m'_{xw}$为导转力矩系数导数；$k_{xz}=\frac{1}{2C}\rho sldm'_{xz}$，$m'_{xz}$为极阻尼力矩系数导数。

如果在γ_1变化中有某一个方位角使式(7.32)的右边为零，此时，$\ddot{\gamma}=0$，可求出此时的一个平衡点γ_1为

$$\gamma_1=\frac{1}{6}\arcsin\left(-\frac{k_{xw}v^2\varepsilon-k_{xz}v\dot{\gamma}}{k_{xs}v^2\delta}\right) \tag{7.33}$$

根据三角函数的定义，由式(7.33)可知，对于所有的方位角，必须满足下列条件，即

$$\left|\frac{k_{xw}v^2\varepsilon-k_{xz}v\dot{\gamma}}{k_{xs}v^2\delta}\right|\leqslant 1 \tag{7.34}$$

可得使平衡点γ_1存在的最小攻角为

$$\delta_{\min}=\left|\frac{k_{xw}v^2\varepsilon-k_{xz}v\dot{\gamma}}{k_{xs}v^2}\right| \tag{7.35}$$

当$\delta=\delta_{\min}$时，$\left|\frac{k_{xw}v^2\varepsilon-k_{xz}v\dot{\gamma}}{k_{xs}v^2\delta}\right|=1$，此时解出的$\gamma_1$就是最大诱导滚转力矩出现的地方。因此，在弹道上只有当攻角δ较大时，在$\delta>\delta_{\min}$以后才会发生转速闭锁。

在转速上升阶段，导转力矩大于阻尼力矩，$k_{xw}v^2\varepsilon-k_{xz}v\dot{\gamma}>0$，要想使$\ddot{\gamma}=0$，必须使诱导滚转力矩为负。若$k_{xs}>0$，则旋导滚转力矩在后半个周期为负，所以平衡点应在30°~60°。在攻角大于最小攻角时，可在(30°,45°)和(45°,60°)范围内解出两个平衡点；若$k_{xs}<0$，则两个平衡点应在(0°,15°)和(15°,30°)之间。如图7.5所示。

在转速下降阶段，情况与转速上升阶段相反。若$k_{xs}>0$，则两个平衡点在(0°,15°)和(15°,30°)范围内；若$k_{xs}<0$，则两个平衡点在(30°,45°)和(45°,60°)范围内。

平衡点有了，但并非所有的平衡点都能使弹箭发生转速闭锁。只有稳定平衡点才能使弹箭发生转速闭锁。所谓稳定平衡点，是指当γ_1离开γ_{1s}造成$\ddot{\gamma}\neq 0$和$\dot{\gamma}$有变化时，诱导滚转力矩能使γ_1重新回到γ_{1s}上，重新建立起$\ddot{\gamma}=0$、$\dot{\gamma}$为常数的状态，这样的γ_{1s}即为稳定平衡点。这样，$\dot{\gamma}$才能保持不变而形成转速闭锁；反之，若γ_1离开γ_{1s}一点后，诱导滚转力矩使γ_1更进一步远离γ_{1s}，$\dot{\gamma}$也远离平衡点转速$\dot{\gamma}_s$，这就不是稳定平衡点，就形不成转速闭锁。那么，图7.5中的哪个平衡点能使弹箭形成转速闭锁呢？

在转速上升阶段，当 $k_{xs}>0$ 时，有两个平衡点分别位于（30°，45°）和（45°，60°）。当$\dot{\gamma}$增加时，$\dot{\gamma}-\dot{v}>0$，$\Delta\gamma_1>0$，于是，γ_1 将从 $(\gamma_{1s})_1$ 开始增大。但当 $\gamma_1>(\gamma_{1s})_1$ 时，式（7.32）右边成为负值，即$\ddot{\gamma}<0$，转速$\dot{\gamma}$开始减小，γ_1 也开始向 $(\gamma_{1s})_1$ 方向减小，最后又回到$\ddot{\gamma}=0$ 的状态，$\dot{\gamma}$和 γ_1 又回到平衡点处的数值$\dot{\gamma}_s$ 和 γ_{1s}上；反之，当转速$\dot{\gamma}$减小时，诱导滚转力矩仍负值但绝对值减小，此时，$\ddot{\gamma}>0$，这又使$\dot{\gamma}$和 γ_1 向$\dot{\gamma}_s$ 和 γ_{1s}方向增大，最后也回到$\ddot{\gamma}=0$、$\gamma_1=\gamma_{1s}$、$\dot{\gamma}=\dot{\gamma}_s$ 的状态。所以，位于（30°，45°）内的平衡点是稳定平衡点。同理可分析出位于（45°，60°）的是不稳定平衡点。

类似地，可以分析出当 $k_{xs}<0$ 时，位于（0°，15°）的是稳定平衡点。还可以分析出在转速下降阶段，$k_{xs}>0$ 时的稳定平衡点在（15°，30°），$k_{xs}<0$ 时的稳定平衡点在（45°，60°）。

当转速被锁定后，方位角 γ_1 也被锁定在 γ_{1s}上，此时，$\ddot{\gamma}_1=0$。由式（7.31）和式（7.32）得

$$\dot{\gamma}_s=\dot{v}=\frac{k_{xw}v^2\varepsilon+k_{xs}v^2\delta\sin\gamma_{1s}}{-k_{xz}v} \tag{7.36}$$

此时，由于弹箭的自转角速度$\dot{\gamma}$与公转角速度$\dot{v}$相等，于是就形成了稳定的似月运动，也即转速闭锁。

以某火箭的弹体参数与气动参数为例，ε 取 0.7°，k_{xw}取 0.219，k_{xz}取 0.024，k_{xs}取 0.01，对转速方程式（7.32）进行了数值积分，转速随时间变化的曲线如图 7.8 所示。

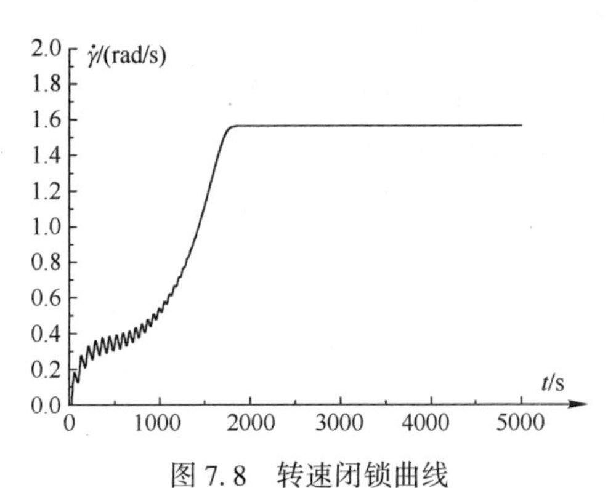

图 7.8　转速闭锁曲线

从图上可以看出，刚开始转速逐渐增加，增加到一定值后就不再变化，即转速发生闭锁。由于诱导滚转力矩的存在，阻止了转速的变化，使火箭无法达到设计转速。在发生转速闭锁时，火箭的转速不变，也就是滚转频率不变，火箭作稳定不衰减的圆运动，即锥摆运动。如果此时火箭的滚转角频率与快进动频率

之比离 1.0 较远,所对应的强迫运动振幅相对较小,可能不会产生太大的影响;相反,如果在共振转速处发生转速闭锁,则火箭滚转角频率会长时间与快进动频率相同,强迫圆锥运动的振幅会很大,轻则会因增大阻力而产生近弹,重则会产生灾难性偏航或使弹箭失稳而翻转。由于这种锥摆运动只有在攻角较大时产生,因而,与起始扰动及飞行中的干扰有关,使火箭的锥摆运动表现为具有随机性,有时发生,有时不发生。只有那些诱导滚转力矩大的火箭,因只要较小的攻角就能发生转速闭锁而表现为经常发生。

因此,避免尾翼火箭发生转速闭锁是减小散布提高精度的措施。

3. 转速闭锁的抑制措施

通过前面转速闭锁形成的机理分析,可用如下措施对其进行抑制:

(1) 减小诱导滚转力矩。例如,卷弧翼没有一个气动力对称面,即使攻角为零时也存在诱导滚转力矩,因而,产生转速闭锁的攻角可以很小。这就是卷弧翼易发生转速闭锁的原因。改为直尾翼后情况就好得多。

(2) 适当增大导转力矩,克服诱导滚转力矩的影响,使转速能较快地穿过共振区。当然,也要注意此时平衡转速增大而引起的动态稳定性问题。

(3) 尽可能减小弹体前部下洗气流对尾翼的作用、减小弹箭发射时的初始扰动等措施避免转速闭锁的发生。

7.1.6 炮口最优转速的选择方法

由前面的分析可知,炮口转速的大小选择不当会造成较大的角散布,从而会影响火箭弹的射击密集度。低速旋转会使推力偏心矩在同一方位上的作用不断变化,从而抵消一部分,减小偏角,射弹散布也会减小。但是,随着旋转速度的增加,起始扰动也会相应加剧,转速过高反而会使射弹散布加剧。所以,在确定火箭弹的初始转速时,要综合考虑推力偏心、起始振动、非对称因素的影响,使它们引起的总散布最小。

研究表明,方向散布是火箭散布的主要矛盾,所以,在选取转速时,应保证使主动段终点总方向角散布最小。这里,主动段结束时方向散布的表达式为

$$\overline{\psi}_{2K}=\sqrt{\overline{\psi}^{2}_{2\dot{\varphi}_{0k}}+\overline{\psi}^{2}_{2_{Lk}}} \tag{7.37}$$

其中

$$\overline{\psi}_{2\dot{\varphi}_{0k}}=\overline{\dot{\varphi}}_{0}\sqrt{\frac{\pi}{\sqrt{a_{m}a}}}R_{\dot{\varphi}_{0}}(\sqrt{a_{m}}s_{0},\sqrt{a_{m}}s_{k}) \tag{7.38}$$

式中:$\overline{\dot{\varphi}}_{0}$ 为起始扰动;$a_{m}=\dfrac{\rho S_{m}lc'_{m}}{2A}$;$s$ 为火箭弹出定向器后喷管出口截面与定向

器迎气正面相隔的距离，并且

$$\overline{\psi}_{Lk}=\overline{\dot{\varphi}}_L\sqrt{\frac{\pi}{\sqrt{a_m}\,a}}R_{\dot{\varphi}_0}(\sqrt{a_m}s_0,\sqrt{a_m}s_k)\approx\frac{\overline{L}a}{K^2\dot{\gamma}_0}\sqrt{\frac{\pi}{\sqrt{a_m}\,a}}R_{\dot{\varphi}_0}(\sqrt{a_m}s_0,\sqrt{a_m}s_k)\tag{7.39}$$

式中：a 为火箭弹绕定向器轴线运动的平均加速度；$\overline{L}$为定向器长度；s_0 为有效定向器长。

进行计算时，在已知其他参量的情况下，可取不同的炮口转速$\dot{\gamma}_0$ 值代入式(7.39)进行计算，求出主动段角散布$\overline{\psi}_{2K}$的值，作出$\overline{\psi}_{2K}$-$\dot{\gamma}_0$ 曲线，如图 7.9 所示。

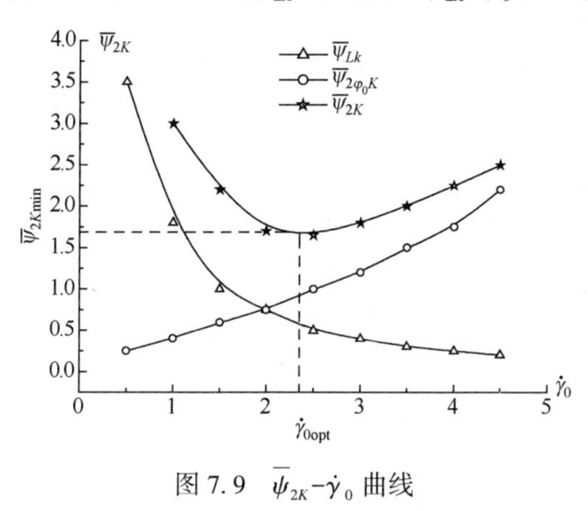

图 7.9　$\overline{\psi}_{2K}$-$\dot{\gamma}_0$ 曲线

图 7.9 中，$\overline{\psi}_{2K\min}$表示主动段末的最小方向角散布，$\dot{\gamma}_0$ 表示最佳炮口转速。

由式(7.39)可以看出，$\dot{\gamma}_0$ 的选择还受到有效定向器长度 s_0 的影响，在设计过程中也要综合进行考虑。

为了保证位移弹稳定飞行且密集度好，对通过以上方法选取的炮口转速$\dot{\gamma}_0$还要进行检验，主要从如下两方面进行。

1. 火箭在飞行中不发生共振

所共谓振，是指使弹轴摆动的干扰力矩的频率正好等于弹轴摆动的固有频率，而使攻角变得很大。弹体自转时，推力偏心、质量偏心、外形非对称等会形成周期性干扰力矩，其频率即为火箭弹的自转频率$\frac{\dot{\gamma}}{2\pi}$。对于陀螺效应可以忽略的低旋尾翼火箭，其弹轴摆动的波长为 $\lambda=\frac{2\pi}{\sqrt{\frac{\rho S_m lc'_m}{2A}}}$，因而，其摆动的固有频率为$\frac{V}{\lambda}$，则飞行中可以避开共振的条件为

$$\frac{\dot{\gamma}}{2\pi} \neq \frac{V}{\lambda} = \frac{\sqrt{\dfrac{\rho S_m l c'_m}{2A}}}{2\pi} V \quad \Rightarrow \quad \dot{\gamma} \neq \sqrt{\frac{2A}{\rho S_m l c'_m}} \cdot V \tag{7.40}$$

2. 转速上界的选取

转速不能过高是要防止马格努斯力矩对飞行稳定性的影响及对尾翼的影响。

由空气动力学可知,对于旋转火箭,在飞行中有攻角存在的情况下,弹体所有横截面两边的气流速度不相等,会在弹体两边产生压力差,形成垂直于攻角平面的马格努斯力。尾翼火箭的马格努斯力矩作用点在质心之后,其作用面垂直于攻角平面的弹体纵向面(图 7.10)。

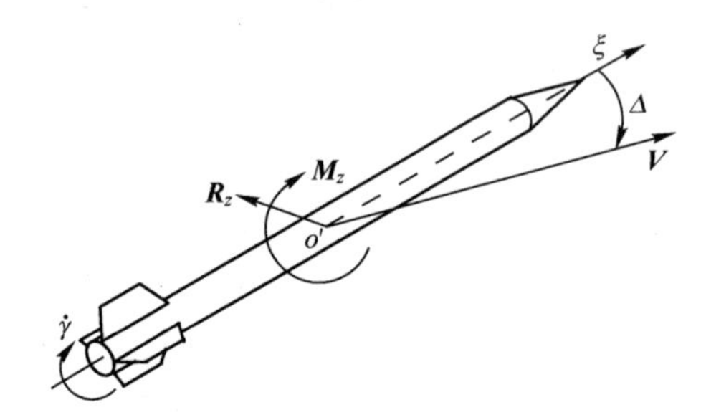

图 7.10　马格努斯力矩示意图

马格努斯力矩的复数表达式为

$$M_z = c_z s_m l^2 \rho V \dot{\gamma} \Delta_i \tag{7.41}$$

式中:c_z 为马格努斯力矩系数。

考虑马格努斯力后的攻角方程的齐次方程为

$$\frac{\mathrm{d}^2\Delta}{\mathrm{d}u^2} + 2b\,\frac{\mathrm{d}\Delta}{\mathrm{d}u} + \left(1 - \mathrm{i}\,\frac{a_1}{a_m}\right)\Delta = 0 \tag{7.42}$$

式中:$b = \dfrac{1}{2\sqrt{a_m}}\left(a_n + a_D - a_x - \dfrac{g\sin\theta}{V^2}\right)$, $a_m = \dfrac{\rho S_m l c'_m}{2A}$, $a_n = \dfrac{\rho S_m c'_y}{2m}$, $a_D = \dfrac{\rho S_m l^2 c_D}{A}$, $a_x = \dfrac{\rho S_m c_x}{2m}$, $a_1 = \dfrac{\rho S_m l^2 c_z}{A}\hbar$, $\hbar = \dfrac{\dot{\gamma}}{V}$, c'_m 为稳定力矩系数,c'_y 为升力系数,c_D 为赤道阻尼力矩系数,c_x 为阻力系数,c_z 为马格努斯力矩系数。

式(7.42)是在忽略陀螺力矩的条件下建立的,在研究转速的上界时,需将陀螺力矩 $\mathrm{i}C\,\dot{\gamma}\dot{\phi}$项也考虑进去,从而可得到如下形式,即

$$\frac{\mathrm{d}^2\Delta}{\mathrm{d}u^2} + 2(b - \mathrm{i}\sqrt{S})\frac{\mathrm{d}\Delta}{\mathrm{d}u} + \left[1 - \mathrm{i}\left(\frac{a_1}{a_m} + \frac{2a_n}{\sqrt{a_m}}\sqrt{S}\right)\right]\Delta = 0 \tag{7.43}$$

其中

$$S=\frac{\hbar^2}{4n^2a_m},n=\frac{A}{C}$$

记 $T=\frac{a_1}{a_m}+\frac{2a_n}{\sqrt{a_m}}\sqrt{S}$,则式(7.43)的特征根为

$$\begin{aligned}\lambda_{1,2}+\mathrm{i}\omega_{1,2}&=-(b-\mathrm{i}\sqrt{S})\pm\sqrt{(b^2-S-1)+\mathrm{i}(T-2b\sqrt{S})}\\&=-b\pm\sqrt{\frac{(b^2-S-1)+\sqrt{(b^2-S-1)^2+(T-2b\sqrt{S})^2}}{2}}\\&\quad+\mathrm{i}\left[\sqrt{S}\pm\sqrt{\frac{-(b^2-S-1)+\sqrt{(b^2-S-1)^2+(T-2b\sqrt{S})^2}}{2}}\right]\end{aligned}\tag{7.44}$$

要使攻角随弹道弧长的增加而衰减,必须满足 $\lambda_1<0,\lambda_2<0$,可得

$$b>\frac{T}{2(\sqrt{S+1}+\sqrt{S})}\tag{7.45}$$

考虑陀螺力矩影响时,$S>0$,则有

$$b>\frac{\frac{a_1}{2a_m}+\frac{a_n}{\sqrt{a_m}}\sqrt{S}}{\sqrt{S}\left(\sqrt{1+\frac{1}{S}}+1\right)}\tag{7.46}$$

把 b 的表达式代入式(7.46),记

$$S_d=\frac{\frac{a_1}{2a_m}+\frac{a_n}{\sqrt{a_m}}\sqrt{S}}{b\sqrt{S}}-1\tag{7.47}$$

得稳定条件为

$$\frac{1}{S}>S_d^2-1\tag{7.48}$$

或

$$\frac{4n^2a_m}{\hbar^2}>S_d^2-1\tag{7.49}$$

当马格努斯力矩条数较大时,$S_d^2-1>0$,可得转速上界为

$$\dot{\gamma}<2nV\sqrt{\frac{a_m}{S_d^2-1}}=\frac{2AV}{C}\sqrt{\frac{a_m}{S_d^2-1}}\tag{7.50}$$

此外,由于尾翼是很单薄的悬臂板,刚度和强度都较低。如果转速过大,则

尾翼受到的空气动力过大，会产生颤动或变形，严重时会被破坏，这对于提高密集度是不利的。

7.2 减小起始扰动产生的角散布

起始扰动是造成射弹散布的重要因素。对于起始扰动的计算这里不作过多探讨，仅从角运动角度研究起始扰动造成的角散布问题。由于尾翼式火箭弹的主动段要经历静不稳定和静稳定两个阶段，所以，我们主要以静不稳定段为例进行分析。

7.2.1 静不稳定尾翼火箭的角运动

静不稳定火箭的静力矩为翻转力矩，即 $M>0$。由于气动力矩中只有静力矩是最大的，如果略去其他次要力矩，由式(7.20)可得静不稳定火箭弹的特征根为

$$\begin{cases}\lambda_1+\mathrm{i}\phi_1'=\dfrac{1}{2}[\mathrm{i}P+\sqrt{4M-P^2}]\\[2ex]\lambda_2+\mathrm{i}\phi_2'=\dfrac{1}{2}[\mathrm{i}P-\sqrt{4M-P^2}]\end{cases}\tag{7.51}$$

由于旋转弹常见的起始条件为 $\Delta_0=0$，$\Delta_0'=\delta_0'\mathrm{e}^{\mathrm{i}v_0}=\dfrac{\delta_0}{V_0}\mathrm{e}^{\mathrm{i}v_0}$，将 Δ_0、Δ_0' 代入到式(7.23)和式(7.24)求出 K_{10}、K_{20}、ϕ_{10}、ϕ_{20}，然后，将其代入到攻角表达式中得

$$\begin{aligned}\Delta&=\frac{\delta_0'\mathrm{e}^{\mathrm{i}v_0}}{2\mathrm{i}\sqrt{P^2-4M}}[\mathrm{e}^{\frac{\mathrm{i}}{2}(P+\sqrt{P^2-4M})s}-\mathrm{e}^{\frac{\mathrm{i}}{2}(P-\sqrt{P^2-4M})s}]\\&=\frac{2\delta_0'}{\sqrt{P^2+4M}}\cdot\sin\left(\frac{P^2-4M}{2}s\right)\cdot\mathrm{e}^{\mathrm{i}\left(\frac{P}{2}s+v_0\right)}\end{aligned}\tag{7.52}$$

或

$$\Delta=\frac{\dot{\delta}_0}{\Re\sqrt{\chi}}\cdot\mathrm{e}^{\mathrm{i}(\Re t+v_0)}\sin\Re\sqrt{\chi}t\tag{7.53}$$

其中

$$\Re=\frac{P}{2}V=\frac{C\dot{\gamma}}{2A}\tag{7.54}$$

$$\chi=\sqrt{1-\frac{4M}{P^2}}=\sqrt{1-\frac{k_zV^2}{\Re^2}}\tag{7.55}$$

$$\phi_{1,2}'=\frac{1}{2}[P\pm\sqrt{P^2-4M}]=\frac{\Re}{V}(1\pm\sqrt{\chi})\tag{7.56}$$

那么，起始扰动到底会对火箭在静不稳定段的角运动产生怎样的影响呢？

7.2.2 起始扰动对火箭角运动的影响

1. 转速相同时起始扰动大小产生的影响

静不稳定火箭的静力矩为翻转取不同初始扰动值对攻角方程进行了积分计算，取值情况列于表 7.1 中。转速 P 取 3.0，M 取 0.01，不同起始扰动情况下的攻角曲线如图 7.11(a)～(d)所示。

表 7.1 转速相同时不同起始扰动取值

起始扰动	类别			
	a	b	c	d
δ_1'	0.1	1.0	5.0	10.0
δ_2'	0.1	1.0	5.0	10.0

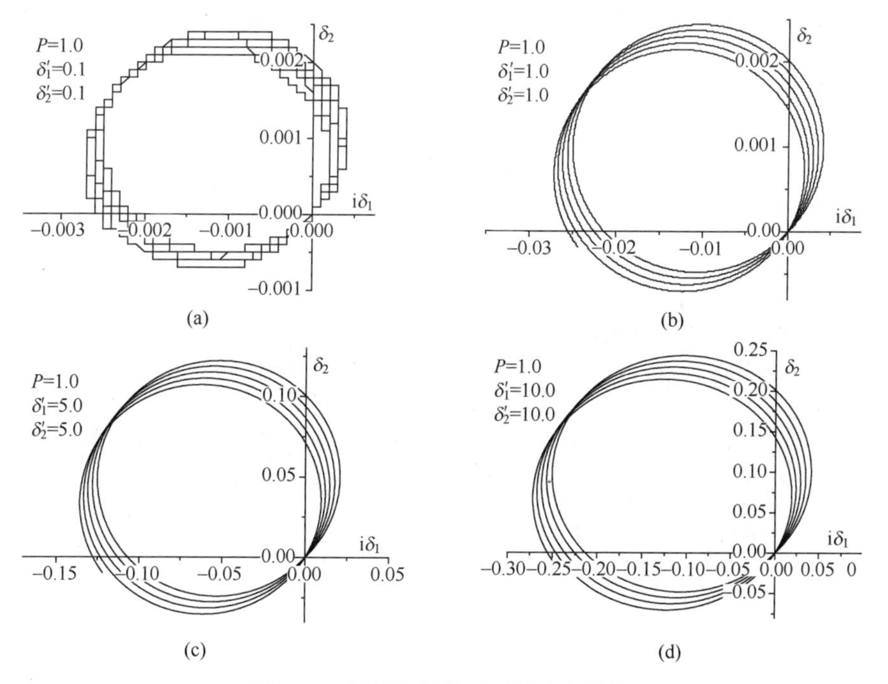

图 7.11 不同起始扰动时的攻角曲线

由图 7.11 曲线可以看出，受到起始扰动的影响后，攻角幅值开始由 0 值变大。在转速相同的情况下，起始扰动的值越大，则攻角作准圆运动的振幅越大；在 M 取 0.01 的条件下，攻角曲线周期性穿过 0 值，且缓慢沿逆时针方向进动。这种情况下，必然造成火箭角散布。在这种情况下，如图 7.11(a)所示，当起始扰动值很小时,即使攻角仍作圆运动,但其幅值在量值上很小,达到 10^{-3} 级,因而,产生的角散布就会小得多。

2. 起始扰动大小相同转速不同时产生的影响

对于尾翼式火箭弹,旋转是保持其飞行稳定减小散布的方法之一。为了探讨在起始扰动作用下旋转对散布的影响,取相同的起始扰动值和不同的转速值进行计算,如表 7.2 所列。M 仍取 0.01,攻角曲线如图 7.12(a)~(d)所示。

表 7.2 起始扰动相同时转速取值

类 别	起始扰动			
	$\delta_1' = \delta_1' = 5.0$			
P	0.1	0.5	2.0	75.0

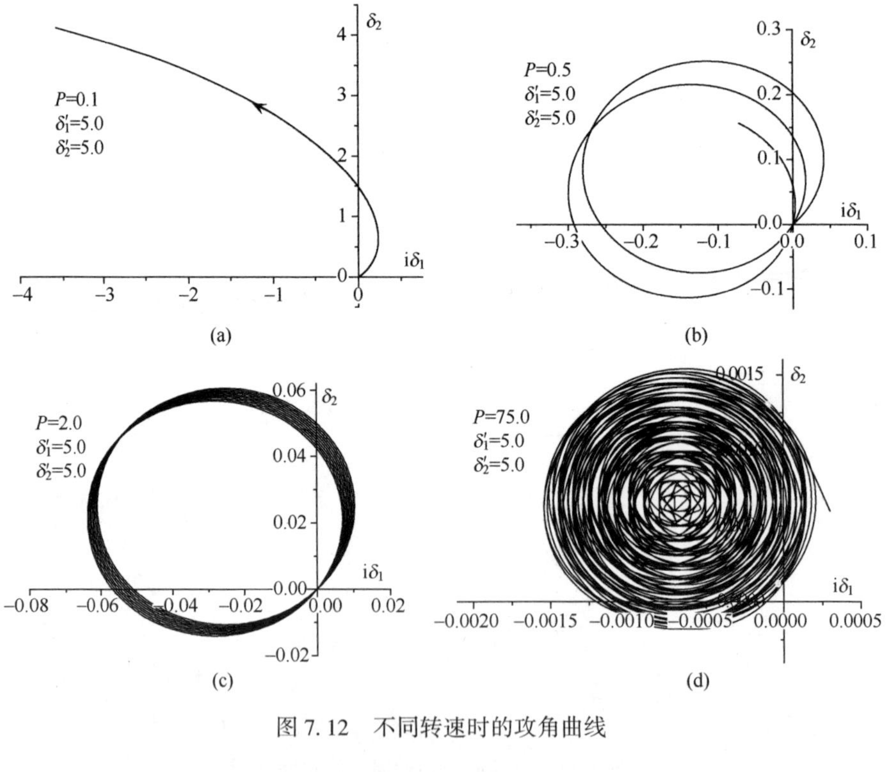

(a) (b)

(c) (d)

图 7.12 不同转速时的攻角曲线

由图 7.12 曲线可以看出,受到起始扰动的影响后,攻角幅值开始由 0 值变大。起始扰动初始值是较大的,但由图 7.12(a)可知,由于转速太小,攻角受到较大的起始扰动后开始发散,直接会导致飞行失稳。所以,增大转速是必然措施。

由图 7.12(b)、(c)可以看出,随着转速的增大,攻角开始作幅值逐渐减小的似圆运动,且仍然沿逆时针方向作进动。当转速增加到足够大时,攻角不再作幅值较大的圆运动,而是收敛于一点,但这一点并不是0点。也就是说,火箭最后以某一会造成弹道侧偏的固定攻角值飞行。若此值过大,则火箭还会作大攻角非线性运动,其结果会产生极限锥摆运动,造成长时间攻角不衰减,增大射弹散布。

本例中 P 达到75rad/s之多,虽然能够使攻角收敛于某一值,但如此大的转速实际上在工程上已很难实现。因此,在合理转速下,通过气动系数设计减小静不稳定火箭角散布成为可行途径。

转速 P 取5.0,M 取不同值,起始扰动值不变,根据计算数据得曲线如图7.13所示。

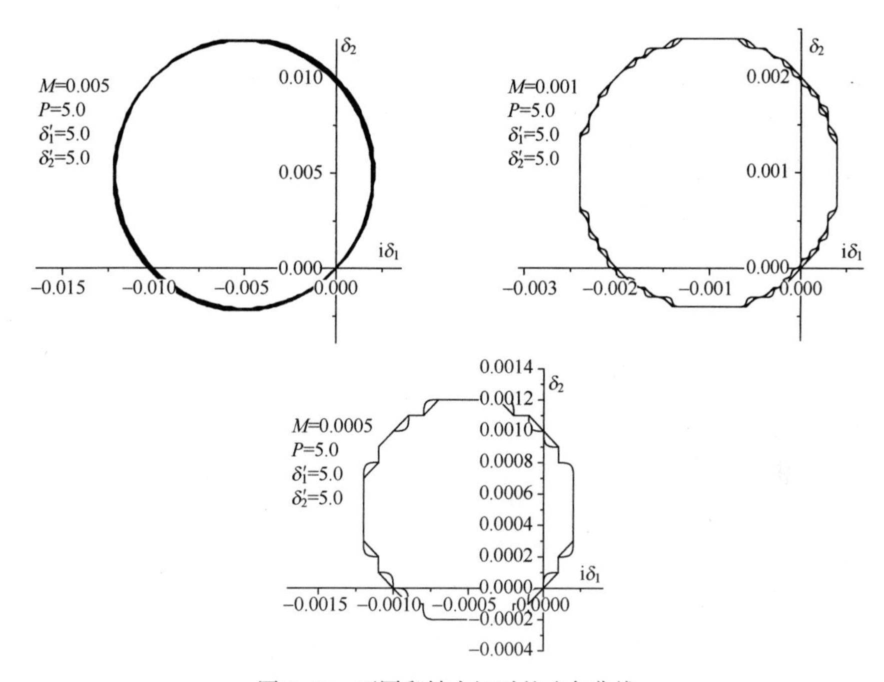

图7.13 不同翻转力矩时的攻角曲线

由图7.13可以看出,随着 M 值的变化,攻角作准圆运动的幅值和圆心位置基本由 M 值决定。到最后虽然还作似圆运动,但攻角振幅已非常小,说明可以通过合理设计气动系数减小角散布。当然,在设计中还要综合考虑各种气动系数的特性进行设计,这里就不再赘述。

7.3 减小火箭非对称扰动产生的角散布

来自于制造装配误差、尾翼或弹翼安装角、加工不对称、弹体各部同轴度不好以及诱导滚转、弹体在飞行过程中由于气动加热烧蚀或气动载荷造成的弯曲变形等都可能引起火箭气动外形和质量分布上的轻微不对称。如果非对称因素始终处于空间同一方位上，将造成很大的弹道偏差，由于各发弹的非对称因素的大小和方位不同则会产生很大的弹道散布。

为了减小非对称因素的影响，尾翼火箭低速旋转的目的就是让非对称因素不停地改变方位，而非对称因素方位的改变又形成了对火箭角运动的周期性干扰，如果转速选取得不当，会使角运动变大，产生较大的角散布。

火箭在周期性干扰下的角运动方程写成如下形式，即

$$\Delta'+(H-\mathrm{i}P)\Delta'-(M+\mathrm{i}PT)\Delta=B\mathrm{e}^{\mathrm{i}r} \tag{7.57}$$

式中：r 为滚转方位角，且 $r=\int_0^s \frac{\dot{r}}{v}\mathrm{d}s$，在 $\frac{\dot{r}}{v}$ 为常数时有 $r=æs$，这里 $æ=\frac{\dot{r}}{v}$。

对于攻角方程式(7.57)，其解可写成如下形式，即

$$\Delta=K_1\mathrm{e}^{\lambda_1+\mathrm{i}\phi_1's}+K_2\mathrm{e}^{\lambda_2+\mathrm{i}\phi_2's}+K_3\mathrm{e}^{\mathrm{i}æs} \tag{7.58}$$

式中：λ_1、λ_2 为快圆运动和慢圆运动的阻尼因子；ϕ_1'、ϕ_2' 为快圆运动和慢圆运动的频率。由于阻尼因子的存在，式(7.58)中的前两项会逐渐衰减至零，最后只剩下 $K_3\mathrm{e}^{\mathrm{i}æs}$ 项作圆运动——它也是一种锥摆运动，圆运动幅值 K_3 的表达式为

$$K_3=\frac{B}{(\mathrm{i}\ æ)^2+(H-\mathrm{i}P)\mathrm{i}\ æ-(M+\mathrm{i}PT)} \tag{7.59}$$

方程式(7.57)的齐次方根为 $l_1=\lambda_1+\mathrm{i}\phi_1'$，$l_2=\lambda_2+\mathrm{i}\phi_2'$。根据韦达定理可知

$$l_1+l_2=\lambda_1+\lambda_2+\mathrm{i}(\phi_1'+\phi_2')=-(H-\mathrm{i}P) \tag{7.60}$$

$$l_1\cdot l_2=(\lambda_1\lambda_2-\phi_1'\phi_2')+\mathrm{i}(\lambda_1\phi_2'+\lambda_2\phi_1')=-(M+\mathrm{i}PT) \tag{7.61}$$

代入式(7.59)进行因式分解后可得强迫运动的幅值为

$$|K_3|=\frac{B}{\sqrt{[(æ-\phi_1^2)^2+\lambda_1^2][(æ-\phi_2^2)^2+\lambda_2^2]}} \tag{7.62}$$

取不同的 $æ$ 值，对方程式(7.57)进行数值积分，根据某火箭气动系数和弹体参数(尾翼6片)计算出快进动频率为 $\phi_1'=1.787$，其中 P、T、H、M、B 分别取 0.5、0.01、0.5、-0.8、0.5，攻角的初始摆频率取 0.05，不同频率比下弹箭作强迫运动对应的振幅如表 7.3 所列。

表 7.3　频率比与强迫运动振幅

频率比（$æ/\phi_1'$）	0.15	0.22	0.58	0.84	0.92	0.99	1.0
K_3/B	0.9	1.1	4.2	5.7	7.4	8.4	8.5
频率比（$æ/\phi_1'$）	1.02	1.06	1.17	1.55	1.7	1.8	1.9
K_3/B	8.0	7.0	5.3	1.7	1.2	1.1	0.8

对应的攻角积分曲线如图 7.14(a)~(f)所示。

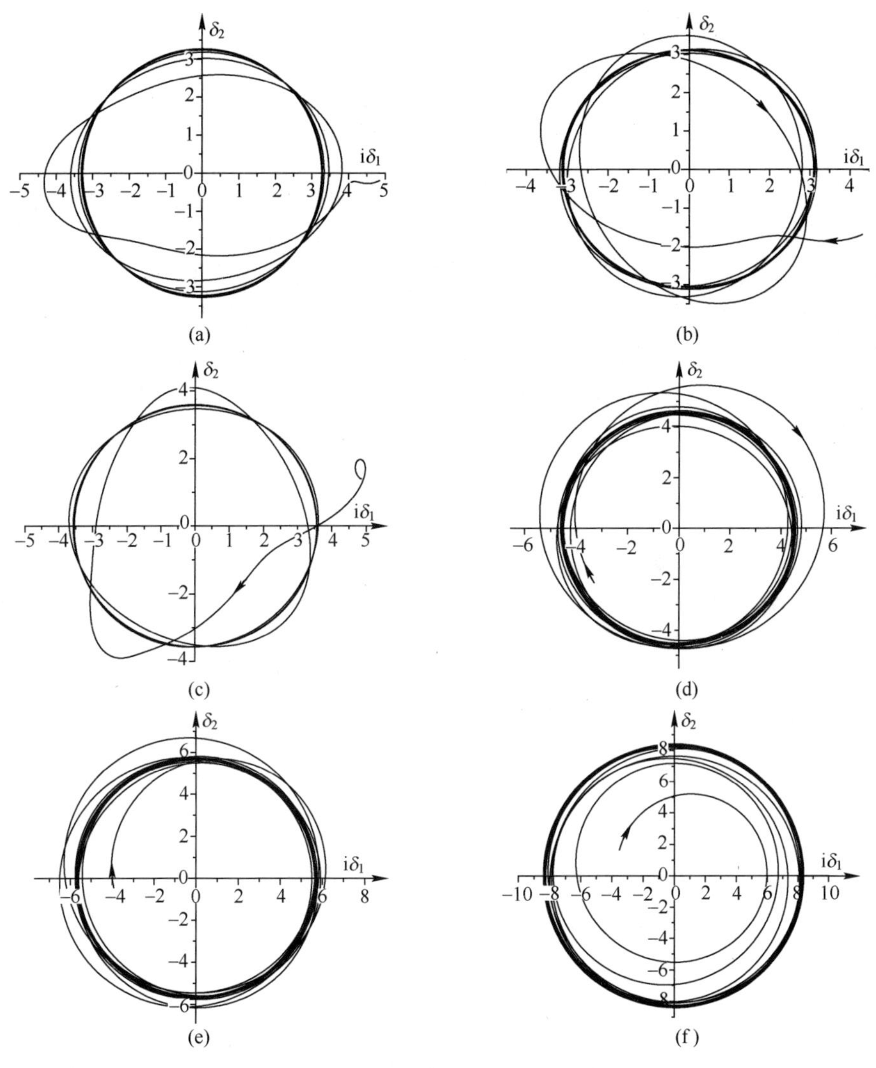

图 7.14　不同频率比对应的攻角曲线

(a) 频率比等于 0.15;(b) 频率比等于 0.48;(c) 频率比等于 0.58;

(d) 频率比等于 0.6;(e) 频率比等于 0.84;(f) 频率比等于 1.0。

根据频率比与强迫运动振幅的值得到其关系曲线如图 7.15 所示。

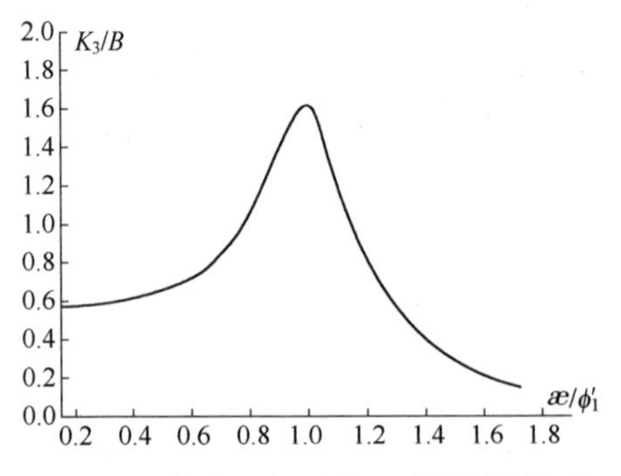

图 7.15　频率比与强迫运动振幅的关系

由图 7.15 可以看出,不同的频率比引起的强迫运动振幅大小是不同的,频率比距离 1.0 越近,强迫运动的振幅越大。在频率比值为 1.0 时,弹箭的转动角频率等于快进动频率,强迫运动的振幅达到最大值,如果频率比长时间停留在 1.0 附近,则会使火箭攻角长时间作剧烈摆动而造成很大的弹道散布,严重时会失稳。为了避免共振,火箭的自转频率要高于 3 倍摆动频率,使强迫运动振幅较小,也就可以减小弹道散布。

第 8 章　野战火箭优化发射与低耗弹量试验

武器系统密集度是衡量其战技性能的主要指标之一。火箭炮在射击时,发射装置的振动与移动、初始扰动、发射间隔不同等都会影响射击密集度。定向管内的清洁与光滑程度、定向管的形状是否标准、发射间隔长短的一致性、射向的选择、火箭炮在射击时的固定状态等,都是影响射击密集度的因素。因此,在射击过程中采取合适的射击方法,可以有效减小火箭弹散布,提高射击密集度。

射击密集度差和试验耗弹量大一直是制约野战火箭研制与试验的瓶颈。交验试验耗弹量巨大,试验成本极高。野战火箭低耗弹量试验技术将大幅度减少交验试验用弹量、试验成本和费用。野战火箭高精度发射技术将大幅度提高武器系统射击密集度和作战效能。

图 8.1 表示野战火箭高精度发射技术思路。应用多体系统发射动力学最新理论和技术,理论、计算、试验相结合,从野战火箭弹、炮、药、环境大系统的角度,综合考虑结构参数、几何参数、箱式发射效应等因素对系统动态特性的影响,建立野战火箭多刚柔体系统发射与飞行动力学理论与仿真系统,快速准确

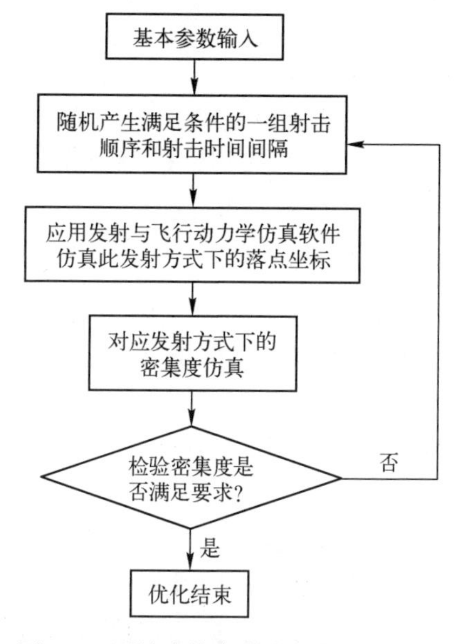

图 8.1　野战火箭高精度发射技术思路

地获得野战火箭振动特性和发射过程中的动力响应,以精确描述野战火箭总体参数与射击密集度等武器系统性能之间的定量关系为主线,通过优化野战火箭总体参数、火箭弹装填位置和射击顺序,找到与满管装填火箭弹齐射方式系统起始扰动相等、密集度相同的非满管装填连射试验方案,从而用非满管装填火箭弹密集度试验替代满管装填火箭弹齐射密集度试验,形成野战火箭低耗弹量试验技术。精细表征野战火箭武器不同射序和射击间隔对应的总体参数分布、振动特性、起始扰动与射击密集度,通过改变野战火箭武器射序和射击间隔改变野战火箭武器的总体参数分布及振动频率分布,优化射击间隔合理匹配射击频率与固有频率,从而大幅度减少野战火箭的起始扰动,提高射击密集度,形成野战火箭小起始扰动高精度发射技术。

8.1 野战火箭优化发射技术

在野战火箭武器系统作战使用过程中,可以通过优化发射过程提高发射精度。

8.1.1 阵地减小发射装置振动

发射装置的振动通过影响火箭弹的起始扰动影响其射击密度度。研究结果表明,振动位移或振动速度引起的起始扰动与振幅或振速幅值的均方差成正比。

定义随机变量 X 的方差为

$$\begin{aligned} D(X) &= M[X-M(X)]^2 \\ &= M[X^2-2XM(X)+M^2(X)] \\ &= M(X^2)-M^2(X) \end{aligned} \tag{8.1}$$

式中:$M(X^2)$ 为 X 平方的数学期望,且有

$$M(X^2)=\sqrt{D(X)+M^2(X)} \tag{8.2}$$

由式(8.2)可见,要减小振动引起的射弹散布,必须减小振幅和振速幅值的方差与数学期望,做法如下。

(1) 增大阻尼。阻尼系数增大能减小自由振动的振幅和频率,减小强迫振动的振幅,因而,也能减小振速振幅。

(2) 在残余振动尽量小时进行发射。

(3) 减小周期干扰力矩和突加力矩的幅值。

(4) 避免发生共振。共振时振幅和振速幅值均随时间增大而增大,危害极大,因此应力求避免,使周期干扰力矩频率不等于自振频率。

(5) 提高各发弹发射时对发射装置的外加影响的一致性。

在设置炮阵地时,对于轮式自行火箭炮,其发射方式可分为本支撑发射(千斤顶)和半支撑发射(车轮支撑)。采用半支撑发射时,地面的软硬程度对振动有较大影响。通常,在石子路上射击时振幅是在潮湿黄土地上的4倍左右,振动的延续时间约长2倍。所以,在进行半支撑射击时,尽量选择地面不太硬的阵地。

8.1.2 优化射序和发射时间间隔

发射顺序和时间间隔不同都会对火箭发射装置的稳定性与扰动产生影响。从提高发射速度和火力密度方面考虑,两发弹间的发射间隔越小越好,甚至从理论上讲,一次将全部火箭弹同时发射出去使射击间隔为0,不但可以达到最大的火力密度,还会避免前发弹的发射对发射装置产生的振动对后发弹产生起始扰动。实际上,这样是不可以的,因为各发弹的点火时间不可能绝对相同,它们在空中飞行有先有后,若两弹离得太近,则前面弹喷出的燃气流可能影响后面弹的飞行,使后者的飞行条件变得十分恶劣。此外,各发弹离定向器后有各自的方向偏差,可能造成弹在空中相互碰撞,不但达不到提高密集度的目的,还可能会发生飞行失稳及早炸的危险。此外,若射击间隔为0,发射装置将受到巨大的燃气流作用力,会产生射击不稳定。

发射间隔是经过振动试验及仿真确定的,其根本原则是:前发弹发射使发射装置产生的振动在后发弹发射时已经衰减,不会对后发弹产生起始扰动或产生的起始扰动不会影响后发弹的密集度。所以,从理论上讲,发射间隔越长,产生的起始扰动会越小。但是,毕竟不只从这个角度考虑,还要综合考虑火力密度及达到的战术效果进行确定。

1. 技术思路

以发射动力学方法为手段提高野战火箭射击密集度的解决方案和技术措施:一是通过优化弹炮系统参数(如优化射序和射击时间间隔),减小起始扰动;二是用等效起始扰动概念,通过弹炮参数设计,使火箭弹起始扰动与其自身缺陷(质量偏心、动不平衡、推力偏心等因素)产生的等效起始扰动等大反向相互抵消,从而使起始扰动产生的弹道偏差与火箭弹自身缺陷引起的弹道偏差相互抵消。

2. 野战火箭炮高精度发射方案

以某型野战火箭炮为对象进行研究。应用建立的野战火箭发射动力学仿真系统,全面考虑弹、炮、药、环境各种因素对密集度的影响,通过随机整数优化,得到野战火箭高精度发射方案如下。

(1) 每组火箭弹发数:40 发。

(2) 新 40 发齐射射击间隔:0. 6s。

(3) 装填位置及发射次序。如图 8. 2 所示,图中圆圈代表定向管,圆内数字为野战火箭高精度发射方案的射序。

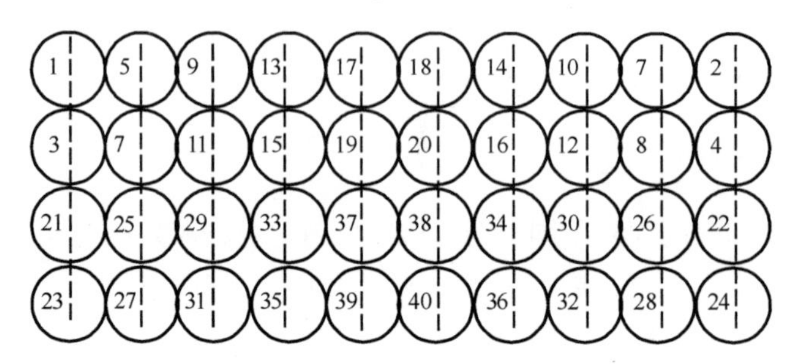

图 8. 2　某履带式野战火箭高密集度设计方案

3. 野战火箭高精度发射方案的密集度预测

图 8. 3 和图 8. 4 给出了由某履带式野战火箭发射动力学仿真系统对该型野战火箭高精度发射方案密集度的仿真结果。

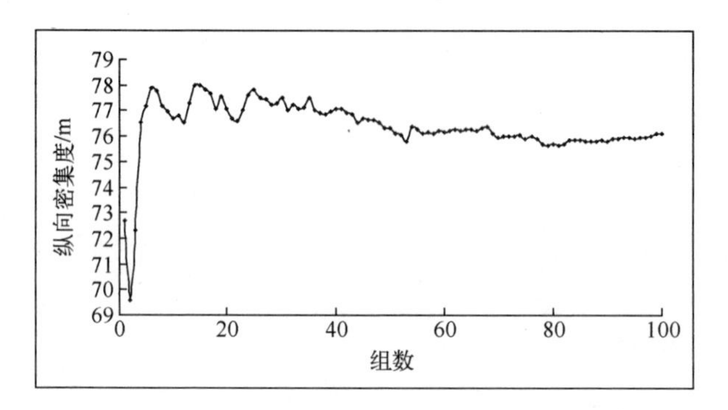

图 8. 3　某履带式野战火箭高精度发射方案的纵向密集度预测

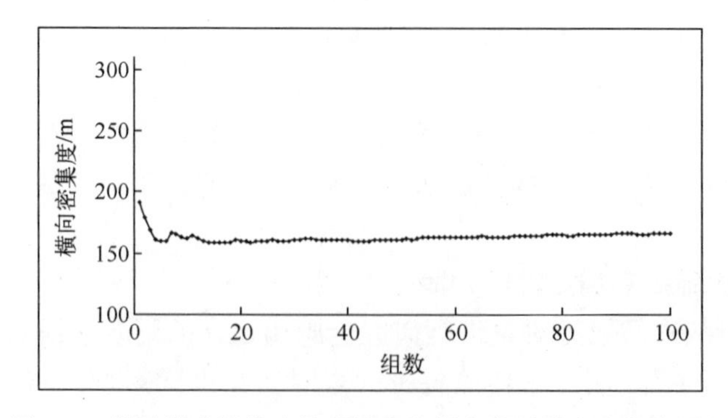

图 8. 4　某履带式野战火箭高精度发射方案的横向密集度预测

8.1.3 选择合适的发射方式

在进行单发射时,前发弹所引起的振动不致影响后发弹的起始扰动,还可以进行复瞄,因而其密集度好一些;但是,在实战中要求射速快,以在短时间内给敌人以毁灭性打击,有效地完成压制与歼灭任务,因此,火箭炮大都以连发方式进行射击,在短时间内造成强大的火力密度,但由于受振动及起始扰动影响,其射击密集度低些。

采用发火机进行连发,由于其中有时间继电器设计,因而,可以保证各发弹在近乎相同的扰动条件下启动,有利于提高射击密集度。

8.1.4 阵地操作时保证起始偏差最小

这里说的起始偏差,是指火箭发射装置直接造成的射向和射角偏差。为了减小它,应该做到以下几点。

(1) 减小射击时的移动和变位。

① 减小火箭燃气流作用力,降低火线高度。

② 若本炮有千斤顶,尽量采用千斤顶发射。

③ 发射时将车轮制动。

④ 在平衡机设计方面,保证常用大射角范围内平衡力矩小于不装弹时重力矩,因为这样既可保证发射时弹数逐渐减小时不平衡力矩不变号,又可保证火箭在定向器上向前滑行时也不变号。

⑤ 高低机、方向机要减少空回量,保证有良好的自锁性能。

⑥ 发射装置各零部件的加工精度和装配精度适当,固连件不松动。

(2) 合理确定定向器平行度,减小发射偏差。定向管的平行度若不好,则在发射时必然赋予该管内火箭弹不正确的射角和射向,即在发射时注定会发生起始偏差。

(3) 瞄准具精度要高,基准管与瞄准轴线的一致性要好。在射击前要调平火箭炮,若没有千斤顶,则要将阵地尽量修平。这样,可提高单炮的射击精度和多炮齐射的总体密集度。

(4) 减少燃气流的影响。火箭发射初期,初速度较小,但火箭发动机喷出的燃气流速度却很大。火箭发动机喷出的燃气流属于高温高速射流,这种射流对火箭发射装置有较大的冲击力,能引起发射装置与弹性系统的振动响应和火箭的起始扰动,从而影响火箭密集度。对于野战火箭发射装置,当发射某一发火箭弹的射流激起发射装置振动时,还会增加续射弹的起始扰动。此外,火箭射流还会影响火箭发射装置的射击稳定性。

为了减小散布,火箭发射装置必须保证燃气流反射回波不影响火箭弹的飞行。为此,在最大射角下定向器尾端离地面高度不应太小,宜将各迎气面修成导流形状,以保证速度比火箭弹运动速度大得多的燃气流反向回波不致追上火箭弹而干扰它的飞行。

8.2 野战火箭低耗弹量试验

以发射动力学方法为手段的野战火箭低耗弹量试验技术的技术措施是:以两个系统的密集度相同为约束条件,以试验用弹量最少为目标,以调整装填方式、射序和射击时间间隔为手段,通过大量计算、优化,得到新试验方案,并用统计方法检验两种方案的密集度估计值无显著差异,最终找到与原满管齐射方式系统密集度相同的非满管发射方式,实现用非满管连射替代满管齐射进行野战火箭射击密集度试验,在保证试验质量的前提下,大幅度减少试验用弹量。

8.2.1 低耗弹量试验的发射动力学可行性分析

影响野战火箭密集度的因素主要有火箭质量、质量偏心、动不平衡、推进剂质量、弹炮间隙、射击时间间隔、阵风等。不同发射方式的影响如下。

(1) 单发射。该发射方式对同一批次性能稳定的火箭弹,仅由火箭弹因素和阵风引起弹道散布。

(2) 连发射。对于同一门炮,若采用满管齐射或按组连射,则其密集度与该炮单发射时相差很大。但对同一批次的性能稳定的弹药,火箭弹的因素对于不同组数弹的密集度影响度变化不大。

因而,可以看出,造成同一门炮满管齐射与非满管连射密集度差别的主要原因在于发射时的起始扰动差别。

起始扰动是指火箭弹后定心部离开定向管末端时所受的扰动,是影响射弹散布的主要原因。野战火箭的射击精度包括射击准确度和射击密集度。射击准确度用射弹的平均弹着点相对瞄准点或目标的偏差表示,而射击密集度是表征弹着点对于平均弹着点的密集程度,常用弹着点的中间误差表示[28,29]。起始扰动主要是指火箭弹外弹道方程所对应的起始参量,即包括起始摆动角 ϕ_0 及其角速度$\dot{\phi}_0$、偏角 ψ_0 及其角速度$\dot{\psi}_0$、起始线位移 r_0、线速度 v_0、自转角 γ_0 和自转角速度$\dot{\gamma}_0$。引起起始扰动的因素分为随机和非随机两部分,非随机因素是系统误差,可以通过修正减小射弹散布。各种随机因素和武器系统的固有力学特性是不可修正的,是影响射击密集度的重要因素,如定向器振动、定向管内壁的波纹过渡、火箭弹质量分布的不均衡性、火箭弹定心部与定向管间的间隙等。

依据发射动力学理论,从总体上建立野战火箭总体布局结构参数与振动特性、动力响应、弹道、密集度之间定量关系的基础上,通过优化野战火箭总体结构参数布局,找到非满管连射与满管齐射密集度相同的射击方案,用非满管连射替代满管齐射进行野战火箭密集度试验,达到两种情况的野战火箭密集度估计值没有显著差异的目的。

8.2.2 低耗弹量试验的数理统计学可行性分析

1. 火箭落点相关概率论描述

由数理统计理论可知,火箭弹的落点坐标(距离 x、方向 z)服从正态分布的随机变量,且距离坐标与方向坐标是相互独立的。

设某批弹药的落点距离真值为 μ,估计值$\hat{\mu}$落在区间$[\mu-\Delta \overline{X},\mu+\Delta \overline{X}]$内的概率为 p_x,$\hat{\mu}$的密度函数为 $p(\hat{\mu})$,则 p_x 的表达式为

$$p_x = \int_{\mu-\Delta\overline{X}}^{\mu+\Delta\overline{X}} p(\hat{\mu})\,\mathrm{d}\hat{\mu} \tag{8.3}$$

取 α_d 为置信水平,则式(8.3)的意义为

$$p_x = p(\,|\overline{X}-\mu|\leqslant\Delta\overline{X}) = 1-\alpha_d \tag{8.4}$$

在射击理论中,用中间误差表示火箭弹落点的散布程度。若设这组落点距离值为随机变量 $\boldsymbol{X}$,其一组子样$(x_1,x_2,\cdots,x_n)$的数学期望为

$$\hat{\mu} = \bar{x} = \frac{1}{n}\sum_{i=1}^{n} x_i \tag{8.5}$$

方差估计值为

$$\hat{\sigma}_x^2 = \frac{1}{n-1}\sum_{i=1}^{n}(x_i-\bar{x})^2 \tag{8.6}$$

算术平均值$\bar{x}$的方差估计值为

$$\hat{\sigma}_{\bar{x}}^2 = \frac{\hat{\sigma}_x^2}{n} = \frac{1}{n(n-1)}\sum_{i=1}^{n}(x_i-\bar{x})^2 \tag{8.7}$$

统计量 t 为

$$t = \frac{\bar{x}-\mu}{\hat{\sigma}_x} \tag{8.8}$$

对于服从自由度为 k 的 t 分布,其概率密度函数为

$$p(t,k) = \left(1+\frac{t^2}{k}\right)^{\frac{k+1}{2}} \frac{\Gamma\left(\dfrac{k+1}{2}\right)}{\sqrt{k\pi}\,\Gamma\left(\dfrac{k}{2}\right)} \quad (\,|t|<\infty\,) \tag{8.9}$$

伽马函数 Γ 的表达式为

$$\Gamma(m)=\int_0^{\infty} t^{m-1}\mathrm{e}^{-t}\mathrm{d}t \quad (m>0) \tag{8.10}$$

则可将式(8.4)写成

$$p_x = p(\,|t|\leqslant t_\alpha) = \int_{-t_\alpha}^{t_\alpha} p(t,\beta)\mathrm{d}t \tag{8.11}$$

式中:β 为自由度。

确定好置信因子 t_α 后,则$\bar{x}$落在区间$[\mu-t_\alpha\hat{\sigma}_x,\mu+t_\alpha\hat{\sigma}_x]$内的概率为

$$p_E(\mu - t_\alpha\hat{\sigma}_x \leqslant \bar{x} \leqslant \mu + t_\alpha\hat{\sigma}_x] = \int_{-t_\alpha}^{t_\alpha} p(t,\beta)\mathrm{d}t \tag{8.12}$$

2. 低耗弹量试验的可行性

(1) 置信度估计的可性性。令 $p_E(n)$表示试验 n 发火箭弹所得估计值的置信度,$p_E(n)$表示试验 n 发火箭弹所得估计值的置信度,用 $p_E(\infty)$表示发射∞发火箭弹所得估计值的置信度。经计算,均值估计的置信度随试验发数的变化曲线如图 8.5 所示,用 n 发弹代替无穷发弹进行试验估计的置信度曲线如图 8.6 所示。

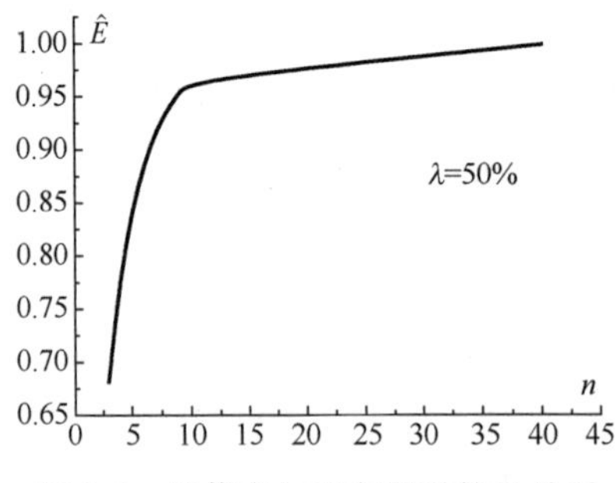

图 8.5　置信度与无穷发弹数的关系

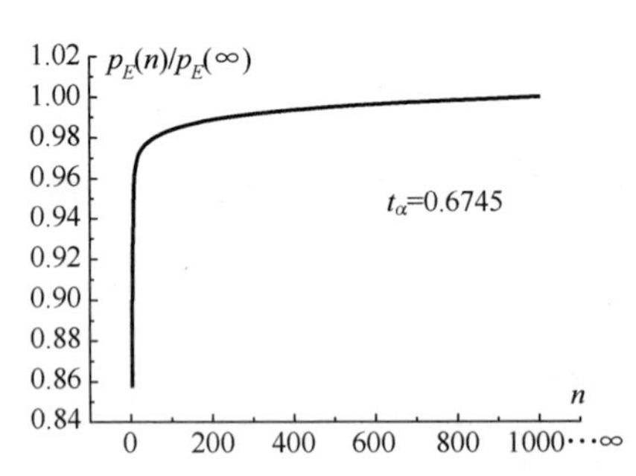

图 8.6　n 发代替∞发进行估计的置信度

从图 8.5 和图 8.6 可以看出,当置信度因子取 0.6745 时,对于发射无穷发弹数的情况,超过一定数值后,置信度的变化很慢。这就说明可以一定数量的非满管装填弹数代替用无穷发弹数进行试验而取得差异不大的效果。

那么,到底取多少弹数可以取得与无穷发弹数大致相同的评估效果呢?

根据对图 8.5 和图 8.6 计算数据分析可知,当试验发数大于 7 发后,置信度增加非常缓慢,这时的置信度可达到无穷次测量的置信度的 94.8%以上,也就是说,以于同一批性能较为稳定的弹药,采用单点发射时,只需 7 发就可以表征火箭弹本身的随机因素对落点均值的影响程度。

(2) 密集度估计的可行性。在密集度估计时,假设密集度是服从正态分布的随机变量。设系统密集度为 E,密集度估计值为$\hat{E}$,则有

$$\hat{\sigma}=\sqrt{\frac{1}{n-1}\sum_{i=1}^{n}(x_i-\bar{x})^2} \tag{8.13}$$

把$\hat{\sigma}$近似看作正态分布 $N(\sigma,\sigma_{\hat{\sigma}})$，则有

$$U=\frac{\hat{\sigma}-\sigma}{\sigma_{\hat{\sigma}}} \tag{8.14}$$

为服从标准正态分布 $N(0,1)$的统计量，对给定的置信水平 $1-\alpha$，由标准正态分布表可以确定 $U_{\frac{\alpha}{2}}$，使

$$P\{U>U_{\frac{\alpha}{2}}\}=\frac{\alpha}{2} \tag{8.15}$$

所以有

$$P\left\{\left|\frac{\hat{\sigma}-\sigma}{\sigma_{\hat{\sigma}}}\right|<U_{\frac{\alpha}{2}}\right\}=1-\alpha \tag{8.16}$$

即

$$P\{\,|\hat{\sigma}-\sigma|<\sigma_{\hat{\sigma}}U_{\frac{\alpha}{2}}\}=1-\alpha \tag{8.17}$$

称 $\varepsilon=\sigma_{\hat{\sigma}}U_{\frac{\alpha}{2}}$为误差量，其值越小，则对 σ 的估计精度越高。

将 $\sigma_{\hat{\sigma}}=\dfrac{\sigma}{\sqrt{2(n-1)}}$代入，再令 $\lambda=\dfrac{\varepsilon}{\sigma}$为误差极限，可得

$$U_{\frac{\alpha}{2}}=\sqrt{2\lambda^2(n-1)} \tag{8.18}$$

通常称$(1-\alpha)$为估计值 $1-\alpha$ 落在$(\sigma-0.5\sigma,\sigma+0.5\sigma)$内的置信度。通常取 $\lambda=50\%$。

根据式(8.18)，取不同的弹数时，可以反求出$\dfrac{\alpha}{2}$，最后可得$(1-\alpha)$随发射弹数的变化情况。

取 $\lambda=50\%$时，对均方差估计值$\hat{\sigma}$落在$(\sigma-0.5\sigma,\sigma+0.5\sigma)$内的置信度进行了计算，根据计算数据绘出曲线如图 8.7 所示。

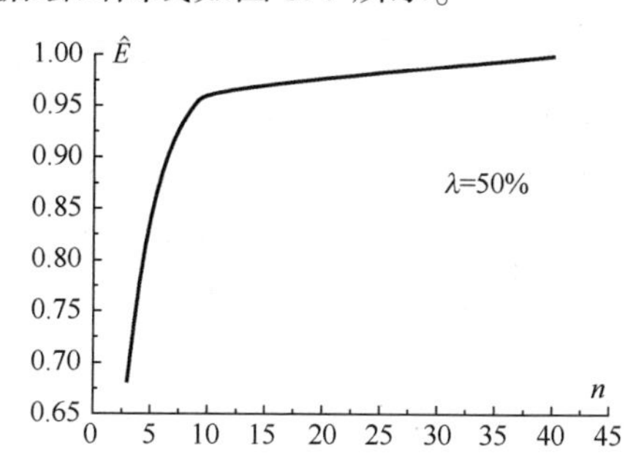

图 8.7　中间误差估计的置信度随试验弹数变化曲线

如图 8.7 所示，试验发数超过 7 发后，随着试验发数的增加，置信度随试验

发数的增加而变化缓慢。计算数据表明,对单管点射而言,试验 7 发弹的估计值$\hat{E}$落在($E-0.5E,E+0.5E$)内的概率为 91.7%。

由于密集度估计值的置信度水平达到 91.7%,因而,对同一批次性能较为稳定的火箭弹,单管点射 7 发可以满足密集度试验要求。但是,这只是一个常规做法。真正在试验过程中,在管数增多时(如 40 管火箭弹),还要考虑弹炮耦合、装填方式、发射时间间隔、射序等因素对起始扰动的影响,因而,试验发数可能还会变化。

8.2.3 非满管射击方案优化

优化的原则:用最少的弹药,以与满管齐射系统密集度相等为约束条件,得到系统密集度与满管齐射密集度相同的非满管射击方案。

可应用随机整数规化方法[29]优化野战火箭密集度试验方案。

(1) 对影响因素分类。将影响野战火箭密集度的因素分为两大类:一类是由弹炮系统固有的力学特性决定的;另一类是由各种随机因素决定的。前者对密集度的影响主要体现在弹炮系统的质量、刚度、火箭弹的发射次序、射击间隔时间、火箭燃气射流等引起的弹炮振动,进而对火箭弹起始振动产生的变化;后者的影响主要体现在弹炮间隙、动不平衡、质量偏心、推力偏心、射击间隔等参数的随机性对弹道的影响。

对于同一批次的性能较为稳定的火箭弹和同一门火箭炮来说,各种随机参数的统计特性是稳定的,因而,其对密集度的影响程度变化不大。野战火箭系统的装填位置、射击顺序等固有力学特性的变化是引起密集度变化的主要因素。

(2) 影响因素的比例。野战火箭密集度 E 是一个多变量函数,即

$$E=f(B,\boldsymbol{X},T,\boldsymbol{C}) \tag{8.19}$$

式中:B 为影响射击密集度的系统结构参数常量;$\boldsymbol{X}$ 为火箭弹的装填位置向量;T 为射击间隔时间 t 的均值;$\boldsymbol{C}$ 为影响射击密集的随机向量(弹体质量、推力、推力偏心、动不平衡、质量偏心、气象条件、射击间隔时间的随机部分)。

以上因素中,以随机向量 $\boldsymbol{C}$ 及结构参数常量 B 对于密集度的影响是稳定的,是造成满管与非满管发射两种情况密集度差别的主要因素。

(3) 应用最优化理论选取方案。由最优化理论,可构造如下规划问题,即

$$\begin{cases} \min \quad y = \sum\limits_{i=1}^{n} x_i \\ \text{s. t} \quad H_0: E_{A_1} = E_{A_0} \\ \qquad y \geqslant 7 \end{cases} \tag{8.20}$$

式中:y 为目标函数;x_i 为火箭弹装填位置函数;$H_0:E_{A_1}=E_{A_0}$为对满管装填的系统与目标系统的密集度进行检验。

在以上规划的约束下,在发射动力学基础上,在能够对不同射击顺序时密集度正确仿真的前提下,通过随机仿真,可得到与满管齐射时密集度估计值相同的非满管射击方案。对于所选取的射击方案,可由统计假设检验方法检验其正确性。

8.2.4 野战火箭非满管发射仿真

1. 发射方案

应用建立的履带式野战火箭发射动力学仿真系统,形成的非满管齐射的低耗弹量的 7 发射击方案如图 8.8 所示,图中各圆分别代表对应的定向管,圆内左侧数字代表高精度发射方案的 40 发齐射的射序,圆内右侧数字代表 7 发射击优化方案的射序。自下而上是 1、2、3、4 行;从左到右是 1~10 列。7 发射击方案对应的管号依次如下。

(1) 每组火箭弹发数:7 发。

(2) 射击时间间隔:0. 6s。

(3) 装填位置及发射次序:1 (4,6),2 (4,5),3 (3,6),4 (4,7),5 (3,4),6 (2,6),7 (2,5)。

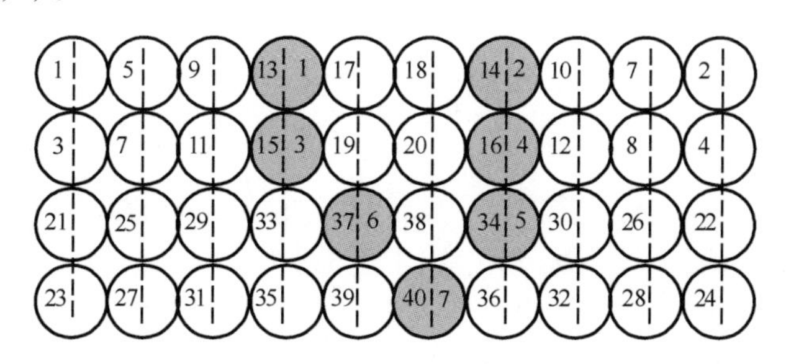

图 8.8 履带式 122mm 野战火箭射击密集度试验的 7 发射击方案

2. 野战火箭非满管射击密集度预测

图 8.9 和图 8.10 给出了由履带式 122mm 野战火箭发射动力学仿真系统对 7 发连射与原 40 发齐射的密集度及其随试验组数变化而变化、满足 F 检验的允许范围的仿真结果。可以看出,两种方案的密集度总能满足 F 检验的要求并随试验组数增加逐渐趋于一致,说明两种方案的系统密集度相同。

3. 履带式野战火箭发射动力学模型

野战火箭的定向管对射击密集度有显著影响,必须将定向管作为弹性体处理,因此野战火箭系统为刚弹耦合多体系统。由于发射动力学问题非常复杂,

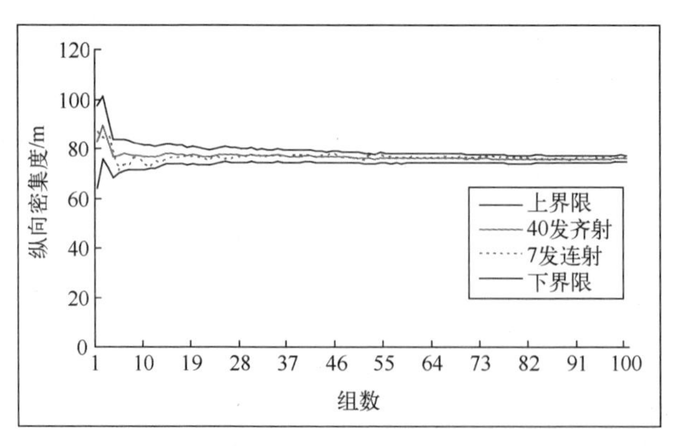

图 8.9　7 发连射与 40 发齐射纵向密集度估计值随试验组数的变化

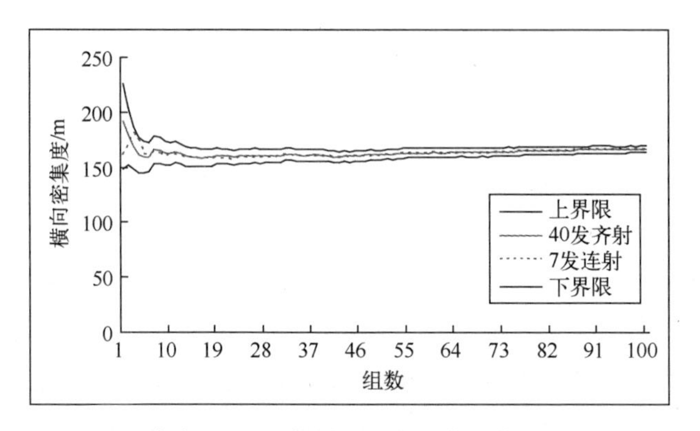

图 8.10　7 发连射与 40 发齐射横向密集度估计值随试验组数的变化

通常的各种研究方法，对解决野战火箭武器这样的伴随高温、高压、时间极短而变化剧烈的刚弹耦合多体系统动力学问题显得力不从心。因此，不得不对发射动力学模型进行简化，特别是难于考虑定向管的弹性变形和系统的振动特性随发射火箭弹个数的变化，以至于模型与实际相差较大，使得计算结果误差较大。

由于多体系统传递矩阵法便于处理多刚体系统的振动特性和动力响应，计算规模不随系统自由度的增加而大幅增加，具有高效率。可以使所建立的野战火箭发射动力学模型比较符合实际情况，保证了仿真计算的可信度。应用多体系统传递矩阵法，根据某 122mm 履带式野战火箭系统的自然属性，建立发射动力学模型，如图 8.11 所示。

以上模型为在确定地面支撑条件和燃气流作用下由 82 个弹性铰链和 24 个弹簧相连接的 44 个刚体、12 个集中质量和 40 个弹性体组成的刚弹耦合多体系统。

将火箭弹的推力处理为作用在火箭弹上的非对称随机外力；将火箭弹闭锁

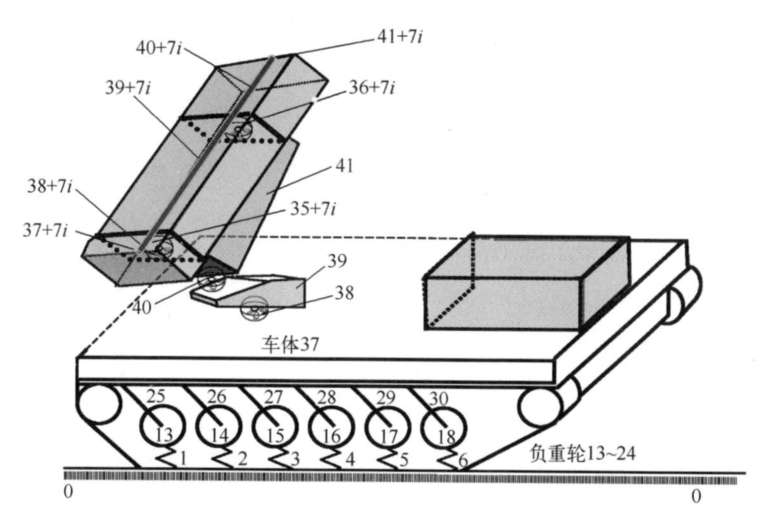

图 8.11　履带式 122mm 野战火箭发射动力学模型

力处理为作用在火箭炮和火箭弹上的阶跃外力,此力只是在发动机点火到火箭弹开始运动这一段时间才存在;将火箭燃气射流对火箭炮的冲击力处理为作用在火箭炮上的系统外力;地面支撑作为系统的边界条件考虑,包含在系统模型之中。火箭弹的主体为变质量刚体,其弹性效应等效为其定向钮以及定心部与定向管的弹性接触作用,考虑火箭弹所受的重力、发动机的推力、推力偏心、推力偏心矩、弹炮碰撞力、定心部与定向管的接触力、火箭弹的质量偏心和动不平衡等。

4. 履带式 122mm 野战火箭振动特性

由于某履带式 122mm 野战火箭连发射击使其振动特性对其动态性能和射击密集度的影响非常大,射击频率与固有振动频率的匹配关系对其动态性能的影响非常突出,所以其振动特性的准确表征成为该野战火箭动力学的重要基础和核心内容之一。要科学评价或保证野战火箭有良好的动态性能和射击密集度,就必须首先解决含有刚体和弹性体(或刚度梯度很大)的多体系统固有振动特性的计算问题,建立起野战火箭的总体参数与系统振动频率之间的定量关系,达到按人们的预测,通过改变野战火箭的总体参数改变其振动频率分布,使其振动频率与射频相匹配,达到提高射击密集度的目的。

针对某 122mm 履带式野战火箭发射动力学模型,按多体系统传递矩阵法定义其各连接点的状态向量为

$$\boldsymbol{Z}_{0,1\sim12}=[X_{0,1},Y_{0,1},Z_{0,1},Q_{x0,1},Q_{y0,1},Q_{z0,1},X_{0,2},Y_{0,2},Z_{0,2},Q_{x0,2},Q_{y0,2},Q_{z0,2},\cdots,X_{0,12},Y_{0,12},Z_{0,12},Q_{x0,12},Q_{y0,12},Q_{z0,12}]^{\mathrm{T}} \tag{8.21}$$

$$\boldsymbol{Z}_{13\sim24,1\sim12}=[X_{13,1},Y_{13,1},Z_{13,1},Q_{x13,1},Q_{y13,1},Q_{z13,1},X_{14,2},Y_{14,2},Z_{14,2},Q_{x14,2},Q_{y14,2},$$

$$Q_{z\,14,2},\cdots,X_{24,12},Y_{24,12},Z_{24,12},Q_{x\,24,12},Q_{y\,24,12},Q_{z\,24,12}]^{\mathrm{T}} \tag{8.22}$$

$$\boldsymbol{Z}_{13\sim24,25\sim36}=[X_{13,25},Y_{13,25},Z_{13,25},Q_{x\,13,25},Q_{y\,13,25},Q_{z\,13,25},X_{14,26},Y_{14,26},Z_{14,26},Q_{x\,14,26},$$

$$Q_{y\,14,26},Q_{z\,14,26},\cdots,X_{24,36},Y_{24,36},Z_{24,36},Q_{x\,24,36},Q_{y\,24,36},Q_{z\,24,36}]^{\mathrm{T}} \tag{8.23}$$

$$\boldsymbol{Z}_{37,25\sim36}=[X_{37,25},Y_{37,25},Z_{37,25},\Theta_{x37,25},\Theta_{y37,25},\Theta_{z37,25},Q_{x37,25},Q_{y37,25},Q_{z37,25},$$

$$Q_{x37,26},Q_{y37,26},Q_{z37,26},\cdots,Q_{x37,36},Q_{y37,36},Q_{z37,36}]^{\mathrm{T}} \tag{8.24}$$

$$\boldsymbol{Z}_{37,38}=[X,Y,Z,\Theta_x,\Theta_y,\Theta_z,M_x,M_y,M_z,Q_x,Q_y,Q_z]^{\mathrm{T}}_{37,38} \tag{8.25}$$

$$\boldsymbol{Z}_{41,35+7i\sim36+7i}=[X_{41,35+7i},Y_{41,35+7i},Z_{41,35+7i},\Theta_{x41,35+7i},\Theta_{y41,35+7i},\Theta_{z41,35+7i},$$

$$M_{x41,35+7i},M_{y41,35+7i},M_{z41,35+7i},Q_{x41,35+7i},Q_{y41,35+7i},Q_{z41,35+7i},$$

$$M_{x41,36+7i},M_{y41,36+7i},M_{z41,36+7i},Q_{x41,36+7i},Q_{y41,36+7i},Q_{z41,36+7i}]^{\mathrm{T}} \tag{8.26}$$

$\boldsymbol{Z}_{39,38}$、$\boldsymbol{Z}_{39,40}$、$\boldsymbol{Z}_{41,40}$、$\boldsymbol{Z}_{38+7i,37+7i}$、$\boldsymbol{Z}_{38+7i,35+7i}$、$\boldsymbol{Z}_{39+7i,35+7i}$、$\boldsymbol{Z}_{39+7i,36+7i}$、$\boldsymbol{Z}_{40+7i,36+7i}$、$\boldsymbol{Z}_{40+7i,41+7i}$的定义与$\boldsymbol{Z}_{37,38}$类似，下标表示连接点处的体和铰的序号，$i$ 为定向管的序号。

给出野战火箭各部件的传递矩阵和传递方程后，得到野战火箭系统总传递矩阵和总传递方程为

$$\boldsymbol{U}_{\mathrm{all}}\boldsymbol{Z}_{\mathrm{all}}=\boldsymbol{0} \tag{8.27}$$

其中

$$\boldsymbol{Z}_{\mathrm{all}}=[\boldsymbol{Z}^{\mathrm{T}}_{0,1\sim12},\boldsymbol{Z}^{\mathrm{T}}_{38+7i,37+7i},\boldsymbol{Z}^{\mathrm{T}}_{40+7i,41+7i}]^{\mathrm{T}} \tag{8.28}$$

$$\boldsymbol{U}_{\mathrm{all}}=\begin{bmatrix}\boldsymbol{U}_{40-1\sim12} & -\boldsymbol{U}_{41}\boldsymbol{U}_{41\sim38+7i} & -\boldsymbol{U}_{41}\boldsymbol{U}_{41\sim40+7i}\\ \boldsymbol{U}_{13\sim24-1\sim12} & \boldsymbol{O}_{30\times12} & \boldsymbol{O}_{30\times12}\\ \boldsymbol{O}_{6\times72} & \boldsymbol{U}_{39+7i\sim38+7i}-\boldsymbol{U}_{39+7i\sim41}\boldsymbol{U}_{41\sim38+7i} & -\boldsymbol{U}_{39+7i\sim41}\boldsymbol{U}_{41\sim40+7i}\end{bmatrix} \tag{8.29}$$

式中：$\boldsymbol{Z}_{\mathrm{all}}$由系统边界点状态向量组成；$\boldsymbol{U}_{\mathrm{all}}$为野战火箭系统的总传递矩阵，是 48×96 阶的矩阵。

建立野战火箭的特征方程，求解野战火箭的特征方程，可得野战火箭的固有频率 $\omega_k(k=1,2,3\cdots)$。考虑到野战火箭增广特征矩阵及其正交性，可建立履带式野战火箭的多体动力学方程，即

$$\boldsymbol{M}_j\boldsymbol{v}_{j,tt}+\boldsymbol{C}_j\boldsymbol{v}_{j,t}+\boldsymbol{K}_j\boldsymbol{v}_j=\boldsymbol{f}_j \quad (j=13,\cdots,24,37,39,41,38+7i,\cdots,40+7i) \tag{8.30}$$

式中：$\boldsymbol{M}_j$、$\boldsymbol{C}_j$、$\boldsymbol{K}_j$、$\boldsymbol{v}_j$、$\boldsymbol{f}_j$ 对不同的射序、不同的发数、不同的射击时间段，其形式不变，但其参量不同，是 t 的分段函数。把广义坐标方程和火箭弹发射动力学方程组联立即可得到野战火箭发射动力学方程组。

综合考虑质量偏心、动不平衡、推力偏心、弹炮碰撞等各种因素对火箭弹在定向管内运动的影响，建立了统一形式的火箭弹发射动力学方程，即

$$\ddot{x}'_{oc}=\frac{F_p}{m}-\ddot{x}'_o-g\sin\theta_1\cos\psi_2^I-\frac{C\ddot{\gamma}\,(\sin\alpha+\mu\cos\alpha)}{mr_b(\cos\alpha-\mu\sin\alpha)}+\frac{F^{sf}_{2x}}{m}+\frac{F^{sf}_x}{m} \tag{8.31}$$

$$\ddot{y}'_{oc}=\frac{F_p}{m}(\delta_1^I+\beta_{p_\eta})-\ddot{y}'_o-g\cos\theta_1-\frac{c\ddot{\gamma}}{mr_b}\sin(\gamma+\gamma_0)+\frac{F^{sf}_{2y}}{m}+\frac{F^{sf}_y}{m} \tag{8.32}$$

$$\ddot{z}'_{oc}=\frac{F_p}{m}(\delta_2^I+\beta_{p_\zeta})-\ddot{z}'_o+g\sin\theta_1\sin\psi_2^I+\frac{c\ddot{\gamma}}{mr_b}\cos(\gamma+\gamma_0)+\frac{F_{2z}^{sf}}{m}+\frac{F_z^{sf}}{m} \tag{8.33}$$

$$\dot{\gamma}=\frac{\tan\alpha}{r_b}v_p \tag{8.34}$$

$$\begin{aligned}\ddot{\delta}_1^I=&-\frac{C}{A}\dot{\gamma}(\dot{\psi}_2^I+\dot{\delta}_2^I)+\left(1-\frac{C}{A}\right)(\dot{\gamma}^2\beta_{D_\eta}+\ddot{\gamma}\beta_{D_\zeta})-\frac{C\ddot{\gamma}}{A}\delta_2^I+\frac{mL_{m_\eta}}{A}\left(a_p+\frac{\partial^2\ddot{x}'_0}{\partial t^2}\right)\\&+\frac{C\ddot{\gamma}}{A}\left[\frac{\sin\alpha+\mu\cos\alpha}{\cos\alpha-\mu\sin\alpha}(\cos(\gamma+\gamma_0)-\delta_1^I l_R)+\frac{l_R}{r_b}\sin(\gamma+\gamma_0)\right]\\&-\frac{l_R}{A}F_{2y}^{sf}+\frac{l_1}{A}F_y^{sf}-\frac{F_pL_\eta}{A}-\ddot{\psi}_1^I\end{aligned} \tag{8.35}$$

$$\begin{aligned}\ddot{\delta}_2^I=&\frac{C}{A}\dot{\gamma}(\dot{\psi}_1^I+\dot{\delta}_1^I)+\left(1-\frac{C}{A}\right)(\dot{\gamma}^2\beta_{D_\zeta}-\ddot{\gamma}\beta_{D_\eta})+\frac{C\ddot{\gamma}}{A}\delta_1^I+\frac{mL_{m_\zeta}}{A}\left(a_p+\frac{\partial^2\ddot{x}'_0}{\partial t^2}\right)\\&+\frac{C\ddot{\gamma}}{A}\left[\frac{\sin\alpha+\mu\cos\alpha}{\cos\alpha-\mu\sin\alpha}(\sin(\gamma+\gamma_0)-\delta_2^I l_R)-\frac{l_R}{r_b}\cos(\gamma+\gamma_0)\right]\\&-\frac{l_R}{A}F_{2z}^{sf}+\frac{l_1}{A}F_z^{sf}-\frac{F_pL_\zeta}{A}-\ddot{\psi}_2^I\end{aligned} \tag{8.36}$$

5. 野战火箭发射动力学仿真

由对 122mm 履带式野战火箭系统的 40 管齐射和单管射击时的动力响应进行了数值仿真,获得了发射过程中定向管口横向位移、纵向位移、转角、横向速度、纵向速度、横向加速度、纵向加速度、角速度的时间历程等。单管射击时的动力响应部分仿真结果如图 8.12~图 8.15 所示,40 管齐射的动力响应部分仿真结果如图 8.16~图 8.19 所示。通过动力响应的数值仿真,建立了该 122mm 履带式野战火箭系统动态性能与其总体参数之间的定量关系。

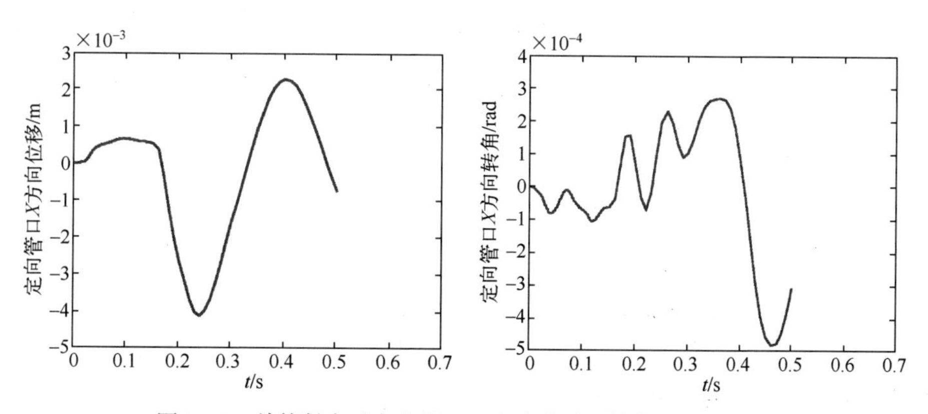

图 8.12 单管射击时定向管口 X 方向位移和转角的时间历程

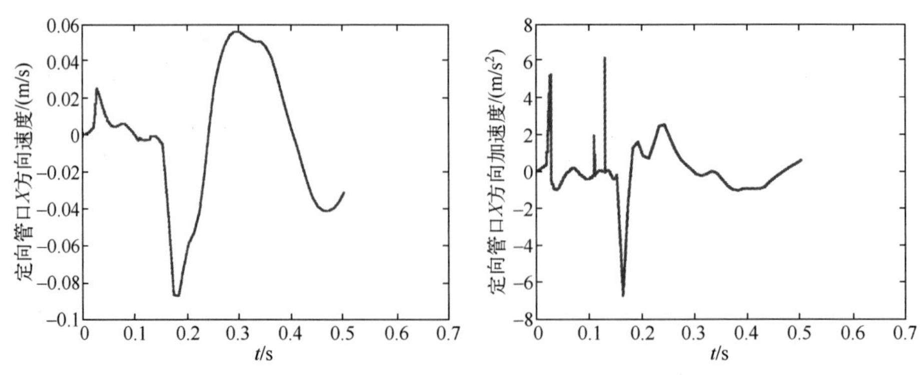

图 8.13　单管射击时定向管口 X 方向速度和加速度的时间历程

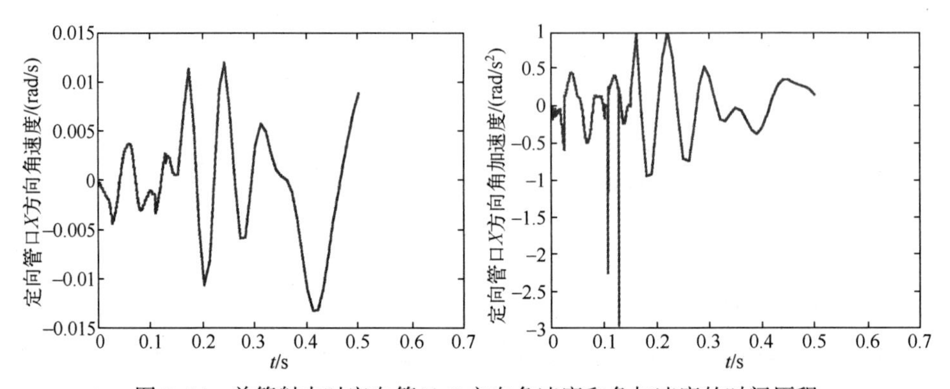

图 8.14　单管射击时定向管口 X 方向角速度和角加速度的时间历程

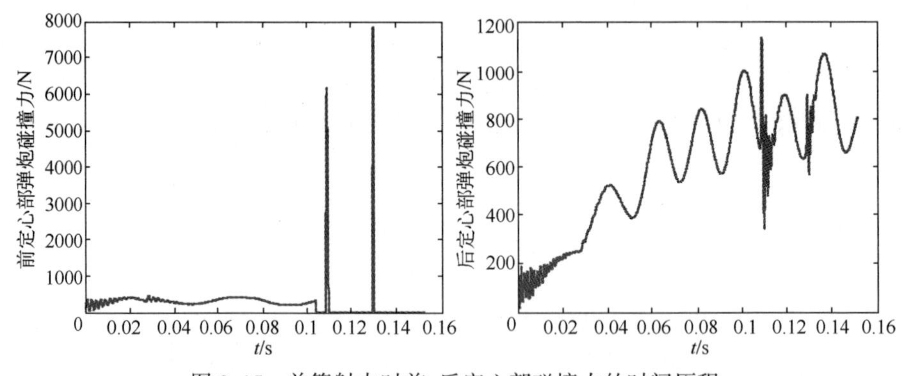

图 8.15　单管射击时前、后定心部碰撞力的时间历程

6. 野战火箭弹起始扰动仿真

对 122mm 履带式野战火箭弹起始扰动的数值仿真获得了火箭弹纵向位移、纵向速度、膛内摆动角速度、摆动角加速度、自转角及弹炮碰撞力的时间历程等。部分仿真结果如图 8.20～图 8.25 所示。

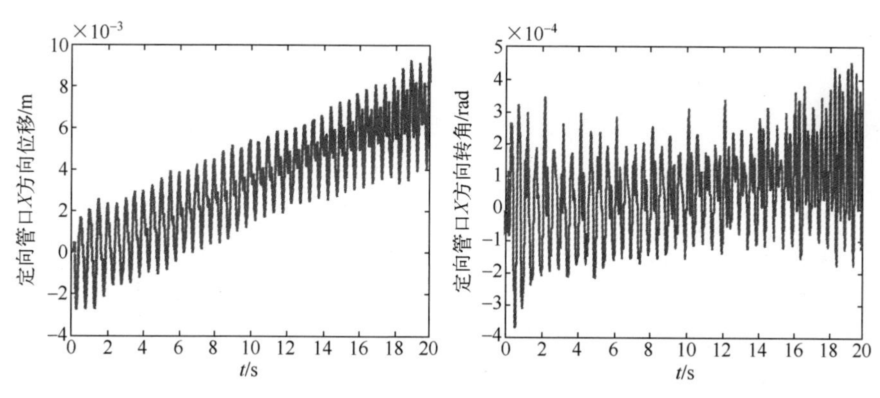

图 8.16　满管齐射时定向管口 X 方向位移和转角的时间历程

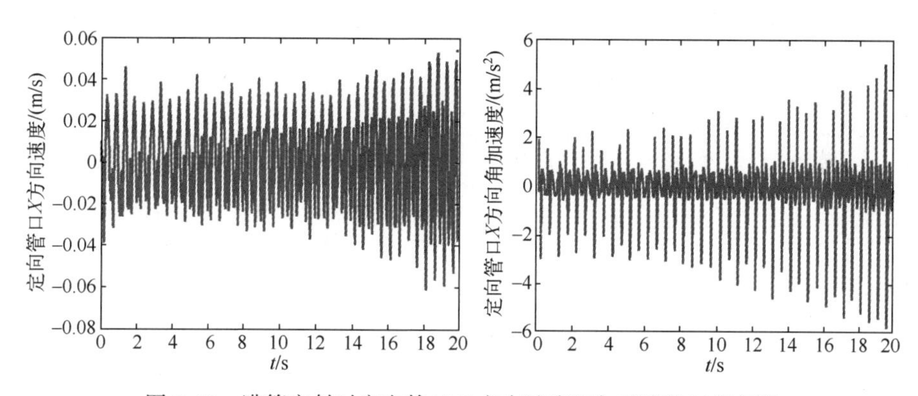

图 8.17　满管齐射时定向管口 X 方向速度和加速度的时间历程

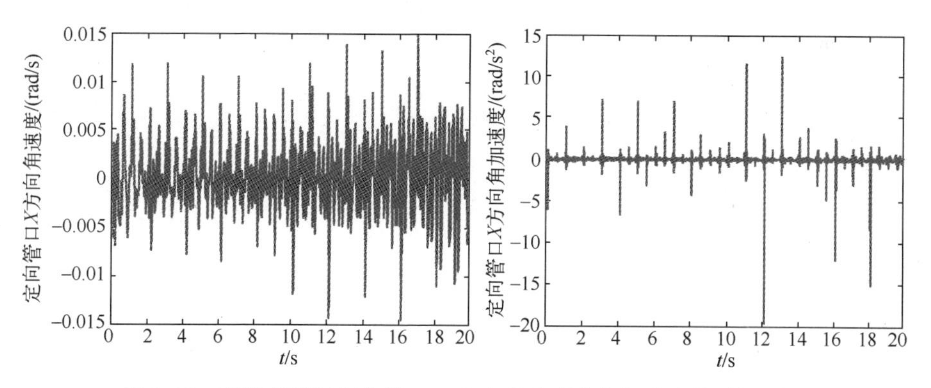

图 8.18　满管齐射时定向管口 X 方向角速度和角加速度的时间历程

对火箭弹起始扰动的数值仿真建立了 122mm 履带式野战火箭系统的总体参数与火箭弹起始扰动之间的定量关系,确定了影响火箭弹起始扰动的主要因素,为提高 122mm 履带式野战火箭射击密集度和减少试验用弹量提供了依据。

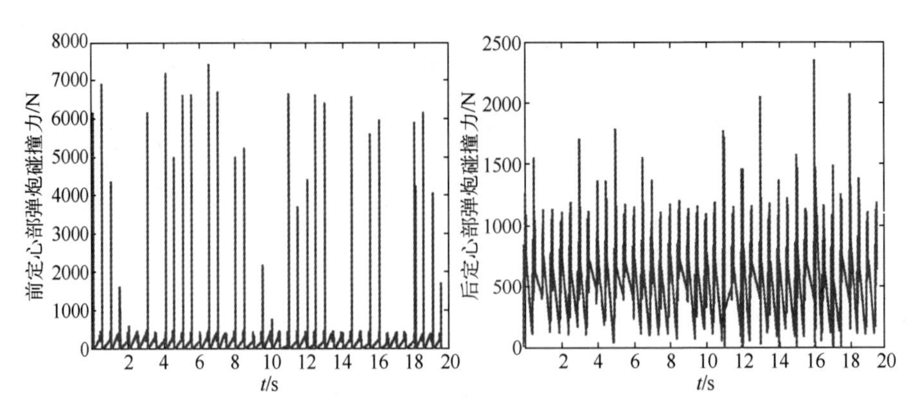

图 8.19　满管齐射时前、后定心部碰撞力的时间历程

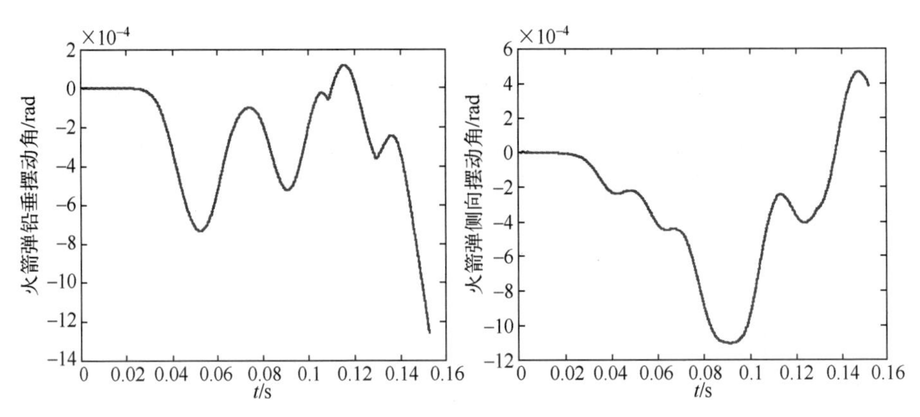

图 8.20　火箭弹铅垂和侧向摆动角的时间历程

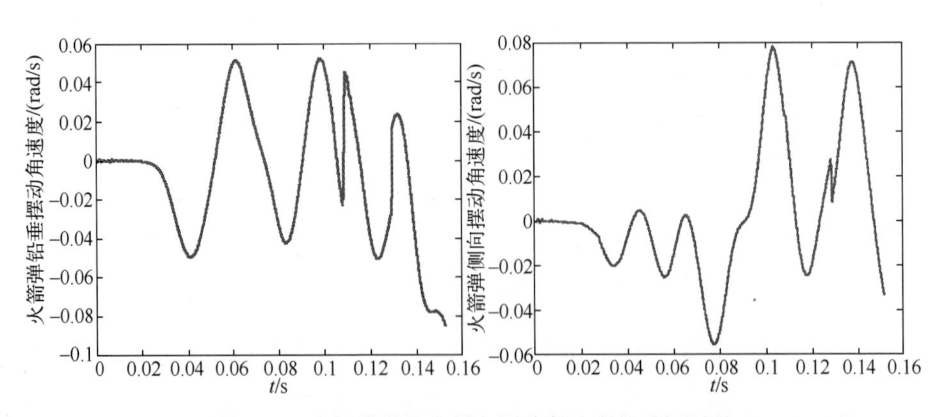

图 8.21　火箭弹铅垂和侧向摆动角速度的时间历程

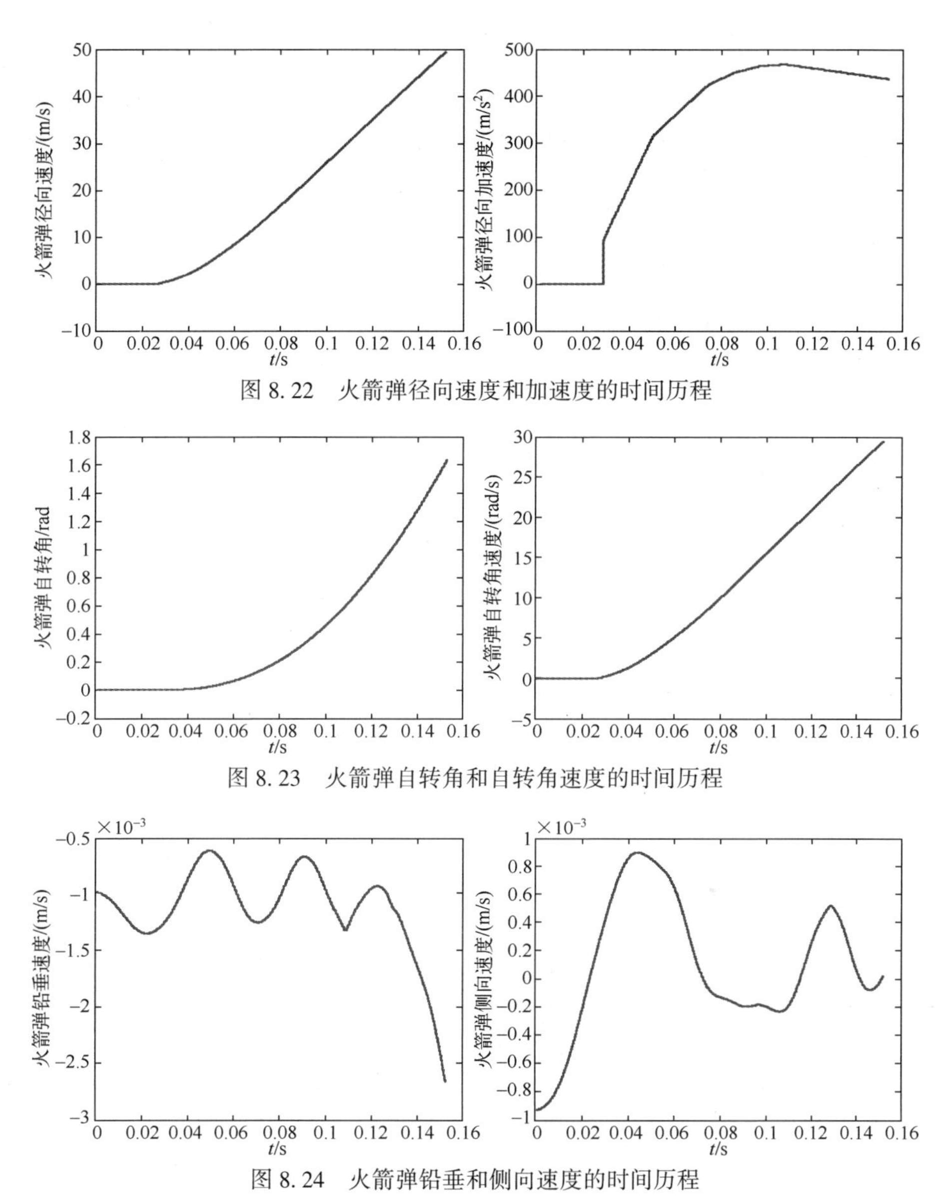

图 8.22 火箭弹径向速度和加速度的时间历程

图 8.23 火箭弹自转角和自转角速度的时间历程

图 8.24 火箭弹铅垂和侧向速度的时间历程

8.2.5 履带式野战火箭密集度影响因素分析

122mm 履带式野战火箭作为连射武器,其射击顺序和射击时间间隔对其动态性能的影响非常大。事实证明,不同射击顺序的野战火箭,系统总体参数的分布不同,引起其振动特性不同,每一击发火箭弹的初始条件不同,从而产生了不同的火箭弹起始扰动。射击频率与固有振动频率的匹配关系对其动态性能的影响也非常突出,合理的射击时间间隔对保证和提高射击密集度同样至关重要。基于建立的野战火箭发射动力学仿真系统,分析了射击间隔和射序对密集度的影响,得到了最佳射击间隔和射序,低成本提高了野战火箭射击密集度。

(1) 射击间隔对野战火箭密集度影响分析。图 8.25 和图 8.26 给出了由野战火箭发射动力学仿真系统对不同射击间隔下的密集度的仿真结果。从图可以看出,不同射击间隔下的射击密集度不同,对该武器系统,射击间隔为 0.6s 时达到最佳射击密集度。

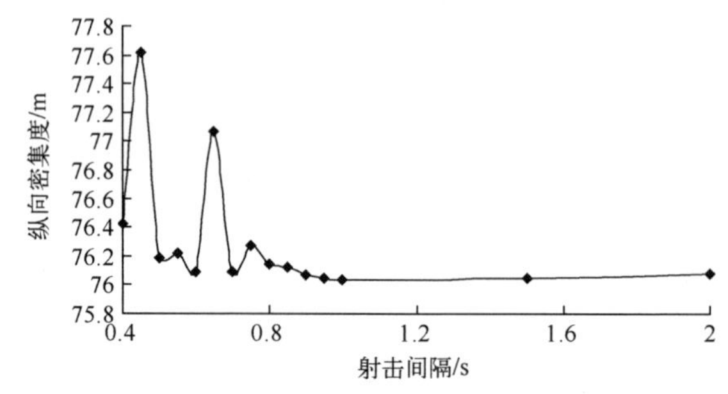

图 8.25 野战火箭纵向密集度与射击间隔的关系

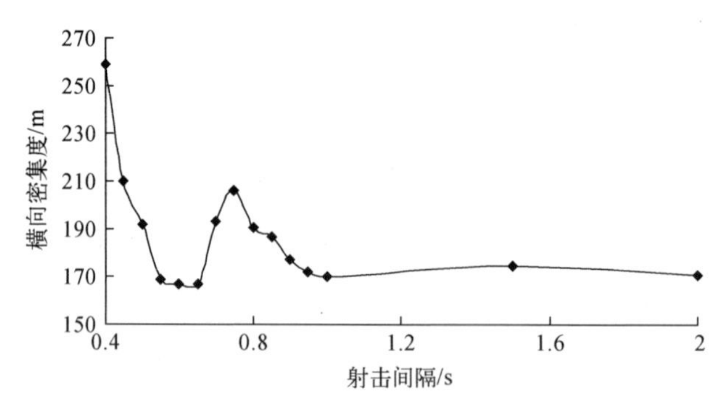

图 8.26 野战火箭横向密集度与射击间隔的关系

(2) 射序对野战火箭密集度影响分析。表 8.1 给出了由野战火箭发射动力学仿真系统对不同射序下的密集度的仿真结果。从表中可以看出,不同射序下的射击密集度不同。

表 8.1 不同射序下的野战火箭的密集度预测

射序	纵向密集度	横向密集度
1	76.21	181.49
2	76.23	183.99
3	76.22	196.80
4	76.26	194.57
5	76.45	190.56
6	76.23	175.93
7	76.27	191.65
原射序	77.01	205.80

（3）分析。应用发射动力学最新技术，提出了野战火箭低耗弹量试验技术和高精度发射技术研究思路，以 122mm 履带式野战火箭为研究对象，建立了野战火箭发射动力学模型、仿真系统，进行了野战火箭振动模态试验、野战火箭发射动力学仿真系统的验证及相关参数的仿真，提出了野战火箭低耗弹量试验技术，可减少试验用弹量 82.5%；形成了野战火箭武器射序和射击间隔优化设计技术，可提高野战火箭射击密集度 20%以上。

8.3 野战火箭发射动力学测试技术

野战火箭低耗弹量试验方案的确定是建立在对整个火箭炮系统发射动力学仿真基础上的，可以说，野战火箭发射动力学试验技术是解决大幅度减少野战火箭试验用弹量问题的重要前提。火箭发射过程要经历高温、高压、时间短、变化剧烈的物理和化学过程，这对野战火箭发射动力学的测试设备和测试方法提出了很高的要求。

对野战火箭发射动力学试验技术涉及光、机、电、声等方面的广泛而丰富的内容，其中，模态试验对提高和客观评判武器系统特性特别重要。这是因为野战火箭的固有振动频率随着定向管中火箭弹个数的变化而发生变化，并对野战火箭动态性能和射击密集度产生显著影响。模态试验可分为动态测试和模态识别两大环节，动态测试包括系统激振、激振力和响应函数测量、数据采集、信号分析、频响函数估算等。模态识别是通过动态数据频响函数或脉冲函数分析各阶模态固有频率和阻尼比。这里重点介绍野战火箭模态试验相关内容。

8.3.1 试验仪器与设备

野战火箭模态试验用到的仪器与设备包括振动数据采集系统、振动模态分析软件、计算机、电荷放大器、低通滤波器、加速度传感器、力锤及力传感器、火箭炮、火箭弹等。

8.3.2 试验方法

1. 激励及响应的测量

由于火箭炮的重量较大，故采用激振锤进行敲击激振，可将火箭炮的低阶模态激发出来。为了更加明显地测量振动响应，使用高灵敏度加速度传感器测量火箭炮的振动响应。

频率响应函数测量是振动模态分析的关键。根据火箭炮的特点，采用始终在火箭炮上某一点进行敲击激振的方法，依次测量火箭炮上各个测量点的振动响应,便可以获得火箭炮频率响应函数矩阵的一列元素。通过这一列频率响应函数的曲线拟合,就可以分析得到火箭炮的模态参数。敲击点的选择至关重要,要考虑两个主要因素。

(1) 敲击点要选择在火箭炮上比较刚硬的部位,敲击时不会达到局部变形,且能把火箭炮的振动激发出来。

(2) 敲击点要避开火箭炮各阶模态的节线位置,以便将火箭炮的所有低阶模态都能激发出来,不致于漏掉某一阶模态。

野战火箭模态试验框图如图 8.27 所示。

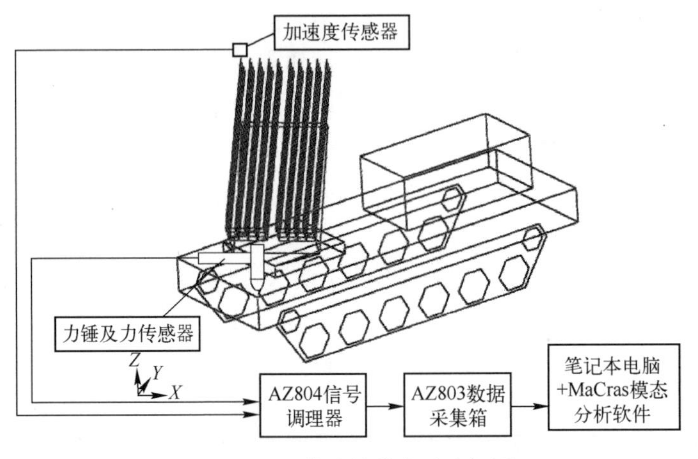

图 8.27 野战火箭模态试验框图

在频率响应函数测量时,始终检查测量的相干函数,以确保测量数据的可靠性。野战火箭的动态特性主要取决于低频特性,因此,模态试验主要分析 100Hz 以下各阶模态。以下为响应信号,如图 8.28~图 8.30 所示。

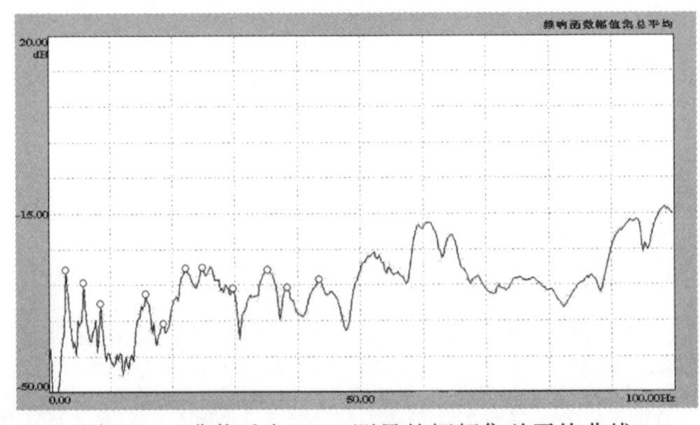

图 8.28 满载垂向(MZ)测量的幅频集总平均曲线

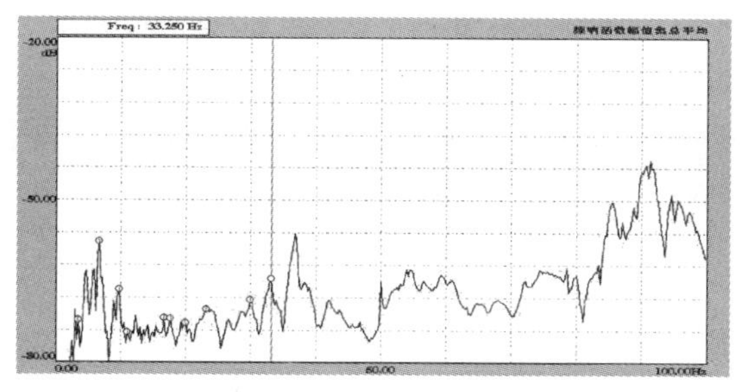

图 8.29　空载垂向(KZ)测量的幅频集总平均曲线

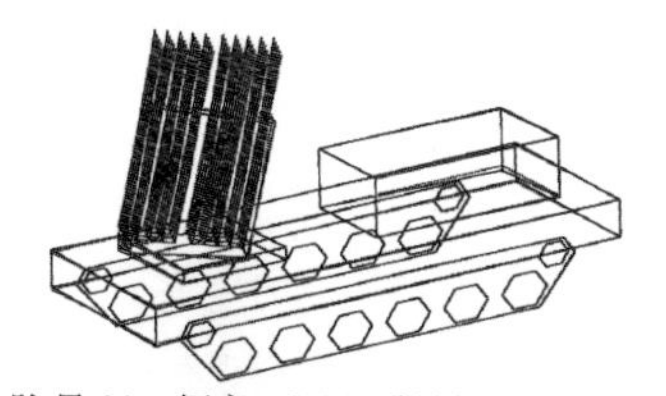

阶号:01　频率：3.54　阻尼：1.77%

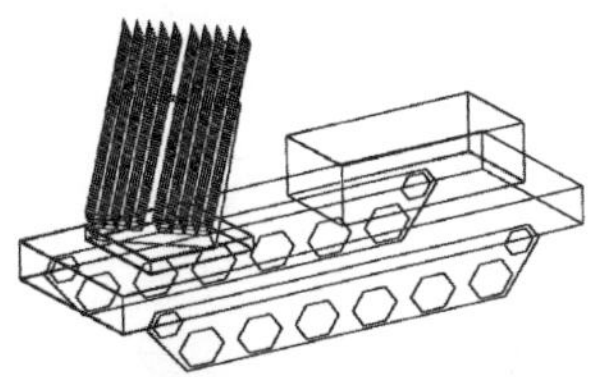

阶号:02　频率：6.73　阻尼：3.42%

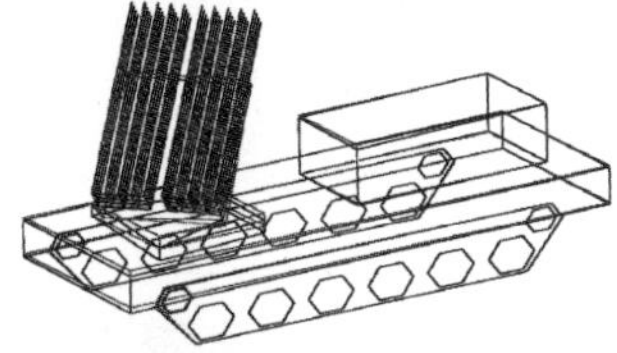

阶号:03　频率：9.53　阻尼：3.10%

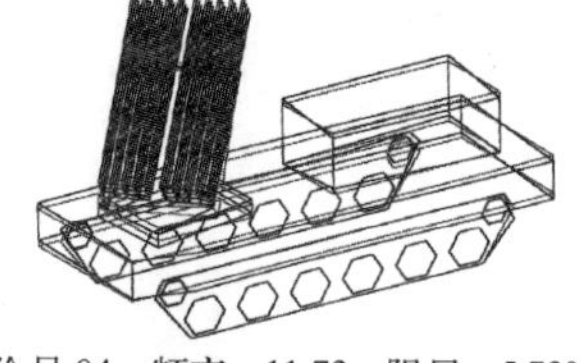

阶号:04　频率：11.73　阻尼：5.73%

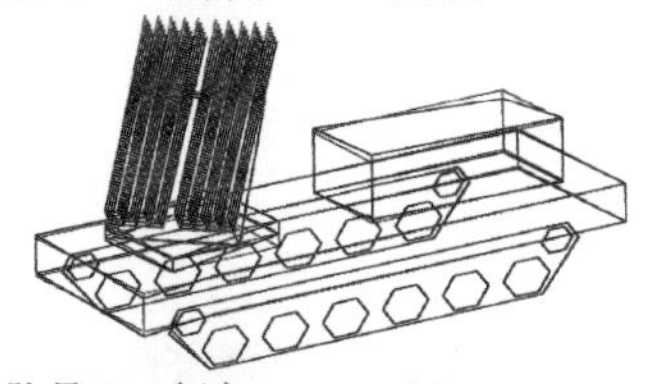

阶号:05　频率：16.70　阻尼：3.68%

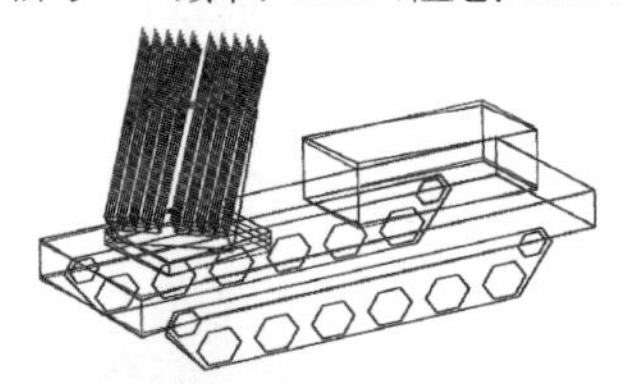

阶号:06　频率：17.53　阻尼：1.88%

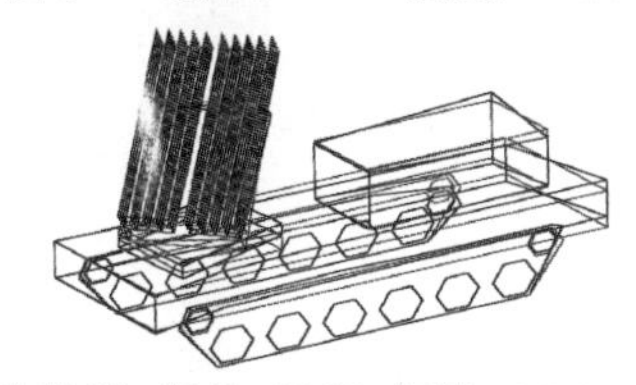

阶号:07　频率：19.25　阻尼：1.94%

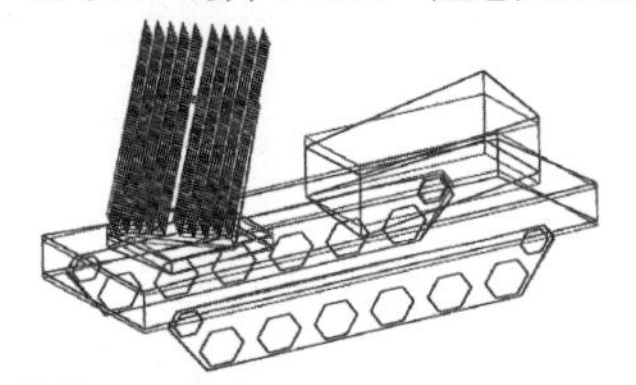

阶号:08　频率：23.25　阻尼：60.00%

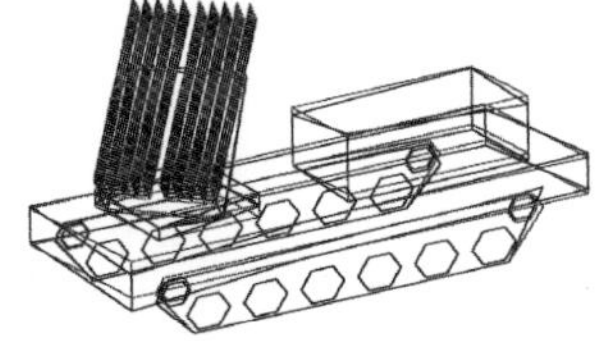

阶号:09　频率：29.24　阻尼：2.64%

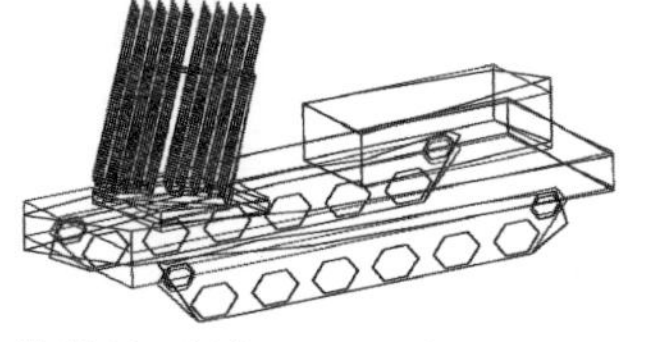

阶号:10　频率：33.69　阻尼：2.76%

图 8.30　空载垂向(KZ)第 1 阶到第 10 阶模态的振型图

2. 测点布置

为了描述某40管火箭炮整体形态,火箭炮每管布置3个测点,共计120个。摇架和回转部分布置14个测点。为了描述车体轮廓,在车体的大梁及外廓角点布置22个测点,每个车轮用6个点描述。实际测量时以轮轴的振动响应作为该车轮6个点的振动响应数据,用以描述该车轮相对于车体的振动。

8.3.3 野战火箭模态参数识别

1. 模态频率的初步估计

依据每一工况试验测量获得的火箭炮所有测量点的频率响应数据,便可以识别出野战火箭的模态参数。首先,采用幅频集总平均的方法,估计各阶段模态固有频率初始拟合值。这种平均曲线虽然不能代表任何一个具体测量值,却总体上反映了整个结构在分析频率范围内总共有多少阶模态。单个测量的频率响应幅频曲线上的峰值有可能是干扰或混叠频率,而不是峰值的地方却有可能恰恰是被漏掉了的模态,因为在振型节线上的测量点不会出现该阶模态。经过大量测量数据的集总平均,可以大大减小上述两种错误。

2. 模态参数识别

模态参数的识别方法包括实模态方法和复模态方法。实模态理论假定系统的阻尼是比例阻尼,即阻尼矩阵比例于质量矩阵或刚度矩阵。通常,当阻尼较小时,用实模态分析是合理的,当阻尼较大或在模态密集的情况下,可以采用复模态方法进行参数识别。但用复模态方法常常会出现不收敛的情况,效果不理想,因而,在使用起来要特别谨慎。

分别对每一工况下每一方向的所有频率响应函数数据进行幅频集总平均,再由幅频集总平均曲线初步估计模态频率。根据这些估计的模态频率采用实模态整体曲线拟合方法,识别各阶模态的模态参数,并且用模态置信因子、模态置信度判据以及振型协调原理,剔除虚假模态和局部模态。

第9章　高空风对远程火箭射击精度的影响分析

随着火箭技术的发展,我国的火箭射程已由以往的一二十千米发展到现在的三四百千米,其弹道高度也由几千米发展到七八十千米。由于我国炮兵标准气象条件是在30km以下的,在30km高度以上,还没有国、军标。这种情况对于射程近的火箭弹来说不会产生大的影响,而对于远程火箭来说,由于其弹道高度远远超过30km,所以对高空弹道气象条件的要求越来越高。

在普通高空远程火箭的高度范围内,其弹道气象条件对于弹道导弹等有控飞行器来说也许可以粗糙一些,因为它是垂直发射的,很快就会穿过这个气层,在飞行过程中即使由于气动力或气象条件的影响出现一些偏差,也可以通过控制系统加以修正,以保证射击的准确性。普通远程火箭却要长时间在此高度上无控飞行,故对于此高度上的弹道气象条件的要求更为准确。

在现有的炮兵标准气象条件中,把高空风看作零,而实际上,在30~80km的范围内风速很大,可达几十米每秒。标准气象中的零风场会造成较大的修正误差,影响射击精度。因此,在标准气象条件中增加标准风场对于提高火箭射击精度有重要意义。

在风的计算方面,传统计算方法中真风与弹道风的计算都使用了气球匀速上升的条件,利用近似层权的方法进行计算,这已不能满足精确打击的要求。在球坐标系内对真风和弹道风进行计算,可以提高弹道气象诸元的准确度,提高射击精度。

9.1　高空标准风场模型的建立

9.1.1　高空风场的计算

大气中风的产生是大气运动的结果。大气运动的产生和变化直接取决于大气压力的分布,因而,要研究大气运动首先要从大气压力的分布入手。

根据大气的性质,在研究风场结构时从下往上可分为摩擦层和自由大气层两大部分,按风随高度的变化特点,摩擦层又分为近地面层和上部边界层。所以,本书在研究高空条件下大气风场的结构时按近地面层、上部边界层和自由大气层这3段进行研究,这3段的高度分布如图9.1所示。

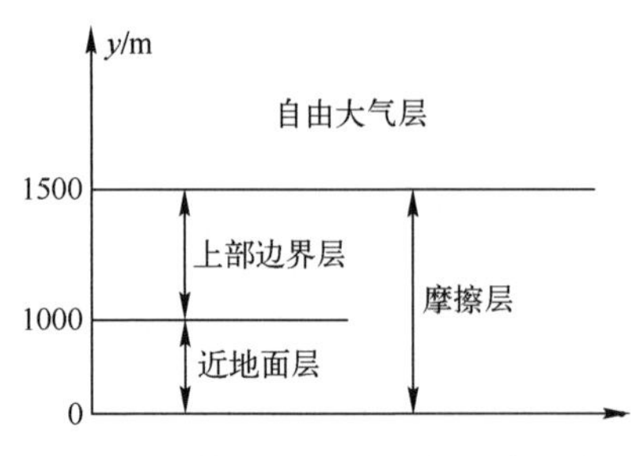

图9.1　大气风场的垂直区域划分

1. 自由大气中的风场的计算

(1) 自由大气中地转风的形成。通过实测风得知,自由大气中的风与地转风很相近,因此,首先研究自由大气中地转风的形成。大气压力的空间分布是不均匀的,在垂直方向的压力变化远大于水平方向的压力变化。反映气压随高度变化的方程是大气静力学方程。

假设大气相对于地面处于静止状态,则某一点的气压值等于该点单位面积上所受气柱的重量。取两个气压面的面积为单位面积,高度差为 Δz,如图9.2所示。在重力平衡条件下,上下两个气压面间的气压差等于两面之间气柱的重量。由于高度增加时空气密度降低,可得

$$p_2-p_1=-\rho g(z_2-z_1)=-\rho g\Delta z \tag{9.1}$$

当 Δz 趋于无限小时,式(9.1)变为

$$-\mathrm{d}p=\rho g\mathrm{d}z \tag{9.2}$$

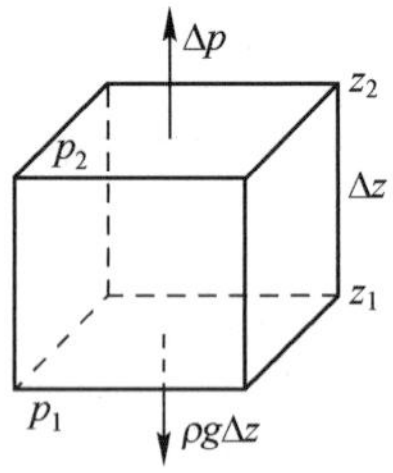

图9.2　气压的形成

可得大气静力学方程为

$$\frac{\mathrm{d}p}{\mathrm{d}z}=-\rho g \tag{9.3}$$

若图9.2中的空气微团为一边长 $\mathrm{d}x$、$\mathrm{d}y$、$\mathrm{d}z$ 的立方体,如图9.3所示,则在 x、y、z 方向上对空气微团的力为

$$p\Delta y\Delta z-\left(p+\frac{\partial p}{\partial z}\Delta x\right)\Delta y\Delta z=-\frac{\partial p}{\partial x}\Delta x\Delta y\Delta z \tag{9.4}$$

$$p\Delta x\Delta z-\left(p+\frac{\partial p}{\partial y}\Delta y\right)\Delta x\Delta z=-\frac{\partial p}{\partial y}\Delta x\Delta y\Delta z \tag{9.5}$$

$$p\Delta y\Delta x-\left(p+\frac{\partial p}{\partial z}\Delta z\right)\Delta y\Delta x=-\frac{\partial p}{\partial z}\Delta x\Delta y\Delta z \tag{9.6}$$

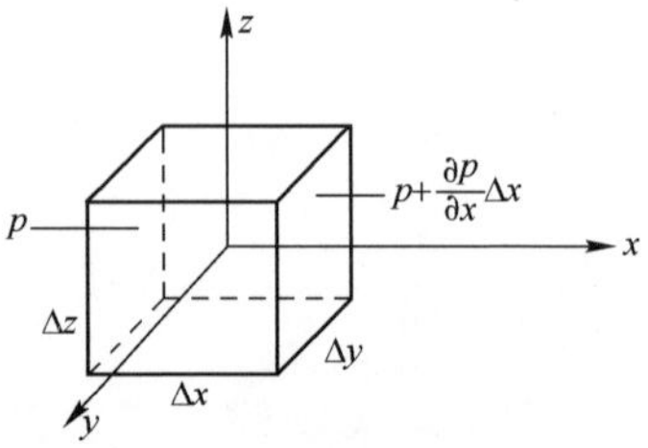

图9.3　空气微团的受力

设 x、y、z 方向上单位质量空气所受的力为 F_x、F_y、F_z，得

$$\boldsymbol{F}=-\frac{1}{\rho}\left(\frac{\partial p}{\partial x}\boldsymbol{i}+\frac{\partial p}{\partial y}\boldsymbol{j}+\frac{\partial p}{\partial z}\boldsymbol{k}\right)=-\frac{1}{\rho}\nabla p \tag{9.7}$$

式中：$\nabla=\frac{\partial}{x}\boldsymbol{i}+\frac{\partial}{y}\boldsymbol{j}+\frac{\partial}{z}\boldsymbol{k}$ 为 nabla 算子；$-\nabla p$ 为单位质量空气受到的气压梯度力，指向低压区。

作用于实际大气的力主要有重力 $\boldsymbol{g}$、气压梯度力 $\boldsymbol{G}$、地转偏向力 $\boldsymbol{A}$、摩擦力 $\boldsymbol{R}$ 和惯性离心力 $\boldsymbol{C}$。根据牛顿第二定律，可得单位质量空气运动方程的向量形式为

$$\frac{\mathrm{d}\boldsymbol{V}}{\mathrm{d}t}=\boldsymbol{G}+\boldsymbol{A}+\boldsymbol{R}+\boldsymbol{g} \tag{9.8}$$

式中：$\boldsymbol{G}=-\frac{1}{\rho}\frac{\Delta P}{\Delta N}$；$\boldsymbol{A}=2V\omega\sin\Lambda$；$\boldsymbol{R}=-kV$。其中 V 为空气运动速度，Λ 为地理纬度，k 为摩擦系数，ΔP 为两等压面间的气压差，ΔN 为两等压面间的垂直距离，ω 为地球自转角速度。根据全微分展开式，可得到包含运动方程、连续方程、热力学方程和状态方程的大气运动方程组为

$$\begin{cases}\frac{\partial u}{\partial t}+u\frac{\partial u}{\partial x}+v\frac{\partial u}{\partial y}+w\frac{\partial u}{\partial z}=-\frac{1}{\rho}\frac{\partial p}{\partial x}+2v\omega\sin\Lambda-2w\cos\Lambda\cdot\omega+R_x\\ \frac{\partial v}{\partial t}+u\frac{\partial v}{\partial x}+v\frac{\partial v}{\partial y}+w\frac{\partial v}{\partial z}=-\frac{1}{\rho}\frac{\partial p}{\partial y}-2u\omega\sin\Lambda+R_y\\ \frac{\partial w}{\partial t}+u\frac{\partial w}{\partial x}+v\frac{\partial w}{\partial y}+w\frac{\partial w}{\partial z}=-\frac{1}{\rho}\frac{\partial p}{\partial y}-g-2u\omega\cos\Lambda u+R_z\\ \frac{\partial \rho}{\partial t}+u\frac{\partial \rho}{\partial x}+v\frac{\partial \rho}{\partial y}+w\frac{\partial \rho}{\partial z}+\frac{1}{\rho}\left(\frac{\partial u}{\partial x}+\frac{\partial v}{\partial y}+\frac{\partial w}{\partial z}\right)=0\\ \frac{\partial T}{\partial t}+u\frac{\partial T}{\partial x}+v\frac{\partial T}{\partial y}+w(\gamma_d-\gamma)-\frac{1}{c_p\rho}\left(\frac{\partial p}{\partial t}+u\frac{\partial p}{\partial x}+v\frac{\partial p}{\partial y}\right)\\ p=\rho RT\end{cases} \tag{9.9}$$

式中：γ 为气层温度直减率；γ_d 为干绝热直减率；c_p 为定压比热；u、v、w 为 X、Y、Z 3 个方向上空气的流速；T 为热力学温度；R_x、R_y、R_z 为摩擦力的 3 个分量。

考虑小尺度强烈运动时，大气运动一般可以看作是准水平的、在垂直方向上能很好地满足静力平衡方程、大气运动速度场的变化比较缓慢、时间不太长时大气运动可看成是绝热的，则可以得到比较简化又能反映大气运动基本特点和规律的方程组为

$$\begin{cases}\dfrac{\mathrm{d}u}{\mathrm{d}t}=-\dfrac{1}{\rho}\dfrac{\partial p}{\partial x}+2v\omega\sin\Lambda+R_x \\ \dfrac{\mathrm{d}v}{\mathrm{d}t}=-\dfrac{1}{\rho}\dfrac{\partial p}{\partial y}-2u\omega\sin\Lambda+R_y \\ -\dfrac{1}{\rho}\dfrac{\partial p}{\partial z}-g+R_z=0 \\ \dfrac{\partial u}{\partial x}+\dfrac{\partial v}{\partial y}+\dfrac{\partial w}{\partial z}=0 \\ \dfrac{\partial T}{\partial t}+u\dfrac{\partial T}{\partial x}+v\dfrac{\partial T}{\partial y}+w(\gamma_d-\gamma)=0 \\ p=\rho RT\end{cases} \tag{9.10}$$

在式(9.10)中,前两个方程表示大气水平运动方程。在大尺度水平运动条件下,保留方程中最大量级和次最大量级的项,略去其他项,然后,将这两个方程写成向量形式为

$$\begin{aligned}\frac{\mathrm{d}u}{\mathrm{d}t}&=-\frac{1}{\rho}\frac{\partial p}{\partial x}+2v\omega\sin\Lambda \\ \frac{\mathrm{d}v}{\mathrm{d}t}&=-\frac{1}{\rho}\frac{\partial p}{\partial y}-2u\omega\sin\Lambda\end{aligned} \tag{9.11}$$

从而得向量形式的运动方程为

$$\frac{\mathrm{d}\boldsymbol{v}_h}{\mathrm{d}t}=-\frac{1}{\rho}\nabla p-(2\omega\sin\Lambda)\boldsymbol{k}\times\boldsymbol{v}_h \tag{9.12}$$

式中:$\boldsymbol{v}_h=u\boldsymbol{i}+v\boldsymbol{j}$ 为水平速度;$\boldsymbol{k}$ 为沿垂直方向的单位向量。

在自由大气中,大尺度水平运动是由气压梯度力和地转偏向力作用下运动的,当气压梯度力和地转偏向力有如下关系时,有

$$\boldsymbol{G}=\boldsymbol{A} \tag{9.13}$$

此时,空气的运动为地转风,也就是说,地转风是气压梯度力和地转偏向力相平衡时空气作等速、直线的水平运动,是稳定的直线运动,风向与等压线平行,如图9.4所示。

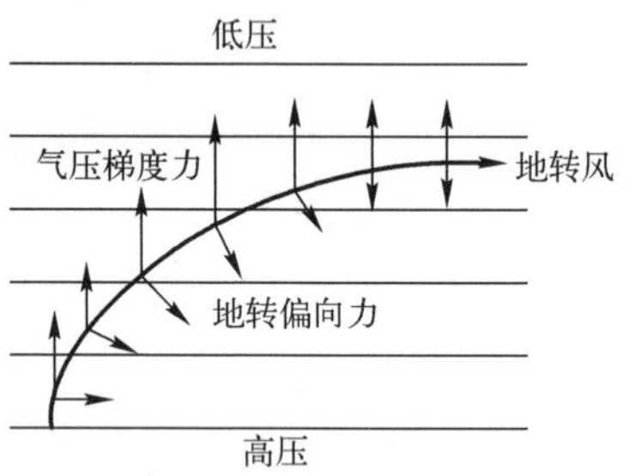

图9.4　北半球地转风形成示意图

此时,水平速度对时间的变化率为零,把地转风用 $\boldsymbol{v}_g$ 表示,则有

$$\frac{\mathrm{d}\boldsymbol{v}_g}{\mathrm{d}t}=-\frac{1}{\rho}\nabla p-(2\omega\sin\Lambda)\boldsymbol{k}\times\boldsymbol{v}_g=0 \tag{9.14}$$

又因为

$$\boldsymbol{v}_g=(\boldsymbol{k}\times\boldsymbol{v}_g)\times\boldsymbol{k}=(\boldsymbol{k}\cdot\boldsymbol{k})\boldsymbol{v}_g-(\boldsymbol{k}\cdot\boldsymbol{v}_g)\boldsymbol{k} \tag{9.15}$$

可得地转风的向量形式为

$$\boldsymbol{v}_g=-\frac{1}{2\rho\omega\sin\Lambda}\nabla p\times\boldsymbol{k} \tag{9.16}$$

写成分量形式为

$$u_g=-\frac{1}{2\rho\omega\sin\Lambda}\frac{\partial p}{\partial y} \tag{9.17}$$

$$v_g=\frac{1}{2\rho\omega\sin\Lambda}\frac{\partial p}{\partial x} \tag{9.18}$$

式中：u_g 为纬向风；v_g 为径向风。

在大高度范围内，为了消去空气密度的影响，采用了 p 坐标系。与 (x,y,z) 坐标系不同，p 坐标系中等压面的高度 $z(x,y,p,t)$ 是 p 的函数，任一气象要素 F 在 p 坐标系内的分布为

$$F=F(x,y,p(x,y,z,t),t) \tag{9.19}$$

可得 p 坐标系内的欧拉算子为

$$\left(\frac{\partial F}{\partial t}\right)_p=\left(\frac{\partial F}{\partial t}\right)_p+u\left(\frac{\partial F}{\partial x}\right)_p+v\left(\frac{\partial F}{\partial y}\right)_p+\omega\left(\frac{\partial F}{\partial p}\right)_p \tag{9.20}$$

式中：$\omega=\frac{\mathrm{d}p}{\mathrm{d}t}=\left(\frac{\partial p}{\partial t}\right)_z+u\left(\frac{\partial p}{\partial x}\right)_z+v\left(\frac{\partial p}{\partial y}\right)_z+w\left(\frac{\partial p}{\partial z}\right)_z$ 为空气微团在 p 坐标系内的垂直速度；u、v、w 为速度向量 $\boldsymbol{v}$ 在 x、y、z 3 个方向上的分量；$\left(\frac{\partial F}{\partial x}\right)_p$ 为气象要素沿等压面在 x 方向上的变化率；$\left(\frac{\partial F}{\partial y}\right)_p$ 为气象要素沿等压面在 y 方向上的变化率。

p 等压面上高度不同的两点 A 和 $C(x_C>x_A)$ 的水平坐标差 $\Delta x=x_c-x_A$。如图 9.5 所示，沿等高面由 A 至另一等压面上的 B 点，则 x 方向上的气压变化率为

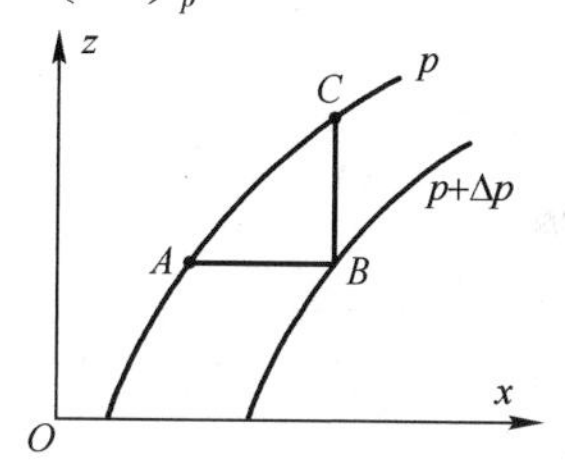

图 9.5　等压面垂直剖面图

$$\left(\frac{\partial p}{\partial x}\right)_z=\lim_{\Delta x\to 0}\frac{p_B-p_A}{\Delta x}=\lim_{\Delta x\to 0}\frac{\rho g(z_c-z_A)}{\Delta x}=\rho g\left(\frac{\partial z}{\partial x}\right)_p \tag{9.21}$$

式中：z_A、z_c 为 A 和 C 两点的高度；$\left(\frac{\partial z}{\partial x}\right)_p$ 为 p 等压面在 x 方向上的高度变化率。同理可得 y 方向上的气压变化率为

$$\left(\frac{\partial p}{\partial y}\right)_z=\lim_{\Delta x\to 0}\frac{p_B-p_A}{\Delta y}=\rho g\left(\frac{\partial z}{\partial y}\right)_p \tag{9.22}$$

式中：$\left(\frac{\partial z}{\partial y}\right)_p$ 为 p 等压面在 y 方向上的高度变化率，则 p 坐标系内的静力学方程为

$$\frac{dz}{dp}=-\frac{1}{\rho g} \tag{9.23}$$

同时,把式(9.21)、式(9.22)代入到式(9.17)和式(9.18),可得地转风的表达式为

$$u_g=-\frac{g}{2\omega\sin\Lambda}\frac{\partial z}{\partial y} \tag{9.24}$$

$$v_g=\frac{g}{2\omega\sin\Lambda}\frac{\partial z}{\partial x} \tag{9.25}$$

再根据位势高度与几何高度的关系 $H=\frac{g}{9.8}z$ 及位势高度的定义 $H=\frac{\phi^*}{9.8}$,其中 ϕ^* 为位势,可得地转风的表达式为

$$u_g=-\frac{1}{2\omega\sin\Lambda}\frac{\partial\phi^*}{\partial y} \tag{9.26}$$

$$v_g=\frac{1}{2\omega\sin\Lambda}\frac{\partial\phi^*}{\partial x} \tag{9.27}$$

式中:$\phi^*=\int_{z_0}^{z}\frac{RT}{h}dz$, h 是平均压力标高。

(2) 自由大气中地转风的计算。从地转风的表达式可以看出,可以利用已有的温度数据推算出风场的分布情况。美国发射的 Nimbus-7 卫星对中层大气进行遥感,用临边扫描方式探测大气的热辐射和共振辐射,反演出大气温度的垂直分布,大约连续探测 3 天停 1 天,可提供 1979 年至 1981 年南纬 50°~北纬 67.5°(间隔 2.5°)、东经 180°~西经 170°(间隔 10°)区间、10~96km 高度以内温度网格化数据。这些温度资料精度较高,而且探测时间跨度可以保证平均性和稳定性,因而,可以充分利用这些温度资料推算我国地区的高空条件下的标准风场分布,同时,我们已有 30km 高度以内的炮兵标准气象条件可以利用。下面先对现有的温度资料处理方法进行探讨。

① 地面至 30km 高度内的温度处理。由于我国炮兵在 30km 高度以内的标准气象条件已用得很成熟,所以,本书在 30km 高度内的温度数据仍采用我国炮兵标准气象条件中的温度数据。

② 30~80km 高度内的温度处理。Nimbus-7 卫星给出的是 10~96km 高度以内的温度数据,在本书中只选用其在 30~80km 的数据,并对其进行如下处理。

利用卫星探测资料给出的等压面温度数据,计算各等压面的月平均气温,用到的计算公式为

$$\bar{T}=\frac{1}{N}\sum_{k=1}^{N}\left[\frac{1}{d}\sum_{j=1}^{d}\left(\frac{1}{n}\sum_{i=1}^{n}T_{i,j,k}\right)\right] \tag{9.28}$$

式中：$\bar{T}$为温度的月平均值；$T_{i,j,k}$为温度的样本值；d 为每月日数；N 为样本资料年数。

经过以上处理可得 30~80km 高度内气温的平均垂直分布。对于利用卫星遥感资料计算高空风场的精度，虽然卫星数据不能反映重力波等引起的小尺度风场时空变化，但它是连续多年的大范围的温度数据的日平均值，能够比较稳定且精确地反映出一个地区的温度场特征，对于我们用来建立标准大气风场、减小修正误差来说，它的精度可以满足要求。

③ 30km 附近气温对接方法。为了保证在 30km 附近炮兵气标准气象条件中的温度数据与 30~80km 内卫星探测所得的平均温度合理对接，使得用于风场计算的温度数据分布比较平滑，需要对两部分数据的对接处进行处理。由于在此求温度场的目的是用于计算标准风场，且本身就是一组平均值，所以，在兼顾到合理对接与有规律变化时，采用了线性变化对接形式，本书把对接区取在 30~33km，在对接区内所采用的温度变化公式为

$$T=T_0+\frac{\Delta T}{\Delta y}(y-y_0) \tag{9.29}$$

式中：T 为对接区间某高度处的温度；T_0 为对接段下限高度处的温度；ΔT 为对接区间的总温度差；Δy 为对接区间高度差；y_0 为对接段的下限高度。

经过处理，就得到了 80km 高度以内的较完整且平均的气温分布。有了温度分布的数据后，就可根据地转风公式对自由大气中的风场进行计算。

2. 近地面层中风场的计算

近地面层中风场的特点是因摩擦而造成了非地转运动。因为瞬时风速的垂直分布规律性较差，因此，只探讨在平均情形下风速随高度的分布。在近地面层中，气温的垂直变化率很大，因而，平均风速的垂直变化率很大，但因为近地面层很薄，其中各属性几乎不随高度变化，在平均情形下该层的风向几乎随高度没有变化，因此可取平均风速的方向为 x 轴。

在中性平衡情形下，令 l 混合长度为

$$l=\kappa(z+z_0) \tag{9.30}$$

式中：κ 为卡曼常数，通常取 0.4；z_0 为粗糙参数，也表示风速为零的高度。混合长度与摩擦速度 u^* 有如下关系，即

$$l=u^*/(\mathrm{d}u/\mathrm{d}z) \tag{9.31}$$

由式(9.28)可得

$$\frac{\mathrm{d}u}{\mathrm{d}z}=\frac{u^*}{\kappa(z+z_0)} \tag{9.32}$$

消去 u^* 和 κ 后,可得该层风速随高度的分布规律为

$$u=u_1\left(\ln\frac{z+z_0}{z_0}\right)\Big/\left(\ln\frac{z_1+z_0}{z_0}\right) \tag{9.33}$$

式中:u_1 与摩擦速度和卡曼常数有关。

3. 上部边界层中风场的计算

在该层大气中,由于湍流黏性力的作用,风速和风向都随高度变化。当在大气运动方程组中只考虑湍流摩擦力的作用,空气平均运动加速度为零,可得此时空气的运动方程为

$$-\frac{1}{\rho}\frac{\partial p}{\partial x}+fv+\frac{\mathrm{d}}{\mathrm{d}z}\left(k_1\frac{\mathrm{d}u}{\mathrm{d}z}\right)=0 \tag{9.34}$$

$$-\frac{1}{\rho}\frac{\partial p}{\partial y}-fu+\frac{\mathrm{d}}{\mathrm{d}z}\left(k_1\frac{\mathrm{d}v}{\mathrm{d}z}\right)=0 \tag{9.35}$$

令在 x 和 y 方向的速度分别为 u 和 v,即复速度 $\boldsymbol{W}=u+\mathrm{i}v$,则空气的运动方程可简化为

$$\frac{\mathrm{d}}{\mathrm{d}z}\left(k_1\frac{\mathrm{d}\boldsymbol{W}}{\mathrm{d}z}\right)-f\mathrm{i}\boldsymbol{W}-\frac{1}{\rho}\left(\frac{\partial p}{\partial x}+\mathrm{i}\frac{\partial p}{\partial y}\right)=0 \tag{9.36}$$

在上部摩擦层内把湍流系数近似看作常数时,式(9.36)可简化为

$$k_1\frac{\mathrm{d}^2\boldsymbol{W}}{\mathrm{d}z^2}-f\mathrm{i}\boldsymbol{W}+f\mathrm{i}\boldsymbol{W}_g=0 \tag{9.37}$$

式中:$\boldsymbol{W}_g$ 为地转风复数形式。假设在该区域内地转风不随高度发生变化,且考虑到随着高度升高,摩擦力变小,得上部边界层式(9.37)的解为

$$\boldsymbol{W}=B\exp(-\alpha(1+\mathrm{i})z)+u_g \tag{9.38}$$

当取地面积分值为0时得风速沿高度的变化为

$$u=u_g(1-\exp(-\sqrt{(f/2k_1)}\cdot z))\cos(\sqrt{(f/2k_1)}\cdot z) \tag{9.39}$$

$$v=u_g\exp(-\sqrt{(f/2k_1)}\cdot z))\sin(\sqrt{(f/2k_1)}\cdot z) \tag{9.40}$$

得合成速度的大小为

$$|\boldsymbol{v}_w|=u_g\sqrt{1-2\mathrm{e}^{-\sqrt{(f/2k_1)}\cdot z}\cos(\sqrt{(f/2k_1)}\cdot z)+\mathrm{e}^{-2\sqrt{(f/2k_1)}\cdot z}} \tag{9.41}$$

风的偏角为

$$\psi=\arctan\left(\frac{v}{u}\right)=\arctan\left[\frac{(\exp(-\sqrt{f/2k_1}\cdot z))\sin(\sqrt{f/2k_1}\cdot z)}{1-(\exp(-\sqrt{f/2k_1}\cdot z))\cos(\sqrt{f/2k_1}\cdot z)}\right] \tag{9.42}$$

式中:k_1 为湍流系数;z 为高度;f 为地转参数。由式(9.41)和式(9.42)可以看出,给定了湍流系数和地转参数后就可以计算出上部边界层内的风速和风向,并可确定上部边界层的起始高度。把这样得到的各高度上的风速向量投影在同一平面内,这些向量的端点的连线即为爱克曼螺线,如图9.6所示。

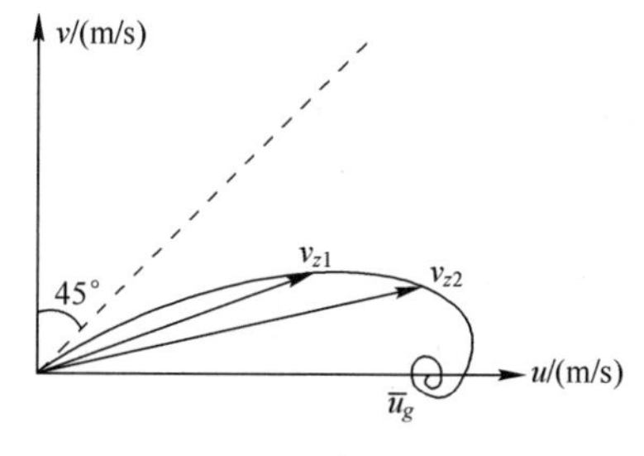

图 9.6　爱克曼螺线

9.1.2　高空标准风场模型的建立

探讨了近地面层、上部边界层和自由大气中风场随高度的变化规律后，初步得出 80km 高度以内的标准风场计算模型如下。

（1）风速。

近地面层（100m 高度以内）为

$$u=u_1\left(\ln\frac{z+z_0}{z_0}\right)\Big/\left(\ln\frac{z_1+z_0}{z_0}\right)$$

上部边界层（100~1500m）为

$$|\boldsymbol{v}_w|=u_g\sqrt{1-2\mathrm{e}^{-\alpha\cdot z}\cos(\alpha\cdot z)+\mathrm{e}^{-2\alpha\cdot z}}$$

自由大气层（1500~80km）为

$$u_g=-\frac{1}{2\omega\sin\Lambda}\frac{\partial\phi^*}{\partial y},$$

$$v_g=\frac{1}{2\omega\sin\Lambda}\frac{\partial\phi^*}{\partial x}$$

（2）风向。

近地面层（100m 高度以内）：与平均风速方向一致。

上部边界层（100~1500m）为

$$\psi=\arctan\left(\frac{v}{u}\right)=\arctan\left[\frac{\mathrm{e}^{-\alpha z}\sin(\alpha\cdot z)}{1-\mathrm{e}^{-\alpha z}\cos(\alpha\cdot z)}\right]$$

自由大气层（1500~80km）[30]为

$$\begin{cases}u_g=0,v_g<0, & \psi=0°,360° \\ u_g=0,v_g>0, & \psi=180° \\ u_g<0, & \psi=\dfrac{\pi}{2}-\arctan\left(\dfrac{v_g}{u_g}\right) \\ u_g>0, & \psi=\dfrac{3\pi}{2}-\arctan\left(\dfrac{v_g}{u_g}\right)\end{cases}$$

$u_g>0$ 时为西风,$u_g<0$ 为东风,$v_g>0$ 时为南风,$v_g<0$ 时为北风。式中:κ 为卡曼常数(κ 取 0.40);z_0 为粗糙参数(取 10^{-5}m);z、z_1 为高度;f 为地转参数;k_1 为湍流系数;u^* 为摩擦速度;R 为大气常数(取 287);$\alpha=\sqrt{(f/2k_1)}$。

根据上述模型,纬度 Λ 取 45°,地球自转角速度取 7.292×10^{-5}(rad/s),计算了 80km 高度内的风速与风向值平均值,部分计算数据如表 9.1 和表 9.2 所列。

表 9.1　风速计算值　　　　(单位:m/s)

5km	10km	15km	20km	25km	30km	35km	40km
18.6	15.0	16.7	18.3	25.6	48.9	58.7	67.0
45km	50km	55km	60km	65km	70km	75km	80km
82.0	90.8	85.8	75.7	73.5	71.4	70.9	65.2

表 9.2　风向计算值　　　　(单位:(°))

5km	10km	15km	20km	25km	30km	35km	40km
275.9	305	315	300	290	275	270	270
45km	50km	55km	60km	65km	70km	75km	80km
268	265	265	260	255	254	252	245

把计算数据与某火箭实测数据进行了对比,对比曲线如图 9.7 和图 9.8 所示。

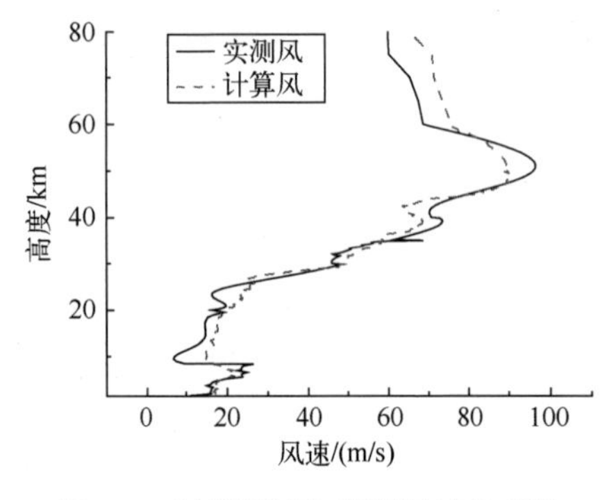

图 9.7　计算风速与实测风速的对比

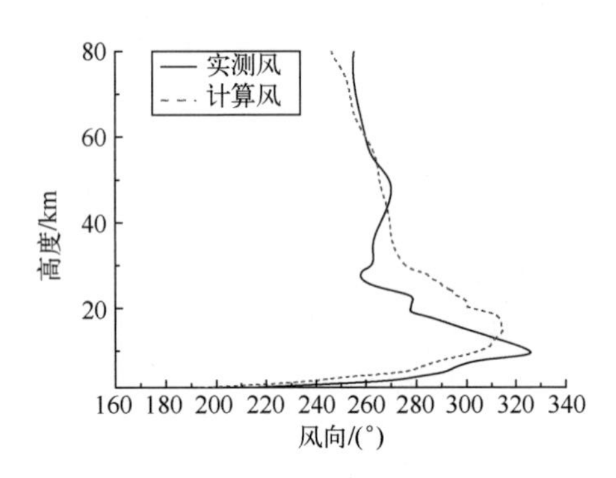

图 9.8　计算风向与实测风向的对比

由图 9.7 可以看出,高空中的风不但不为零,而且很大,到了 60km 左右的高空,风速可达到 97m/s。风速和风向随高度的变化也很大。对于精度要求很高的常规远程火箭来说,若简单地把高空平均风速看作零,将会与实际情况相差过大,那么,考虑高空风与不考虑高空风的标准化射程将有很大差别。由于实际风场与零风场偏差过大,既使按实际风的大小、方向进行射程与侧偏的修正,也会残余很大的误差。这说明了建立标准风场对于减小风的修正误差是非常必要的。

9.1.3 高空风对远程火箭刚体弹道的影响

为了考查高空风场对于远程火箭刚体弹道的影响,以某远程火箭为例,在大弹道高下考虑风的影响进行了对比计算,计算结果列于表9.3中。

可以看出,在本例中风对高空远程火箭刚体弹道的影响很大,且射程差与侧偏随着射程的增大而增大。在50°射角时,仅风这一因素产生的标准化射程偏差最大时将近2500m,标准化侧偏偏差可达1700m。在武器使用中即使按实际风进行修正,由于修正量过大,仍会残余很大的误差。过大的差异对于精度要求很高的常规远程火箭来说是不可忽视的(表9.3和表9.4)。

表9.3 无高空风时不同射角的弹道计算值

分类	射角				
	30°	35°	40°	45°	50°
射程	162898.46	202203.41	238261.68	267683.45	295820.65
侧偏	0.0	0.0	0.0	0.0	0.0
弹道高	28454.79	40093.03	54429.15	71172.65	89922.00

表9.4 有高空风时不同射角的弹道计算值

分类	射角				
	30°	35°	40°	45°	50°
射程	164319.21	203865.67	240112.16	269675.87	298735.96
侧偏	1111.72	1269.35	1424.76	1573.18	1678.21
弹道高	28543.72	40222.00	54602.83	71389.10	90182.25

因而,在常规远程火箭的弹道计算中,应该选定一个标准风场分布,使实际风场与它的平均偏差较小,以使对实际风进行修正的修正量较小,从而可以减小修正误差。

9.2 高精度真风计算方法

以往的真风计算中存在坐标系不统一、高密度探空资料利用率低、气层厚度过大、时间间隔过长等问题,其结果是以真风的计算会出现坐标转换误差、数据利用率低、风值代表性差和比较性差等,影响真风计算的准确性。为了克服这些问题,减小高空风对火箭射击精度的影响,对高精度真风的计算方法进行了研究。

9.2.1 地心坐标系

为了使风的计算更加精确,选取原点与地球质心重合的坐标系。此坐标系的 X 轴指向0°大地子午线与赤道的交点,Z 轴指向协议地球北极,Y 轴指向东经 90°大地子午线与赤道的交点,组成右手直角坐标系,如图 9.9 所示。

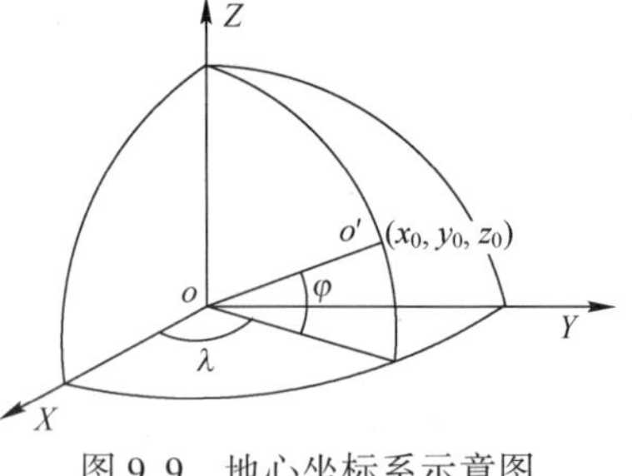

图 9.9　地心坐标系示意图

图 9.9 中,o' 点为测站在地球表面的位置,其在地心坐标系中的投影可表示为

$$\begin{cases} X_0 = (\mathfrak{R} + h_0)\cos\varphi\cos\lambda \\ Y_0 = (\mathfrak{R} + h_0)\cos\varphi\sin\lambda \\ Z_0 = [\mathfrak{R}(1-\kappa^2) + h_0]\sin\varphi \end{cases} \tag{9.43}$$

式中:$\mathfrak{R} = \dfrac{a}{\sqrt{1-\kappa^2\sin^2\varphi}}$;$\kappa^2 = \dfrac{a^2-b^2}{a^2}$,$\kappa$ 为椭球偏心率,a、b 分别为地球椭球体的长轴和短轴,$a = 6378137\text{m}$,$b = 6356752.3142\text{m}$,$\kappa^2 = 0.00669437999013$;$\varphi$ 和 λ 分别为测站的纬度的经度。

9.2.2　站心坐标系

其原点与观测点重合,X'轴指向正北,Y'轴指向正东,Z'轴垂直地面指向天顶,如图 9.10 所示。

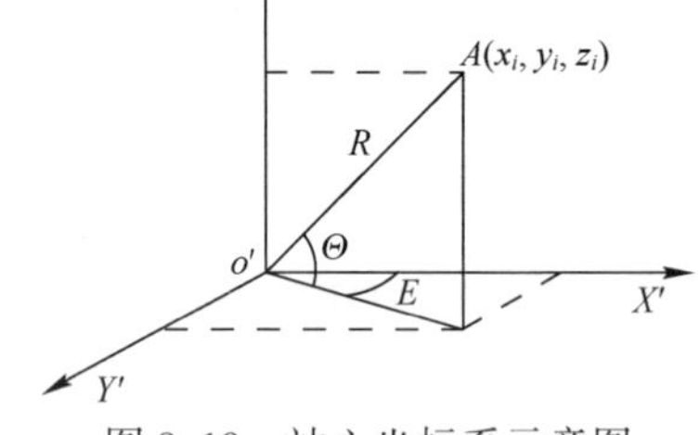

图 9.10　站心坐标系示意图

气球在某一时刻的坐标位置 $A(X_i, Y_i, Z_i)$与观测到的仰角 Θ、方位角 E 和斜距 R 的转换关系为

$$\begin{cases} X_i' = R_i\cos\Theta_i\cos E_i \\ Y_i' = R_i\cos\Theta_i\sin E_i \\ Z_i' = R_i\sin\Theta_i \end{cases} \tag{9.44}$$

9.2.3　地心坐标系与站心坐标系的转换

(1) 站心坐标系向地心坐标系转换为

$$\begin{cases} X_i = -X_i'\cos\lambda\sin\varphi - Y_i'\sin\lambda + Z_i'\cos\varphi\cos\lambda + X_0 \\ Y_i = -X_i'\sin\lambda\sin\varphi - Y_i'\cos\lambda + Z_i'\cos\varphi\sin\lambda + Y_0 \\ Z_i = X_i'\cos\varphi + Z_i'\sin\varphi + Z_0 \end{cases} \tag{9.45}$$

(2) 地心坐标系向站心坐标系转换为

$$\begin{cases} X_i' = -(X_i - X_0)\cos\lambda\sin\varphi - (Y_i - Y_0)\sin\lambda\sin\varphi + (Z_i - Z_0)\cos\varphi \\ Y_i' = -(X_i - X_0)\sin\lambda + (Y_i - Y_0)\cos\lambda \\ Z_i' = (X_i - X_0)\cos\varphi\cos\lambda + (Y_i - Y_0)\sin\lambda\cos\varphi + (Z_i - Z_0)\sin\varphi \end{cases} \tag{9.46}$$

9.2.4　地心坐标系中真风的计算方法

(1) 气球相邻时刻空间弧长的计算。气球在风力作用下所产生的水平位移

是平行于地球表面的一段弧线。气球在 t_{i-1} 时刻位于 A_{i-1} 位置，t_i 时刻位于 A_i 位置，两时刻测得的仰角分别为 Θ_{i-1}、Θ_i，斜距分别为 R_{i-1}、R_i，气球在相邻两时刻相对于地球表面的几何高度分别为 H'_{i-1}、H'_i，弧长为 $\hat{L}_i$，θ_i 为向量 $\overrightarrow{OP}_{i-1}$ 与 $\overrightarrow{OP}_i$ 的夹角，则有

$$\widetilde{L}_i=\left(R_e+\frac{H'_{i-1}+H'_i}{2}\right)\theta_i \tag{9.47}$$

式中：R_e 为地球半径，$R_e=\sqrt{X_0^2+Y_0^2+Z_0^2}-h_0$，并且

$$H'_i=\sqrt{R_e^2+R_i^2+2R_eR_i\sin\Theta_i+2R_ih_0\sin\Theta_i+2R_eh_0+h_0^2}-R_e \tag{9.48}$$

$$\theta_i=\arccos\frac{X_{i-1}X_i+Y_{i-1}Y_i+Z_{i-1}Z_i}{\sqrt{X_{i-1}^2+Y_{i-1}^2+Z_{i-1}^2}\cdot\sqrt{X_i^2+Y_i^2+Z_i^2}} \tag{9.49}$$

（2）气球空间位置坐标的计算。依据气球在站心坐标系中各个时刻的位置观测值(Θ_i,E_i,R_i)，分别计算出站心坐标系中的直角坐标(X'_i,Y'_i,Z'_i)，再将其转换成地心坐标系中的直角坐标 $O'(X_0,Y_0,Z_0)$、$P_i(X_i,Y_i,Z_i)$，然后，计算出地心指向各气球位置的向量的方向余弦为

$$\begin{cases}\cos\alpha_0=\dfrac{X_0}{\sqrt{X_0^2+Y_0^2+Z_0^2}},\cdots,\cos\alpha_i=\dfrac{X_i}{\sqrt{X_i^2+Y_i^2+Z_i^2}}\\ \cos\beta_0=\dfrac{Y_0}{\sqrt{X_0^2+Y_0^2+Z_0^2}},\cdots,\cos\beta_i=\dfrac{Y_i}{\sqrt{X_i^2+Y_i^2+Z_i^2}}\\ \cos\gamma_0=\dfrac{Z_0}{\sqrt{X_0^2+Y_0^2+Z_0^2}},\cdots,\cos\gamma_i=\dfrac{Z_i}{\sqrt{X_i^2+Y_i^2+Z_i^2}}\end{cases} \tag{9.50}$$

相邻两气球位置 $\overrightarrow{A_{i-1}A}$ 投影到平行于地球表面的平均弧线 $\hat{L}_i$ 两端点 $A_{i-1}(X_{i-1},Y_{i-1},Z_{i-1})$ 和 $A_i(X_i,Y_i,Z_i)$ 的位置座标分别为

$$\begin{cases}X_{i-1}=\left(\sqrt{X_{i-1}^2+Y_{i-1}^2+Z_{i-1}^2}+\dfrac{Z'_i-Z'_{i-1}}{2}\right)\cos\alpha_{i-1}\\ Y_{i-1}=\left(\sqrt{X_{i-1}^2+Y_{i-1}^2+Z_{i-1}^2}+\dfrac{Z'_i-Z'_{i-1}}{2}\right)\cos\beta_{i-1}\\ Z_{i-1}=\left(\sqrt{X_{i-1}^2+Y_{i-1}^2+Z_{i-1}^2}+\dfrac{Z'_i-Z'_{i-1}}{2}\right)\cos\gamma_{i-1}\\ X_i=\left(\sqrt{X_{i-1}^2+Y_{i-1}^2+Z_{i-1}^2}+\dfrac{Z'_i-Z'_{i-1}}{2}\right)\cos\alpha_i\\ Y_i=\left(\sqrt{X_{i-1}^2+Y_{i-1}^2+Z_{i-1}^2}+\dfrac{Z'_i-Z'_{i-1}}{2}\right)\cos\beta_i\\ Z_i=\left(\sqrt{X_{i-1}^2+Y_{i-1}^2+Z_{i-1}^2}+\dfrac{Z'_i-Z'_{i-1}}{2}\right)\cos\gamma_i\end{cases} \tag{9.51}$$

（3）真风风速计算为

$$V_i = \frac{\hat{L}_i}{60(t_i - t_{i-1})} \tag{9.52}$$

（4）真风风向计算。风向相对于站心坐标系而言，A_{i-1}和A_i两点对应的地心坐标系坐标$(X_{i-1}, Y_{i-1}, Z_{i-1})$与$(X_i, Y_i, Z_i)$，将之转换到站心坐标系中为$(X'_{i-1}, Y'_{i-1}, Z'_{i-1})$与$(X'_i, Y'_i, Z'_i)$，由站心坐标系中，$A_{i-1}$和$A_i$两点组成的位置向量可计算出风向$F_i$，即

$$\begin{cases} \Delta X'>0\text{ 时}: & F_i = 180+\arctan\dfrac{\Delta Y'}{\Delta X'} \\ \Delta X'<0\text{ 时}: \begin{cases} \Delta Y' \geqslant 0, & F_i = 360+\arctan\dfrac{\Delta Y'}{\Delta X'} \\ \Delta Y'<0, & F_i = \arctan\dfrac{\Delta Y'}{\Delta X'} \end{cases} \\ \Delta X'=0\text{ 时}: \begin{cases} \Delta Y'>0, & F_i = 270 \\ \Delta Y'<0, & F_i = 90 \\ \Delta Y'=0, & F_i = 0 \end{cases} \\ \Delta X' = \Delta X'_i - \Delta X'_{i-1}, \Delta Y' = \Delta Y'_i - \Delta Y'_{i-1} \end{cases} \tag{9.53}$$

第 10 章　弹体气动弹性变形对射击精度的影响

远程火箭的弹体长细比很大,在飞行速度高时将导致火箭在空中飞行过程中有明显的弹性变形,影响射击精度。因此,根据远程火箭的特点,将在空中飞行的火箭看作柔性变形体,建立柔体弹道模型,考虑火箭飞行与弹体变形之间的耦合影响,对柔性弹道模型进行仿真与分析,并对弹体的变形特性和对射弹散布造成的影响进行分析。

10.1　柔体弹道动力学模型

10.1.1　坐标系选取及运动描述

用到的坐标系有弹道系、弹体系、平动系、地面基准坐标系、弹轴系,如前所述。

假设低速旋转的尾翼式远程火箭在飞行中只发生柔体弯曲变形,暂不考虑转动惯量和剪切效应对弹体弯曲的影响。变形前弹箭为轴对称体,如图 10.1 所示,其中 C 为弹体的质心,$\rho_b(\xi)$、$S_b(\xi)$ 和 $EI(\xi)$ 分别为沿弹轴方向任一 ξ 处弹体单位长度上的质量密度、横截面积和弯曲刚度[31]。

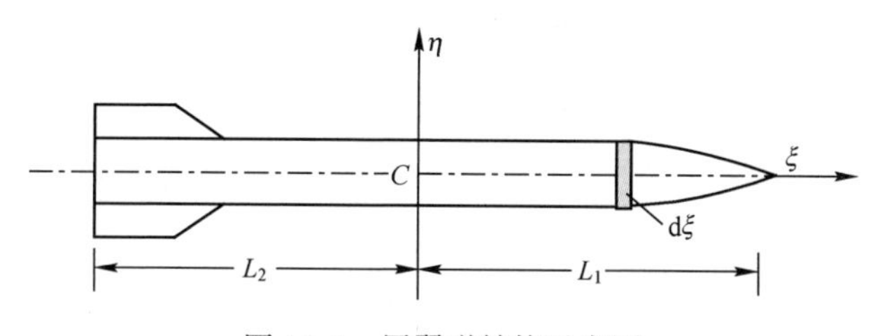

图 10.1　尾翼弹结构示意图

对于柔体变形的远程火箭来说,可定义一种平均弹轴,沿弹体上任一点 ξ 处的变形位移 $\boldsymbol{e}(\xi,t)$ 满足下列关系,即

$$\begin{cases} \int_L \rho_b S_b \boldsymbol{e} \mathrm{d}\xi = 0 \\ \int_L \rho_b S_b \boldsymbol{\xi} \times \boldsymbol{e} \mathrm{d}\xi = 0 \end{cases} \tag{10.1}$$

此式可称为平均弹轴条件,L 为全弹长,$\int_L (\,)\mathrm{d}\xi$ 为沿全弹积分,从式(10.1)中可以看出平均弹轴具有下列含义。

(1) 平均弹轴必通过弹体的质心 C。

(2) 若弹体不发生柔性变形,则必有 $\boldsymbol{e}(\xi,t)=0$。

根据平均弹轴条件式(10.1),在平均弹轴系中,弹体柔性变形引起的总的相对动量和总相对动量矩为零,即

$$\begin{cases}\int_L \rho_b S_b \dfrac{\partial \boldsymbol{e}}{\partial t}\mathrm{d}\xi = 0 \\ \int_L \rho_b S_b \boldsymbol{\xi} \times \dfrac{\partial \boldsymbol{e}}{\partial t}\mathrm{d}\xi = 0\end{cases}$$

式中:$\boldsymbol{i}_{x_1}$、$\boldsymbol{j}_{y_1}$ 和 $\boldsymbol{k}_{z_1}$ 为刚体系的正交单位向量。

柔性火箭的刚体运动定义为弹体的质心运动和刚体系的绕心运动,空间刚体运动共有 6 个自由度。假设在任一时刻,弹体质心在基准系中的坐标为(x,y,z),弹体质心的速度向量 $\boldsymbol{V}_c$,加速度向量 $\boldsymbol{a}_c$,则

$$\boldsymbol{V}_c = \dot{x}\boldsymbol{i}_x + \dot{y}\boldsymbol{j}_y + \dot{z}\boldsymbol{k}_z$$

而

$$\begin{cases}\dot{x} = V_c\cos\psi_2\cos\theta_1 \\ \dot{y} = V_c\cos\psi_2\sin\theta_1 \\ \dot{z} = V_c\sin\psi_2\end{cases} \tag{10.2}$$

式中:$\boldsymbol{i}_x$、$\boldsymbol{j}_y$、$\boldsymbol{k}_z$ 为基准系的正交单位向量,记 $V=V_c$。

弹道坐标系的转动角速度为

$$\boldsymbol{w}_2 = \dot{\boldsymbol{\theta}}_1 + \dot{\boldsymbol{\psi}}_2$$

其在弹道坐标系 $c-x_2y_2z_2$ 中的 3 个分量分别为

$$\begin{cases}w_{2x_2} = \dot{\theta}_1\sin\psi_2 \\ w_{2y_2} = -\dot{\psi}_2 \\ w_{2z_2} = \dot{\theta}_1\cos\psi_2\end{cases}$$

可以取近似

$$\begin{cases}w_{2x_2} = \dot{\theta}_1\psi_2 \\ w_{2y_2} = -\dot{\psi}_2 \\ w_{2z_2} = \dot{\theta}_1\end{cases} \tag{10.3}$$

用$\frac{\mathrm{d}'\boldsymbol{V}_c}{\mathrm{d}t}$表示 $\boldsymbol{V}_c$ 相对弹道坐标系对时间的导数,则

$$\frac{\mathrm{d}\boldsymbol{V}_c}{\mathrm{d}t}=\frac{\mathrm{d}'\boldsymbol{V}_c}{\mathrm{d}t}+\boldsymbol{w}_2\times\boldsymbol{V}_c$$

而 $\boldsymbol{V}_c$ 在 $c-x_2y_2z_2$ 三轴上的投影为

$$\begin{cases}V_{x_2}=V\\V_{y_2}=0\\V_{z_2}=0\end{cases}$$

所以

$$\frac{\mathrm{d}V}{\mathrm{d}t}\boldsymbol{i}_{x_2}+\begin{vmatrix}\boldsymbol{i}_{x_2} & \boldsymbol{j}_{y_2} & \boldsymbol{k}_{z_2}\\ \dot{\theta}_1\sin\psi_2 & -\dot{\psi}_2 & \dot{\theta}_1\cos\psi_2\\ V & 0 & 0\end{vmatrix}=\boldsymbol{a}_c$$

$$\begin{cases}a_{cx_2}=\dot{V}\\a_{cy_2}=V\dot{\theta}_1\cos\psi_2\\a_{cz_2}=V\dot{\psi}_2\end{cases}\tag{10.4}$$

式中:$\boldsymbol{i}_{x_2}$、$\boldsymbol{j}_{y_2}$、$\boldsymbol{k}_{z_2}$为弹道坐标系上的正交单位向量。

沿弹轴线上任一点 ξ 处微元梁($\mathrm{d}\xi$)的运动为火箭的刚体运动和微元的变形运动的合成,设微元中心的速度为 $\boldsymbol{V}_p$,加速度为 $\boldsymbol{a}_p$,则

$$\boldsymbol{V}_p=V_{px_1}\boldsymbol{i}_{x_1}+V_{py_1}\boldsymbol{j}_{y_1}+V_{pz_1}\boldsymbol{k}_{z_1}$$

$$\boldsymbol{a}_p=a_{px_1}\boldsymbol{i}_{x_1}+a_{py_1}\boldsymbol{j}_{y_1}+a_{pz_1}\boldsymbol{k}_{z_1}$$

式中:$\boldsymbol{i}_{x_1}$、$\boldsymbol{j}_{y_1}$和 $\boldsymbol{k}_{z_1}$为刚体系的正交单位向量。

设平均弹轴系的转动角速度为 w,则 $\boldsymbol{w}=\dot{\boldsymbol{\delta}}_1+\dot{\boldsymbol{\delta}}_2+\boldsymbol{w}_2$,其在 $c-\xi\eta\zeta$ 三轴上的投影分别是 w_ξ、w_η、w_ζ,则

$$\begin{cases}w_\xi=\dot{\delta}_1\sin\delta_2+\dot{\theta}_1\sin\psi_2\cos\delta_2\cos\delta_1-\dot{\psi}_2\cos\delta_2\sin\delta_1+\dot{\theta}_1\cos\psi_2\sin\delta_2\\w_\eta=-\dot{\delta}_2-\dot{\theta}_1\sin\psi_2\sin\delta_1-\dot{\psi}_2\cos\delta_1\\w_\zeta=\dot{\delta}_1\cos\delta_2-\dot{\theta}_1\sin\psi_2\sin\delta_2\cos\delta_1+\dot{\psi}_2\sin\delta_2\sin\delta_1+\dot{\theta}_1\cos\psi_2\cos\delta_2\end{cases}$$

在忽略高阶小量时,则有

$$\begin{cases}w_\xi\approx 0\\w_\eta\approx-\dot{\delta}_2-\dot{\psi}_2=-\dot{\varphi}_2\\w_\zeta\approx\dot{\delta}_1+\dot{\theta}_1=\dot{\varphi}_1\end{cases}\tag{10.5}$$

设刚体系的转动角速度为 w_1，即为全弹的转动角速度，则 $\boldsymbol{w}_1=\dot{\boldsymbol{\gamma}}+\boldsymbol{w}$，其在弹体系 $c-x_1y_1z_1$ 中的 3 个分量分别为

$$\begin{cases}w_{1x_1}=\dot{\gamma}+w_\xi\\ w_{1y_1}=w_\eta\cos\gamma+w_\zeta\sin\gamma\\ w_{1z_1}=-w_\eta\sin\gamma+w_\zeta\cos\gamma\end{cases}\tag{10.6}$$

将式(10.5)代入式(10.6)，则

$$\begin{cases}w_{1x_1}\doteq\dot{\gamma}\\ w_{1y_1}\doteq-\dot{\varphi}_2\cos\gamma+\dot{\varphi}_1\sin\gamma\\ w_{1z_1}\doteq\dot{\varphi}_2\sin\gamma+\dot{\varphi}_1\cos\gamma\end{cases}\tag{10.7}$$

$\boldsymbol{V}_c$ 在平均弹轴系 $c-\xi\eta\zeta$ 中的 3 个分量为

$$\begin{cases}V_\xi=V\cos\delta_1\cos\delta_2\doteq V\\ V_\eta=-V\sin\delta_1\doteq-V\delta_1\\ V_\zeta=-V\sin\delta_2\cos\delta_2\doteq-V\delta_2\end{cases}$$

根据弹体坐标系和弹轴系之间的变换关系可知，在弹体系中的 3 个分量分别为

$$\begin{cases}V_{x_1}=V_\xi\doteq V\\ V_{y_1}=V_\eta\cos\gamma+V_\zeta\sin\gamma\doteq-V\delta_1\cos\gamma-V\delta_2\sin\gamma\\ V_{z_1}=-V_\eta\sin\gamma+V_\zeta\cos\gamma\doteq V\delta_1\sin\gamma-V\delta_2\cos\gamma\end{cases}\tag{10.8}$$

令

$$\begin{cases}\delta_{y_1}=\delta_1\cos\gamma+\delta_2\sin\gamma\\ \delta_{z_1}=-\delta_1\sin\gamma+\delta_2\cos\gamma\end{cases}\tag{10.9}$$

代入式(10.8)得

$$\begin{cases}V_{x_1}\doteq V\\ V_{y_1}\doteq-V\delta_{y_1}\\ V_{z_1}\doteq-V\delta_{z_1}\end{cases}\tag{10.10}$$

由于沿弹体轴线上任一点 ξ 处梁微元（$\mathrm{d}\xi$）的运动为弹体的刚体运动和弯曲变形运动的合成，可得出 $\boldsymbol{V}_p$ 在弹体系中的 3 个分量为

$$\begin{cases}V_{px_1}\doteq V\\ V_{py_1}\doteq-V\delta_{y_1}+w_{1z_1}\xi-w_{1x_1}e_2+\dfrac{\partial e_1}{\partial t}\\ V_{pz_1}\doteq-V\delta_{z_1}-w_{1y_1}\xi+w_{1x_1}e_1+\dfrac{\partial e_2}{\partial t}\end{cases}\tag{10.11}$$

式中：e_1 和 e_1 为变形位移向量 $\boldsymbol{e}$ 在 y_1 轴和 z_1 轴上的投影（图 10.2）。

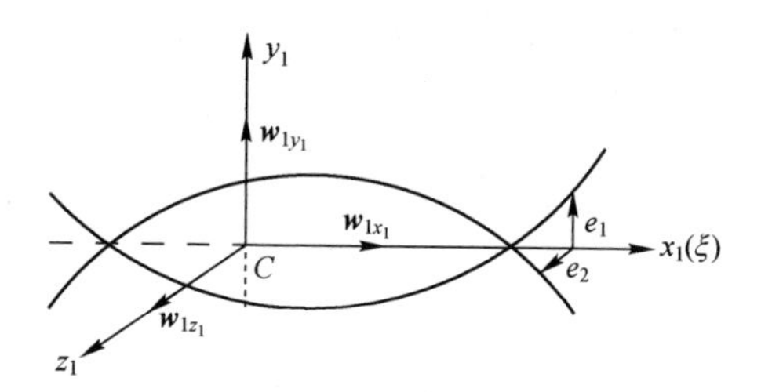

图 10.2　变形位移向量

根据运动合成原理，得

$$\frac{\mathrm{d}\boldsymbol{V}_p}{\mathrm{d}t}=\frac{\mathrm{d}'\boldsymbol{V}_p}{\mathrm{d}t}+w_1\times\boldsymbol{V}_p\triangleq\boldsymbol{a}_p$$

式中：$\dfrac{\mathrm{d}'\boldsymbol{V}_p}{\mathrm{d}t}$为 $\boldsymbol{V}_p$ 在弹体坐标系 $c-x_1y_1z_1$ 中的相对导数。上式展开为

$$\begin{pmatrix}\dfrac{\mathrm{d}V_{px_1}}{\mathrm{d}t}\boldsymbol{i}_{x_1}\\\dfrac{\mathrm{d}V_{py_1}}{\mathrm{d}t}\boldsymbol{i}_{y_1}\\\dfrac{\mathrm{d}V_{pz_1}}{\mathrm{d}t}\boldsymbol{i}_{z_1}\end{pmatrix}+\begin{pmatrix}\boldsymbol{i}_{x_1} & \boldsymbol{i}_{y_1} & \boldsymbol{i}_{z_1}\\ w_{1x_1} & w_{1y_1} & w_{1x_1}\\ V_{px_1} & V_{py_1} & V_{pz_1}\end{pmatrix}=\begin{pmatrix}a_{px_1}\boldsymbol{i}_{x_1}\\a_{py_1}\boldsymbol{i}_{y_1}\\a_{pz_1}\boldsymbol{i}_{z_1}\end{pmatrix}$$

所以有

$$\begin{cases}a_{px_1}=\dfrac{\mathrm{d}V_{px_1}}{\mathrm{d}t}+w_{1y_1}V_{pz_1}-w_{1z_1}V_{py_1}\\a_{py_1}=\dfrac{\mathrm{d}V_{py_1}}{\mathrm{d}t}+w_{1z_1}V_{px_1}-w_{1x_1}V_{pz_1}\\a_{pz_1}=\dfrac{\mathrm{d}V_{pz_1}}{\mathrm{d}t}+w_{1x_1}V_{py_1}-w_{1y_1}V_{px_1}\end{cases}\tag{10.12}$$

因为$\dfrac{\mathrm{d}V_{px_1}}{\mathrm{d}t}=\dfrac{\mathrm{d}V_c}{\mathrm{d}t}=a_{cx_2}$且因 $w_{1y_1}V_{pz_1}-w_{1z_1}V_{py_1}$通常较小，故近似有

$$a_{px_1}\doteq a_{cx_2}\tag{10.13}$$

又由式（10.11）可知

$$\frac{\mathrm{d}V_{py_1}}{\mathrm{d}t}=-\dot{V}\delta_{y_1}-V\dot{\delta}_{y_1}+\dot{w}_{1z_1}\xi-\dot{w}_{1x_1}e_2-w_{1x_1}\frac{\partial e_2}{\partial t}+\frac{\partial^2 e_1}{\partial t^2}\tag{10.14}$$

由式(10.9)可知

$$\dot{\delta}_{y_1}=\dot{\delta}_1\cos\gamma+\dot{\delta}_2\sin\gamma-\dot{\gamma}\delta_1\sin\gamma+\dot{\gamma}\delta_2\cos\gamma \tag{10.15}$$

把式(10.14)和式(10.15)代入式(10.12)第二方程式得

$$a_{py_1}=-a_{cx_2}\delta_{y_1}+V(-\dot{\delta}_1\cos\gamma-\dot{\delta}_2\sin\gamma+\dot{\gamma}\delta_1\sin\gamma-\dot{\gamma}\delta_2\cos\gamma+w_{1z_1}+w_{1x_1}\delta_{z_1})+$$
$$\dot{w}_{1z_1}\xi-\dot{w}_{1x_1}e_2-w_{1x_1}^2e_1+\frac{\partial^2 e_1}{\partial t^2}+w_{1x_1}w_{1y_1}\xi-2w_{1x_1}\frac{\partial e_2}{\partial t}$$

把式(10.7)代入上式右边第二项并对高阶小量进行忽略,整理得

$$-\dot{\delta}_1\cos\gamma-\dot{\delta}_2\sin\gamma+\dot{\gamma}\delta_1\sin\gamma-\dot{\gamma}\delta_2\cos\gamma+w_{1z_1}+w_{1x_1}\delta_{z_1}=\dot{\psi}_2\sin\gamma+\dot{\theta}_1\cos\gamma$$

令

$$\dot{\psi}_2\sin\gamma+\dot{\theta}_1\cos\gamma\triangleq\dot{\theta}_p \tag{10.16}$$

则

$$a_{py_1}=-a_{cx_2}\delta_{y_1}+V\dot{\theta}_p+\dot{w}_{1z_1}\xi-\dot{w}_{1x_1}e_2-w_{1x_1}^2e_1+\frac{\partial^2 e_1}{\partial t^2}+w_{1x_1}w_{1y_1}\xi-2w_{1x_1}\frac{\partial e_2}{\partial t} \tag{10.17}$$

同样可得

$$\frac{\mathrm{d}V_{pz_1}}{\mathrm{d}t}=-\dot{V}\delta_{z_1}-V\dot{\delta}_{z_1}-\dot{w}_{1y_1}\xi+\dot{w}_{1x_1}e_1+w_{1x_1}\frac{\partial e_1}{\partial t}+\frac{\partial^2 e_1}{\partial t^2} \tag{10.18}$$

其中

$$\dot{\delta}_{z_1}=-\dot{\delta}_1\sin\gamma+\dot{\delta}_2\cos\gamma-\dot{\gamma}\delta_1\cos\gamma-\dot{\gamma}\delta_2\sin\gamma \tag{10.19}$$

把式(10.18)和式(10.19)代入式(10.11)第二方程式得

$$a_{pz_1}=-a_{cx_2}\delta_{z_1}+V(\dot{\delta}_1\sin\gamma-\dot{\delta}_2\cos\gamma+\dot{\gamma}\delta_1\cos\gamma+\dot{\gamma}\delta_2\sin\gamma+w_{1y_1}-w_{1x_1}\delta_{y_1})-$$
$$\dot{w}_{1y_1}\xi+\dot{w}_{1x_1}e_1-w_{1x_1}^2e_2+\frac{\partial^2 e_2}{\partial t^2}+w_{1x_1}w_{1z_1}\xi+2w_{1x_1}\frac{\partial e_1}{\partial t}$$

把式(10.7)代入上式右边第二项并对高阶小量进行忽略,整理得

$$\dot{\delta}_1\sin\gamma-\dot{\delta}_2\cos\gamma+\dot{\gamma}\delta_1\cos\gamma+\dot{\gamma}\delta_2\sin\gamma+w_{1y_1}-w_{1x_1}\delta_{y_1}\doteq\dot{\psi}_2\cos\gamma-\dot{\theta}_1\sin\gamma$$

令

$$\dot{\psi}_p=\dot{\psi}_2\cos\gamma-\dot{\theta}_1\sin\gamma \tag{10.20}$$

则

$$a_{pz_1}=-a_{cx_2}\delta_{z_1}+V\dot{\psi}_p-\dot{w}_{1y_1}\xi+\dot{w}_{1x_1}e_1-w_{1x_1}^2e_2+\frac{\partial^2 e_2}{\partial t^2}+w_{1x_1}w_{1z_1}\xi+2w_{1x_1}\frac{\partial e_1}{\partial t} \tag{10.21}$$

由式(10.13)、式(10.17)、式(10.21)组成式(10.12)的另一表现形式为

$$
\begin{cases}
a_{px_1} \doteq a_{cx_2} \\
a_{py_1} \doteq -a_{cx_2}\delta_{y_1} + V\dot{\theta}_p + \dot{w}_{1z_1}\xi - \dot{w}_{1x_1}e_2 - w_{1x_1}^2 e_1 + \dfrac{\partial^2 e_1}{\partial t^2} + w_{1x_1}w_{1y_1}\xi - 2w_{1x_1}\dfrac{\partial e_2}{\partial t} \\
a_{pz_1} \doteq -a_{cx_2}\delta_{z_1} + V\dot{\psi}_p - \dot{w}_{1y_1}\xi + \dot{w}_{1x_1}e_1 - w_{1x_1}^2 e_2 + \dfrac{\partial^2 e_2}{\partial t^2} + w_{1x_1}w_{1z_1}\xi + 2w_{1x_1}\dfrac{\partial e_1}{\partial t}
\end{cases}
\tag{10.22}
$$

式中：$\dot{w}_{1x_1}$、$\dot{w}_{1y_1}$和 $\dot{w}_{1z_1}$ 分别为刚体系的转动角加速度向量在刚体系中的投影分量。

10.1.2 动力学方程的建立与简化

（1）质心运动方程。根据质点系质心运动定理，有

$$
m\frac{\mathrm{d}\boldsymbol{V}_c}{\mathrm{d}t} = \boldsymbol{F}^e = m\boldsymbol{a}_c
$$

式中：$\boldsymbol{F}^e$ 为作用在火箭上的外力合力，其中包括火箭推力。假设 $\boldsymbol{F}^e$ 在弹道系中的 3 个分量分别为 $F_{x_2}^e$、$F_{y_2}^e$和 $F_{z_2}^e$，则有

$$
\begin{cases}
ma_{cx_2} = m\dot{V}_c = F_{x_2}^e \\
ma_{cy_2} = mV_c\dot{\theta}_1\cos\psi_2 = F_{y_2}^e \\
ma_{cz_2} = mV_c\dot{\psi}_2 = F_{z_2}^e
\end{cases}
\tag{10.23}
$$

进而得到质心运动方程组为

$$
\begin{cases}
m\dot{V}_c = -mg\sin\theta_1\cos\psi_2 - mb_xV_c^2 + F_p - \sum\limits_{j=1}^{n_1} m_jF_{pj}^S[\cos(r_j + r)\delta_1 + \sin(r_j + r)\delta_2] \\
mV_c\dot{\theta}_1\cos\psi_2 = -mg\cos\theta_1 + \dfrac{\rho_aS}{2}V_c^2\int_L f'_y\delta_{\xi y_2}\mathrm{d}\xi + mb_{zm}Vw_{1\xi}\delta_2 + F_p\delta_1 + \\
\qquad F_p\left(\dfrac{\partial e_{p1}}{\partial \xi}\cdot\cos r - \dfrac{\partial e_{p2}}{\partial \xi}\sin r\right) + \sum\limits_{j=1}^{n_1} m_jF_{pj}^S\cos(r_j + r) \\
mV_c\dot{\psi}_2 = mg\sin\theta_1\sin\psi_2 + \dfrac{\rho_aS}{2}V_c^2\int_L f'_y\delta_{\xi z_2}\mathrm{d}\xi - mb_{zm}Vw_{1\xi}\delta_1 + F_p\delta_2 + \\
\qquad F_p\left(\dfrac{\partial e_{p1}}{\partial \xi}\cdot\sin r + \dfrac{\partial e_{p2}}{\partial \xi}\cos r\right) + \sum\limits_{j=1}^{n_1} m_jF_{pj}^S\sin(r_j + r) \\
\dot{x} = V\cos\psi_2\cos\theta_1 \\
\dot{y} = V\cos\psi_2\sin\theta_1 \\
\dot{z} = V\sin\psi_2
\end{cases}
\tag{10.24}
$$

（2）绕心运动方程。根据质动力矩定理可得绕心运动方程组为

$$
\begin{cases}
M_\xi = M_{xz} + M_{xw} = -Ck_{xz}Vw_{1\xi} + Ck_{xw}V^2E \\
M_\eta = M_{z\eta} + M_{y\eta} + M_{p\eta} + M_{S\eta} \\
\quad = \dfrac{1}{2}\rho_a SV_c^2\displaystyle\int_L \xi f'_N\delta_{\xi\zeta}\mathrm{d}\xi + Ck_yVw_{1\xi}\delta_1 + F_p\left(L_2\dfrac{\partial e_{p2}}{\partial \xi} + e_{p2}\right)\cos r + \\
\quad F_p\left(L_2\dfrac{\partial e_{p1}}{\partial \xi} + e_{p1}\right)\sin r + F_p(L_{pz_1}\cos r + L_{py_1}\sin r) - \displaystyle\sum_{j=1}^{n_1} m_jF_{pj}^S\xi_j\sin(r_j + r) \\
M_\zeta = M_{z\zeta} + M_{y\zeta} + M_{p\zeta} + M_{S\zeta} \\
\quad = \dfrac{1}{2}\rho_a SV_c^2\displaystyle\int_L \xi f'_N\delta_{\xi\eta}\mathrm{d}\xi + Ck_yVw_{1\xi}\delta_2 + F_p\left(L_2\dfrac{\partial e_{p2}}{\partial \xi} + e_{p2}\right)\sin r - \\
\quad F_p\left(L_2\dfrac{\partial e_{p1}}{\partial \xi} + e_{p1}\right)\cos r + F_p(L_{pz_1}\sin r - L_{py_1}\cos r) + \displaystyle\sum_{j=1}^{n_1} m_jF_{pj}^S\xi_j\cos(r_j + r)
\end{cases}
\tag{10.25}
$$

(3) 弯曲方程。通过以推力向量进行微元处理化,可得大长细比弹体的变曲方程为

$$
\begin{cases}
F_\xi^{\mathrm{d}\xi} = \Bigg[-\rho_bS_bg\cos\varphi_2\sin\varphi_1 - \dfrac{\rho_aS}{2}V_a^2f_A - \dfrac{\partial N}{\partial \xi} + F_p\delta(\xi - \xi_p) - \\
\quad \displaystyle\sum_{j=1}^{n_1} m_jF_{pj}^S \times \left(\dfrac{\partial e_{1j}}{\partial \xi}\cos r_j + \dfrac{\partial e_{2j}}{\partial \xi}\sin r_j\right)\delta(\xi - \xi_j)\Bigg]\mathrm{d}\xi \\
F_\eta^{\mathrm{d}\xi} = \Bigg\{-\rho_bS_bg\cos\varphi_1 + \dfrac{\rho_aS}{2}V_a^2f'_N\delta_{\xi\eta} - N\dfrac{\partial^2 e_1}{\partial \xi^2}\cos r + N\dfrac{\partial^2 e_2}{\partial \xi^2}\sin r - \dfrac{\partial^2}{\partial \xi^2} \times \\
\quad \left[EI\left(\dfrac{\partial^2 e_1}{\partial \xi^2} + d_1\dfrac{\partial^3 e_1}{\partial \xi^2\partial t}\right)\cos r - EI\left(\dfrac{\partial^2 e_2}{\partial \xi^2} + d_1\dfrac{\partial^3 e_2}{\partial \xi^2\partial t}\right)\sin r\right] + \Bigg[F_p\left(\dfrac{\partial e_{p1}}{\partial \xi}\cos r - \right. \\
\quad \left.\dfrac{\partial e_{p2}}{\partial \xi}\sin r\right) + \dfrac{F_p}{L_2}(L_{py_1}\cos r - L_{pz_1}\sin r)\Bigg]\delta(\xi - \xi_p) + \displaystyle\sum_{j=1}^{n_1} m_jF_{pj}^S\cos(r_j + r) \times \\
\quad \delta(\xi - \xi_j)\Bigg\}\mathrm{d}\xi \\
F_\zeta^{\mathrm{d}\xi} = \Bigg\{\rho_bS_bg\sin\varphi_1\sin\varphi_2 + \dfrac{\rho_aS}{2}V_a^2f'_N\delta_{\xi\zeta} - N\dfrac{\partial^2 e_1}{\partial \xi^2}\sin r - N\dfrac{\partial^2 e_2}{\partial \xi^2}\cos r - \\
\quad \dfrac{\partial^2}{\partial \xi^2}\left[EI\left(\dfrac{\partial^2 e_1}{\partial \xi^2} + d_1\dfrac{\partial^3 e_1}{\partial \xi^2\partial t}\right)\sin r + EI\left(\dfrac{\partial^2 e_2}{\partial \xi^2} + d_1\dfrac{\partial^3 e_2}{\partial \xi^2\partial t}\right)\cos r\right] + \\
\quad \left[F_p\left(\dfrac{\partial e_{p1}}{\partial \xi} \times \sin r + \dfrac{\partial e_{p2}}{\partial \xi} \times \cos r\right) + \dfrac{F_p}{L_2}(L_{py_1}\sin r + L_{pz_1}\cos r)\right]\delta(\xi - \xi_p) + \\
\quad \displaystyle\sum_{j=1}^{n_1} m_jF_{pj}^S \times \sin(r_j + r)\delta(\xi - \xi_j)\Bigg\}\mathrm{d}\xi
\end{cases}
\tag{10.26}
$$

(4) 动力学方程的简化。对一些小量进行忽略与简化,得动力学方程的简化模型为

$$
\begin{cases}
\dot{V}_c = -g\sin\theta_1\cos\psi_2 - b_x V_c^2 + a_p^t - \sum_{j=1}^{n_1} m_j a_{pj}^S[\cos(r_j + r)\delta_1 + \sin(r_j + r)\delta_2] \\
\dot{\Psi} = -\dfrac{g\cos\theta_1}{V} + \dfrac{ig\sin\theta_1\sin\psi_2}{V} + b_y V\Delta - b_{y\xi}\dot{\Phi} - i\dot{r}b_{ye}e^{ir} - b_{yet}e^{ir} + b_{ye\xi}Ve^{ir} \\
\quad - i\dot{r}b_{zm}\Delta + \dfrac{1}{V}\left(a_p^t\Delta + a_p^t\dfrac{\partial e_p}{\partial\xi}e^{ir}\right) + \dfrac{1}{V}\sum_{j=1}^{n_1} m_j a_{pj}^S e^{i(r_j+r)} \\
\ddot{r} = -k_{xz}V\dot{r} + k_{xw}V^2E \\
\ddot{\Phi} = k_z V^2\Delta - k_{z\xi}V\dot{\Phi} - i\dot{r}k_{ze}Ve^{ir} - k_{zet}Ve^{ir} + k_{ze\xi}V^2e^{ir} - i\dfrac{C}{A}k_y V\dot{r}\Delta + i\dfrac{C}{A}\dot{r}\dot{\Phi} \\
\quad - \dfrac{F_p}{A}\left(L_2 \times \dfrac{\partial e_p}{\partial\xi} + e_p + L_p\right)e^{ir} + \sum_{j=1}^{n_1} m_j\dfrac{F_{pj}^S}{A}\xi_j e^{i(r_j+r)} + \left(1 - \dfrac{C}{A}\right)(\dot{r}^2 - i\ddot{r})\beta_P e^{ir} \\
\quad - i\left(1 - \dfrac{C}{A}\right)\dot{r}\dot{\beta}_e e^{ir} \\
\ddot{q}_i = k_1\dot{q}_i - 2w_i d_1\dot{q}_i + \sum_{j=1}^{n} k_{ij}^1\dot{q}_j - w_i^2 q_i + k_2 q_i + \sum_{j=1}^{n} k_{ij}^2\dot{q}_j + k_0
\end{cases}
\tag{10.27}
$$

10.2 弹体气动弹性变形对射弹散布的影响

这里变形对散布的影响主要是用在主动段末端时柔体变形所引起的偏角偏差量 $\Delta\psi$(柔体的偏角减去刚体的偏角),简称偏角差,以及其占刚体偏角的百分比作为指标来衡量。

10.2.1 推力偏心引起的变形对角散布的影响

根据柔体弹道模型与同刚体弹道模型对推力偏心产生的影响进行了对比计算,根据结果画出了两者偏角偏差量随时间的变化曲线,如图 10.3 所示。

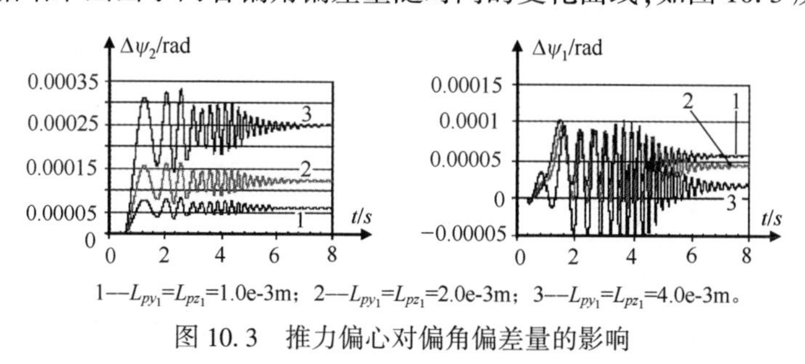

1—$L_{py_1}=L_{pz_1}$=1.0e-3m; 2—$L_{py_1}=L_{pz_1}$=2.0e-3m; 3—$L_{py_1}=L_{pz_1}$=4.0e-3m。

图 10.3 推力偏心对偏角偏差量的影响

图左上一坐标系是在同一时间内柔体弹道 ψ_2 减去刚体弹道的 ψ_2 所得偏差量 $\Delta\psi_2$ 随时间的变化曲线,右上一坐标系是在同一时间内柔体弹道 ψ_1 减去

刚体弹道的 ψ_1 所得偏差量 $\Delta\psi_1$ 随时间的变化曲线,时间为 0~6.0s 时段;下面两坐标系分别是上面所对的内容,只绘出 5.0~6.0s 的变化曲线;从图上可知,变化频率相似,但大约在 5s 之前,不同情况的曲线上下波动比后面激烈,主要原因是由于这一时期的变形振动比较大,而在主动段末端左右已经衰减下来了,因此偏差量的变化比较稳定,这个比较稳定的平均量可以看作柔性变形引起的偏角差。从 5.0s 到 6.0s 的变化曲线中可得,随着推力偏心距的增大,其变形引起方向上的偏角差就越大,且成比例变化,而对高低上的偏角差影响却相反。

可以看出,偏角的偏差量随着推力偏心距的增大而增大。

10.2.2 动不平衡引起的变形对角散布的影响

利用柔体弹道模型与刚体弹道模型对动不平衡引起的角偏差进行了对比计算,根据计算数据绘出柔体与刚体的偏角偏差量在时间 5.0~6.0s 的变化曲线,如图 10.4 所示。

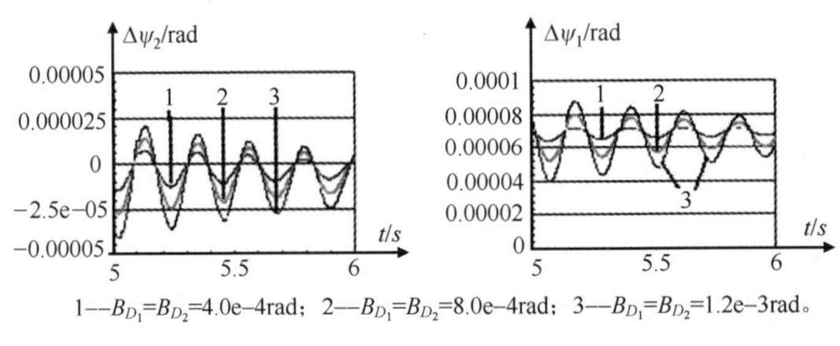

1—$B_{D_1}=B_{D_2}$=4.0e−4rad;2—$B_{D_1}=B_{D_2}$=8.0e−4rad;3—$B_{D_1}=B_{D_2}$=1.2e−3rad。

图 10.4 动不平衡—偏角偏差量随时间的变化

对数据进行分析可知,动不平衡角引起的弹体变形对偏角差是有影响的,随着动不平衡角的增大,变形引起的偏差量是增大的。

10.2.3 风引起的变形对角散布的影响

利用柔体弹道模型与刚体弹道模型对动风引起的角偏差进行了对比计算,偏角偏差量曲线如图 10.5 所示。

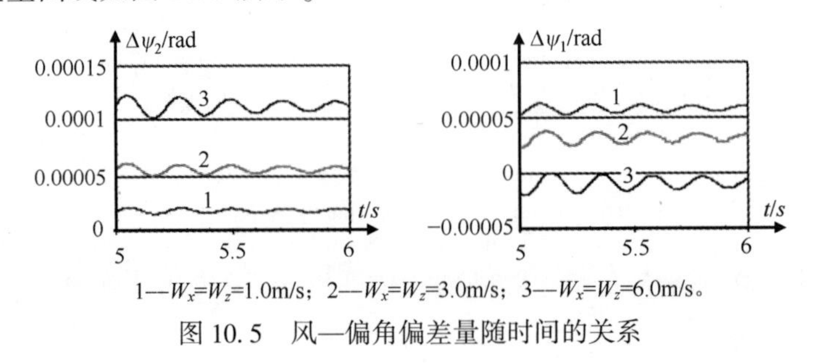

1—$W_x=W_z$=1.0m/s;2—$W_x=W_z$=3.0m/s;3—$W_x=W_z$=6.0m/s。

图 10.5 风—偏角偏差量随时间的关系

随着风速的增大,变化幅度有所增加,其频率相差不大,其方向偏角差 $\Delta\psi_2$ 增大,高低偏角差 $\Delta\psi_1$ 减小,由于侧向偏角偏左,意味着方向和高低上的偏角偏差量都在减小,高低上的偏角偏差量都在减小。这种现象可从如下的攻角曲线得到解释。

从图 10.6 中可知,柔体的摆动速度比刚体的快;从图 10.7 中可知,柔体的摆动幅度比刚体的小,平均攻角的绝对值小;从相对攻角的曲线中可知,柔体的平均摆动幅度比刚体的大。由于主动段期间对偏角产生影响主要是推力的作用,而推力与绝对攻角有关,攻角越大,推力的侧向分力就越大,偏角也越大,而柔体的绝对攻角的形成和摆动比刚体慢,因此柔体的偏角比刚体的小,即偏角差就小。虽然柔体的相对攻角比刚体大,却仅与气动力有关,此时,气动力对偏角的影响与推力相比是次要的,因此相对攻角的影响也就是次要的。这样可得出柔体在风的作用下变形使偏角差减小。用同样的方法可分析出在风的作用下柔体的绝对攻角摆动幅度随着风速的增大,与刚体的摆动相比稍小些,因此,随着风速的增大,其变形使偏角差越小。

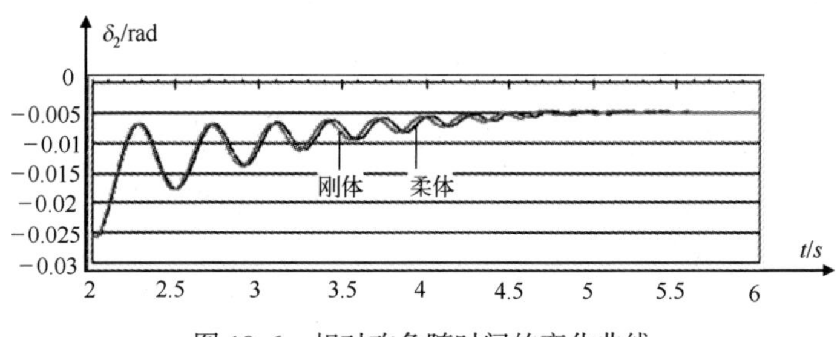

图 10.6　相对攻角随时间的变化曲线

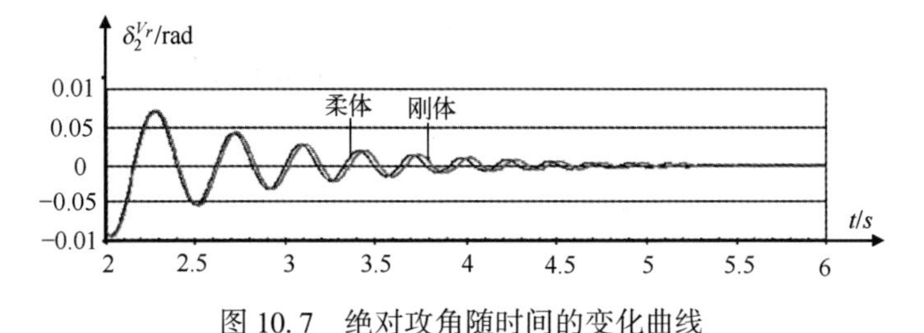

图 10.7　绝对攻角随时间的变化曲线

10.2.4　起始扰动引起的变形对角散布的影响

利用柔体弹道模型与刚体弹道模型对动起始扰动引起的角偏差进行了对比计算,偏角差量曲线如图 10.8 所示。

由图可知,柔体的偏角较大,随着起始扰动的增大,其变化幅度略大一点,频率相似,其偏角差也增大,它们的关系呈一定的线性关系。

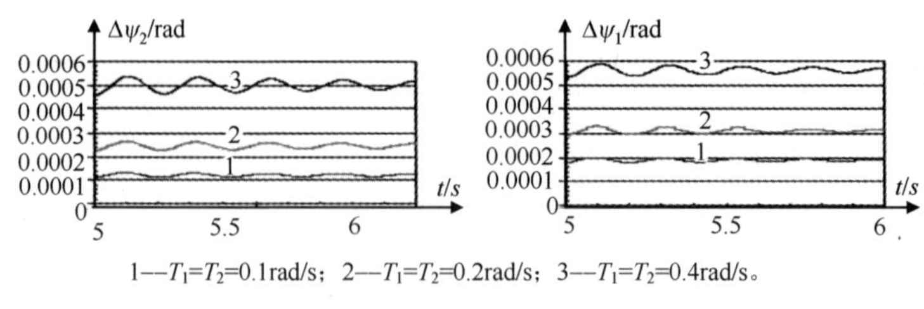

图 10.8　起始扰动—偏角偏差量随时间的变化

10.2.5　综合分析

根据前面 4 种情况的讨论,把它们所获得的弹体变形引起的偏角变化量及其所占的比例等数据列于表 10.1 中。

表 10.1　弹体变形对偏角差的影响统计表

条　件	推力偏心			动不平衡		
	柔体 1	柔体 2	柔体 3	柔体 1	柔体 2	柔体 3
$\Delta\psi_2$/rad	5.7E-05	0.000116	0.000234	-4.9E-06	-8.1E-06	-1.1E-05
$\Delta\psi_1$/rad	4.86E-05	3.17E-05	-2E-06	7.21E-05	7.84E-05	8.44E-05
$\Delta\psi$/rad	5.46E-05	5.58E-05	8.72E-05	7.22E-05	7.87E-05	8.51E-05
百分比	0.272756	0.263333	0.362122	0.381145	0.419573	0.45724
$\Delta\psi_2$/rad	5.7E-05	0.000116	0.000234	-4.9E-06	-8.1E-06	-1.1E-05
$\Delta\psi_1$/rad	4.86E-05	3.17E-05	-2E-06	7.21E-05	7.84E-05	8.44E-05
$\Delta\psi$/rad	5.46E-05	5.58E-05	8.72E-05	7.22E-05	7.87E-05	8.51E-05
百分比	0.272756	0.263333	0.362122	0.381145	0.419573	0.45724

从表 10.1 中数据对比看出,起始扰动引起的弹体变形对偏角差的影响最大。由弹体变形引起的主动段末端总的偏角差为 $\Delta\psi=0.0005$rad,其中起始扰动部分占总偏角差 $\Delta\psi$ 中的比例约为 43.0%,其次是动不平衡,约占 14.4%,推力偏心占 11.2%。这种变形会随着火箭弹体形状、速度等因素的变化而变化,特别是对于大长细比的弹体,弹体在高速飞行中的变形对弹道的影响将不可忽视。

第11章 提高远程火箭炮武器系统射击精度分析

某型远程火箭炮武器系统由火箭炮发射车、弹药装填车、弹药运输车、指挥车、气象车、测地车、火箭弹等组成,如图11.1所示。其中,火箭炮由底盘、定向器束、起落架、回转体、底架、行军固定器、底架固定器、高低平衡机、方向机、随动系统、供电系统、操瞄平台及瞄准装置、千斤顶、仪器舱、动力站、辅助电器设备、液压设备和气压系统等组成。

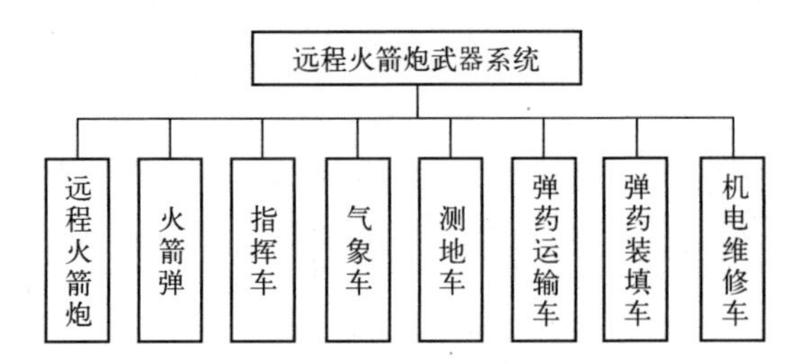

图11.1 某型远程火箭炮武器系统组成框图

11.1 提高气象雷达测量精度

由于该系统是炮兵部队较为先进的气象保障装备,具有保障精度高、探测范围大、隐蔽性好、保障手段多和实时探测等特点。

为了保证探测精度,必须考虑以下方面。

(1) 正确配置战斗队形,减小干扰误差。为了保障精度,气象站一般配置在炮目距离中央弹道下方位置,但由于考虑到远火系统对地面气象条件要求,因为它的初速度只有47m/s,所以气象站一般选在离炮阵地较近的地方且高程要略高于炮阵地高程,另外,还要做到:周围没有高大遮蔽物,远离较强的电磁场(如高压线),噪声控制在65dB以下(过高会影响雷达工作)。气象雷达的组成如图11.2所示。

(2) 精确标定,减小操作误差。由于该雷达没有磁方位角,必须借助70-1型测风经纬仪进行标定。为了保证精度,到达每个保障点必须校正磁偏角,其次,标定时,尽量增大经纬仪与雷达车之间的距离,至少要在70m以上,然后,经

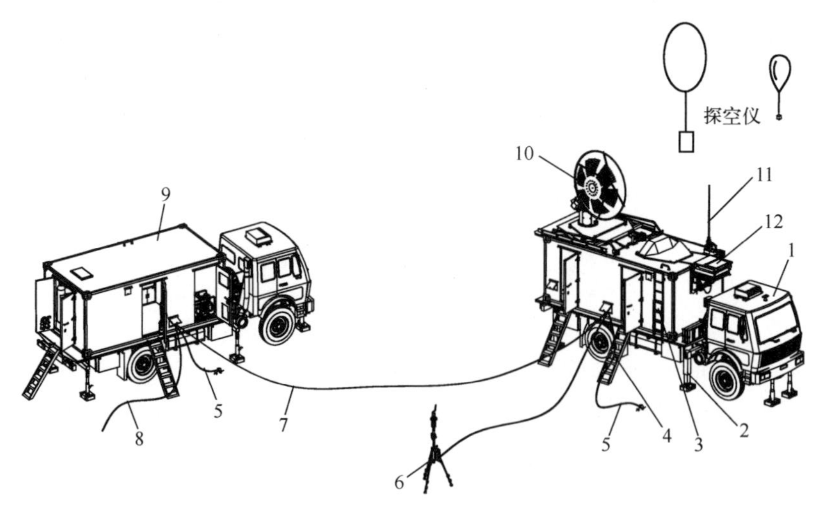

图 11.2　气象雷达的组成

1—气象雷达主车;2—千斤顶;3—登顶梯;4—登舱梯;5—地线;6—野战气象仪;7—电源连接电缆;8—市电输入电缆;9—副车;10—天线装置;11—电台天线;12—雷达天线。

纬仪和雷达车互相精确瞄准,排除空回。

(3) 多次探测,减小基测误差。一般选在放球前 2min,利用野战气象仪探测地面风速、风向、气压、温度和湿度等要素,另外,在气象通报发送前,要再次进行基测,且多次探测取其平均值,录入最新数据。

(4) 保证氢气的质与量,减小滞后误差。所谓的滞后误差,就是探空仪在上升过程中,气温是随高度变化的,而气温感应器双金属片的形变,落后于大气温度的实际变化,由此而引起的误差称为滞后误差。气球升速太快,会因双金属片的变化跟不上大气温度的急剧改变,使滞后误差加大;气球升速太慢,又因为温度感应器通风量不足,同样使滞后误差加大。故为了减小这一误差,应将气球平均升速控制在 350~400m/min。为了达到这一升速,氢气的纯度要达到 99.9%以上,由于是 750g 的气球,所以应当充 120 个大气压的氢气,过多过少都不行。

(5) 精心操作,减小丢球误差。首先,要选好放球时机,不要在风大时放球。遇到大风放球天气,要在风稍小的间隙,再放球,否则会出现雷达丢球或者旁瓣跟球现象;其次,在对流层顶(气象上称为急流带),也就是高度为 8000~12000m 时,会出现 50m/s 的大风,在操作时,要倍加小心,在这一高度上,风速变化较大,雷达天线抖动历害,很容易出现丢球现象。上述两种情况的出现,都会造成探测精度不高。

11.2 提高测地车测量精度

远火武器系统配备的是××型炮兵测地车,是目前我军精度最高、配备最齐全的快速、自主式的现代化陆用惯性测量和导航装备,它集电子、计算机、精密机械、数传通信、惯性、卫星导航和激光技术为一体,具有全天候遂行测地保障的能力和多种定位定向方式,还可利用陀螺经纬仪、激光测距机等器材进行辅助测量。

测地车配置了两套相互独立的定位系统,主系统是惯性定位定向系统,该系统能够自主地完成导航任务,与外界不发生任何光、电联系,它独立性强、隐蔽性好,不受外界干扰,不受天候和路面状况的限制,是各领域中使用的主要导航方法。惯性定位定向系统用以牛顿力学为基础的加速度计敏感测量重力加速度和车辆的运动加速度,用速率陀螺敏感测量地球自转角速度和车辆 3 个方向的运动角速度,经计算机解算和坐标分解能精确提供测地车的方位角、姿态角、三维坐标(或地理坐标经纬度)等多种导航参数。

另一套辅助定位系统是位置报告仪,它是双系统(GPS 和 GLONASS)全球卫星定位系统,能较为精确地提供测地车的平面位置坐标。惯性定位定向系统和位置报告仪分别与通信自识别器、绘图仪、打印机、数话同传终端、数传设备一起组成两套自动显示、打印、标绘行车轨迹等测量参数的数字传输系统。与电子设备检测维修系统连接后,可将主要部分仪器的故障信息传给专家诊断系统,以便现场检测维修(图 11.3)。

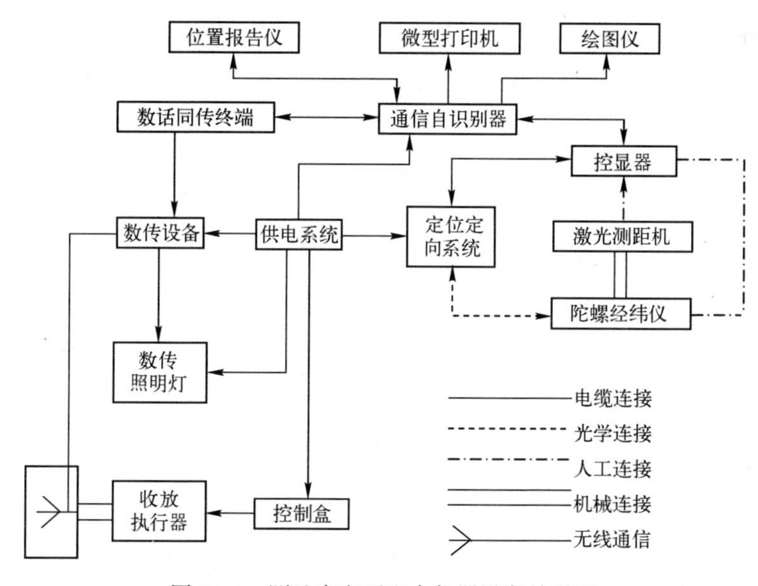

图 11.3 测地车主要配套仪器设备关联图

为最大限度发挥装备技术优势、提高作业精度，使测地车的作业精度提高，需考虑以下方面。

(1) 精确定标，减小惯性元件机械误差。××型炮兵测地车出厂前，技术专家已经对陀螺标度、加速度计的标度进行了精确测定，并将测定的数据存入计算机内。但由于测地车长时间使用、放置，装置元件有产生细微损耗，导致陀螺、加速度计和元件的标度发生变化，这些机械的变化将直接影响到测量的精度。其次是因维修需要更换极性开关板、加速度计回路板等部分电子元件后有可能使陀螺和加速度计的标度发生变化，因此，测地车在长时间放置或更换电子元件后，必须对系统的测量精度进行重新评定，未达标时必须对陀螺和加速度计进行重新定标，以减小测量装置元件的机械误差，提高测量装置的精度。

(2) 精确选点，缩小系统初始误差。测地车在作业准备时，需经过初始对准和精对准两个过程，在初始对准时惯性测量装置利用已知点的坐标控制回路中经纬度的解算及地球自转角速度水平分量和垂直分量的解算，东向加速度计和北向加速度计利用这个解算值的输出信号修正回路调节惯性平台旋转与调整平台姿态角，直至惯性平台与水平面平行。理论上，东向陀螺在水平情况下，敏感的地球自转角速度为零，系统利用这一特性，若不为零，就通过稳定回路施矩使平台绕垂直轴旋转，直至东向陀螺的输出为零，平台就调整至水平指北状态，从而使平台跟踪该点的地理坐标系。在精对准时惯性平台在计算机的控制下分别转至“北西天”和“东北天”两个特定位置进行定向，系统利用已知点的数据，测量 3 个陀螺的逐次启动漂移和垂直加速度计的零偏，并对其逐次启动漂移和零偏进行补偿，系统补偿后惯性平台利用东向陀螺的输出信号使惯性平台旋转直至东向陀螺的信号输出为零，惯性平台准确跟踪地理坐标系，达到“车天一致”。在对准过程中如果起始点数据不精确，系统测量的控制数据及陀螺漂移、加速度零偏就与当地当时的理论期望值有误差，从而使惯性平台没有真正跟踪当地的地理坐标系，产生了初始误差，这种误差将传播到以后的各次测量中，导致系统测量时作业精度不高。实际操作中发现已知点越精确测量成果的精度就越高。

(3) 正确操作，提高测量精度。按规程正确操作能够减小人为的操作误差，正确操作必须把握好 3 个环节。

① 保持车体平稳。测地车与起始点对准和零校时，应尽量选择在不大于 6°的平坦地形上进行，人员应下车等待，严禁碰车，使车体保持相对稳定。实践证明，测地车在对准和零速校正期间，车辆稍有晃动就会增加测量误差，因为在此阶段惯性元件的性能参数虽然相对稳定，但此时需要建立准确的数学模型，如果此时受到外力的干扰，建立的模型就会因外力的影响不准确，这种误差将

带到下步的测量中,影响了测量精度。零校的作用是控制测量中的实时误差,减小其误差增长。这个阶段必须使车子保持相对静止。

② 及时进行校正和对准。测地车在测量过程中要及时利用已知点坐标进行校正,附近有基准点时尽可能选择基准点对系统进行校正,若没有基准点也要用测地车的实时坐标进行校正,这个过程是系统利用基准点或实时坐标及时修正前次测量中的累积误差,达到提高精度的目的。测地车作业时间超过 2h 后,必须选择基准点进行重新对准,保证陀螺仪作业精度。这个过程中因时间较短,系统利用基准点的已知数据仅在“东北天”位置进行定向,对北向和方位陀螺进行测漂并对其进行补偿,以便在下步测量中提高精度。系统还可用已知的终点位置坐标输入计算机,对全部测点的位置数据进行误差平滑处理,提高其作业精度。

③ 行驶要匀速。在测量时,虽然系统采用的基本工作状态为无阻尼工作状态,但实际上载体在行驶过程中不可避免地要受到较大的加速、减速、回旋、振动、冲击等因素的干扰,因此,行驶过程中启动和停车时,应尽量缓慢、平稳,测量时行驶速度不大于 60km/h,转弯角速度不大于 6(°)/s,对准和零校时尽量避免有车从旁边通过,防止车受到冲击干扰,减少人为因素影响测量精度。

④ 分类测量,减少设备系统误差。测地车使用陀螺经纬仪、激光测距机辅助测量时,容易产生测角和测距误差。为尽量减小测角和测距误差,采用惯性测量装置输出的方位角进行定向,使用时,应使经纬仪的光轴确实与波罗棱镜的法线重合。使用陀螺经纬仪定向时,应注意归正零位排除空回,整置器材时要保持精确水平,松开升降手轮时应等陀螺电机完全同步后,将陀螺灵敏部缓慢放下以减小外在干扰力矩的影响。阻尼限幅时,注意观察控制显示窗,陀螺摆幅应控制在-100±-20 内,稍停数秒再完全松开,以保证陀螺在最佳漂移区开始找北摆动。测回数为单数时方向从-到+,为双数时方向从+到-。在设备长时间放置或长途运输时需对 PC-1500 计算机的仪器常数,进行重新校正防止因长途运输、长期储存或受到较大冲击振动使陀螺定向系数 K、陀螺摆动周期 T 及仪器常数 R 发生变化导致寻北不准,从而使定向不精确。使用激光测距机时,尽量使用选通功能,防止因远近目标的影响导致被测点的距离测量不准,时间允许的情况下,可采取多次测量取平均值的方法作为被测点的距离。使用位置报告仪定位时,应将车停到开阔地带使天线有良好的接受角,以排除大气电离层和对流层的折射误差和导航卫星钟的时间误差。避开大的遮蔽物和电磁干扰物防止信号受干扰。确定点位时,要避开多路径的光滑地物(如水面等)排除多路径误差。时间允许时,利用采样功能和使用差分技术,必要时,要采取位置校正法和伪距校正法,位置校正法是将位置报告仪放在基准点上进行定位,

将测量出的坐标与基准点坐标进行比较，计算出位置校正量 ΔX、ΔY、ΔZ，将坐标差值修正到测量的其他坐标中得到精确的坐标。伪距校正法根据星历数据和已知数据计算用户到卫星的距离，两者相减得到所有可见星的伪距误差，然后，将修正信息传送到被测点上，得到较为精确的坐标。此外，还需防止 C/A 码技术的降低定位的精度，定位时要使定位因子 PDOP 值小于 3，提高其定位精度。

⑤ 合理选择作业方式，减少操作的偶然误差因素。在定位定向系统启动时，应尽量使平台的姿态与当地一致，平台扶正时要使调整的粗水平和粗方位与实际的地理坐标系的姿态接近为宜，这样可使平台在对准时拉方位和水平的角度较小，利于提高精度。在选择工作方式上应尽量采用自动工作方式，因为自动工作方式是在上一步程序完成的基础上再进行下一步程序的运行，而选择手动方式时这一时机把握不是很准确。在装订已知点的坐标方式时，条件允许情况下尽量使用经纬度坐标方式，因为经纬度坐标参与解算和控制，而直角坐标只参与坐标输出，若用直角坐标装订，直角坐标还需经过换算才能用于控制，这样就会带来换算误差。在测量过程中，若时间允许，可以缩短零校行驶过程中时间间隔，因为零校可以有效地对随机干扰进行滤波，提供系统误差状态的准确估计并对系统实时状态反馈控制，抑制系统误差的发散。

⑥ 及时校正仪器，减小器材的零位误差。测地车在维护保养过程中，要时常对仪器的零位进行校正，不能只在需要使用时进行规正。对光学器材的结合使用操作应尽量使两部结合器材的光轴重合误差，若不重合时应注意操作方法，应先使用经纬仪测出方位角及高低角然后再测量斜距，这样就可以避免器材空回引起的方位误差。

11.3 提高技术检测精度

火箭炮打得准，技术检测是关键，在实弹射击之前，机电设备检测维修车需要对进行实弹射击的火炮进行系统全面的技术检测。

作为火箭炮的一种，远程火箭炮的技术检查与某 122mm 火箭炮的技术检查有相同的方面，也有所区别。相同的方面，如瞄准具零位检查、瞄准镜零线检查、闭锁力检查、定向管检查等；由于远程野战火箭炮配备了火控系统，可以实现自主定位、定向与导航。因此，还要进行惯导精度检查、调炮精度检测、发控时序检测等方面的技术检查。

总体来说，对远程野战火箭炮要提高技术检测的精度，需做到以下几个方面。

(1) 零位检测(图 11.4)。

① 车体调平,火箭炮前轮垫上枕木,放列千斤顶,用水准仪将车体调平。

② 车体调平后,将定向管向左 30°,然后打手动高低使瞄准具上标尺归零。

③ 在基准管管口上贴上炮口十字线,管尾放进瞄准器,透过瞄准器的小孔,看炮口十字线的交点,在炮口 30~50m 的位置上放置 1 号基准靶,是靶心、十字线交点、瞄准器小孔三点成一线。

④ 用瞄准检测装置检测零位状态,要求高低在±0.4mil 内为合格。

零位检测的方法与前面讲到的某轮式 122mm 火箭炮相似,这里不再赘述。

(a) (b)

图 11.4 零位检测

(2) 零线检测(图 11.5)。

① 火箭炮保持零位状态,将瞄镜分划归零。

② 在距炮口 30~50m 位置上放置 2 号检查靶,透过瞄镜看 2 号靶靶心,使靶心、瞄镜中心两点成一线。

③ 用瞄准检测装置检测零线状态,要求俯仰在±0.4mil、方向在±0.5mil 内合格。

(a) (b)

图 11.5 零线检测

(3) 定向管标记标定(图 11.6)。

① 火箭炮保持零位、零线状态,经纬仪布战好后,两部经纬仪同时瞄准 1 号靶,然后,再同时瞄准火炮基准管炮口十字线,并发送数据至数据处理器。

② 在火箭炮 1 号管上,粘贴十字标记,两标记相差 6m,然后,使用两部经纬仪瞄准 P_1 标记,再瞄准 P_2 标记,并发送至数据处理器。

③ 经反复调整,使两十字标记 P_1、P_2 连线与基准管轴线平行。

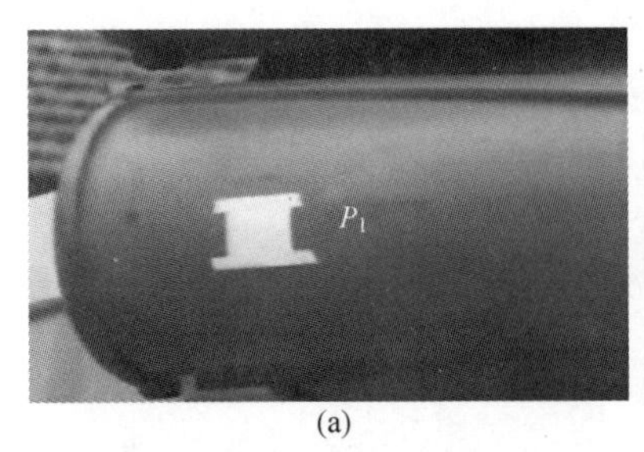

(a)

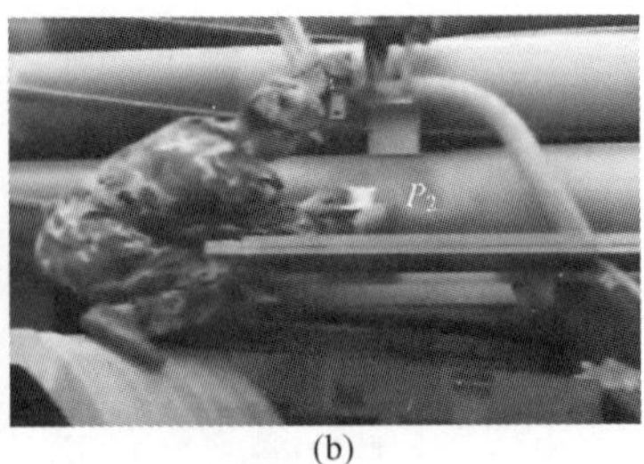

(b)

图 11.6 定向管标记

(4) 惯导精度检测。

① 火箭炮开进寻北精度检测场地,使惯导中心对准检测场地上的定位螺栓,在火箭炮的前后,按检测要求放置两个顶尖,使两个顶尖、螺栓三点成一线。

② 火箭炮保持随动零位状态,放列千斤顶,使车体横倾调平。

③ 开启惯导,进行寻北,寻北 7 次,取平均值。

④ 利用检测场地的已知数据,计算理想状态下的惯导值,看是否与寻北 7 次平均值相符,如果不相符,修正火控计算机的惯导,使之为计算出的理想惯导值(图 11.7)。

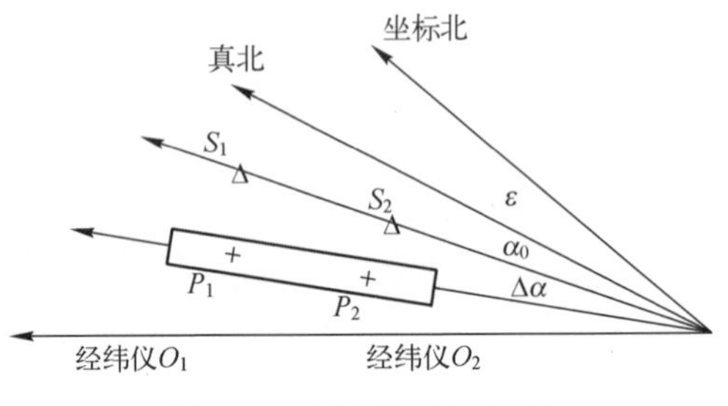

图 11.7 寻北精度示意图

(5) 调炮精度检测(图 11.8)。

① 火箭炮车体横倾调平,空载、装载均应进行调炮精度的检测。

② 火箭弹装填好后,分别调炮至 100mil,200mil,300mil,…,900mil,每次调炮均需进行 7 次,调炮到位后,应分别记录瞄镜读数、象限仪读数以及记录需进行相应计算出的实测瞄镜读数和实测标尺读数。实测表尺读数应由经纬仪测出。

③ 由以上数据记录着每门火炮高低和方向上的偏差量。

④ 调炮精度指标：均方差(n)<1。

(a)

(b)

图 11.8 调炮精度检测

(6) 发控时序检测。

① 火炮定向管高低抬至200mil，炮车与机电车分别取出一支对接装置，分别插入1号管和2号管管口。

② 从机电车中取出发控时序检测装置及电缆，将电缆接在1号管和2号管的对接装置上。

③ 将点火触头用无水酒精擦拭，然后，将检测电缆Ⅱ上的24支测试夹根据对应管号夹在12根定向管尾部的点火触头上。

④ 炮车发控装置操作员，检查对接装置与炮管内的插拔机构是否对接正常(如果发控显示1号管代码为111，则代表1号管对接正常，否则，表示对接不正常)，检查测试夹与点火触头的对接情况是否正常(火控操作只检查12路发动机点火电阻，如果阻值为5~8Ω，代表对接正常，否则，对接不正常)，若对接不正常，则需重复操作②、③、④，直至对接可靠。

⑤ 打开检测装置电源，进行自检后，管号选择旋钮至所要检测的管号位，工作方式至检测位。

⑥ 按下“启动”按钮后，通知火控操作手准备完毕，等待发控装置发出发控信号、时序，进行检测。

⑦ 2号管检测结束后，将插在2号管内的对接装置拔出，再插入3~12号定向管内，将发控时序检测装置主机操作面板上的“管号选择开关”打到相应的管号上，重复⑤、⑥，直至完成对所有定向管发控时序检测，边检测，边记录结果(图11.9)。

(7) 闭锁力检测(图11.10)。闭锁力检测可由闭锁力检测装置完成。其检测原理与步骤如下。

① 将火箭炮上的闭锁体卸下，按照在定向管上的安装方式装在检测装置

(a)

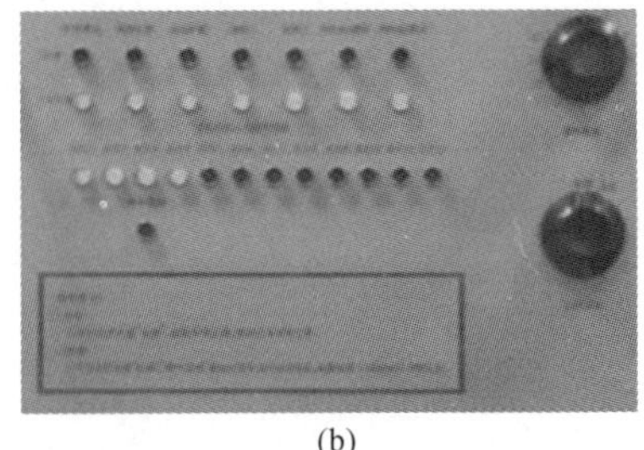
(b)

图 11.9　发控时序检测

上。注意:要做好编号,不能混淆。

② 由电动液压泵驱动单作用液压缸产生推力,通过两端接有的压力传感器将推力传给传力轴,推动传力轴向前运动。传力轴的前端装有定向钮,当推力达到一定程度时,定向钮将打开闭锁体。在闭锁装置打开的瞬间,测量装置可实时显示出当前力的峰值,即闭锁力大小。

每端测两次,取平均值。

③ 记录检测结果。

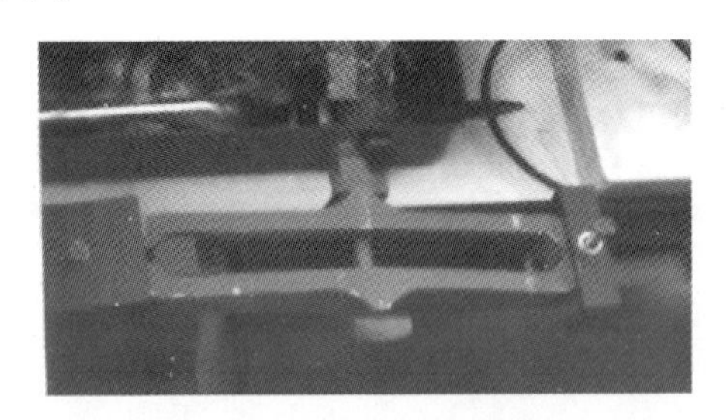

图 11.10　闭锁力检测

11.4　提高远程火箭炮操作精度

远程野战火箭炮的操作使用较为复杂。通过实际操作与应用,我们总结了在操作中提高射击精度的措施如下。

(1) 准备工作。

① 场地的平整,应选择土质较坚硬、地形较平坦的场地,最好在火炮的轮胎及千斤顶位置铺设石子,修整场地使火炮在放列后横倾和纵倾趋近于零。

② 火炮占领炮位后,应检查停放位置是否正确,定位桩应在火炮第四轮胎中心偏前 5cm 处。

③ 使用手摇调整千斤顶,使火炮的横倾趋近于零,横倾左高为“+”,右高为

“-”,纵倾前高为“-”,后高为“+”。

④ 清除火炮定向管后的石子,防止发射时石子飞溅。如果有条件,可以在定向管后方撒上水,以防止发射时尘土太大。

⑤ 炮长在火炮到位后应立即将有线接好,将天线升起,进行注册并入连指挥网,电台与本车的装填车沟通联络。

⑥ 驾驶员将车辆发动,充气充电。

⑦ 地控手在火炮到位后可将车外发射器提前接好,放在隐蔽所内。然后,将所需装填定向管的插拔机构拉开,做好装填前的准备。

⑧ 火控手在驾驶员发动车辆时,如果外部天气寒冷,温度较低,即可打开惯导进行陀螺的加热,但不需要启动和寻北。

⑨ 药温测量装置必须在 36h 前与待发射的火箭弹放置在一起。

⑩ 及时补充氮气,行军状态时要求保持在 11~14MPa,最大射角时要求保持在(7±0.5)MPa。

⑪ 定向管的擦拭一般在实弹射击的前一天组织进行,要求将所发射的定向管内的黄油用干布捅干净,同时,用高浓度的工业酒精清洗定向管尾部的点火触头,完成后将定向管前后封好,防止进入不干净物质。

(2) 对位装填(图 11.11)。

图 11.11　对位装填

① 装填车在接到炮长通过电台下达的命令后,从弹药工房中进行吊装火箭弹,此时,必须要有 5 人进行协同操作,驾驶员操作辅机电站,2 人在车下扶住火箭弹,2 人在车厢板上扶弹。动作要轻,以免碰伤火箭弹。同时将药温测量装置跟随火箭弹放置在装填车的吊臂上。

② 装填车在行军过程中要求车速不宜过快,一般保持在 20km/h 左右,尽量保持车体平稳。

③ 在对位装填前应注意几点。一是火箭弹在吊上导轨前,应将弹尾翼的固定环拧紧,防止火箭弹在导轨上装填运动过程中尾翼固定环滑脱到弹尾,造成尾翼张开。在即将装填到位,火箭弹尾翼距定向管的末端 1m 左右时,应将固定环拧松恢复到原样,而后再装填到位。二是要求必须有专人负责在装填前将火

箭弹 32 星插孔的护盖卸下，以防止火箭弹进入定向管后损坏插拔机构。

④ 装填到位后，由干部负责检查装填情况，主要检查点火触头与火箭弹接触是否牢固，是否构成了回路。

(3) 检测火箭弹和预装定参数(图 11.12)。在实弹射击中每发火箭弹都要进行两次检测，检测时有两种方法：第一种是先抬炮到射击区以上，再打开地控台进行检测；第二种是直接在射击区以下，打开发控应急，即可在射击区以下打开地控台检测火箭弹。平时训练和实弹射击中我们通常采用第一种方法进行检测。抬炮至射击区以上时，要求干部下车检查火箭弹与两个点火触头接触情况，此时，检查时尽量站在定向管的侧面，看看火箭弹是否有向后滑落的现象。第一次检测还要求预装定参数，按照平时训练的数据给火箭弹装定参数，从 -85s开始计时，在 -77s 时显示出 T 反馈值，此时，要求 T 减去 T 反馈值应在 -0.06~0.08，如果不是，则地面控制显示台停止倒计时。在 -47s 时显示 ΔT 反馈值，此时，要求 ΔT 减去 ΔT 反馈值应小于 0.3，否则，将不能执行命令。检测火箭弹的发火阻值也是检测中的一项重要工作，一般来讲，模拟弹的发火阻值为5~8Ω，实弹的发火阻值为 6~9Ω。检测后地控手应通过车通与炮长进行核对，如果检测的发火阻值不在范围内，则要求检修。

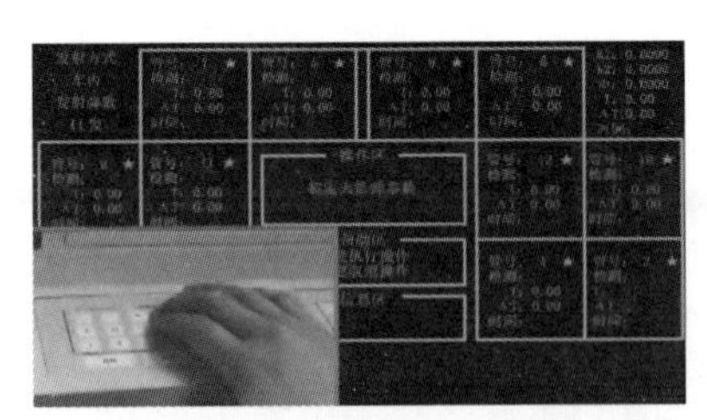

图 11.12　检查预装参数

(4) 接受和上报报文。寻北完成后，就准备接受阵地坐标和目标坐标，这里主要有两种方法：一是由连指挥车下传；二是由火控手直接在计算机中输入。我们在实弹射击中一般采用第一种方法，连指挥车下传后，由干部负责进行校对。同时，上报药温，在接受气象通报时，由于气象通报内容容量较大，有可能出现误码，要求在接受气象通报后，组织进行校对，确认无误码。

(5) 发射。在调炮到位第二次检测火箭弹时，地控手要提醒炮长使用车内或者车外发射，炮长及时做出更改。装定参数时，在 -77s 显示 T 反馈值和 -47s 显示 ΔT 反馈值时，要求地控手及时向炮长报告反馈情况，如果选择车外发射，在 -44s 时人员下车，跑至隐蔽所内，此时，应看到车外发射器指示灯一闪一闪，等到指示灯连续长亮时，炮长将保险钥匙插入孔内，将发射开关拨向发射位置，待 1~2s 后再将发射开关拨回，5s 后火炮将发射。发射完毕后，方能将钥匙取下。发射完毕30s后,人员便可登车。如果使用车内发射,则在-44s后,车内人员系紧保险带,将门窗关好,发射方式同车外不变。发射后,则根据上级指示要求是否进行修正诸元。

(6) 实弹射击后火炮的检查擦拭。在实弹射击后,要立即组织火炮的擦拭,擦拭方法基本上与122mm火箭炮相同,但是仍需要注意几点:第一,在擦拭定向管时要求将点火触头另外包好,防止擦拭定向管的锭子油渗入导致损坏点火触头;第二,发射后,仍有药渣残留在点火触头上,使触头变黑,此时应当使用刀片将药渣去除,还原点火触头红色的原色;第三,由于发射时,车体振动较大,要检查地面控制箱的螺丝是否松动;第四,发射完毕后,如果时间充足,还应重新进行火炮相关的技术检查。

(7) 需要注意的几个方面的问题。

① 两次进行火箭弹检测时,要求炮长和地控手要互对火箭弹的发火阻值。

② 在火控计算机决定出诸元后,传送到地面发控装置时,要求火控手和地控手将诸元进行互对,K_1、K_2 要完全一致。

③ 弹道解算诸元后,在调炮界面上,要将诸元进行校对无误。

④ 地控手和炮长要相互校对火炮的发射方式,车内和车外的发射法两者要一致。

⑤ 火炮在调炮到位后,炮长应当将天线降下,防止发射时火焰烧坏天线。

⑥ 在-85s倒计时开始后,要注意观察并记录好系数 T 和 ΔT,在-77s时显示出 T 反馈值,此时,要求 T 减去 T 反馈值应在-0.06~0.08,如果不是,则地面控制显示台停止倒计时。在-47s时显示 ΔT 反馈值,此时,要求 ΔT 减去 ΔT 反馈值应小于0.3,否则,将不能执行命令。

⑦ 如果遇到-85s倒计时不能顺利走下去,应当及时上报。

⑧ 在第二次检测完火箭弹后,炮长显示器界面不切换。

⑨ 发射时,炮长将发射钥匙插入孔内,不能拔出,待发射完毕后,方可拔出。

11.5 提高远程火箭炮弹道解算精度

远程野战火箭炮可由火控计算机自主计算射击诸元,要保证射击诸元的计算精度,需注意以下几个方面。

(1) 精确输入火箭弹弹重、装药重。在发射前做准备工作时,应以单个火炮为单位,重量接近的火箭弹放在一门火炮上,1kg弹重影响距离110m,1kg装药影响400m,在装填前应在火控计算机F8 APEC文件中输入火箭弹的弹重(实际弹重-1.95kg)和装药重量,如果是一发火箭弹装填就输入一发弹重和装药重,如果是多发火箭弹装填,则取平均值输入。

（2）启动惯导寻北。火箭炮寻北精确与否直接影响火炮调炮后方向精度,但寻北精度受地球自转磁场的影响,变化不定,因此,在寻北后都要利用瞄准点法检查并修正火炮的惯导安装误差,在第一次检测完火箭弹后,要求启动惯导进行寻北,在此之前,在分步操作中将定向管收回起落架上,并且将行军固定器锁紧,然后再打开惯导,此时,车辆在寻北过程中不熄火,寻北时,要求寒区加热陀螺 15min,热区加热陀螺 10min,然后启动惯导 10min,再进行 5min 的寻北。要求人员在启动惯导后,人员严禁上下车或车体晃动,以免影响火炮的寻北精度。寻北完毕后,要求检查并修正火炮的寻北精度,公式如下:

P1. 计算定向管方位角=瞄准镜至标杆的坐标方位角+(瞄准点至标杆的标定分划—30-00);

P2. 查看定向管定向角=F3(D);

P3. 惯导安装误差修正量=P1~P2;

P4. 查看惯导安装误差=F2(5)+ P3。

注意:在完成射击后恢复安装误差的初始数据。

（3）精确测量药温。在实弹射击中,药温的偏差直接影响火箭弹的射距离,药温偏差 1°,距离偏差 58m,因此,在射击中,要准确测量药温,一是要将药温测量装置在 36h 前与火箭弹放置在一起;二是在计算诸元计算时,由于受外界气温的影响,药温变化较大,最好是将几门火炮测量出的药温取平均值,以减少火炮的射弹散布。

（4）弹道解算。在上报药温的同时,将火炮抬至射击区以上,连指下达解算诸元的口令,火控计算机进行解算,同时地控手打开地面控制操作台,火控手在解算前认真将阵地坐标和目标坐标进行校对,在弹道解算入口参数中应注意修改几组参数。

① 指定射角否:(否)。

② 特征点输出:(是)。

③ 计算系数否:(是)。

④ 弹数:(输入已装填的弹数)。

解算完毕后,自动传输到地控台,地控手要通过车通与火控手进行核对,此时,火控计算机决定出的诸元 T 四舍五入后传输到地控台,会存在小小的不同,这是正常现象。诸元出来后,火控手应当上报连指挥车,与指挥车决定出的诸元进行核对。

（5）操瞄调炮。待连指核对诸元无误后,下达口令进行操瞄调炮,有两种方式:一是利用火控计算机进行全自动的操瞄调炮;二是利用瞄准点法进行半自动操瞄调炮。在平时训练和实弹射击中,我们使用了全自动操瞄调炮和半自动检查相结合,火炮调炮到位后,炮长将天线放倒,火控手停止传动,干部进行检查调炮精度,通过半自动操瞄检查调炮精度公式如下。

① 方向

理论:装定值-瞄准镜至标杆的坐标方位角+瞄准线偏移 30-00。

误差:理论值-实际值。

② 高低

理论:装定值+射角不一致+变形值。

误差:理论值-实际值。

计算出调炮精度后,上报连指挥车,根据上级要求是否进行修正,如果要求进行修正,则要利用手摇高低压杆和方向摇柄进行手动修正。修正完成后,人员进入车内,将窗户关好以防止发射时发射药气体进入车内。

附录　单炮误差修正量算成表

间隔误差算成表($\Delta Z-F_{JF}$)

(转动量 $\alpha_z=1-00$)

OA	F_{JF}										
	0-00	1-00	2-00	3-00	4-00	5-00	6-00	7-00	8-00	9-00	10-00
0	0	0	0	0	0	0	0	0	0	0	0
5	0.5	0.5	0.5	0.5	0.5	0.4	0.4	0.4	0.3	0.3	0.2
10	1	1	1	1	0.9	0.9	0.8	0.7	0.7	0.6	0.5
15	1.6	1.6	1.5	1.5	1.4	1.3	1.2	1.1	1	0.9	0.7
20	2.1	2.1	2	2	1.9	1.8	1.6	1.5	1.3	1.1	1
25	2.6	2.6	2.5	2.4	2.3	2.2	2	1.9	1.6	1.4	1.2
30	3.1	3.1	3	2.9	2.8	2.6	2.4	2.2	2	1.7	1.4
35	3.7	3.6	3.5	3.4	3.3	3.1	2.8	2.6	2.3	2	1.7
40	4.2	4.1	4	3.9	3.7	3.5	3.3	3	2.6	2.3	1.9
45	4.7	4.7	4.5	4.4	4.2	4	3.7	3.3	3	2.6	2.1
50	5.2	5.2	5.1	4.9	4.7	4.4	4.1	3.7	3.3	2.9	2.4
55	5.7	5.7	5.6	5.4	5.1	4.8	4.5	4.1	3.6	3.1	2.6
60	6.3	6.2	6.1	5.9	5.6	5.3	4.9	4.4	4	3.4	2.9
65	6.8	6.7	6.6	6.4	6.1	5.7	5.3	4.8	4.3	3.7	3.1
70	7.3	7.2	7.1	6.8	6.5	6.1	5.7	5.2	4.6	4	3.3
75	7.8	7.8	7.6	7.3	7	6.6	6.1	5.6	4.9	4.3	3.6
80	8.4	8.3	8.1	7.8	7.5	7	6.5	5.9	5.3	4.6	3.8
85	8.9	8.8	8.6	8.3	7.9	7.5	6.9	6.3	5.6	4.8	4
90	9.4	9.3	9.1	8.8	8.4	7.9	7.3	6.7	5.9	5.1	4.3
95	9.9	9.8	9.6	9.3	8.9	8.3	7.7	7	6.3	5.4	4.5
100	10.5	10.3	10.1	9.8	9.3	8.8	8.1	7.4	6.6	5.7	4.8
105	11	10.9	10.6	10.3	9.8	9.2	8.5	7.8	6.9	6	5
110	11.5	11.4	11.1	10.7	10.3	9.7	8.9	8.1	7.2	6.3	5.2
115	12	11.9	11.6	11.2	10.7	10.1	9.4	8.5	7.6	6.6	5.5
120	12.5	12.4	12.1	11.7	11.2	10.5	9.8	8.9	7.9	6.8	5.7
125	13.1	12.9	12.6	12.2	11.7	11	10.2	9.3	8.2	7.1	5.9

（续）

（转动量 $\alpha_z=1-00$）											
OA	F_{JF}										
	0-00	1-00	2-00	3-00	4-00	5-00	6-00	7-00	8-00	9-00	10-00
130	13.6	13.4	13.1	12.7	12.1	11.4	10.6	9.6	8.6	7.4	6.2
135	14.1	14	13.6	13.2	12.6	11.9	11	10	8.9	7.7	6.4
140	14.6	14.5	14.2	13.7	13.1	12.3	11.4	10.4	9.2	8	6.7
145	15.2	15	14.7	14.2	13.5	12.7	11.8	10.7	9.6	8.3	6.9
150	15.7	15.5	15.2	14.7	14	13.2	12.2	11.1	9.9	8.6	7.1
155	16.2	16	15.7	15.1	14.5	13.6	12.6	11.5	10.2	8.8	7.4
160	16.7	16.5	16.2	15.6	14.9	14	13	11.8	10.5	9.1	7.6
165	17.2	17.1	16.7	16.1	15.4	14.5	13.4	12.2	10.9	9.4	7.8
170	17.8	17.6	17.2	16.6	15.9	14.9	13.8	12.6	11.2	9.7	8.1
175	18.3	18.1	17.7	17.1	16.3	15.4	14.2	13	11.5	10	8.3
180	18.8	18.6	18.2	17.6	16.8	15.8	14.6	13.3	11.9	10.3	8.6
185	19.3	19.1	18.7	18.1	17.3	16.2	15	13.7	12.2	10.5	8.8
190	19.9	19.6	19.2	18.6	17.7	16.7	15.5	14.1	12.5	10.8	9
195	20.4	20.2	19.7	19.1	18.2	17.1	15.9	14.4	12.8	11.1	9.3
200	20.9	20.7	20.2	19.5	18.7	17.6	16.3	14.8	13.2	11.4	9.5
205	21.4	21.2	20.7	20	19.1	18	16.7	15.2	13.5	11.7	9.7
210	21.9	21.7	21.2	20.5	19.6	18.4	17.1	15.5	13.8	12	10
215	22.5	22.2	21.7	21	20.1	18.9	17.5	15.9	14.2	12.3	10.2
220	23	22.7	22.2	21.5	20.5	19.3	17.9	16.3	14.5	12.5	10.5
225	23.5	23.3	22.7	22	21	19.8	18.3	16.7	14.8	12.8	10.7
230	24	23.8	23.3	22.5	21.4	20.2	18.7	17	15.2	13.1	10.9
235	24.6	24.3	23.8	23	21.9	20.6	19.1	17.4	15.5	13.4	11.2
240	25.1	24.8	24.3	23.5	22.4	21.1	19.5	17.8	15.8	13.7	11.4
245	25.6	25.3	24.8	23.9	22.8	21.5	19.9	18.1	16.1	14	11.6
250	26.1	25.8	25.3	24.4	23.3	21.9	20.3	18.5	16.5	14.3	11.9
255	26.7	26.4	25.8	24.9	23.8	22.4	20.7	18.9	16.8	14.5	12.1
260	27.2	26.9	26.3	25.4	24.2	22.8	21.1	19.2	17.1	14.8	12.4
265	27.7	27.4	26.8	25.9	24.7	23.3	21.6	19.6	17.5	15.1	12.6
270	28.2	27.9	27.3	26.4	25.2	23.7	22	20	17.8	15.4	12.8
275	28.7	28.4	27.8	26.9	25.6	24.1	22.4	20.4	18.1	15.7	13.1
280	29.3	28.9	28.3	27.4	26.1	24.6	22.8	20.7	18.4	16	13.3
285	29.8	29.5	28.8	27.8	26.6	25	23.2	21.1	18.8	16.2	13.5
290	30.3	30	29.3	28.3	27	25.5	23.6	21.5	19.1	16.5	13.8
295	30.8	30.5	29.8	28.8	27.5	25.9	24	21.8	19.4	16.8	14

（续）

OA	F_{JF}										
（转动量 α_z=1-00）											
	0-00	1-00	2-00	3-00	4-00	5-00	6-00	7-00	8-00	9-00	10-00
300	31.4	31	30.3	29.3	28	26.3	24.4	22.2	19.8	17.1	14.3
305	31.9	31.5	30.8	29.8	28.4	26.8	24.8	22.6	20.1	17.4	14.5
310	32.4	32	31.3	30.3	28.9	27.2	25.2	22.9	20.4	17.7	14.7
315	32.9	32.6	31.8	30.8	29.4	27.7	25.6	23.3	20.7	18	15
320	33.4	33.1	32.4	31.3	29.8	28.1	26	23.7	21.1	18.2	15.2
325	34	33.6	32.9	31.8	30.3	28.5	26.4	24.1	21.4	18.5	15.4
330	34.5	34.1	33.4	32.2	30.8	29	26.8	24.4	21.7	18.8	15.7
335	35	34.6	33.9	32.7	31.2	29.4	27.2	24.8	22.1	19.1	15.9
340	35.5	35.1	34.4	33.2	31.7	29.8	27.7	25.2	22.4	19.4	16.2
345	36.1	35.7	34.9	33.7	32.2	30.3	28.1	25.5	22.7	19.7	16.4
350	36.6	36.2	35.4	34.2	32.6	30.7	28.5	25.9	23.1	20	16.6
355	37.1	36.7	35.9	34.7	33.1	31.2	28.9	26.3	23.4	20.2	16.9
360	37.6	37.2	36.4	35.2	33.6	31.6	29.3	26.6	23.7	20.5	17.1
365	38.2	37.7	36.9	35.7	34	32	29.7	27	24	20.8	17.3
370	38.7	38.2	37.4	36.2	34.5	32.5	30.1	27.4	24.4	21.1	17.6
375	39.2	38.8	37.9	36.6	35	32.9	30.5	27.8	24.7	21.4	17.8
380	39.7	39.3	38.4	37.1	35.4	33.4	30.9	28.1	25	21.7	18.1
385	40.2	39.8	38.9	37.6	35.9	33.8	31.3	28.5	25.4	21.9	18.3
390	40.8	40.3	39.4	38.1	36.4	34.2	31.7	28.9	25.7	22.2	18.5
395	41.3	40.8	39.9	38.6	36.8	34.7	32.1	29.2	26	22.5	18.8
400	41.8	41.4	40.4	39.1	37.3	35.1	32.5	29.6	26.3	22.8	19
405	42.3	41.9	40.9	39.6	37.8	35.6	32.9	30	26.7	23.1	19.2
410	42.9	42.4	41.5	40.1	38.2	36	33.4	30.3	27	23.4	19.5
415	43.4	42.9	42	40.6	38.7	36.4	33.8	30.7	27.3	23.7	19.7
420	43.9	43.4	42.5	41	39.2	36.9	34.2	31.1	27.7	23.9	20
425	44.4	43.9	43	41.5	39.6	37.3	34.6	31.5	28	24.2	20.2
430	44.9	44.5	43.5	42	40.1	37.7	35	31.8	28.3	24.5	20.4
435	45.5	45	44	42.5	40.6	38.2	35.4	32.2	28.7	24.8	20.7

OA	F_{JF}										
（转动量 α_z=2-00）											
	0-00	1-00	2-00	3-00	4-00	5-00	6-00	7-00	8-00	9-00	10-00
0	0	0	0	0	0	0	0	0	0	0	0
5	1	1	1	1	0.9	0.8	0.8	0.7	0.6	0.5	0.4

(续)

（转动量 $\alpha_z=2\text{-}00$）											
OA	F_{JF}										
	0-00	1-00	2-00	3-00	4-00	5-00	6-00	7-00	8-00	9-00	10-00
10	2.1	2	2	1.9	1.8	1.7	1.6	1.4	1.2	1	0.9
15	3.1	3.1	3	2.9	2.7	2.5	2.3	2.1	1.8	1.6	1.3
20	4.2	4.1	4	3.8	3.6	3.4	3.1	2.8	2.5	2.1	1.7
25	5.2	5.1	5	4.8	4.5	4.2	3.9	3.5	3.1	2.6	2.1
30	6.2	6.1	6	5.7	5.4	5.1	4.7	4.2	3.7	3.1	2.6
35	7.3	7.2	7	6.7	6.3	5.9	5.4	4.9	4.3	3.7	3
40	8.3	8.2	8	7.6	7.2	6.8	6.2	5.6	4.9	4.2	3.4
45	9.4	9.2	8.9	8.6	8.1	7.6	7	6.3	5.5	4.7	3.8
50	10.4	10.2	9.9	9.5	9.1	8.5	7.8	7	6.1	5.2	4.3
55	11.4	11.2	10.9	10.5	10	9.3	8.5	7.7	6.8	5.7	4.7
60	12.5	12.3	11.9	11.5	10.9	10.1	9.3	8.4	7.4	6.3	5.1
65	13.5	13.3	12.9	12.4	11.8	11	10.1	9.1	8	6.8	5.5
70	14.6	14.3	13.9	13.4	12.7	11.8	10.9	9.8	8.6	7.3	6
75	15.6	15.3	14.9	14.3	13.6	12.7	11.7	10.5	9.2	7.8	6.4
80	16.6	16.4	15.9	15.3	14.5	13.5	12.4	11.2	9.8	8.4	6.8
85	17.7	17.4	16.9	16.2	15.4	14.4	13.2	11.9	10.4	8.9	7.2
90	18.7	18.4	17.9	17.2	16.3	15.2	14	12.6	11.1	9.4	7.7
95	19.8	19.4	18.9	18.1	17.2	16.1	14.8	13.3	11.7	9.9	8.1
100	20.8	20.4	19.9	19.1	18.1	16.9	15.5	14	12.3	10.5	8.5
105	21.8	21.5	20.9	20.1	19	17.8	16.3	14.7	12.9	11	8.9
110	22.9	22.5	21.9	21	19.9	18.6	17.1	15.4	13.5	11.5	9.4
115	23.9	23.5	22.9	22	20.8	19.4	17.9	16.1	14.1	12	9.8
120	24.9	24.5	23.9	22.9	21.7	20.3	18.6	16.8	14.7	12.5	10.2
125	26	25.6	24.9	23.9	22.6	21.1	19.4	17.5	15.4	13.1	10.6
130	27	26.6	25.8	24.8	23.5	22	20.2	18.2	16	13.6	11.1
135	28.1	27.6	26.8	25.8	24.4	22.8	21	18.9	16.6	14.1	11.5
140	29.1	28.6	27.8	26.7	25.3	23.7	21.7	19.6	17.2	14.6	11.9
145	30.1	29.6	28.8	27.7	26.3	24.5	22.5	20.3	17.8	15.2	12.3
150	31.2	30.7	29.8	28.6	27.2	25.4	23.3	21	18.4	15.7	12.8
155	32.2	31.7	30.8	29.6	28.1	26.2	24.1	21.7	19	16.2	13.2
160	33.3	32.7	31.8	30.6	29	27.1	24.9	22.4	19.7	16.7	13.6
165	34.3	33.7	32.8	31.5	29.9	27.9	25.6	23.1	20.3	17.2	14
170	35.3	34.8	33.8	32.5	30.8	28.8	26.4	23.8	20.9	17.8	14.5
175	36.4	35.8	34.8	33.4	31.7	29.6	27.2	24.5	21.5	18.3	14.9

（续）

（转动量 $\alpha_z=2-00$）											
OA	F_{JF}										
	0-00	1-00	2-00	3-00	4-00	5-00	6-00	7-00	8-00	9-00	10-00
180	37. 4	36. 8	35. 8	34. 4	32. 6	30. 4	28	25. 2	22. 1	18. 8	15. 3
185	38. 5	37. 8	36. 8	35. 3	33. 5	31. 3	28. 7	25. 9	22. 7	19. 3	15. 7
190	39. 5	38. 9	37. 8	36. 3	34. 4	32. 1	29. 5	26. 6	23. 3	19. 9	16. 2
195	40. 5	39. 9	38. 8	37. 2	35. 3	33	30. 3	27. 3	24	20. 4	16. 6
200	41. 6	40. 9	39. 8	38. 2	36. 2	33. 8	31. 1	28	24. 6	20. 9	17
205	42. 6	41. 9	40. 8	39. 1	37. 1	34. 7	31. 8	28. 7	25. 2	21. 4	17. 4
210	43. 7	42. 9	41. 8	40. 1	38	35. 5	32. 6	29. 4	25. 8	22	17. 9
215	44. 7	44	42. 7	41. 1	38. 9	36. 4	33. 4	30. 1	26. 4	22. 5	18. 3
220	45. 7	45	43. 7	42	39. 8	37. 2	34. 2	30. 8	27	23	18. 7
225	46. 8	46	44. 7	43	40. 7	38. 1	35	31. 5	27. 6	23. 5	19. 1
230	47. 8	47	45. 7	43. 9	41. 6	38. 9	35. 7	32. 2	28. 3	24	19. 6
235	48. 9	48. 1	46. 7	44. 9	42. 5	39. 7	36. 5	32. 9	28. 9	24. 6	20
240	49. 9	49. 1	47. 7	45. 8	43. 4	40. 6	37. 3	33. 6	29. 5	25. 1	20. 4
245	50. 9	50. 1	48. 7	46. 8	44. 4	41. 4	38. 1	34. 3	30. 1	25. 6	20. 8
250	52	51. 1	49. 7	47. 7	45. 3	42. 3	38. 8	35	30. 7	26. 1	21. 3
255	53	52. 1	50. 7	48. 7	46. 2	43. 1	39. 6	35. 7	31. 3	26. 7	21. 7
260	54. 1	53. 2	51. 7	49. 7	47. 1	44	40. 4	36. 4	31. 9	27. 2	22. 1
265	55. 1	54. 2	52. 7	50. 6	48	44. 8	41. 2	37. 1	32. 6	27. 7	22. 5
270	56. 1	55. 2	53. 7	51. 6	48. 9	45. 7	41. 9	37. 8	33. 2	28. 2	23
275	57. 2	56. 2	54. 7	52. 5	49. 8	46. 5	42. 7	38. 5	33. 8	28. 7	23. 4
280	58. 2	57. 3	55. 7	53. 5	50. 7	47. 4	43. 5	39. 2	34. 4	29. 3	23. 8
285	59. 3	58. 3	56. 7	54. 4	51. 6	48. 2	44. 3	39. 9	35	29. 8	24. 2
290	60. 3	59. 3	57. 7	55. 4	52. 5	49	45. 1	40. 6	35. 6	30. 3	24. 7
295	61. 3	60. 3	58. 6	56. 3	53. 4	49. 9	45. 8	41. 3	36. 3	30. 8	25. 1
300	62. 4	61. 3	59. 6	57. 3	54. 3	50. 7	46. 6	42	36. 9	31. 4	25. 5
305	63. 4	62. 4	60. 6	58. 2	55. 2	51. 6	47. 4	42. 7	37. 5	31. 9	25. 9
310	64. 4	63. 4	61. 6	59. 2	56. 1	52. 4	48. 2	43. 4	38. 1	32. 4	26. 4
315	65. 5	64. 4	62. 6	60. 2	57	53. 3	48. 9	44. 1	38. 7	32. 9	26. 8
320	66. 5	65. 4	63. 6	61. 1	57. 9	54. 1	49. 7	44. 8	39. 3	33. 5	27. 2
325	67. 6	66. 5	64. 6	62. 1	58. 8	55	50. 5	45. 5	39. 9	34	27. 6
330	68. 6	67. 5	65. 6	63	59. 7	55. 8	51. 3	46. 2	40. 6	34. 5	28. 1
335	69. 6	68. 5	66. 6	64	60. 6	56. 7	52	46. 9	41. 2	35	28. 5
340	70. 7	69. 5	67. 6	64. 9	61. 6	57. 5	52. 8	47. 6	41. 8	35. 5	28. 9
345	71. 7	70. 5	68. 6	65. 9	62. 5	58. 3	53. 6	48. 3	42. 4	36. 1	29. 3

（续）

（转动量 α_z = 2-00）											
OA	F_{JF}										
	0-00	1-00	2-00	3-00	4-00	5-00	6-00	7-00	8-00	9-00	10-00
350	72. 8	71. 6	69. 6	66. 8	63. 4	59. 2	54. 4	49	43	36. 6	29. 8
355	73. 8	72. 6	70. 6	67. 8	64. 3	60	55. 2	49. 7	43. 6	37. 1	30. 2
360	74. 8	73. 6	71. 6	68. 7	65. 2	60. 9	55. 9	50. 4	44. 2	37. 6	30. 6
365	75. 9	74. 6	72. 6	69. 7	66. 1	61. 7	56. 7	51. 1	44. 9	38. 2	31
370	76. 9	75. 7	73. 6	70. 7	67	62. 6	57. 5	51. 8	45. 5	38. 7	31. 5
375	78	76. 7	74. 6	71. 6	67. 9	63. 4	58. 3	52. 5	46. 1	39. 2	31. 9
380	79	77. 7	75. 5	72. 6	68. 8	64. 3	59	53. 2	46. 7	39. 7	32. 3
385	80	78. 7	76. 5	73. 5	69. 7	65. 1	59. 8	53. 9	47. 3	40. 2	32. 7
390	81. 1	79. 7	77. 5	74. 5	70. 6	66	60. 6	54. 6	47. 9	40. 8	33. 2
395	82. 1	80. 8	78. 5	75. 4	71. 5	66. 8	61. 4	55. 3	48. 5	41. 3	33. 6
400	83. 2	81. 8	79. 5	76. 4	72. 4	67. 6	62. 1	56	49. 2	41. 8	34
405	84. 2	82. 8	80. 5	77. 3	73. 3	68. 5	62. 9	56. 7	49. 8	42. 3	34. 4
410	85. 2	83. 8	81. 5	78. 3	74. 2	69. 3	63. 7	57. 4	50. 4	42. 9	34. 9
415	86. 3	84. 9	82. 5	79. 3	75. 1	70. 2	64. 5	58. 1	51	43. 4	35. 3
420	87. 3	85. 9	83. 5	80. 2	76	71	65. 2	58. 8	51. 6	43. 9	35. 7
425	88. 4	86. 9	84. 5	81. 2	76. 9	71. 9	66	59. 5	52. 2	44. 4	36. 1
430	89. 4	87. 9	85. 5	82. 1	77. 8	72. 7	66. 8	60. 2	52. 8	44. 9	36. 6
435	90. 4	88. 9	86. 5	83. 1	78. 8	73. 6	67. 6	60. 9	53. 5	45. 5	37
440	91. 5	90	87. 5	84	79. 7	74. 4	68. 4	61. 5	54. 1	46	37. 4
（转动量 α_z = 3-00）											
OA	F_{JF}										
	0-00	1-00	2-00	3-00	4-00	5-00	6-00	7-00	8-00	9-00	10-00
0	0	0	0	0	0	0	0	0	0	0	0
5	1. 5	1. 5	1. 5	1. 4	1. 3	1. 2	1. 1	1	0. 9	0. 7	0. 6
10	3. 1	3	2. 9	2. 8	2. 6	2. 4	2. 2	2	1. 7	1. 4	1. 1
15	4. 6	4. 5	4. 4	4. 2	3. 9	3. 6	3. 3	3	2. 6	2. 1	1. 7
20	6. 2	6	5. 8	5. 6	5. 2	4. 9	4. 4	3. 9	3. 4	2. 8	2. 2
25	7. 7	7. 6	7. 3	7	6. 6	6. 1	5. 5	4. 9	4. 3	3. 6	2. 8
30	9. 3	9. 1	8. 8	8. 4	7. 9	7. 3	6. 6	5. 9	5. 1	4. 3	3. 4
35	10. 8	10. 6	10. 2	9. 8	9. 2	8. 5	7. 7	6. 9	6	5	3. 9
40	12. 4	12. 1	11. 7	11. 2	10. 5	9. 7	8. 8	7. 9	6. 8	5. 7	4. 5
45	13. 9	13. 6	13. 1	12. 5	11. 8	10. 9	10	8. 9	7. 7	6. 4	5
50	15. 4	15. 1	14. 6	13. 9	13. 1	12. 2	11. 1	9. 8	8. 5	7. 1	5. 6

（续）

（转动量 α_z=3-00）											
OA	F_{JF}										
	0-00	1-00	2-00	3-00	4-00	5-00	6-00	7-00	8-00	9-00	10-00
55	17	16.6	16.1	15.3	14.4	13.4	12.2	10.8	9.4	7.8	6.2
60	18.5	18.1	17.5	16.7	15.7	14.6	13.3	11.8	10.2	8.5	6.7
65	20.1	19.6	19	18.1	17.1	15.8	14.4	12.8	11.1	9.2	7.3
70	21.6	21.2	20.4	19.5	18.4	17	15.5	13.8	11.9	9.9	7.8
75	23.2	22.7	21.9	20.9	19.7	18.2	16.6	14.8	12.8	10.7	8.4
80	24.7	24.2	23.4	22.3	21	19.5	17.7	15.8	13.6	11.4	9
85	26.3	25.7	24.8	23.7	22.3	20.7	18.8	16.7	14.5	12.1	9.5
90	27.8	27.2	26.3	25.1	23.6	21.9	19.9	17.7	15.3	12.8	10.1
95	29.4	28.7	27.7	26.5	24.9	23.1	21	18.7	16.2	13.5	10.7
100	30.9	30.2	29.2	27.9	26.2	24.3	22.1	19.7	17	14.2	11.2
105	32.4	31.7	30.7	29.3	27.6	25.5	23.2	20.7	17.9	14.9	11.8
110	34	33.2	32.1	30.7	28.9	26.7	24.3	21.7	18.7	15.6	12.3
115	35.5	34.8	33.6	32.1	30.2	28	25.4	22.6	19.6	16.3	12.9
120	37.1	36.3	35	33.5	31.5	29.2	26.5	23.6	20.4	17	13.5
130	40.2	39.3	38	36.2	34.1	31.6	28.8	25.6	22.2	18.5	14.6
135	41.7	40.8	39.4	37.6	35.4	32.8	29.9	26.6	23	19.2	15.1
140	43.3	42.3	40.9	39	36.7	34	31	27.6	23.9	19.9	15.7
145	44.8	43.8	42.4	40.4	38	35.3	32.1	28.5	24.7	20.6	16.3
150	46.3	45.3	43.8	41.8	39.4	36.5	33.2	29.5	25.6	21.3	16.8
155	47.9	46.8	45.3	43.2	40.7	37.7	34.3	30.5	26.4	22	17.4
160	49.4	48.4	46.7	44.6	42	38.9	35.4	31.5	27.3	22.7	17.9
165	51	49.9	48.2	46	43.3	40.1	36.5	32.5	28.1	23.4	18.5
170	52.5	51.4	49.7	47.4	44.6	41.3	37.6	33.5	29	24.1	19.1
175	54.1	52.9	51.1	48.8	45.9	42.5	38.7	34.5	29.8	24.9	19.6
180	55.6	54.4	52.6	50.2	47.2	43.8	39.8	35.4	30.7	25.6	20.2
185	57.2	55.9	54	51.6	48.5	45	40.9	36.4	31.5	26.3	20.7
190	58.7	57.4	55.5	53	49.9	46.2	42	37.4	32.4	27	21.3
195	60.3	58.9	57	54.4	51.2	47.4	43.1	38.4	33.2	27.7	21.9
200	61.8	60.4	58.4	55.8	52.5	48.6	44.2	39.4	34.1	28.4	22.4
205	63.3	61.9	59.9	57.1	53.8	49.8	45.4	40.4	34.9	29.1	23
210	64.9	63.5	61.3	58.5	55.1	51.1	46.5	41.3	35.8	29.8	23.5
215	66.4	65	62.8	59.9	56.4	52.3	47.6	42.3	36.6	30.5	24.1
220	68	66.5	64.3	61.3	57.7	53.5	48.7	43.3	37.5	31.3	24.7
225	69.5	68	65.7	62.7	59	54.7	49.8	44.3	38.3	32	25.2

(续)

(转动量 α_z=3-00)											
OA	F_{JF}										
	0-00	1-00	2-00	3-00	4-00	5-00	6-00	7-00	8-00	9-00	10-00
230	71.1	69.5	67.2	64.1	60.3	55.9	50.9	45.3	39.2	32.7	25.8
235	72.6	71	68.6	65.5	61.7	57.1	52	46.3	40	33.4	26.4
240	74.2	72.5	70.1	66.9	63	58.4	53.1	47.3	40.9	34.1	26.9
245	75.7	74	71.6	68.3	64.3	59.6	54.2	48.2	41.7	34.8	27.5
250	77.2	75.5	73	69.7	65.6	60.8	55.3	49.2	42.6	35.5	28
255	78.8	77.1	74.5	71.1	66.9	62	56.4	50.2	43.5	36.2	28.6
260	80.3	78.6	75.9	72.5	68.2	63.2	57.5	51.2	44.3	36.9	29.2
265	81.9	80.1	77.4	73.9	69.5	64.4	58.6	52.2	45.2	37.6	29.7
270	83.4	81.6	78.9	75.3	70.8	65.6	59.7	53.2	46	38.4	30.3
275	85	83.1	80.3	76.7	72.2	66.9	60.8	54.1	46.9	39.1	30.8
280	86.5	84.6	81.8	78.1	73.5	68.1	61.9	55.1	47.7	39.8	31.4
285	88.1	86.1	83.2	79.4	74.8	69.3	63.1	56.1	48.6	40.5	32
290	89.6	87.6	84.7	80.8	76.1	70.5	64.2	57.1	49.4	41.2	32.5
295	91.2	89.1	86.2	82.2	77.4	71.7	65.3	58.1	50.3	41.9	33.1
300	92.7	90.7	87.6	83.6	78.7	72.9	66.4	59.1	51.1	42.6	33.6
305	94.2	92.2	89.1	85	80	74.2	67.5	60.1	52	43.3	34.2
310	95.8	93.7	90.5	86.4	81.3	75.4	68.6	61	52.8	44	34.8
315	97.3	95.2	92	87.8	82.7	76.6	69.7	62	53.7	44.7	35.3
320	98.9	96.7	93.5	89.2	84	77.8	70.8	63	54.5	45.5	35.9
325	100.4	98.2	94.9	90.6	85.3	79	71.9	64	55.4	46.2	36.4
330	102	99.7	96.4	92	86.6	80.2	73	65	56.2	46.9	37
335	103.5	101.2	97.8	93.4	87.9	81.5	74.1	66	57.1	47.6	37.6
340	105.1	102.7	99.3	94.8	89.2	82.7	75.2	66.9	57.9	48.3	38.1
345	106.6	104.3	100.8	96.2	90.5	83.9	76.3	67.9	58.8	49	38.7
350	108.1	105.8	102.2	97.6	91.8	85.1	77.4	68.9	59.6	49.7	39.2
355	109.7	107.3	103.7	99	93.1	86.3	78.5	69.9	60.5	50.4	39.8
360	111.2	108.8	105.1	100.4	94.5	87.5	79.6	70.9	61.3	51.1	40.4
365	112.8	110.3	106.6	101.7	95.8	88.7	80.7	71.9	62.2	51.8	40.9
370	114.3	111.8	108.1	103.1	97.1	90	81.9	72.9	63.1	52.6	41.5
375	115.9	113.3	109.5	104.5	98.4	91.2	83	73.8	63.9	53.3	42.1
380	117.4	114.8	111	105.9	99.7	92.4	84.1	74.8	64.8	54	42.6
385	119	116.3	112.4	107.3	101	93.6	85.2	75.8	65.6	54.7	43.2
390	120.5	117.9	113.9	108.7	102.3	94.8	86.3	76.8	66.5	55.4	43.7
395	122.1	119.4	115.4	110.1	103.6	96	87.4	77.8	67.3	56.1	44.3

(续)

（转动量 $\alpha_z=3\text{-}00$）											
OA	F_{JF}										
	0-00	1-00	2-00	3-00	4-00	5-00	6-00	7-00	8-00	9-00	10-00
400	123.6	120.9	116.8	111.5	105	97.3	88.5	78.8	68.2	56.8	44.9
405	125.1	122.4	118.3	112.9	106.3	98.5	89.6	79.7	69	57.5	45.4
410	126.7	123.9	119.7	114.3	107.6	99.7	90.7	80.7	69.9	58.2	46
415	128.2	125.4	121.2	115.7	108.9	100.9	91.8	81.7	70.7	59	46.5
420	129.8	126.9	122.7	117.1	110.2	102.1	92.9	82.7	71.6	59.7	47.1
425	131.3	128.4	124.1	118.5	111.5	103.3	94	83.7	72.4	60.4	47.7
（转动量 $\alpha_z=4\text{-}00$）											
OA	F_{JF}										
	0-00	1-00	2-00	3-00	4-00	5-00	6-00	7-00	8-00	9-00	10-00
0	0	0	0	0	0	0	0	0	0	0	0
5	2	2	1.9	1.8	1.7	1.5	1.4	1.2	1	0.8	0.6
10	4.1	4	3.8	3.6	3.4	3.1	2.8	2.4	2.1	1.7	1.3
15	6.1	5.9	5.7	5.4	5	4.6	4.2	3.7	3.1	2.5	1.9
20	8.1	7.9	7.6	7.2	6.7	6.2	5.6	4.9	4.2	3.4	2.6
25	10.2	9.9	9.5	9	8.4	7.7	7	6.1	5.2	4.2	3.2
30	12.2	11.9	11.4	10.8	10.1	9.3	8.3	7.3	6.2	5.1	3.9
35	14.2	13.8	13.3	12.6	11.8	10.8	9.7	8.6	7.3	5.9	4.5
40	16.3	15.8	15.2	14.4	13.5	12.4	11.1	9.8	8.3	6.8	5.1
45	18.3	17.8	17.1	16.2	15.1	13.9	12.5	11	9.4	7.6	5.8
50	20.3	19.8	19	18	16.8	15.5	13.9	12.2	10.4	8.5	6.4
55	22.4	21.7	20.9	19.8	18.5	17	15.3	13.4	11.4	9.3	7.1
60	24.4	23.7	22.8	21.6	20.2	18.5	16.7	14.7	12.5	10.1	7.7
65	26.4	25.7	24.7	23.4	21.9	20.1	18.1	15.9	13.5	11	8.4
70	28.5	27.7	26.6	25.2	23.5	21.6	19.5	17.1	14.6	11.8	9
75	30.5	29.7	28.5	27	25.2	23.2	20.9	18.3	15.6	12.7	9.6
80	32.5	31.6	30.4	28.8	26.9	24.7	22.3	19.6	16.6	13.5	10.3
85	34.6	33.6	32.3	30.6	28.6	26.3	23.7	20.8	17.7	14.4	10.9
90	36.6	35.6	34.2	32.4	30.3	27.8	25	22	18.7	15.2	11.6
95	38.6	37.6	36.1	34.2	32	29.4	26.4	23.2	19.8	16.1	12.2
100	40.7	39.5	38	36	33.6	30.9	27.8	24.4	20.8	16.9	12.9
105	42.7	41.5	39.9	37.8	35.3	32.4	29.2	25.7	21.8	17.8	13.5
110	44.7	43.5	41.8	39.6	37	34	30.6	26.9	22.9	18.6	14.1
115	46.8	45.5	43.7	41.4	38.7	35.5	32	28.1	23.9	19.5	14.8

（续）

（转动量 α_z=4-00）											
OA	F_{JF}										
	0-00	1-00	2-00	3-00	4-00	5-00	6-00	7-00	8-00	9-00	10-00
120	48.8	47.5	45.6	43.2	40.4	37.1	33.4	29.3	25	20.3	15.4
125	50.8	49.4	47.5	45	42	38.6	34.8	30.6	26	21.1	16.1
130	52.9	51.4	49.4	46.8	43.7	40.2	36.2	31.8	27	22	16.7
135	54.9	53.4	51.3	48.6	45.4	41.7	37.6	33	28.1	22.8	17.4
140	56.9	55.4	53.2	50.4	47.1	43.3	39	34.2	29.1	23.7	18
145	59	57.3	55.1	52.2	48.8	44.8	40.3	35.4	30.1	24.5	18.6
150	61	59.3	57	54	50.5	46.4	41.7	36.7	31.2	25.4	19.3
155	63	61.3	58.9	55.8	52.1	47.9	43.1	37.9	32.2	26.2	19.9
160	65.1	63.3	60.8	57.6	53.8	49.4	44.5	39.1	33.3	27.1	20.6
165	67.1	65.2	62.7	59.4	55.5	51	45.9	40.3	34.3	27.9	21.2
170	69.1	67.2	64.6	61.2	57.2	52.5	47.3	41.6	35.3	28.8	21.8
175	71.2	69.2	66.5	63	58.9	54.1	48.7	42.8	36.4	29.6	22.5
180	73.2	71.2	68.4	64.8	60.6	55.6	50.1	44	37.4	30.4	23.1
185	75.2	73.2	70.3	66.6	62.2	57.2	51.5	45.2	38.5	31.3	23.8
190	77.3	75.1	72.2	68.4	63.9	58.7	52.9	46.4	39.5	32.1	24.4
195	79.3	77.1	74.1	70.2	65.6	60.3	54.3	47.7	40.5	33	25.1
200	81.3	79.1	76	72	67.3	61.8	55.6	48.9	41.6	33.8	25.7
205	83.4	81.1	77.9	73.8	69	63.3	57	50.1	42.6	34.7	26.3
210	85.4	83	79.8	75.6	70.6	64.9	58.4	51.3	43.7	35.5	27
215	87.4	85	81.7	77.4	72.3	66.4	59.8	52.6	44.7	36.4	27.6
220	89.5	87	83.6	79.2	74	68	61.2	53.8	45.7	37.2	28.3
225	91.5	89	85.5	81	75.7	69.5	62.6	55	46.8	38.1	28.9
230	93.5	91	87.4	82.8	77.4	71.1	64	56.2	47.8	38.9	29.6
235	95.6	92.9	89.3	84.6	79.1	72.6	65.4	57.4	48.9	39.8	30.2
240	97.6	94.9	91.2	86.4	80.7	74.2	66.8	58.7	49.9	40.6	30.8
245	99.6	96.9	93.1	88.2	82.4	75.7	68.2	59.9	50.9	41.4	31.5
250	101.7	98.9	95	90	84.1	77.3	69.6	61.1	52	42.3	32.1
255	103.7	100.8	96.9	91.8	85.8	78.8	71	62.3	53	43.1	32.8
260	105.7	102.8	98.8	93.6	87.5	80.3	72.3	63.5	54.1	44	33.4
265	107.8	104.8	100.7	95.4	89.1	81.9	73.7	64.8	55.1	44.8	34.1
270	109.8	106.8	102.6	97.2	90.8	83.4	75.1	66	56.1	45.7	34.7
275	111.8	108.7	104.5	99	92.5	85	76.5	67.2	57.2	46.5	35.3
280	113.9	110.7	106.4	100.8	94.2	86.5	77.9	68.4	58.2	47.4	36
285	115.9	112.7	108.3	102.6	95.9	88.1	79.3	69.7	59.3	48.2	36.6

（续）

（转动量 α_z=4-00）											
OA	F_{JF}										
	0-00	1-00	2-00	3-00	4-00	5-00	6-00	7-00	8-00	9-00	10-00
290	117.9	114.7	110.2	104.4	97.6	89.6	80.7	70.9	60.3	49.1	37.3
295	120	116.7	112.1	106.2	99.2	91.2	82.1	72.1	61.3	49.9	37.9
300	122	118.6	114	108	100.9	92.7	83.5	73.3	62.4	50.7	38.6
305	124	120.6	115.9	109.8	102.6	94.2	84.9	74.5	63.4	51.6	39.2
310	126.1	122.6	117.8	111.6	104.3	95.8	86.3	75.8	64.5	52.4	39.8
315	128.1	124.6	119.7	113.4	106	97.3	87.6	77	65.5	53.3	40.5
320	130.1	126.5	121.6	115.2	107.6	98.9	89	78.2	66.5	54.1	41.1
325	132.2	128.5	123.5	117	109.3	100.4	90.4	79.4	67.6	55	41.8
330	134.2	130.5	125.4	118.8	111	102	91.8	80.7	68.6	55.8	42.4
335	136.2	132.5	127.3	120.6	112.7	103.5	93.2	81.9	69.7	56.7	43.1
340	138.3	134.5	129.1	122.4	114.4	105.1	94.6	83.1	70.7	57.5	43.7
345	140.3	136.4	131	124.2	116.1	106.6	96	84.3	71.7	58.4	44.3
350	142.3	138.4	132.9	126	117.7	108.2	97.4	85.5	72.8	59.2	45
355	144.4	140.4	134.8	127.8	119.4	109.7	98.8	86.8	73.8	60	45.6
360	146.4	142.4	136.7	129.6	121.1	111.2	100.2	88	74.9	60.9	46.3
365	148.4	144.3	138.6	131.4	122.8	112.8	101.6	89.2	75.9	61.7	46.9
370	150.5	146.3	140.5	133.2	124.5	114.3	102.9	90.4	76.9	62.6	47.6
375	152.5	148.3	142.4	135	126.1	115.9	104.3	91.7	78	63.4	48.2
380	154.5	150.3	144.3	136.8	127.8	117.4	105.7	92.9	79	64.3	48.8
385	156.6	152.2	146.2	138.6	129.5	119	107.1	94.1	80.1	65.1	49.5
390	158.6	154.2	148.1	140.4	131.2	120.5	108.5	95.3	81.1	66	50.1
395	160.6	156.2	150	142.2	132.9	122.1	109.9	96.5	82.1	66.8	50.8
400	162.7	158.2	151.9	144	134.6	123.6	111.3	97.8	83.2	67.7	51.4
405	164.7	160.2	153.8	145.8	136.2	125.1	112.7	99	84.2	68.5	52.1
410	166.8	162.1	155.7	147.6	137.9	126.7	114.1	100.2	85.2	69.4	52.7
415	168.8	164.1	157.6	149.4	139.6	128.2	115.5	101.4	86.3	70.2	53.3
420	170.8	166.1	159.5	151.2	141.3	129.8	116.9	102.7	87.3	71	54
425	172.9	168.1	161.4	153	143	131.3	118.3	103.9	88.4	71.9	54.6
430	174.9	170	163.3	154.8	144.6	132.9	119.6	105.1	89.4	72.7	55.3
435	176.9	172	165.2	156.6	146.3	134.4	121	106.3	90.4	73.6	55.9
440	179	174	167.1	158.4	148	136	122.4	107.5	91.5	74.4	56.6
445	181	176	169	160.2	149.7	137.5	123.8	108.8	92.5	75.3	57.2
450	183	178	170.9	162	151.4	139.1	125.2	110	93.6	76.1	57.8

（续）

（转动量 $\alpha_z=5-00$）											
OA	F_{JF}										
	0-00	1-00	2-00	3-00	4-00	5-00	6-00	7-00	8-00	9-00	10-00
0	0	0	0	0	0	0	0	0	0	0	0
5	2.5	2.4	2.3	2.2	2	1.8	1.6	1.4	1.2	0.9	0.7
10	5	4.8	4.6	4.3	4	3.7	3.3	2.8	2.4	1.9	1.3
15	7.5	7.2	6.9	6.5	6	5.5	4.9	4.2	3.5	2.8	2
20	10	9.7	9.2	8.7	8	7.3	6.5	5.6	4.7	3.7	2.7
25	12.5	12.1	11.5	10.9	10.1	9.2	8.1	7	5.9	4.6	3.4
30	15	14.5	13.8	13	12.1	11	9.8	8.5	7.1	5.6	4
35	17.5	16.9	16.1	15.2	14.1	12.8	11.4	9.9	8.2	6.5	4.7
40	20	19.3	18.4	17.4	16.1	14.6	13	11.3	9.4	7.4	5.4
45	22.5	21.7	20.8	19.5	18.1	16.5	14.7	12.7	10.6	8.3	6
50	25	24.2	23.1	21.7	20.1	18.3	16.3	14.1	11.8	9.3	6.7
55	27.5	26.6	25.4	23.9	22.1	20.1	17.9	15.5	12.9	10.2	7.4
60	30	29	27.7	26	24.1	22	19.5	16.9	14.1	11.1	8
65	32.5	31.4	30	28.2	26.1	23.8	21.2	18.3	15.3	12.1	8.7
70	35	33.8	32.3	30.4	28.2	25.6	22.8	19.7	16.5	13	9.4
75	37.5	36.2	34.6	32.6	30.2	27.5	24.4	21.1	17.6	13.9	10.1
80	40	38.7	36.9	34.7	32.2	29.3	26.1	22.6	18.8	14.8	10.7
85	42.5	41.1	39.2	36.9	34.2	31.1	27.7	24	20	15.8	11.4
90	45	43.5	41.5	39.1	36.2	32.9	29.3	25.4	21.2	16.7	12.1
95	47.5	45.9	43.8	41.2	38.2	34.8	30.9	26.8	22.3	17.6	12.7
100	50	48.3	46.1	43.4	40.2	36.6	32.6	28.2	23.5	18.6	13.4
105	52.5	50.7	48.4	45.6	42.2	38.4	34.2	29.6	24.7	19.5	14.1
110	55	53.2	50.7	47.8	44.2	40.3	35.8	31	25.9	20.4	14.7
115	57.5	55.6	53	49.9	46.3	42.1	37.5	32.4	27	21.3	15.4
120	60	58	55.3	52.1	48.3	43.9	39.1	33.8	28.2	22.3	16.1
125	62.5	60.4	57.6	54.3	50.3	45.8	40.7	35.2	29.4	23.2	16.8
130	65	62.8	60	56.4	52.3	47.6	42.3	36.7	30.6	24.1	17.4
135	67.5	65.2	62.3	58.6	54.3	49.4	44	38.1	31.7	25	18.1
140	70	67.7	64.6	60.8	56.3	51.2	45.6	39.5	32.9	26	18.8
145	72.5	70.1	66.9	62.9	58.3	53.1	47.2	40.9	34.1	26.9	19.4
150	75	72.5	69.2	65.1	60.3	54.9	48.9	42.3	35.3	27.8	20.1
155	77.5	74.9	71.5	67.3	62.4	56.7	50.5	43.7	36.4	28.8	20.8
160	80	77.3	73.8	69.5	64.4	58.6	52.1	45.1	37.6	29.7	21.4
165	82.5	79.7	76.1	71.6	66.4	60.4	53.8	46.5	38.8	30.6	22.1

(续)

(转动量 α_z=5-00)											
OA	F_{JF}										
	0-00	1-00	2-00	3-00	4-00	5-00	6-00	7-00	8-00	9-00	10-00
170	85	82. 1	78. 4	73. 8	68. 4	62. 2	55. 4	47. 9	40	31. 5	22. 8
175	87. 5	84. 6	80. 7	76	70. 4	64. 1	57	49. 3	41. 1	32. 5	23. 5
180	90	87	83	78. 1	72. 4	65. 9	58. 6	50. 7	42. 3	33. 4	24. 1
185	92. 5	89. 4	85. 3	80. 3	74. 4	67. 7	60. 3	52. 2	43. 5	34. 3	24. 8
190	95	91. 8	87. 6	82. 5	76. 4	69. 5	61. 9	53. 6	44. 7	35. 3	25. 5
195	97. 5	94. 2	89. 9	84. 7	78. 4	71. 4	63. 5	55	45. 8	36. 2	26. 1
200	100	96. 6	92. 2	86. 8	80. 5	73. 2	65. 2	56. 4	47	37. 1	26. 8
205	102. 5	99. 1	94. 5	89	82. 5	75	66. 8	57. 8	48. 2	38	27. 5
210	105	101. 5	96. 9	91. 2	84. 5	76. 9	68. 4	59. 2	49. 4	39	28. 1
215	107. 5	103. 9	99. 2	93. 3	86. 5	78. 7	70	60. 6	50. 5	39. 9	28. 8
220	110	106. 3	101. 5	95. 5	88. 5	80. 5	71. 7	62	51. 7	40. 8	29. 5
225	112. 5	108. 7	103. 8	97. 7	90. 5	82. 4	73. 3	63. 4	52. 9	41. 7	30. 2
230	115	111. 1	106. 1	99. 8	92. 5	84. 2	74. 9	64. 8	54. 1	42. 7	30. 8
235	117. 5	113. 6	108. 4	102	94. 5	86	76. 6	66. 3	55. 2	43. 6	31. 5
240	120	116	110. 7	104. 2	96. 5	87. 8	78. 2	67. 7	56. 4	44. 5	32. 2
245	122. 5	118. 4	113	106. 4	98. 6	89. 7	79. 8	69. 1	57. 6	45. 5	32. 8
250	125	120. 8	115. 3	108. 5	100. 6	91. 5	81. 4	70. 5	58. 8	46. 4	33. 5
255	127. 5	123. 2	117. 6	110. 7	102. 6	93. 3	83. 1	71. 9	59. 9	47. 3	34. 2
260	130	125. 6	119. 9	112. 9	104. 6	95. 2	84. 7	73. 3	61. 1	48. 2	34. 8
265	132. 5	128. 1	122. 2	115	106. 6	97	86. 3	74. 7	62. 3	49. 2	35. 5
270	135	130. 5	124. 5	117. 2	108. 6	98. 8	88	76. 1	63. 5	50. 1	36. 2
275	137. 5	132. 9	126. 8	119. 4	110. 6	100. 7	89. 6	77. 5	64. 6	51	36. 9
280	140	135. 3	129. 1	121. 6	112. 6	102. 5	91. 2	78. 9	65. 8	51. 9	37. 5
285	142. 5	137. 7	131. 4	123. 7	114. 6	104. 3	92. 8	80. 4	67	52. 9	38. 2
290	145	140. 1	133. 7	125. 9	116. 7	106. 1	94. 5	81. 8	68. 2	53. 8	38. 9
295	147. 5	142. 6	136. 1	128. 1	118. 7	108	96. 1	83. 2	69. 3	54. 7	39. 5
300	150	145	138. 4	130. 2	120. 7	109. 8	97. 7	84. 6	70. 5	55. 7	40. 2
305	152. 5	147. 4	140. 7	132. 4	122. 7	111. 6	99. 4	86	71. 7	56. 6	40. 9
310	155	149. 8	143	134. 6	124. 7	113. 5	101	87. 4	72. 9	57. 5	41. 5
315	157. 5	152. 2	145. 3	136. 7	126. 7	115. 3	102. 6	88. 8	74	58. 4	42. 2
320	160	154. 6	147. 6	138. 9	128. 7	117. 1	104. 2	90. 2	75. 2	59. 4	42. 9
325	162. 5	157	149. 9	141. 1	130. 7	119	105. 9	91. 6	76. 4	60. 3	43. 6
330	165	159. 5	152. 2	143. 3	132. 7	120. 8	107. 5	93	77. 6	61. 2	44. 2
335	167. 5	161. 9	154. 5	145. 4	134. 8	122. 6	109. 1	94. 4	78. 7	62. 2	44. 9

（续）

（转动量 $\alpha_z=5\text{-}00$）											
OA	F_{JF}										
	0-00	1-00	2-00	3-00	4-00	5-00	6-00	7-00	8-00	9-00	10-00
340	170	164.3	156.8	147.6	136.8	124.4	110.8	95.9	79.9	63.1	45.6
345	172.5	166.7	159.1	149.8	138.8	126.3	112.4	97.3	81.1	64	46.2
350	175	169.1	161.4	151.9	140.8	128.1	114	98.7	82.3	64.9	46.9
355	177.5	171.5	163.7	154.1	142.8	129.9	115.6	100.1	83.4	65.9	47.6
360	180	174	166	156.3	144.8	131.8	117.3	101.5	84.6	66.8	48.2
365	182.5	176.4	168.3	158.4	146.8	133.6	118.9	102.9	85.8	67.7	48.9
370	185	178.8	170.6	160.6	148.8	135.4	120.5	104.3	87	68.6	49.6
375	187.5	181.2	172.9	162.8	150.9	137.3	122.2	105.7	88.1	69.6	50.3
380	190	183.6	175.3	165	152.9	139.1	123.8	107.1	89.3	70.5	50.9
385	192.5	186	177.6	167.1	154.9	140.9	125.4	108.5	90.5	71.4	51.6
390	195	188.5	179.9	169.3	156.9	142.7	127	110	91.7	72.4	52.3
395	197.5	190.9	182.2	171.5	158.9	144.6	128.7	111.4	92.8	73.3	52.9
400	200	193.3	184.5	173.6	160.9	146.4	130.3	112.8	94	74.2	53.6
405	202.5	195.7	186.8	175.8	162.9	148.2	131.9	114.2	95.2	75.1	54.3
410	205	198.1	189.1	178	164.9	150.1	133.6	115.6	96.4	76.1	54.9
415	207.5	200.5	191.4	180.2	166.9	151.9	135.2	117	97.5	77	55.6
420	210	203	193.7	182.3	169	153.7	136.8	118.4	98.7	77.9	56.3
425	212.5	205.4	196	184.5	171	155.6	138.4	119.8	99.9	78.9	57
430	215	207.8	198.3	186.7	173	157.4	140.1	121.2	101.1	79.8	57.6
435	217.5	210.2	200.6	188.8	175	159.2	141.7	122.6	102.2	80.7	58.3
440	220	212.6	202.9	191	177	161	143.3	124.1	103.4	81.6	59
445	222.5	215	205.2	193.2	179	162.9	145	125.5	104.6	82.6	59.6
450	225	217.5	207.5	195.3	181	164.7	146.6	126.9	105.8	83.5	60.3

纵深误差算成表（$\Delta X-F_{JF}$）

（转动量 $\alpha_z=1\text{-}00$）											
OA	F_{JF}										
	0-00	1-00	2-00	3-00	4-00	5-00	6-00	7-00	8-00	9-00	10-00
0	0	0	0	0	0	0	0	0	0	0	0
5	0	-0.1	-0.1	-0.2	-0.2	-0.3	-0.3	-0.4	-0.4	-0.4	-0.5
10	-0.1	-0.2	-0.3	-0.4	-0.5	-0.6	-0.7	-0.7	-0.8	-0.9	-0.9
15	-0.1	-0.2	-0.4	-0.6	-0.7	-0.9	-1	-1.1	-1.2	-1.3	-1.4
20	-0.1	-0.3	-0.5	-0.8	-1	-1.1	-1.3	-1.5	-1.6	-1.8	-1.9

（续）

（转动量 α_z=1-00）

OA	F_{JF}										
	0-00	1-00	2-00	3-00	4-00	5-00	6-00	7-00	8-00	9-00	10-00
25	-0.1	-0.4	-0.7	-0.9	-1.2	-1.4	-1.6	-1.9	-2	-2.2	-2.3
30	-0.2	-0.5	-0.8	-1.1	-1.4	-1.7	-2	-2.2	-2.4	-2.6	-2.8
35	-0.2	-0.6	-0.9	-1.3	-1.7	-2	-2.3	-2.6	-2.8	-3.1	-3.3
40	-0.2	-0.7	-1.1	-1.5	-1.9	-2.3	-2.6	-3	-3.3	-3.5	-3.7
45	-0.2	-0.7	-1.2	-1.7	-2.1	-2.6	-3	-3.3	-3.7	-3.9	-4.2
50	-0.3	-0.8	-1.4	-1.9	-2.4	-2.9	-3.3	-3.7	-4.1	-4.4	-4.7
55	-0.3	-0.9	-1.5	-2.1	-2.6	-3.1	-3.6	-4.1	-4.5	-4.8	-5.1
60	-0.3	-1	-1.6	-2.3	-2.9	-3.4	-4	-4.4	-4.9	-5.3	-5.6
65	-0.4	-1.1	-1.8	-2.4	-3.1	-3.7	-4.3	-4.8	-5.3	-5.7	-6.1
70	-0.4	-1.1	-1.9	-2.6	-3.3	-4	-4.6	-5.2	-5.7	-6.1	-6.5
75	-0.4	-1.2	-2	-2.8	-3.6	-4.3	-4.9	-5.6	-6.1	-6.6	-7
80	-0.4	-1.3	-2.2	-3	-3.8	-4.6	-5.3	-5.9	-6.5	-7	-7.5
85	-0.5	-1.4	-2.3	-3.2	-4	-4.8	-5.6	-6.3	-6.9	-7.5	-7.9
90	-0.5	-1.5	-2.4	-3.4	-4.3	-5.1	-5.9	-6.7	-7.3	-7.9	-8.4
95	-0.5	-1.6	-2.6	-3.6	-4.5	-5.4	-6.3	-7	-7.7	-8.3	-8.9
100	-0.5	-1.6	-2.7	-3.8	-4.8	-5.7	-6.6	-7.4	-8.1	-8.8	-9.3
105	-0.6	-1.7	-2.8	-3.9	-5	-6	-6.9	-7.8	-8.5	-9.2	-9.8
110	-0.6	-1.8	-3	-4.1	-5.2	-6.3	-7.2	-8.1	-8.9	-9.7	-10.3
115	-0.6	-1.9	-3.1	-4.3	-5.5	-6.6	-7.6	-8.5	-9.4	-10.1	-10.7
120	-0.7	-2	-3.3	-4.5	-5.7	-6.8	-7.9	-8.9	-9.8	-10.5	-11.2
125	-0.7	-2	-3.4	-4.7	-5.9	-7.1	-8.2	-9.3	-10.2	-11	-11.7
130	-0.7	-2.1	-3.5	-4.9	-6.2	-7.4	-8.6	-9.6	-10.6	-11.4	-12.1
135	-0.7	-2.2	-3.7	-5.1	-6.4	-7.7	-8.9	-10	-11	-11.8	-12.6
140	-0.8	-2.3	-3.8	-5.3	-6.7	-8	-9.2	-10.4	-11.4	-12.3	-13.1
145	-0.8	-2.4	-3.9	-5.4	-6.9	-8.3	-9.6	-10.7	-11.8	-12.7	-13.5
150	-0.8	-2.5	-4.1	-5.6	-7.1	-8.6	-9.9	-11.1	-12.2	-13.2	-14
155	-0.8	-2.5	-4.2	-5.8	-7.4	-8.8	-10.2	-11.5	-12.6	-13.6	-14.5
160	-0.9	-2.6	-4.3	-6	-7.6	-9.1	-10.5	-11.8	-13	-14	-14.9
165	-0.9	-2.7	-4.5	-6.2	-7.8	-9.4	-10.9	-12.2	-13.4	-14.5	-15.4
170	-0.9	-2.8	-4.6	-6.4	-8.1	-9.7	-11.2	-12.6	-13.8	-14.9	-15.9
175	-1	-2.9	-4.7	-6.6	-8.3	-10	-11.5	-13	-14.2	-15.4	-16.3
180	-1	-2.9	-4.9	-6.8	-8.6	-10.3	-11.9	-13.3	-14.6	-15.8	-16.8
185	-1	-3	-5	-6.9	-8.8	-10.5	-12.2	-13.7	-15	-16.2	-17.3
190	-1	-3.1	-5.1	-7.1	-9	-10.8	-12.5	-14.1	-15.5	-16.7	-17.7

（续）

（转动量 α_z = 1-00）											
OA	F_{JF}										
	0-00	1-00	2-00	3-00	4-00	5-00	6-00	7-00	8-00	9-00	10-00
195	-1.1	-3.2	-5.3	-7.3	-9.3	-11.1	-12.8	-14.4	-15.9	-17.1	-18.2
200	-1.1	-3.3	-5.4	-7.5	-9.5	-11.4	-13.2	-14.8	-16.3	-17.6	-18.7
205	-1.1	-3.4	-5.6	-7.7	-9.7	-11.7	-13.5	-15.2	-16.7	-18	-19.1
210	-1.2	-3.4	-5.7	-7.9	-10	-12	-13.8	-15.5	-17.1	-18.4	-19.6
215	-1.2	-3.5	-5.8	-8.1	-10.2	-12.3	-14.2	-15.9	-17.5	-18.9	-20
220	-1.2	-3.6	-6	-8.3	-10.5	-12.5	-14.5	-16.3	-17.9	-19.3	-20.5
225	-1.2	-3.7	-6.1	-8.4	-10.7	-12.8	-14.8	-16.7	-18.3	-19.7	-21
230	-1.3	-3.8	-6.2	-8.6	-10.9	-13.1	-15.1	-17	-18.7	-20.2	-21.4
235	-1.3	-3.8	-6.4	-8.8	-11.2	-13.4	-15.5	-17.4	-19.1	-20.6	-21.9
240	-1.3	-3.9	-6.5	-9	-11.4	-13.7	-15.8	-17.8	-19.5	-21.1	-22.4
245	-1.3	-4	-6.6	-9.2	-11.6	-14	-16.1	-18.1	-19.9	-21.5	-22.8
250	-1.4	-4.1	-6.8	-9.4	-11.9	-14.3	-16.5	-18.5	-20.3	-21.9	-23.3
255	-1.4	-4.2	-6.9	-9.6	-12.1	-14.5	-16.8	-18.9	-20.7	-22.4	-23.8
260	-1.4	-4.3	-7	-9.8	-12.4	-14.8	-17.1	-19.2	-21.1	-22.8	-24.2
265	-1.5	-4.3	-7.2	-9.9	-12.6	-15.1	-17.5	-19.6	-21.6	-23.3	-24.7
270	-1.5	-4.4	-7.3	-10.1	-12.8	-15.4	-17.8	-20	-22	-23.7	-25.2
275	-1.5	-4.5	-7.4	-10.3	-13.1	-15.7	-18.1	-20.4	-22.4	-24.1	-25.6
280	-1.5	-4.6	-7.6	-10.5	-13.3	-16	-18.4	-20.7	-22.8	-24.6	-26.1
285	-1.6	-4.7	-7.7	-10.7	-13.5	-16.2	-18.8	-21.1	-23.2	-25	-26.6
290	-1.6	-4.7	-7.9	-10.9	-13.8	-16.5	-19.1	-21.5	-23.6	-25.5	-27
295	-1.6	-4.8	-8	-11.1	-14	-16.8	-19.4	-21.8	-24	-25.9	-27.5
300	-1.6	-4.9	-8.1	-11.3	-14.3	-17.1	-19.8	-22.2	-24.4	-26.3	-28
305	-1.7	-5	-8.3	-11.4	-14.5	-17.4	-20.1	-22.6	-24.8	-26.8	-28.4
310	-1.7	-5.1	-8.4	-11.6	-14.7	-17.7	-20.4	-22.9	-25.2	-27.2	-28.9
315	-1.7	-5.2	-8.5	-11.8	-15	-18	-20.7	-23.3	-25.6	-27.6	-29.4
320	-1.8	-5.2	-8.7	-12	-15.2	-18.2	-21.1	-23.7	-26	-28.1	-29.8
325	-1.8	-5.3	-8.8	-12.2	-15.4	-18.5	-21.4	-24.1	-26.4	-28.5	-30.3
330	-1.8	-5.4	-8.9	-12.4	-15.7	-18.8	-21.7	-24.4	-26.8	-29	-30.8
335	-1.8	-5.5	-9.1	-12.6	-15.9	-19.1	-22.1	-24.8	-27.2	-29.4	-31.2
340	-1.9	-5.6	-9.2	-12.8	-16.2	-19.4	-22.4	-25.2	-27.7	-29.8	-31.7
345	-1.9	-5.6	-9.3	-12.9	-16.4	-19.7	-22.7	-25.5	-28.1	-30.3	-32.2
350	-1.9	-5.7	-9.5	-13.1	-16.6	-20	-23.1	-25.9	-28.5	-30.7	-32.6
355	-1.9	-5.8	-9.6	-13.3	-16.9	-20.2	-23.4	-26.3	-28.9	-31.2	-33.1
360	-2	-5.9	-9.8	-13.5	-17.1	-20.5	-23.7	-26.6	-29.3	-31.6	-33.6

(续)

（转动量 $\alpha_z=1-00$）											
OA	F_{JF}										
	0-00	1-00	2-00	3-00	4-00	5-00	6-00	7-00	8-00	9-00	10-00
365	-2	-6	-9.9	-13.7	-17.3	-20.8	-24	-27	-29.7	-32	-34
370	-2	-6.1	-10	-13.9	-17.6	-21.1	-24.4	-27.4	-30.1	-32.5	-34.5
375	-2.1	-6.1	-10.2	-14.1	-17.8	-21.4	-24.7	-27.8	-30.5	-32.9	-35
380	-2.1	-6.2	-10.3	-14.3	-18.1	-21.7	-25	-28.1	-30.9	-33.4	-35.4
385	-2.1	-6.3	-10.4	-14.4	-18.3	-21.9	-25.4	-28.5	-31.3	-33.8	-35.9
390	-2.1	-6.4	-10.6	-14.6	-18.5	-22.2	-25.7	-28.9	-31.7	-34.2	-36.4
395	-2.2	-6.5	-10.7	-14.8	-18.8	-22.5	-26	-29.2	-32.1	-34.7	-36.8
400	-2.2	-6.5	-10.8	-15	-19	-22.8	-26.3	-29.6	-32.5	-35.1	-37.3
405	-2.2	-6.6	-11	-15.2	-19.2	-23.1	-26.7	-30	-32.9	-35.5	-37.8
410	-2.2	-6.7	-11.1	-15.4	-19.5	-23.4	-27	-30.3	-33.3	-36	-38.2
415	-2.3	-6.8	-11.2	-15.6	-19.7	-23.7	-27.3	-30.7	-33.8	-36.4	-38.7
420	-2.3	-6.9	-11.4	-15.8	-20	-23.9	-27.7	-31.1	-34.2	-36.9	-39.2
425	-2.3	-7	-11.5	-15.9	-20.2	-24.2	-28	-31.5	-34.6	-37.3	-39.6
430	-2.4	-7	-11.6	-16.1	-20.4	-24.5	-28.3	-31.8	-35	-37.7	-40.1
435	-2.4	-7.1	-11.8	-16.3	-20.7	-24.8	-28.7	-32.2	-35.4	-38.2	-40.6
440	-2.4	-7.2	-11.9	-16.5	-20.9	-25.1	-29	-32.6	-35.8	-38.6	-41
445	-2.4	-7.3	-12.1	-16.7	-21.1	-25.4	-29.3	-32.9	-36.2	-39.1	-41.5
450	-2.5	-7.4	-12.2	-16.9	-21.4	-25.7	-29.6	-33.3	-36.6	-39.5	-42

（转动量 $\alpha_z=2-00$）											
OA	F_{JF}										
	0-00	1-00	2-00	3-00	4-00	5-00	6-00	7-00	8-00	9-00	10-00
0	0	0	0	0	0	0	0	0	0	0	0
5	-0.1	-0.2	-0.3	-0.4	-0.5	-0.6	-0.7	-0.8	-0.8	-0.9	-1
10	-0.2	-0.4	-0.6	-0.9	-1	-1.2	-1.4	-1.6	-1.7	-1.8	-1.9
15	-0.3	-0.7	-1	-1.3	-1.6	-1.8	-2.1	-2.3	-2.5	-2.7	-2.9
20	-0.4	-0.9	-1.3	-1.7	-2.1	-2.5	-2.8	-3.1	-3.4	-3.6	-3.8
25	-0.5	-1.1	-1.6	-2.1	-2.6	-3.1	-3.5	-3.9	-4.2	-4.5	-4.8
30	-0.7	-1.3	-1.9	-2.6	-3.1	-3.7	-4.2	-4.7	-5.1	-5.4	-5.7
35	-0.8	-1.5	-2.3	-3	-3.7	-4.3	-4.9	-5.4	-5.9	-6.3	-6.7
40	-0.9	-1.7	-2.6	-3.4	-4.2	-4.9	-5.6	-6.2	-6.8	-7.2	-7.6
45	-1	-2	-2.9	-3.8	-4.7	-5.5	-6.3	-7	-7.6	-8.1	-8.6
50	-1.1	-2.2	-3.2	-4.3	-5.2	-6.1	-7	-7.8	-8.5	-9.1	-9.5
55	-1.2	-2.4	-3.6	-4.7	-5.7	-6.8	-7.7	-8.5	-9.3	-10	-10.5

（续）

（转动量 α_z=2−00）											
OA	F_{JF}										
	0−00	1−00	2−00	3−00	4−00	5−00	6−00	7−00	8−00	9−00	10−00
60	−1.3	−2.6	−3.9	−5.1	−6.3	−7.4	−8.4	−9.3	−10.1	−10.9	−11.5
65	−1.4	−2.8	−4.2	−5.5	−6.8	−8	−9.1	−10.1	−11	−11.8	−12.4
70	−1.5	−3	−4.5	−6	−7.3	−8.6	−9.8	−10.9	−11.8	−12.7	−13.4
75	−1.6	−3.3	−4.8	−6.4	−7.8	−9.2	−10.5	−11.7	−12.7	−13.6	−14.3
80	−1.7	−3.5	−5.2	−6.8	−8.4	−9.8	−11.2	−12.4	−13.5	−14.5	−15.3
85	−1.9	−3.7	−5.5	−7.2	−8.9	−10.4	−11.9	−13.2	−14.4	−15.4	−16.2
90	−2	−3.9	−5.8	−7.7	−9.4	−11.1	−12.6	−14	−15.2	−16.3	−17.2
95	−2.1	−4.1	−6.1	−8.1	−9.9	−11.7	−13.3	−14.8	−16.1	−17.2	−18.1
100	−2.2	−4.3	−6.5	−8.5	−10.5	−12.3	−14	−15.5	−16.9	−18.1	−19.1
105	−2.3	−4.6	−6.8	−8.9	−11	−12.9	−14.7	−16.3	−17.8	−19	−20.1
110	−2.4	−4.8	−7.1	−9.4	−11.5	−13.5	−15.4	−17.1	−18.6	−19.9	−21
115	−2.5	−5	−7.4	−9.8	−12	−14.1	−16.1	−17.9	−19.4	−20.8	−22
120	−2.6	−5.2	−7.8	−10.2	−12.5	−14.7	−16.8	−18.6	−20.3	−21.7	−22.9
125	−2.7	−5.4	−8.1	−10.6	−13.1	−15.4	−17.5	−19.4	−21.1	−22.6	−23.9
130	−2.8	−5.6	−8.4	−11.1	−13.6	−16	−18.2	−20.2	−22	−23.5	−24.8
135	−2.9	−5.9	−8.7	−11.5	−14.1	−16.6	−18.9	−21	−22.8	−24.4	−25.8
140	−3.1	−6.1	−9	−11.9	−14.6	−17.2	−19.6	−21.7	−23.7	−25.3	−26.7
145	−3.2	−6.3	−9.4	−12.3	−15.2	−17.8	−20.3	−22.5	−24.5	−26.2	−27.7
150	−3.3	−6.5	−9.7	−12.8	−15.7	−18.4	−21	−23.3	−25.4	−27.2	−28.6
155	−3.4	−6.7	−10	−13.2	−16.2	−19	−21.7	−24.1	−26.2	−28.1	−29.6
160	−3.5	−7	−10.3	−13.6	−16.7	−19.7	−22.4	−24.9	−27.1	−29	−30.6
165	−3.6	−7.2	−10.7	−14	−17.2	−20.3	−23.1	−25.6	−27.9	−29.9	−31.5
170	−3.7	−7.4	−11	−14.5	−17.8	−20.9	−23.8	−26.4	−28.7	−30.8	−32.5
175	−3.8	−7.6	−11.3	−14.9	−18.3	−21.5	−24.5	−27.2	−29.6	−31.7	−33.4
180	−3.9	−7.8	−11.6	−15.3	−18.8	−22.1	−25.2	−28	−30.4	−32.6	−34.4
185	−4	−8	−11.9	−15.7	−19.3	−22.7	−25.9	−28.7	−31.3	−33.5	−35.3
190	−4.2	−8.3	−12.3	−16.2	−19.9	−23.3	−26.6	−29.5	−32.1	−34.4	−36.3
195	−4.3	−8.5	−12.6	−16.6	−20.4	−24	−27.3	−30.3	−33	−35.3	−37.2
200	−4.4	−8.7	−12.9	−17	−20.9	−24.6	−28	−31.1	−33.8	−36.2	−38.2
205	−4.5	−8.9	−13.2	−17.4	−21.4	−25.2	−28.7	−31.8	−34.7	−37.1	−39.1
210	−4.6	−9.1	−13.6	−17.9	−21.9	−25.8	−29.4	−32.6	−35.5	−38	−40.1
215	−4.7	−9.3	−13.9	−18.3	−22.5	−26.4	−30.1	−33.4	−36.4	−38.9	−41.1
220	−4.8	−9.6	−14.2	−18.7	−23	−27	−30.8	−34.2	−37.2	−39.8	−42
225	−4.9	−9.8	−14.5	−19.1	−23.5	−27.6	−31.5	−35	−38	−40.7	−43

（续）

（转动量 $\alpha_z=2-00$）											
OA	F_{JF}										
	0-00	1-00	2-00	3-00	4-00	5-00	6-00	7-00	8-00	9-00	10-00
230	-5	-10	-14.9	-19.6	-24	-28.3	-32.2	-35.7	-38.9	-41.6	-43.9
235	-5.1	-10.2	-15.2	-20	-24.6	-28.9	-32.9	-36.5	-39.7	-42.5	-44.9
240	-5.2	-10.4	-15.5	-20.4	-25.1	-29.5	-33.6	-37.3	-40.6	-43.4	-45.8
245	-5.4	-10.6	-15.8	-20.8	-25.6	-30.1	-34.3	-38.1	-41.4	-44.4	-46.8
250	-5.5	-10.9	-16.1	-21.3	-26.1	-30.7	-35	-38.8	-42.3	-45.3	-47.7
255	-5.6	-11.1	-16.5	-21.7	-26.7	-31.3	-35.7	-39.6	-43.1	-46.2	-48.7
260	-5.7	-11.3	-16.8	-22.1	-27.2	-31.9	-36.4	-40.4	-44	-47.1	-49.7
265	-5.8	-11.5	-17.1	-22.5	-27.7	-32.6	-37.1	-41.2	-44.8	-48	-50.6
270	-5.9	-11.7	-17.4	-23	-28.2	-33.2	-37.8	-41.9	-45.7	-48.9	-51.6
275	-6	-12	-17.8	-23.4	-28.7	-33.8	-38.5	-42.7	-46.5	-49.8	-52.5
280	-6.1	-12.2	-18.1	-23.8	-29.3	-34.4	-39.2	-43.5	-47.4	-50.7	-53.5
285	-6.2	-12.4	-18.4	-24.2	-29.8	-35	-39.9	-44.3	-48.2	-51.6	-54.4
290	-6.3	-12.6	-18.7	-24.7	-30.3	-35.6	-40.6	-45	-49	-52.5	-55.4
295	-6.4	-12.8	-19.1	-25.1	-30.8	-36.2	-41.3	-45.8	-49.9	-53.4	-56.3
300	-6.6	-13	-19.4	-25.5	-31.4	-36.9	-42	-46.6	-50.7	-54.3	-57.3
305	-6.7	-13.3	-19.7	-25.9	-31.9	-37.5	-42.7	-47.4	-51.6	-55.2	-58.2
310	-6.8	-13.5	-20	-26.4	-32.4	-38.1	-43.4	-48.2	-52.4	-56.1	-59.2
315	-6.9	-13.7	-20.3	-26.8	-32.9	-38.7	-44.1	-48.9	-53.3	-57	-60.2
320	-7	-13.9	-20.7	-27.2	-33.4	-39.3	-44.8	-49.7	-54.1	-57.9	-61.1
325	-7.1	-14.1	-21	-27.6	-34	-39.9	-45.5	-50.5	-55	-58.8	-62.1
330	-7.2	-14.3	-21.3	-28.1	-34.5	-40.5	-46.2	-51.3	-55.8	-59.7	-63
335	-7.3	-14.6	-21.6	-28.5	-35	-41.2	-46.9	-52	-56.7	-60.6	-64
340	-7.4	-14.8	-22	-28.9	-35.5	-41.8	-47.6	-52.8	-57.5	-61.5	-64.9
345	-7.5	-15	-22.3	-29.3	-36.1	-42.4	-48.3	-53.6	-58.3	-62.5	-65.9
350	-7.6	-15.2	-22.6	-29.8	-36.6	-43	-49	-54.4	-59.2	-63.4	-66.8
355	-7.8	-15.4	-22.9	-30.2	-37.1	-43.6	-49.7	-55.1	-60	-64.3	-67.8
360	-7.9	-15.6	-23.3	-30.6	-37.6	-44.2	-50.4	-55.9	-60.9	-65.2	-68.7
365	-8	-15.9	-23.6	-31	-38.1	-44.8	-51.1	-56.7	-61.7	-66.1	-69.7
370	-8.1	-16.1	-23.9	-31.5	-38.7	-45.5	-51.8	-57.5	-62.6	-67	-70.7
375	-8.2	-16.3	-24.2	-31.9	-39.2	-46.1	-52.5	-58.3	-63.4	-67.9	-71.6
380	-8.3	-16.5	-24.5	-32.3	-39.7	-46.7	-53.1	-59	-64.3	-68.8	-72.6
385	-8.4	-16.7	-24.9	-32.7	-40.2	-47.3	-53.8	-59.8	-65.1	-69.7	-73.5
390	-8.5	-16.9	-25.2	-33.2	-40.8	-47.9	-54.5	-60.6	-66	-70.6	-74.5
395	-8.6	-17.2	-25.5	-33.6	-41.3	-48.5	-55.2	-61.4	-66.8	-71.5	-75.4

（续）

（转动量 $\alpha_z=2\text{-}00$）											
OA	F_{JF}										
	0-00	1-00	2-00	3-00	4-00	5-00	6-00	7-00	8-00	9-00	10-00
400	-8.7	-17.4	-25.8	-34	-41.8	-49.1	-55.9	-62.1	-67.6	-72.4	-76.4
405	-8.8	-17.6	-26.2	-34.4	-42.3	-49.8	-56.6	-62.9	-68.5	-73.3	-77.3
410	-9	-17.8	-26.5	-34.9	-42.9	-50.4	-57.3	-63.7	-69.3	-74.2	-78.3
415	-9.1	-18	-26.8	-35.3	-43.4	-51	-58	-64.5	-70.2	-75.1	-79.2
420	-9.2	-18.3	-27.1	-35.7	-43.9	-51.6	-58.7	-65.2	-71	-76	-80.2
425	-9.3	-18.5	-27.5	-36.1	-44.4	-52.2	-59.4	-66	-71.9	-76.9	-81.2
430	-9.4	-18.7	-27.8	-36.6	-44.9	-52.8	-60.1	-66.8	-72.7	-77.8	-82.1
435	-9.5	-18.9	-28.1	-37	-45.5	-53.4	-60.8	-67.6	-73.6	-78.7	-83.1
440	-9.6	-19.1	-28.4	-37.4	-46	-54.1	-61.5	-68.3	-74.4	-79.7	-84
445	-9.7	-19.3	-28.7	-37.8	-46.5	-54.7	-62.2	-69.1	-75.3	-80.6	-85
450	-9.8	-19.6	-29.1	-38.3	-47	-55.3	-62.9	-69.9	-76.1	-81.5	-85.9

（转动量 $\alpha_z=3\text{-}00$）											
OA	F_{JF}										
	0-00	1-00	2-00	3-00	4-00	5-00	6-00	7-00	8-00	9-00	10-00
0	0	0	0	0	0	0	0	0	0	0	0
5	-0.2	-0.4	-0.6	-0.7	-0.9	-1	-1.1	-1.2	-1.3	-1.4	-1.5
10	-0.5	-0.8	-1.1	-1.4	-1.7	-2	-2.2	-2.4	-2.6	-2.8	-2.9
15	-0.7	-1.2	-1.7	-2.1	-2.6	-3	-3.3	-3.6	-3.9	-4.2	-4.4
20	-1	-1.6	-2.2	-2.8	-3.4	-3.9	-4.4	-4.9	-5.2	-5.6	-5.8
25	-1.2	-2	-2.8	-3.6	-4.3	-4.9	-5.5	-6.1	-6.6	-7	-7.3
30	-1.5	-2.4	-3.4	-4.3	-5.1	-5.9	-6.6	-7.3	-7.9	-8.4	-8.8
35	-1.7	-2.8	-3.9	-5	-6	-6.9	-7.7	-8.5	-9.2	-9.8	-10.2
40	-2	-3.2	-4.5	-5.7	-6.8	-7.9	-8.8	-9.7	-10.5	-11.1	-11.7
45	-2.2	-3.6	-5	-6.4	-7.7	-8.9	-10	-10.9	-11.8	-12.5	-13.1
50	-2.4	-4	-5.6	-7.1	-8.5	-9.8	-11.1	-12.2	-13.1	-13.9	-14.6
55	-2.7	-4.5	-6.2	-7.8	-9.4	-10.8	-12.2	-13.4	-14.4	-15.3	-16.1
60	-2.9	-4.9	-6.7	-8.5	-10.2	-11.8	-13.3	-14.6	-15.7	-16.7	-17.5
65	-3.2	-5.3	-7.3	-9.2	-11.1	-12.8	-14.4	-15.8	-17.1	-18.1	-19
70	-3.4	-5.7	-7.8	-9.9	-11.9	-13.8	-15.5	-17	-18.4	-19.5	-20.4
75	-3.7	-6.1	-8.4	-10.7	-12.8	-14.8	-16.6	-18.2	-19.7	-20.9	-21.9
80	-3.9	-6.5	-9	-11.4	-13.6	-15.7	-17.7	-19.4	-21	-22.3	-23.4
85	-4.2	-6.9	-9.5	-12.1	-14.5	-16.7	-18.8	-20.7	-22.3	-23.7	-24.8
90	-4.4	-7.3	-10.1	-12.8	-15.3	-17.7	-19.9	-21.9	-23.6	-25.1	-26.3

（续）

（转动量 α_z=3-00）											
OA	F_{JF}										
	0-00	1-00	2-00	3-00	4-00	5-00	6-00	7-00	8-00	9-00	10-00
95	-4.6	-7.7	-10.7	-13.5	-16.2	-18.7	-21	-23.1	-24.9	-26.5	-27.7
100	-4.9	-8.1	-11.2	-14.2	-17	-19.7	-22.1	-24.3	-26.2	-27.9	-29.2
105	-5.1	-8.5	-11.8	-14.9	-17.9	-20.7	-23.2	-25.5	-27.5	-29.3	-30.7
110	-5.4	-8.9	-12.3	-15.6	-18.7	-21.7	-24.3	-26.7	-28.9	-30.7	-32.1
115	-5.6	-9.3	-12.9	-16.3	-19.6	-22.6	-25.4	-28	-30.2	-32.1	-33.6
120	-5.9	-9.7	-13.5	-17	-20.4	-23.6	-26.5	-29.2	-31.5	-33.4	-35
125	-6.1	-10.1	-14	-17.8	-21.3	-24.6	-27.7	-30.4	-32.8	-34.8	-36.5
130	-6.4	-10.5	-14.6	-18.5	-22.1	-25.6	-28.8	-31.6	-34.1	-36.2	-38
135	-6.6	-10.9	-15.1	-19.2	-23	-26.6	-29.9	-32.8	-35.4	-37.6	-39.4
140	-6.9	-11.3	-15.7	-19.9	-23.9	-27.6	-31	-34	-36.7	-39	-40.9
145	-7.1	-11.7	-16.3	-20.6	-24.7	-28.5	-32.1	-35.3	-38	-40.4	-42.3
150	-7.3	-12.1	-16.8	-21.3	-25.6	-29.5	-33.2	-36.5	-39.4	-41.8	-43.8
155	-7.6	-12.5	-17.4	-22	-26.4	-30.5	-34.3	-37.7	-40.7	-43.2	-45.3
160	-7.8	-13	-17.9	-22.7	-27.3	-31.5	-35.4	-38.9	-42	-44.6	-46.7
165	-8.1	-13.4	-18.5	-23.4	-28.1	-32.5	-36.5	-40.1	-43.3	-46	-48.2
170	-8.3	-13.8	-19.1	-24.1	-29	-33.5	-37.6	-41.3	-44.6	-47.4	-49.6
175	-8.6	-14.2	-19.6	-24.9	-29.8	-34.5	-38.7	-42.5	-45.9	-48.8	-51.1
180	-8.8	-14.6	-20.2	-25.6	-30.7	-35.4	-39.8	-43.8	-47.2	-50.2	-52.6
185	-9.1	-15	-20.7	-26.3	-31.5	-36.4	-40.9	-45	-48.5	-51.6	-54
190	-9.3	-15.4	-21.3	-27	-32.4	-37.4	-42	-46.2	-49.8	-53	-55.5
195	-9.5	-15.8	-21.9	-27.7	-33.2	-38.4	-43.1	-47.4	-51.2	-54.4	-57
200	-9.8	-16.2	-22.4	-28.4	-34.1	-39.4	-44.2	-48.6	-52.5	-55.7	-58.4
205	-10	-16.6	-23	-29.1	-34.9	-40.4	-45.3	-49.8	-53.8	-57.1	-59.9
210	-10.3	-17	-23.5	-29.8	-35.8	-41.3	-46.5	-51.1	-55.1	-58.5	-61.3
215	-10.5	-17.4	-24.1	-30.5	-36.6	-42.3	-47.6	-52.3	-56.4	-59.9	-62.8
220	-10.8	-17.8	-24.7	-31.2	-37.5	-43.3	-48.7	-53.5	-57.7	-61.3	-64.3
225	-11	-18.2	-25.2	-32	-38.3	-44.3	-49.8	-54.7	-59	-62.7	-65.7
230	-11.3	-18.6	-25.8	-32.7	-39.2	-45.3	-50.9	-55.9	-60.3	-64.1	-67.2
235	-11.5	-19	-26.3	-33.4	-40	-46.3	-52	-57.1	-61.7	-65.5	-68.6
240	-11.7	-19.4	-26.9	-34.1	-40.9	-47.2	-53.1	-58.3	-63	-66.9	-70.1
245	-12	-19.8	-27.5	-34.8	-41.7	-48.2	-54.2	-59.6	-64.3	-68.3	-71.6
250	-12.2	-20.2	-28	-35.5	-42.6	-49.2	-55.3	-60.8	-65.6	-69.7	-73
255	-12.5	-20.6	-28.6	-36.2	-43.4	-50.2	-56.4	-62	-66.9	-71.1	-74.5
260	-12.7	-21.1	-29.1	-36.9	-44.3	-51.2	-57.5	-63.2	-68.2	-72.5	-75.9

（续）

（转动量 $\alpha_z=3-00$）											
OA	F_{JF}										
	0-00	1-00	2-00	3-00	4-00	5-00	6-00	7-00	8-00	9-00	10-00
265	-13	-21.5	-29.7	-37.6	-45.1	-52.2	-58.6	-64.4	-69.5	-73.9	-77.4
270	-13.2	-21.9	-30.3	-38.3	-46	-53.2	-59.7	-65.6	-70.8	-75.3	-78.9
275	-13.5	-22.3	-30.8	-39.1	-46.9	-54.1	-60.8	-66.9	-72.1	-76.7	-80.3
280	-13.7	-22.7	-31.4	-39.8	-47.7	-55.1	-61.9	-68.1	-73.5	-78	-81.8
285	-13.9	-23.1	-32	-40.5	-48.6	-56.1	-63	-69.3	-74.8	-79.4	-83.2
290	-14.2	-23.5	-32.5	-41.2	-49.4	-57.1	-64.1	-70.5	-76.1	-80.8	-84.7
295	-14.4	-23.9	-33.1	-41.9	-50.3	-58.1	-65.3	-71.7	-77.4	-82.2	-86.2
300	-14.7	-24.3	-33.6	-42.6	-51.1	-59.1	-66.4	-72.9	-78.7	-83.6	-87.6
305	-14.9	-24.7	-34.2	-43.3	-52	-60	-67.5	-74.1	-80	-85	-89.1
310	-15.2	-25.1	-34.8	-44	-52.8	-61	-68.6	-75.4	-81.3	-86.4	-90.5
315	-15.4	-25.5	-35.3	-44.7	-53.7	-62	-69.7	-76.6	-82.6	-87.8	-92
320	-15.7	-25.9	-35.9	-45.4	-54.5	-63	-70.8	-77.8	-84	-89.2	-93.5
325	-15.9	-26.3	-36.4	-46.2	-55.4	-64	-71.9	-79	-85.3	-90.6	-94.9
330	-16.1	-26.7	-37	-46.9	-56.2	-65	-73	-80.2	-86.6	-92	-96.4
335	-16.4	-27.1	-37.6	-47.6	-57.1	-66	-74.1	-81.4	-87.9	-93.4	-97.8
340	-16.6	-27.5	-38.1	-48.3	-57.9	-66.9	-75.2	-82.7	-89.2	-94.8	-99.3
345	-16.9	-27.9	-38.7	-49	-58.8	-67.9	-76.3	-83.9	-90.5	-96.2	-100.8
350	-17.1	-28.3	-39.2	-49.7	-59.6	-68.9	-77.4	-85.1	-91.8	-97.6	-102.2
355	-17.4	-28.7	-39.8	-50.4	-60.5	-69.9	-78.5	-86.3	-93.1	-99	-103.7
360	-17.6	-29.1	-40.4	-51.1	-61.3	-70.9	-79.6	-87.5	-94.5	-100.3	-105.1
365	-17.9	-29.6	-40.9	-51.8	-62.2	-71.9	-80.7	-88.7	-95.8	-101.7	-106.6
370	-18.1	-30	-41.5	-52.5	-63	-72.8	-81.8	-90	-97.1	-103.1	-108.1
375	-18.4	-30.4	-42	-53.3	-63.9	-73.8	-83	-91.2	-98.4	-104.5	-109.5
380	-18.6	-30.8	-42.6	-54	-64.7	-74.8	-84.1	-92.4	-99.7	-105.9	-111
385	-18.8	-31.2	-43.2	-54.7	-65.6	-75.8	-85.2	-93.6	-101	-107.3	-112.4
390	-19.1	-31.6	-43.7	-55.4	-66.4	-76.8	-86.3	-94.8	-102.3	-108.7	-113.9
395	-19.3	-32	-44.3	-56.1	-67.3	-77.8	-87.4	-96	-103.6	-110.1	-115.4
400	-19.6	-32.4	-44.8	-56.8	-68.2	-78.7	-88.5	-97.2	-104.9	-111.5	-116.8
405	-19.8	-32.8	-45.4	-57.5	-69	-79.7	-89.6	-98.5	-106.3	-112.9	-118.3
410	-20.1	-33.2	-46	-58.2	-69.9	-80.7	-90.7	-99.7	-107.6	-114.3	-119.7
415	-20.3	-33.6	-46.5	-58.9	-70.7	-81.7	-91.8	-100.9	-108.9	-115.7	-121.2
420	-20.6	-34	-47.1	-59.6	-71.6	-82.7	-92.9	-102.1	-110.2	-117.1	-122.7
425	-20.8	-34.4	-47.6	-60.4	-72.4	-83.7	-94	-103.3	-111.5	-118.5	-124.1
430	-21	-34.8	-48.2	-61.1	-73.3	-84.7	-95.1	-104.5	-112.8	-119.9	-125.6

(续)

（转动量 $\alpha_z=3-00$）											
OA	F_{JF}										
	0-00	1-00	2-00	3-00	4-00	5-00	6-00	7-00	8-00	9-00	10-00
435	-21.3	-35.2	-48.8	-61.8	-74.1	-85.6	-96.2	-105.8	-114.1	-121.3	-127
440	-21.5	-35.6	-49.3	-62.5	-75	-86.6	-97.3	-107	-115.4	-122.6	-128.5
445	-21.8	-36	-49.9	-63.2	-75.8	-87.6	-98.4	-108.2	-116.8	-124	-130
450	-22	-36.4	-50.4	-63.9	-76.7	-88.6	-99.5	-109.4	-118.1	-125.4	-131.4

（转动量 $\alpha_z=4-00$）											
OA	F_{JF}										
	0-00	1-00	2-00	3-00	4-00	5-00	6-00	7-00	8-00	9-00	10-00
0	0	0	0	0	0	0	0	0	0	0	0
5	-0.4	-0.6	-0.8	-1	-1.2	-1.4	-1.5	-1.7	-1.8	-1.9	-2
10	-0.9	-1.3	-1.7	-2.1	-2.4	-2.8	-3.1	-3.4	-3.6	-3.8	-4
15	-1.3	-1.9	-2.5	-3.1	-3.7	-4.2	-4.6	-5	-5.4	-5.7	-5.9
20	-1.7	-2.6	-3.4	-4.2	-4.9	-5.6	-6.2	-6.7	-7.2	-7.6	-7.9
25	-2.2	-3.2	-4.2	-5.2	-6.1	-7	-7.7	-8.4	-9	-9.5	-9.9
30	-2.6	-3.9	-5.1	-6.2	-7.3	-8.3	-9.3	-10.1	-10.8	-11.4	-11.9
35	-3	-4.5	-5.9	-7.3	-8.6	-9.7	-10.8	-11.8	-12.6	-13.3	-13.8
40	-3.5	-5.1	-6.8	-8.3	-9.8	-11.1	-12.4	-13.5	-14.4	-15.2	-15.8
45	-3.9	-5.8	-7.6	-9.4	-11	-12.5	-13.9	-15.1	-16.2	-17.1	-17.8
50	-4.3	-6.4	-8.5	-10.4	-12.2	-13.9	-15.4	-16.8	-18	-19	-19.8
55	-4.8	-7.1	-9.3	-11.4	-13.4	-15.3	-17	-18.5	-19.8	-20.9	-21.7
60	-5.2	-7.7	-10.1	-12.5	-14.7	-16.7	-18.5	-20.2	-21.6	-22.8	-23.7
65	-5.6	-8.4	-11	-13.5	-15.9	-18.1	-20.1	-21.9	-23.4	-24.7	-25.7
70	-6.1	-9	-11.8	-14.6	-17.1	-19.5	-21.6	-23.5	-25.2	-26.6	-27.7
75	-6.5	-9.6	-12.7	-15.6	-18.3	-20.9	-23.2	-25.2	-27	-28.5	-29.7
80	-6.9	-10.3	-13.5	-16.6	-19.6	-22.3	-24.7	-26.9	-28.8	-30.4	-31.6
85	-7.3	-10.9	-14.4	-17.7	-20.8	-23.6	-26.3	-28.6	-30.6	-32.3	-33.6
90	-7.8	-11.6	-15.2	-18.7	-22	-25	-27.8	-30.3	-32.4	-34.2	-35.6
95	-8.2	-12.2	-16.1	-19.7	-23.2	-26.4	-29.4	-32	-34.2	-36.1	-37.6
100	-8.6	-12.8	-16.9	-20.8	-24.4	-27.8	-30.9	-33.6	-36	-38	-39.5
105	-9.1	-13.5	-17.8	-21.8	-25.7	-29.2	-32.4	-35.3	-37.8	-39.9	-41.5
110	-9.5	-14.1	-18.6	-22.9	-26.9	-30.6	-34	-37	-39.6	-41.8	-43.5
115	-9.9	-14.8	-19.4	-23.9	-28.1	-32	-35.5	-38.7	-41.4	-43.7	-45.5
120	-10.4	-15.4	-20.3	-24.9	-29.3	-33.4	-37.1	-40.4	-43.2	-45.6	-47.5
125	-10.8	-16.1	-21.1	-26	-30.5	-34.8	-38.6	-42	-45	-47.5	-49.4

（续）

（转动量 α_z=4-00）											
OA	F_{JF}										
	0-00	1-00	2-00	3-00	4-00	5-00	6-00	7-00	8-00	9-00	10-00
130	-11.2	-16.7	-22	-27	-31.8	-36.2	-40.2	-43.7	-46.8	-49.4	-51.4
135	-11.7	-17.3	-22.8	-28.1	-33	-37.6	-41.7	-45.4	-48.6	-51.3	-53.4
140	-12.1	-18	-23.7	-29.1	-34.2	-38.9	-43.3	-47.1	-50.4	-53.2	-55.4
145	-12.5	-18.6	-24.5	-30.1	-35.4	-40.3	-44.8	-48.8	-52.2	-55.1	-57.3
150	-13	-19.3	-25.4	-31.2	-36.7	-41.7	-46.3	-50.5	-54	-57	-59.3
155	-13.4	-19.9	-26.2	-32.2	-37.9	-43.1	-47.9	-52.1	-55.8	-58.9	-61.3
160	-13.8	-20.6	-27.1	-33.3	-39.1	-44.5	-49.4	-53.8	-57.6	-60.8	-63.3
165	-14.3	-21.2	-27.9	-34.3	-40.3	-45.9	-51	-55.5	-59.4	-62.7	-65.2
170	-14.7	-21.8	-28.7	-35.3	-41.5	-47.3	-52.5	-57.2	-61.2	-64.6	-67.2
175	-15.1	-22.5	-29.6	-36.4	-42.8	-48.7	-54.1	-58.9	-63	-66.5	-69.2
180	-15.6	-23.1	-30.4	-37.4	-44	-50.1	-55.6	-60.5	-64.8	-68.4	-71.2
185	-16	-23.8	-31.3	-38.5	-45.2	-51.5	-57.2	-62.2	-66.6	-70.3	-73.2
190	-16.4	-24.4	-32.1	-39.5	-46.4	-52.9	-58.7	-63.9	-68.4	-72.2	-75.1
195	-16.9	-25.1	-33	-40.5	-47.7	-54.2	-60.3	-65.6	-70.2	-74.1	-77.1
200	-17.3	-25.7	-33.8	-41.6	-48.9	-55.6	-61.8	-67.3	-72	-76	-79.1
205	-17.7	-26.3	-34.7	-42.6	-50.1	-57	-63.3	-69	-73.8	-77.9	-81.1
210	-18.2	-27	-35.5	-43.7	-51.3	-58.4	-64.9	-70.6	-75.6	-79.8	-83
215	-18.6	-27.6	-36.4	-44.7	-52.5	-59.8	-66.4	-72.3	-77.4	-81.7	-85
220	-19	-28.3	-37.2	-45.7	-53.8	-61.2	-68	-74	-79.2	-83.6	-87
225	-19.4	-28.9	-38	-46.8	-55	-62.6	-69.5	-75.7	-81	-85.5	-89
230	-19.9	-29.5	-38.9	-47.8	-56.2	-64	-71.1	-77.4	-82.8	-87.4	-90.9
235	-20.3	-30.2	-39.7	-48.9	-57.4	-65.4	-72.6	-79	-84.6	-89.3	-92.9
240	-20.7	-30.8	-40.6	-49.9	-58.7	-66.8	-74.2	-80.7	-86.4	-91.2	-94.9
245	-21.2	-31.5	-41.4	-50.9	-59.9	-68.2	-75.7	-82.4	-88.2	-93.1	-96.9
250	-21.6	-32.1	-42.3	-52	-61.1	-69.6	-77.2	-84.1	-90	-95	-98.9
255	-22	-32.8	-43.1	-53	-62.3	-70.9	-78.8	-85.8	-91.8	-96.9	-100.8
260	-22.5	-33.4	-44	-54	-63.5	-72.3	-80.3	-87.5	-93.6	-98.8	-102.8
265	-22.9	-34	-44.8	-55.1	-64.8	-73.7	-81.9	-89.1	-95.4	-100.7	-104.8
270	-23.3	-34.7	-45.7	-56.1	-66	-75.1	-83.4	-90.8	-97.2	-102.6	-106.8
275	-23.8	-35.3	-46.5	-57.2	-67.2	-76.5	-85	-92.5	-99	-104.5	-108.7
280	-24.2	-36	-47.3	-58.2	-68.4	-77.9	-86.5	-94.2	-100.8	-106.4	-110.7
285	-24.6	-36.6	-48.2	-59.2	-69.6	-79.3	-88.1	-95.9	-102.6	-108.3	-112.7
290	-25.1	-37.3	-49	-60.3	-70.9	-80.7	-89.6	-97.5	-104.4	-110.2	-114.7
295	-25.5	-37.9	-49.9	-61.3	-72.1	-82.1	-91.1	-99.2	-106.2	-112.1	-116.7

(续)

(转动量 $\alpha_z = 4-00$)											
OA	F_{JF}										
	0-00	1-00	2-00	3-00	4-00	5-00	6-00	7-00	8-00	9-00	10-00
300	-25.9	-38.5	-50.7	-62.4	-73.3	-83.5	-92.7	-100.9	-108	-113.9	-118.6
305	-26.4	-39.2	-51.6	-63.4	-74.5	-84.9	-94.2	-102.6	-109.8	-115.8	-120.6
310	-26.8	-39.8	-52.4	-64.4	-75.8	-86.2	-95.8	-104.3	-111.6	-117.7	-122.6
315	-27.2	-40.5	-53.3	-65.5	-77	-87.6	-97.3	-106	-113.4	-119.6	-124.6
320	-27.7	-41.1	-54.1	-66.5	-78.2	-89	-98.9	-107.6	-115.2	-121.5	-126.5
325	-28.1	-41.8	-55	-67.6	-79.4	-90.4	-100.4	-109.3	-117	-123.4	-128.5
330	-28.5	-42.4	-55.8	-68.6	-80.6	-91.8	-102	-111	-118.8	-125.3	-130.5
335	-29	-43	-56.7	-69.6	-81.9	-93.2	-103.5	-112.7	-120.6	-127.2	-132.5
340	-29.4	-43.7	-57.5	-70.7	-83.1	-94.6	-105.1	-114.4	-122.4	-129.1	-134.4
345	-29.8	-44.3	-58.3	-71.7	-84.3	-96	-106.6	-116	-124.2	-131	-136.4
350	-30.3	-45	-59.2	-72.8	-85.5	-97.4	-108.1	-117.7	-126	-132.9	-138.4
355	-30.7	-45.6	-60	-73.8	-86.8	-98.8	-109.7	-119.4	-127.8	-134.8	-140.4
360	-31.1	-46.3	-60.9	-74.8	-88	-100.2	-111.2	-121.1	-129.6	-136.7	-142.4
365	-31.6	-46.9	-61.7	-75.9	-89.2	-101.5	-112.8	-122.8	-131.4	-138.6	-144.3
370	-32	-47.5	-62.6	-76.9	-90.4	-102.9	-114.3	-124.5	-133.2	-140.5	-146.3
375	-32.4	-48.2	-63.4	-78	-91.6	-104.3	-115.9	-126.1	-135	-142.4	-148.3
380	-32.8	-48.8	-64.3	-79	-92.9	-105.7	-117.4	-127.8	-136.8	-144.3	-150.3
385	-33.3	-49.5	-65.1	-80	-94.1	-107.1	-119	-129.5	-138.6	-146.2	-152.2
390	-33.7	-50.1	-66	-81.1	-95.3	-108.5	-120.5	-131.2	-140.4	-148.1	-154.2
395	-34.1	-50.7	-66.8	-82.1	-96.5	-109.9	-122	-132.9	-142.2	-150	-156.2
400	-34.6	-51.4	-67.6	-83.2	-97.8	-111.3	-123.6	-134.5	-144	-151.9	-158.2
405	-35	-52	-68.5	-84.2	-99	-112.7	-125.1	-136.2	-145.8	-153.8	-160.1
410	-35.4	-52.7	-69.3	-85.2	-100.2	-114.1	-126.7	-137.9	-147.6	-155.7	-162.1
415	-35.9	-53.3	-70.2	-86.3	-101.4	-115.5	-128.2	-139.6	-149.4	-157.6	-164.1
420	-36.3	-54	-71	-87.3	-102.6	-116.8	-129.8	-141.3	-151.2	-159.5	-166.1
425	-36.7	-54.6	-71.9	-88.4	-103.9	-118.2	-131.3	-143	-153	-161.4	-168.1
430	-37.2	-55.2	-72.7	-89.4	-105.1	-119.6	-132.9	-144.6	-154.8	-163.3	-170
435	-37.6	-55.9	-73.6	-90.4	-106.3	-121	-134.4	-146.3	-156.6	-165.2	-172
440	-38	-56.5	-74.4	-91.5	-107.5	-122.4	-136	-148	-158.4	-167.1	-174
445	-38.5	-57.2	-75.3	-92.5	-108.7	-123.8	-137.5	-149.7	-160.2	-169	-176
450	-38.9	-57.8	-76.1	-93.5	-110	-125.2	-139	-151.4	-162	-170.9	-177.9

（续）

（转动量 $\alpha_z=5-00$）											
OA	F_{JF}										
	0-00	1-00	2-00	3-00	4-00	5-00	6-00	7-00	8-00	9-00	10-00
0	0	0	0	0	0	0	0	0	0	0	0
5	-0. 7	-0. 9	-1. 2	-1. 4	-1. 6	-1. 8	-2	-2. 2	-2. 3	-2. 4	-2. 5
10	-1. 3	-1. 9	-2. 3	-2. 8	-3. 3	-3. 7	-4	-4. 3	-4. 6	-4. 8	-5
15	-2	-2. 8	-3. 5	-4. 2	-4. 9	-5. 5	-6	-6. 5	-6. 9	-7. 2	-7. 5
20	-2. 7	-3. 7	-4. 7	-5. 6	-6. 5	-7. 3	-8	-8. 7	-9. 2	-9. 7	-10
25	-3. 3	-4. 6	-5. 9	-7	-8. 1	-9. 1	-10. 1	-10. 9	-11. 5	-12. 1	-12. 5
30	-4	-5. 6	-7	-8. 5	-9. 8	-11	-12. 1	-13	-13. 8	-14. 5	-15
35	-4. 7	-6. 5	-8. 2	-9. 9	-11. 4	-12. 8	-14. 1	-15. 2	-16. 1	-16. 9	-17. 5
40	-5. 4	-7. 4	-9. 4	-11. 3	-13	-14. 6	-16. 1	-17. 4	-18. 4	-19. 3	-20
45	-6	-8. 3	-10. 6	-12. 7	-14. 7	-16. 5	-18. 1	-19. 5	-20. 8	-21. 7	-22. 5
50	-6. 7	-9. 3	-11. 7	-14. 1	-16. 3	-18. 3	-20. 1	-21. 7	-23. 1	-24. 2	-25
55	-7. 4	-10. 2	-12. 9	-15. 5	-17. 9	-20. 1	-22. 1	-23. 9	-25. 4	-26. 6	-27. 5
60	-8	-11. 1	-14. 1	-16. 9	-19. 5	-22	-24. 1	-26	-27. 7	-29	-30
65	-8. 7	-12. 1	-15. 3	-18. 3	-21. 2	-23. 8	-26. 1	-28. 2	-30	-31. 4	-32. 5
70	-9. 4	-13	-16. 4	-19. 7	-22. 8	-25. 6	-28. 2	-30. 4	-32. 3	-33. 8	-35
75	-10	-13. 9	-17. 6	-21. 1	-24. 4	-27. 4	-30. 2	-32. 6	-34. 6	-36. 2	-37. 5
80	-10. 7	-14. 8	-18. 8	-22. 6	-26. 1	-29. 3	-32. 2	-34. 7	-36. 9	-38. 7	-40
85	-11. 4	-15. 8	-20	-24	-27. 7	-31. 1	-34. 2	-36. 9	-39. 2	-41. 1	-42. 5
90	-12. 1	-16. 7	-21. 1	-25. 4	-29. 3	-32. 9	-36. 2	-39. 1	-41. 5	-43. 5	-45
95	-12. 7	-17. 6	-22. 3	-26. 8	-30. 9	-34. 8	-38. 2	-41. 2	-43. 8	-45. 9	-47. 5
100	-13. 4	-18. 5	-23. 5	-28. 2	-32. 6	-36. 6	-40. 2	-43. 4	-46. 1	-48. 3	-50
105	-14. 1	-19. 5	-24. 7	-29. 6	-34. 2	-38. 4	-42. 2	-45. 6	-48. 4	-50. 7	-52. 5
110	-14. 7	-20. 4	-25. 8	-31	-35. 8	-40. 3	-44. 2	-47. 7	-50. 7	-53. 2	-55
115	-15. 4	-21. 3	-27	-32. 4	-37. 5	-42. 1	-46. 3	-49. 9	-53	-55. 6	-57. 5
120	-16. 1	-22. 3	-28. 2	-33. 8	-39. 1	-43. 9	-48. 3	-52. 1	-55. 3	-58	-60
125	-16. 7	-23. 2	-29. 4	-35. 2	-40. 7	-45. 7	-50. 3	-54. 3	-57. 6	-60. 4	-62. 5
130	-17. 4	-24. 1	-30. 5	-36. 6	-42. 3	-47. 6	-52. 3	-56. 4	-60	-62. 8	-65
135	-18. 1	-25	-31. 7	-38. 1	-44	-49. 4	-54. 3	-58. 6	-62. 3	-65. 2	-67. 5
140	-18. 8	-26	-32. 9	-39. 5	-45. 6	-51. 2	-56. 3	-60. 8	-64. 6	-67. 6	-70
145	-19. 4	-26. 9	-34. 1	-40. 9	-47. 2	-53. 1	-58. 3	-62. 9	-66. 9	-70. 1	-72. 5
150	-20. 1	-27. 8	-35. 2	-42. 3	-48. 9	-54. 9	-60. 3	-65. 1	-69. 2	-72. 5	-75
155	-20. 8	-28. 7	-36. 4	-43. 7	-50. 5	-56. 7	-62. 3	-67. 3	-71. 5	-74. 9	-77. 5
160	-21. 4	-29. 7	-37. 6	-45. 1	-52. 1	-58. 6	-64. 4	-69. 5	-73. 8	-77. 3	-80
165	-22. 1	-30. 6	-38. 8	-46. 5	-53. 7	-60. 4	-66. 4	-71. 6	-76. 1	-79. 7	-82. 5

（续）

（转动量 $\alpha_z=5-00$）											
OA	F_{JF}										
	0-00	1-00	2-00	3-00	4-00	5-00	6-00	7-00	8-00	9-00	10-00
170	-22.8	-31.5	-39.9	-47.9	-55.4	-62.2	-68.4	-73.8	-78.4	-82.1	-85
175	-23.4	-32.5	-41.1	-49.3	-57	-64	-70.4	-76	-80.7	-84.6	-87.5
180	-24.1	-33.4	-42.3	-50.7	-58.6	-65.9	-72.4	-78.1	-83	-87	-90
185	-24.8	-34.3	-43.5	-52.1	-60.3	-67.7	-74.4	-80.3	-85.3	-89.4	-92.5
190	-25.5	-35.2	-44.6	-53.6	-61.9	-69.5	-76.4	-82.5	-87.6	-91.8	-95
195	-26.1	-36.2	-45.8	-55	-63.5	-71.4	-78.4	-84.6	-89.9	-94.2	-97.5
200	-26.8	-37.1	-47	-56.4	-65.1	-73.2	-80.4	-86.8	-92.2	-96.6	-100
205	-27.5	-38	-48.2	-57.8	-66.8	-75	-82.5	-89	-94.5	-99.1	-102.5
210	-28.1	-39	-49.3	-59.2	-68.4	-76.9	-84.5	-91.2	-96.8	-101.5	-105
215	-28.8	-39.9	-50.5	-60.6	-70	-78.7	-86.5	-93.3	-99.2	-103.9	-107.5
220	-29.5	-40.8	-51.7	-62	-71.7	-80.5	-88.5	-95.5	-101.5	-106.3	-110
225	-30.1	-41.7	-52.9	-63.4	-73.3	-82.3	-90.5	-97.7	-103.8	-108.7	-112.5
230	-30.8	-42.7	-54	-64.8	-74.9	-84.2	-92.5	-99.8	-106.1	-111.1	-115
235	-31.5	-43.6	-55.2	-66.2	-76.5	-86	-94.5	-102	-108.4	-113.6	-117.5
240	-32.1	-44.5	-56.4	-67.7	-78.2	-87.8	-96.5	-104.2	-110.7	-116	-120
245	-32.8	-45.4	-57.6	-69.1	-79.8	-89.7	-98.5	-106.3	-113	-118.4	-122.5
250	-33.5	-46.4	-58.7	-70.5	-81.4	-91.5	-100.6	-108.5	-115.3	-120.8	-125
255	-34.2	-47.3	-59.9	-71.9	-83.1	-93.3	-102.6	-110.7	-117.6	-123.2	-127.5
260	-34.8	-48.2	-61.1	-73.3	-84.7	-95.2	-104.6	-112.9	-119.9	-125.6	-130
265	-35.5	-49.2	-62.3	-74.7	-86.3	-97	-106.6	-115	-122.2	-128	-132.5
270	-36.2	-50.1	-63.4	-76.1	-87.9	-98.8	-108.6	-117.2	-124.5	-130.5	-135
275	-36.8	-51	-64.6	-77.5	-89.6	-100.6	-110.6	-119.4	-126.8	-132.9	-137.5
280	-37.5	-51.9	-65.8	-78.9	-91.2	-102.5	-112.6	-121.5	-129.1	-135.3	-140
285	-38.2	-52.9	-67	-80.3	-92.8	-104.3	-114.6	-123.7	-131.4	-137.7	-142.5
290	-38.8	-53.8	-68.1	-81.7	-94.5	-106.1	-116.6	-125.9	-133.7	-140.1	-145
295	-39.5	-54.7	-69.3	-83.2	-96.1	-108	-118.7	-128.1	-136	-142.5	-147.5
300	-40.2	-55.6	-70.5	-84.6	-97.7	-109.8	-120.7	-130.2	-138.4	-145	-150
305	-40.9	-56.6	-71.7	-86	-99.3	-111.6	-122.7	-132.4	-140.7	-147.4	-152.5
310	-41.5	-57.5	-72.8	-87.4	-101	-113.5	-124.7	-134.6	-143	-149.8	-155
315	-42.2	-58.4	-74	-88.8	-102.6	-115.3	-126.7	-136.7	-145.3	-152.2	-157.5
320	-42.9	-59.4	-75.2	-90.2	-104.2	-117.1	-128.7	-138.9	-147.6	-154.6	-160
325	-43.5	-60.3	-76.4	-91.6	-105.9	-118.9	-130.7	-141.1	-149.9	-157	-162.5
330	-44.2	-61.2	-77.5	-93	-107.5	-120.8	-132.7	-143.2	-152.2	-159.5	-165
335	-44.9	-62.1	-78.7	-94.4	-109.1	-122.6	-134.7	-145.4	-154.5	-161.9	-167.5

（续）

（转动量 α_z=5-00）											
OA	F_{JF}										
	0-00	1-00	2-00	3-00	4-00	5-00	6-00	7-00	8-00	9-00	10-00
340	-45.5	-63.1	-79.9	-95.8	-110.7	-124.4	-136.8	-147.6	-156.8	-164.3	-170
345	-46.2	-64	-81.1	-97.3	-112.4	-126.3	-138.8	-149.8	-159.1	-166.7	-172.5
350	-46.9	-64.9	-82.2	-98.7	-114	-128.1	-140.8	-151.9	-161.4	-169.1	-175
355	-47.6	-65.8	-83.4	-100.1	-115.6	-129.9	-142.8	-154.1	-163.7	-171.5	-177.5
360	-48.2	-66.8	-84.6	-101.5	-117.3	-131.8	-144.8	-156.3	-166	-174	-180
365	-48.9	-67.7	-85.8	-102.9	-118.9	-133.6	-146.8	-158.4	-168.3	-176.4	-182.5
370	-49.6	-68.6	-86.9	-104.3	-120.5	-135.4	-148.8	-160.6	-170.6	-178.8	-185
375	-50.2	-69.6	-88.1	-105.7	-122.1	-137.2	-150.8	-162.8	-172.9	-181.2	-187.5
380	-50.9	-70.5	-89.3	-107.1	-123.8	-139.1	-152.8	-164.9	-175.2	-183.6	-190
385	-51.6	-71.4	-90.5	-108.5	-125.4	-140.9	-154.9	-167.1	-177.5	-186	-192.5
390	-52.2	-72.3	-91.6	-109.9	-127	-142.7	-156.9	-169.3	-179.9	-188.5	-195
395	-52.9	-73.3	-92.8	-111.3	-128.7	-144.6	-158.9	-171.5	-182.2	-190.9	-197.5
400	-53.6	-74.2	-94	-112.8	-130.3	-146.4	-160.9	-173.6	-184.5	-193.3	-200
405	-54.3	-75.1	-95.2	-114.2	-131.9	-148.2	-162.9	-175.8	-186.8	-195.7	-202.5
410	-54.9	-76	-96.3	-115.6	-133.5	-150.1	-164.9	-178	-189.1	-198.1	-205
415	-55.6	-77	-97.5	-117	-135.2	-151.9	-166.9	-180.1	-191.4	-200.5	-207.5
420	-56.3	-77.9	-98.7	-118.4	-136.8	-153.7	-168.9	-182.3	-193.7	-202.9	-210
425	-56.9	-78.8	-99.9	-119.8	-138.4	-155.5	-170.9	-184.5	-196	-205.4	-212.5
430	-57.6	-79.8	-101	-121.2	-140.1	-157.4	-173	-186.7	-198.3	-207.8	-215
435	-58.3	-80.7	-102.2	-122.6	-141.7	-159.2	-175	-188.8	-200.6	-210.2	-217.5
440	-58.9	-81.6	-103.4	-124	-143.3	-161	-177	-191	-202.9	-212.6	-220
445	-59.6	-82.5	-104.6	-125.4	-144.9	-162.9	-179	-193.2	-205.2	-215	-222.5
450	-60.3	-83.5	-105.7	-126.8	-146.6	-164.7	-181	-195.3	-207.5	-217.4	-225

主要符号表

α	攻角
α_r	相对攻角
α_1	静不稳定弹道结束时的攻角
α_z	定向器方向转动量
α_c	非基准炮对基准炮的方向夹角
m	火箭弹质量
M	瞄准点
M_1	瞄准镜座筒位置
M_m	目标点
F_M	瞄准镜对瞄准点的方向分划
F_{JF}	非基准炮对基准炮的方向分划
φ	火箭弹轴摆动角,定向器在倾斜面内获得的角度
φ'	表尺装定值在铅垂面的投影
$\dot{\varphi}_1$	静不稳定弹道结束时弹体摆动角速度
$\Delta\varphi$	射角误差
θ	弹道倾角
θ_{hz}	瞄准镜至回转中心的连线与炮身轴线在水平面上的夹角
γ	耳轴倾斜角,火箭滚转角
ψ	弹道偏角,方向角
$\Delta\psi$	耳轴倾斜时,进行方向瞄准产生的方向误差;
ψ_1	方向角 ψ 在水平面内的投影;
$\Delta\psi'$	耳轴倾斜时赋予射角产生的方向误差
ψ_{pm}	炮瞄角

ε_H	炮瞄高低角
ε_c	非基准炮对基准炮的高低夹角
V	火箭弹速度
V_r	火箭弹相对速度
W_V	随机横风
γ_1	座筒倾斜角,瞄准镜上装定的方向转动量
γ_2	瞄准镜视轴线转角
F_p	发动机推力
F_M	镜瞄分划(瞄准镜对向瞄准点时的分划)
R_{hz}	瞄准镜位置至回转中心的水平距离
R_{xr}	火箭弹所受阻力
M_y	纵向力矩
M_D	阻尼力矩
M_p	推力矩
A	赤道转动惯量
R_{xz}	火箭弹所受升力
ρ	空气密度
θ_{zb}	瞄准具支臂水平弯曲角
m_y^δ	纵向力矩系数的攻角导数
l	特征长度
S_m	火箭弹特征面积
s	弹道弧长
a_p	推力加速度
$\psi_{\psi 0}^*(z,z_0)$	风偏特征函数
t_k	火箭发动机工作时间
ψ_W	风偏角
ψ_{W1}	静不稳定弹道段横风产生的角偏差
ψ_{W2}	静稳定弹道段横风产生的角偏差
ψ_{WN1}	第一级推力作用弹道段横风产生的角偏差

ψ_{WN2}	第二级推力作用弹道段横风产生的角偏差
ξ	弹轴
y_0	调整闭锁挡弹装置螺栓预紧量
δ_k	闭锁挡弹装置卡簧厚度
f	弹的定向钮与闭锁体的摩擦系数
σ_1	定向器垂直面
σ_2	定向器在高低方向的倾斜面
Q	定向器水平面
Q'	定向器在水平方向的倾斜面
d_p	非基准炮到基准炮的距离
R_{jz}	由间隔差和纵深差引起的炸点偏差
$\boldsymbol{a}_x$	空气阻力加速度向量
$\boldsymbol{g}$	重力加速度向量
$\boldsymbol{v}$	火箭弹速度向量
Ω	地球自转角速度
β_N	坐标北与地面坐标系 x 轴的夹角

后　　记

经过不懈的探索与努力,《野战火箭高射击精度分析与实践》脱稿付梓了。提高野战火箭的射击精度是一项非常复杂的课题,涉及弹道学、弹药学、多体动力学、气象学和军事装备学等诸多学科,致使我们在选题时倍感压力,如何能较全面而又较深入地对提高野战火箭射击精度这一课题进行系统研究,成为摆在我们面前的难题。

我国的火箭炮装备早在20世纪中后期就开始发展,到20世纪后期已得到了长足发展。特别是到了21世纪初,随着新型火箭炮的发展,我国野战火箭研究水平步入世界先进行列。此间,如何提高野战火箭的射击精度是贯穿始终的、倾注了几代兵工人和装备使用人员心血的一项重要工作,也取得了丰硕成果。

我国的火箭专家早在20世纪60年代就开始了提高野战火箭射击精度的研究。到"十一五"初期,随着远程弹箭的发展,开始对高空弹道理论及基于多体动力学的发射试验与理论开展研究。进入21世纪以来,作者长期跟踪和参与野战火箭装备研制,长期从事野战火箭装备教学和作战使用研究,对提高野战火箭射击精度的理论与措施进行了系统研究,积累至今,觉得应该出版一本将理论设计、仿真试验与操作使用相结合的论著,将提高野战火箭射击精度的理论和实践方法进行总结,以期对野战火箭装备论证、研制和作战使用人员起到抛砖引玉的作用。

提高野战火箭武器系统射击精度是一个广泛的课题,我们的研究成果不一定全面,不足之处肯定不少,热切希望读者提出宝贵意见。

在本书写作过程中,我们也参阅了大量的论著和文献,在此一并表示衷心感谢。书中所用武器装备图片大多来自国际互联网,在此一并加以说明。

作　者

2018年6月于南京

参 考 文 献

[1] 刘怡昕,杨伯忠．炮兵射击理论[M]．北京:兵器工业出版社,1998.

[2] 刘怡昕．炮兵射击学[M]．北京:海军出版社,2000.

[3] 刘怡昕,刘玉文．决定射击开始诸元理论[M]．北京:海军出版社,2001.

[4] 李臣明,刘怡昕,韩珺礼．野战火箭技术与战术[M]．北京:国防工业出版社,2015.

[5] 李臣明．高空气象与气动力对远程弹箭弹道的影响研究[D]．南京:南京理工大学,2007.

[6] 李臣明,韩子鹏,孔建国．地球重力偏心对远程弹箭弹道的影响[J]．兵工学报．2007(8):919-923.

[7] 沈仲书,刘亚飞．弹丸空气动力学[M]．南京:南京理工大学,1983.

[8] 臧国才,李树青．弹箭空气动力学[M]．北京:兵器工业出版社,1989.

[9] 李臣明,韩子鹏,等．高空气动力对远程弹箭弹道的影响研究[J]．系统仿真学报,2007(5):990-994.

[10] 李臣明,韩子鹏,等．不同标准大气对远程弹箭弹道的影响[J]．弹箭与制导学报,2006(2):150-154.

[11] 李臣明,韩子鹏．高空条件下远程弹火箭的弹道特性计算分析[J]．弹道学报,2007(1):21-24.

[12] 李臣明,韩子鹏．100km 以下风场对远程弹箭运动的影响研究[J]．兵工学报,2007(10):1169-1173.

[13] 徐明友．火箭外弹道学[M]．北京:兵器工业出版社,1986.

[14] 徐明友．火箭外弹道学[M]．哈尔滨:哈尔滨工业大学出版社,2004.

[15] 韩子鹏．弹箭外弹道学[M]．北京:北京理工大学出版社,2014.

[16] 刘怡昕．外弹道学[M]．北京:海军出版社,2001.

[17] 何跃春．火箭炮阵地勤务与指挥学[M]．北京:海潮出版社,2002.

[18] 王书海,周彦红,等．火箭炮结构学[M]．北京:解放军出版社,2000.

[19] 李臣明,刘怡昕．大长径比远程火箭的极限平面摆动及其抑制[J]．系统仿真学报,2009(10):7390-7395.

[20] 杨树兴．旋转弹动态稳定性理论[M]．北京:国防工业出版社,2014.

[21] 刘怡昕．静不稳定尾翼式火箭的随机风偏与零风偏原理[J]．兵工学报,1985(1):11-15.

[22] 刘怡昕．现代火箭炮地面横风修正量的计算公式[J]．射击学报,1990(5):54-57.

[23] 刘怡昕．气动控制与能量控制火箭的随机风偏[J]．第四次火箭导弹学术年会．1988(1):1-12.

[24] 刘怡昕．利用能量控制减小非制导火箭的射弹散布[J]．弹道学报． 1989(1):80-85.

[25] LIU Yi-xin. Study of wind deflection of unguided rocket. International Symposium on Ballistics[J]. 1988(10):52-59.

[26] 芮筱亭,等．野战火箭发射动力学仿真与试验测试方法[M]．北京:国防工业出版社,2003.

[27] 芮筱亭,等．多体系统传递矩阵法及其应用[M]．北京:科学出版社,2008.

[28] 韩珺礼．野战火箭武器系统精度分析[M]．北京:国防工业出版社,2015.

[29] 郑玉辉．火箭弹体变形对射弹散布的影响[J]．现代炮兵学报,2006(9):103-107.

内 容 简 介

本书系统研究了提高野战火箭射击精度的理论和实践等方面的内容，包括理论设计、技术检查、射击准备、射击操作、射击保障、工程试验等多个方面。全书共分为11章。第一板块（第1、2章）介绍了野战火箭武器系统装备与技术发展和野战火箭武器系统射击精度分析的总体内容；第二板块（第3~5章）主要进行提高野战火箭武器系统射击准确度分析，包括精确决定射击开始诸元、精密进行射击准备、精密进行火箭炮技术检查；第三板块（第6~8章）为提高野战火箭武器系统射击密集度分析，包括减小尾翼式火箭随机风偏分析、减小尾翼式火箭角散布、优化发射及低耗弹量试验；第四板块（第9~11章）为远程火箭炮武器系统射击精度分析，包括高空风对远程火箭射击精度的影响分析、弹体气动弹性变形对射击精度的影响、提高远程火箭炮武器系统射击精度分析。

本书可供具有兵器专业知识的工程技术人员和教学科研人员使用，也可作为军队院校研究生教材，同时也可为野战火箭部队装备使用提供参考。

In this book, the theory and practice on Accuracy of field rocket weapon are studied systematically, including the design, the technical inspecting, the firing preparation, the firing operation, the firing support and the engineering test etc.. The whole content are divided into eleven chapters around firing dispersion and firing accuracy. In chapter one and chapter two, the basic contents are introduced.From chapter three to chapter five, some theory study and practice is done in order to increase the firing precision of field rocket Weapon, such as deciding the firing data accurately, organizing the firing preparation accurately, inspecting the technical state accurately. From chapter six to chapter eight, some analysis and practice is done in order to increase the firing dispersion, including decreasing the random wind error of fined rocket, decreasing the angular dispersion of fined rocket, the test on optimizing the launching technology of the rocket launcher, and so on. Some study and practice is done in chapter to analyze the accuracy of long-range rocket, including the influence of the upper-level winds, the influence of firing dispersion by aerodynamic deformation, the operation method and service inspection word of the field rocket weapon system.

This book can be used as a textbook or a reference book for engineers, graduated students, the army and the researchers of ordnance.